U1070752

Teihon OPamp kairo no sekkei
By Okamura Michio
Copyright © 1990 Okamura Michio
All rights reserved.
Originally published in Japan by CQ Publishing Co., Ltd., Tokyo.
Chinese(in simplified character only) translation rights arranged with
CQ Publishing Co., Ltd., Japan.

定本 OPアンプ回路の設計
岡村廸夫 CQ出版株式会社 2003

著 者 简 介

冈村迪夫

1935 年 生于日本群马县

1959 年 日本早稻田大学第一理工学部电工学专业毕业
进入日本原子能事业株式会社

1964 年 在美国 ARGONNE 原子能研究所留学

1966 年 在日本原子能事业株式会社电子技术开发室工作

1976 年 任日本原子能事业株式会社电子技术开发部部长

1987 年 从日本原子能事业株式会社辞职，设立了(有限公司)冈村研究所

现 在 株式会社冈村研究所董事长
日本东芝医疗工程株式会社顾问
日本电子株式会社顾问，等

著 作 《OP 放大电路设计》(CQ 出版)
《super BASIC》(CQ 出版)
《解析数字电路》(CQ 出版)
《解析电力供应》(CQ 出版)
《IEEE488(GPIB)及其应用》(CQ 出版)
《解析噪声机理》(CQ 出版)，等等
《电子电路——如何运作才能按照理论那样工作》(日刊工业新闻社出版)
《电源电路》(日刊工业新闻社出版)

实用电子电路设计丛书

OP 放大电路设计

——从重视再现性设计的基础到实际应用

〔日〕 冈村迪夫 著

王玲 徐雅珍 李武平 译

徐雅珍 校

科学出版社

北京

图字：01-2003-7934 号

内 容 简 介

本书是"实用电子电路设计丛书"之一。本书内容分基础部分（1～5章）和应用部分（6～9章）。前者主要介绍 OP 放大器的零点、漂移及噪声，增益与相位，相位补偿及技巧，OP 放大器的选择和系统设计；后者则主要介绍 OP 放大器作为反相放大器、正相放大器、差动放大器的应用，OP 放大器在恒压、恒流电路和微分、积分电路中的应用以及基于非线性元件的应用，比较放大器中的应用，等等。

本书面向实际需要，理论联系实际，列举大量实用性、技术性强的电路，使读者从原理到应用，对 OP 放大器有个系统的了解，以便能够应付电路中可能出现的更加复杂的情况和故障。

本书适用对象是相关领域工程技术人员以及大学相关专业本科生、研究生；也可供广大的爱好者学习参考。

图书在版编目（CIP）数据

OP 放大电路设计/（日）冈村廸夫著；王玲等译；徐雅珍校. —北京：科学出版社，2004（2026.1重印）

（实用电子电路设计丛书）

ISBN 978-7-03-013395-3

Ⅰ.①O… Ⅱ.①冈… ②王… ③徐… Ⅲ.①放大器-电路设计 Ⅳ.①TN722

中国版本图书馆 CIP 数据核字（2004）第 045977 号

责任编辑：杨 凯 崔炳哲 / 责任制作：魏 谨
责任印制：赵 博 / 封面设计：李 力

科学出版社 出版
北京东黄城根北街 16 号
邮政编码：100717
http://www.sciencep.com
北京华宇信诺印刷有限公司印刷
科学出版社发行 各地新华书店经销

*

2004 年 9 月第 一 版 开本：B5（720×1000）
2026 年 1 月第二十六次印刷 印张：22 3/4
字数：404 000

定 价：35.00 元

（如有印装质量问题，我社负责调换）

前　言

从自然现象中获得的电信号基本上都是模拟信号。随着电子技术的进步，对模拟技术的要求也越来越高。OP 放大技术既是模拟技术的基础，又是其核心。OP 放大就像是一个黑匣子，使人摸不着头脑。但是，一旦掌握了其中的技术，就会对你有很大帮助。

本书共十四章，大体上分为基础和应用两部分。

第 1 章到第 5 章为基础部分，但这部分也包括了具体应用方面的一些必要技术。第 6 章到第 14 章为应用部分，围绕 OP 放大器所使用的技术，进行分类并加以说明。

第 1 章是为初次使用 OP 放大器的读者设置的。有经验的读者看过后就会了解笔者的初衷，即"与其把很多不良工作的电路堆积起来，发挥 70％的性能，不如用简单易懂的电路实现 100％的性能"。

对于初学者建议亲自动手试做第 1 章叙述的四个实验电路。即使到了按照电路模拟程序可以取得数据的时代，电子学也是一门实用的学问，所以与实物的对应是必不可少的。或许再高深的理论也会由于一根电线的连接错误、一个数字的计算错误导致前功尽弃。换言之，自己通过实物掌握的技术往往在书本上是学不到的。通过自己动手实践，理解零点偏移以及因动手摸而导致的振荡变化，对将来面对更加复杂的电路和故障都有很大帮助。

与 OP 放大器刚问世时相比，现在的 OP 放大器种类很多，甚至在使用时都不知道选择哪一个为更好。如果书中把每一种放大器的特性和使用方法都一一举例出来进行说明，那你就是再有时间恐怕也阅读不完。因此本书只举出一些实用性、技术性强的例子供读者学习参考。

由于技术的进步和 OP 放大器种类的增多，即使在本书中列举了再多的有参数的具体例子，也不能完全以此为依据理解与其相同功能的电路。作为解决问题的方法，应把重点放在"理解电路，直到可以应用"上。只要理解了原理，应用就不难了。从能够掌握原理这个基本点出发，本书中的 200 个左右电路就可以与数万个实例相媲美。

电路举例根据需要加进了参数。但这些参数并不是保证制造用的、代表其特点的数据，它是作为实验试作的线索和为理解电路工作而设置的。在生产和质量管理方面要取得优异的成绩，就需要积累经验和技术，这比在特定的条件下知道一些常数要困难得多。

另外，在众多读者当中有些并不是业余爱好者或新的技术工作人员，而是非常专业的电子技术工作者或物理、化学、生物、医学以及计算机这类电子学以外的专家和理论家。这样看来，从 OP 放大器其本质上来讲，它已经不是电子技术人员的专用之物了。本书第 1 章的再现性、第 2 章的噪声、第 3 章的稳定条件、第 4 章的二次稳定条件和过渡响应性的处理以及各章出现的把统计方法运用到电路设计等内容，并不是冒渎理论，而是为了达到实用化。敬请诸位读者阅读本书后提出宝贵意见，笔者不胜荣幸。

本书是以 1973 年笔者在晶体管技术杂志上发表的“OP 放大器技术”为基础，综合了其后出版的《OP 放大电路设计》一书[1~3]，并融入新技术而编写的。

在发表论文、出版书籍时，本想发挥出笔者原有的创造性思想和方法，但是还是参照了前辈的业绩。在出版本书之际，向所参考的论文和著作的国内外的作者及为笔者提供资料和实验资料的诸位先生表示感谢。另外，向从二十年前的原稿阶段开始就为这个题目的出版、发行倾注了心血的时任 CQ 出版社社长飞坐博先生以及为这次出版历尽辛苦的渡边哲良先生表示衷心的感谢！

冈村迪夫

目　　录

第 1 章　OP 放大器

1.1 OP 放大器的运转

1.1.1 模拟电路与实验技术

即使在利用计算机模拟电路并确认其工作的技术已经普及的今天，将 OP 放大器付诸于应用的最好方法还是自己动手试一试。要操作实际的电路，有必要了解各种规则及一些基本的技术。如果对后面出现的每种电路都要说明一遍前提条件，效率就会很低。因此，本章首先讲一讲 OP 放大器的一些基本知识。

要想了解 OP 放大器是什么、起什么作用，建议你自己制作一个图 1.1 那样的电路，试着使其工作。即使在使用计算机、全部运行都可以依靠模拟装置完成试验工作的情况下，也要自己实际动手试一试，否则就不能很好地与实际情况相结合。

最初的实验电路如图 1.1 所示，但是实际电路要像图 1.2 那样制作。将两个图相比较就会发现，虽然是同一个电路，但实际上却有很大的不同，甚至看起来认为不是同一个电路。

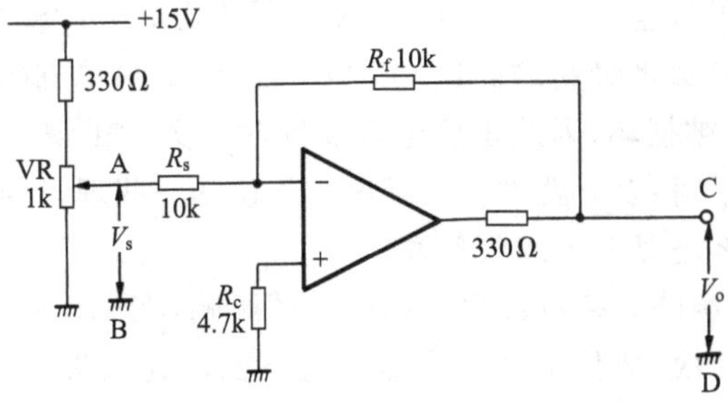

图 1.1　最初的实验电路

图 1.1 那样的画法便于对电路概念的理解。但是，由于许多条件没有标出，实

际制作时会经常发生问题。例如，图1.1没有标出OP放大器的电源，即使是这样简单的电路，也会有很多种错误；或者实验时不接电源，或者没有按照电源标注的$+V$和$-V$连接，只将一个15V的电池接在$+V$和$-V$上，造成电路不能正常运行等等。

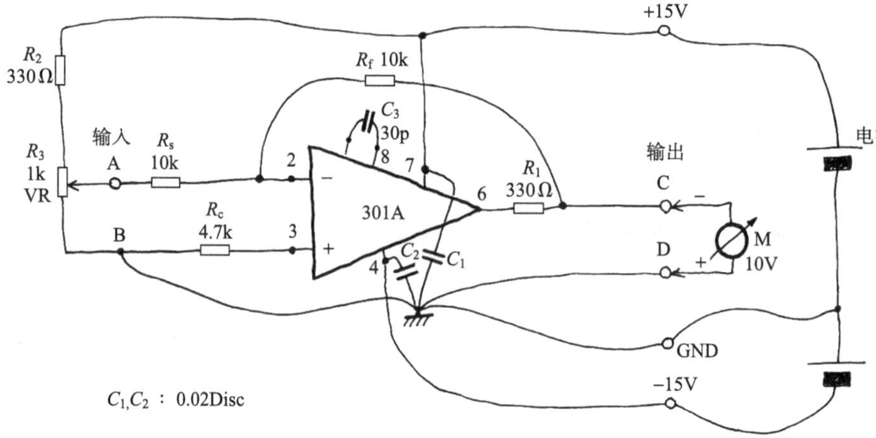

图 1.2 由原理图到实际的电路

图1.2标注了实际装配时的情况，主要有：

① 电源线接入旁路电容C_1、C_2。

② 在OP放大器上安装所指定的相位补偿元件，这里是C_3。

③ 旁路电容和相位补偿元件的配线越短越好。

④ 接地如图所示集中在一点。

电源如图1.2所示连接+15V和-15V。所使用的OP放大器本身不带保护电路，例如老的709C或者最新的高速OP放大器等，如果单方面长时间接入电源，OP放大器往往就会被损坏，因此正负电源要同时开关。虽说是“同时”，但肯定会有误差，如果误差在1秒以下就没什么问题。虽说是一些理论问题，但还是让我们事先检验一下为什么需要上述四项条件。

首先，使用的电源的频率特性也包括配线的影响，在OP放大器必需的全频率范围内不能过低。其次，要使OP放大器接近下面所述的理想OP放大器那样工作，就必须有“相位补偿”。因为这部分是左右OP放大器的速度和稳定性的重要因素，后面第3章将用一章的篇幅详细讲述。

进行相位补偿需要在OP放大器外部安装元件。如图1.3所举之例，不同的OP放大器，指定了不同的作法。图1.3(a)是安装多个元件的类型，即使是在709

等初期的OP放大器,最新的高速OP放大器中也能见到这种类型。图1.3(b)是301A等那样的只需一个电容就可以解决的类型,是外装相位补偿中最普通的方式。图1.3(c)是741之类内嵌相位补偿的类型,外部不用安装任何东西就完成了,所以广泛普及。但是,一旦想增减相位补偿,就不能用普通的办法调整,所以多用于对响应速度等极限性能没有要求的情况。

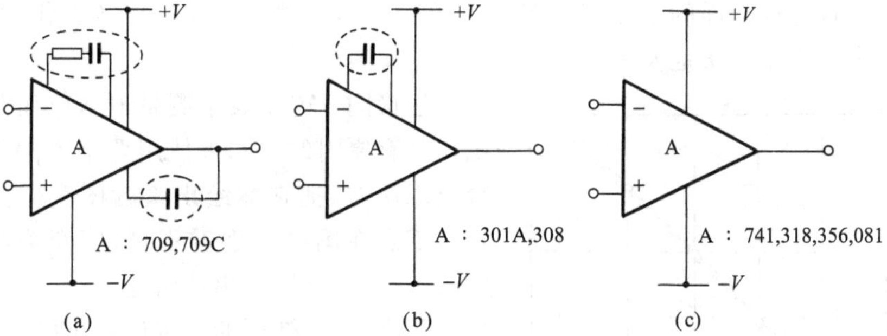

图1.3 各种OP放大器和相位补偿

图1.1没有标出OP放大器的名称,这就是说要使用性能相当好的放大器。与之相比,图1.2确定了使用301A。决定了具体使用的OP放大器,也就决定了需要什么方式的相位补偿。这里使用的OP放大器不是301A也没有关系,只不过应尽量选择外装相位补偿的放大器。可以有意识地将相位补偿取掉,让其振动,体验当时电路的工作状况。

1.1.2 输入和输出的关系

在图1.2的输出端口C-D之间按照图中的极性连接电压表。不论是万用表还是数字电压表,只要有10V的量程就行。接入电源,看着M的指示,同时慢慢转动VR。如果从0开始逐渐平稳变化到约10V,就是正常的。如果输出电压不能明显地下降到0V和上升到10V,那么就将电压表的正极与A连接,移到A-B之间,利用VR查看是否在0～10V之间变化。如果该电路的输入完全为0,那么此时输出的误差应该在10mV以内。

如果电路正常工作的话,就可采集数据。首先将电压表连接在A-B之间,调节VR使电压表显示正好为2V。然后,将电压表移至C-D之间,尽量准确地读取输出电压。以下用同样的方法使A-B之间的电压以2V的间隔变到10V,读取对应的输出电压。利用这些数据,以C-D之间的电压即输出电压V_o为纵轴,A-B之间的电压即输入电压V_s为横轴制作图表。不要考虑"一定呈比例"等等,请认真地去做。

数据整理完后，实验就完成了。但还要确认以下的事项，即“以后还能再次进行同样的实验、取得同样的数据吗？”用专业的说法，称这为实验的“再现性”。实验的再现性越好，稳定性越高。不能再现的实验和没有做试验是一样的。为了确保实验的再现性，记录实验的数据表应完整地记录实验的日期和时间、使用过的装置和元件、电源电压、室温以及进行实验的人的名字。这虽说简单，却是基本的工作，从一开始就养成严谨的工作习惯是很重要的。预先做好这样的准备工作，在以后的工作中会不止一次地发挥作用。

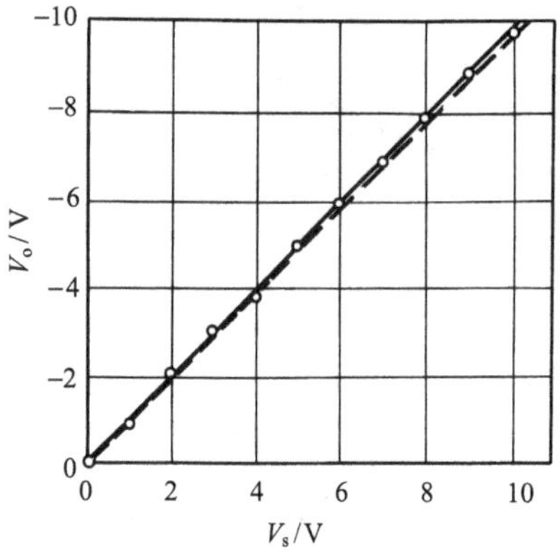

图 1.4　实验电路的输入输出特性

连接同一电压表来测量输入电压和输出电压是有原因的。如果使用两个不同的表就会出现误差，把它标绘出来的图表应类似图1.4，零点在图中几乎看不见，完全为零。与输入10V对应的输出或许也不是－10V，这可能是因为R_s和R_f的电阻值不正确。

那么，2～8V的测量值如何呢？实际上，该电路本身的非线性（即与直线的误差在0.01％以下）是非常好的。因此，如果电路正常工作，图中显示点的离散偏差显示出电压表和电压设定用的VR、电源以及进行实验的人的稳定性。

如果有三角波或正弦波发生器，将其设定为400Hz～1kHz，加入A-B之间，用示波器观测输入输出，就可以很简便地完成除人的稳定性以外部分的测定。此时，在使用双踪示波器观测A-B和C-D之间的电压之前，应将双踪示波器的两个探头连接在同一个位置，将两个波道的波形调整成完全重合。

请想一想为什么要说这些已经规定了的事情、建议大家试验呢？因为，对于信号、噪声之类的实验或者模拟电路的研究，实验是非常重要的。如果不确实做好这些，好不容易取得的实验数据就不能在后面的步骤中使用。“准确测定和再现性好的实验”是下面所要叙述一切的开始。

1.1.3　虚拟短路

先让我们利用这个实验电路，看一看OP放大器最重要的性质。在这里，输入电压和输出电压的关系是：输入为10V时，输出为－10V；输入如果是8V，则输出为－8V，输出电压始终与输入电压的绝对值相同而符号相反。因此，用电压表或示波器测量一下图1.5的Ⓟ点和地线之间的电压。虽然输入电压变化时输出电压也随之变化，但Ⓟ点的电压一直是零。

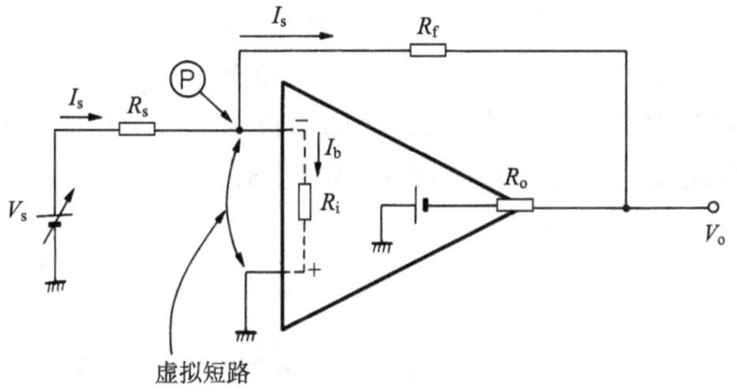

图 1.5 虚拟短路的发生

如果略加思索，由于 OP 放大器的输入阻抗高、R_i 大，所以当输入电压变大时，Ⓟ点的电压也随之上升。由于无论 V_s 如何增加，Ⓟ点的电压都不变，甚至让人误以为坏掉了而将 IC 换掉，但结果是“正常工作的 OP 放大器Ⓟ点处电压始终为零”。这是在理解 OP 放大器工作的基础上最有用的一点，下面还要再详细地研究。

在图 1.5 中，＋10V 的输入电压 V_s 通过 R_s 加到图中标有“—”的反转输入端口上，输出就会出现与此相反极性的电压。理想的 OP 放大器的放大倍数被定为无限大，实际中也有数万倍，所以输出电压 V_o 通过 R_f 将Ⓟ点的电压拉低，其结果基本上都降到 0V。在图例中，R_s 和 R_f 都是 10kΩ，所以 V_s 如果是 10V，V_o 就应该是 －10V。如果 V_s 下降到 8V 以下，V_o 还是－10V 的话，那么Ⓟ点的电压就向负方向摆动，即而 V_o 也马上变动，为－8，保持平衡。

设 OP 放大器的输入电阻为无限大，放大倍数也为理想的无限大，那么使用电阻 R_s 和 R_f 就可以很简单地导出 OP 放大器上附加负反馈(negative-feedback)状态下的放大倍数。因为Ⓟ点处电压为 0，所以信号源电压 V_s 和流过 R_s 的信号电流 I_s 具有如下关系：

$$V_s = I_s \cdot R_s \tag{1.1}$$

由于 OP 放大器的输入电阻为无限大，所以 I_s 没有进入 OP 放大器，而全部流入 R_f。因为先前输出电压已经为 V_o，所以

$$V_o = -I_s \cdot R_f \tag{1.2}$$

因为放大倍数是输入和输出之比，所以由上述二式求 V_o/V_s，就可得到反馈状态下的放大倍数 A_{NF}，即

$$A_{NF} = \frac{V_o}{V_s} = \frac{-I_s \cdot R_f}{I_s \cdot R_s} = \frac{-R_f}{R_s} \tag{1.3}$$

由于输出电压与输入电压的极性相反，而且为 R_f/R_s 倍，所以这个电路构成被称为反相放大器(inverting amplifier)。由于此前实验使用的电路，R_s 和 R_f 都是 10kΩ，所以 $A_{NF}=-1$。V_o 始终与 V_s 绝对值相同，符号相反。

R_s、R_f 和放大倍数的关系，用图 1.6 的长棒和支点来模拟则容易理解。由Ⓟ支撑的一根棒，左侧和右侧分别相当于 R_s 与 R_f 的长度。如果在棒的左端往下压相当于输入电压 V_s 的程度，那么棒的右端就应该只上升 $V_s \cdot R_f/R_s$。这和前面式(1.3)表示的关系相同。

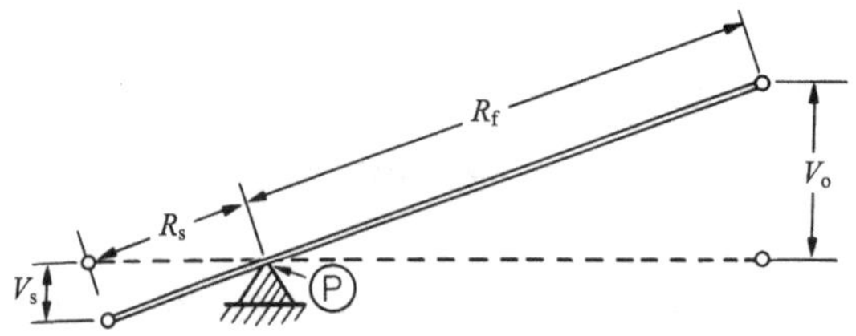

图 1.6 反相放大器与输入输出的关系

让我们来看看棒和支点的情况。要使上述关系成立，棒和支点Ⓟ都必须保持不变。如果 V_s 增大，棒的左端往下压时，Ⓟ点就下降。那么 V_s 和 V_o 的关系就不是计算的那样。此外，棒离开支点、弯曲、接触到底部或顶部，前面的等式也不能成立。

使用 OP 放大器时也会发生与此类似的现象。支点Ⓟ是否在棒上，根据Ⓟ点的电压(一般而言是反相、正相输入端口间的电压)是否为 0 就可以判断。当棒接触到底部或顶部时，OP 放大器的输出超过界限。例如，电源为 +15V，输出为 20V 时，Ⓟ点仍然还出现电压。

在 OP 放大器正常工作的范围内，无论输入电压怎样变化，Ⓟ点都没有电压。准确地讲，Ⓟ点只出现用 OP 放大器的放大倍数除以输出电压值的电压。实验的 OP 放大器，设输出为 10V，放大倍数为50 000，则Ⓟ点电压值为 0.2mV，一般来讲这个值可以忽略。

因此，Ⓟ点对地线，准确地说是对正相输入端而言，和短路是相同的。和真正的短路不同的是，电压始终保持为零，而且没有电流流过地线。这种状态称为虚拟短路(virtual short)。如果给 OP 放大器加上反馈，那么这种虚拟短路会在许多地方发生。从这点着手，几乎所有的 OP 放大器电路的工作都能够解释了。下面举一些例子。

请求出从图 1.1 中的 V_s 看进去的 OP 放大器的输入阻抗。无论 I_s 的大小如何，Ⓟ点的电压始终都是零，因此阻抗为零，所以答案是 $R_s=10\text{k}\Omega$。另外，在不拆下 OP 放大器的情况下查一查它是否坏掉或饱和。答案是用高阻抗的示波器观测工作中的Ⓟ点电压即可。

观测虚拟短路的点时，掌握工作中的诸条件，例如电源电压或周围温度的变化、负载的变动、对各种输入信号 OP 放大器及周边电路是否正常工作等，就可以得到很好的线索。

1.1.4 振 荡

从前面组装的图 1.2 电路中取掉相位补偿元件。将 C_3 一边的管脚取下就行。作为题外话，对电路进行这样的改变，应当切断实验装置的电源，等电压下降后进行。如果带电进行电路改造，往往不知不觉就会将原本结实的 IC 损坏。特别是电路复杂时，会不断诱发问题，成为永久损坏的原因，所以应该从简单的电路开始就养成良好的习惯。

如果将相位补偿元件取掉后，接入电源，就会发生奇怪的事情。即使将 VR 控制在零，也会有输出，而且与输出连接的电压表的指针不向反方向摆动。这其中的原因作者也无法清楚地解释。出现没有再现性的、不能预测的结果是产生异常振荡的电路的特征(由于元件的不同，也可能不产生振荡)。再继续观察，用手指触摸 OP 放大器的输出端和 R_f 以及没有连接相位补偿元件的端口，可看到电压表的指示不停地摇摆。这是 OP 放大器振荡时发生的特有现象。振荡时，无论如何优质的 OP 放大器都会出现这种现象，如果触摸电路的某个地方，输出都奇妙而敏感地变化。这些现象如果预先觉察到一定会有用。

用示波器通过 OP 放大器的输出端观测波形，可以看见 $20V_{p\text{-}p}$ 的峰-峰值的锯齿波形。这个例子属于非常极端的振荡，在振荡当中属于振幅特别大、特别稳定的情况。在实际的电路中发生振荡的问题几乎都是比较微弱的。根据工作情况有时产生振荡、有时振荡消失，或者信号波形的边缘看起来模模糊糊的。

虽然我也想在此确切地写出产生微弱振荡的方法，但是这是一项比制作不振荡的 OP 放大器还要难的工作。将一电源线接入 OP 放大器处，即从 C_2 到 OP 放大器的电线放长至 1～2m 左右。也就是说，OP 放大器的电源不是旁路而是连接长的电源线，由此可看到小振幅的振荡。

实验中使用的 OP 放大器不是 301A 时，若将该 OP 放大器指定标准的相位补偿特意取掉进行实验，也会出现和上面类似的结果。像 741 那样的内嵌相位补偿型的 OP 放大器当然不能将相位补偿取掉。这时若采用上述延长电源线的方法，虽然不可靠，但是可以观察到振荡的状态。

1.2 四种基本的使用方法

1.2.1 正相放大器

OP放大器的使用方法有几种基本类型。这里将它们分成反相放大器、正相放大器、差动放大器以及比较放大器。将前面的实验装置加以改造，制作图1.7所示的电路。研究与图1.2同样输入和输出的关系。这次输出和输入是相同的极性，可以得到两倍的输入电压。这个电路和前面的反相放大器不同，输入和输出为相同的极性。所以称为正相放大器(non-inverting amplifier)。

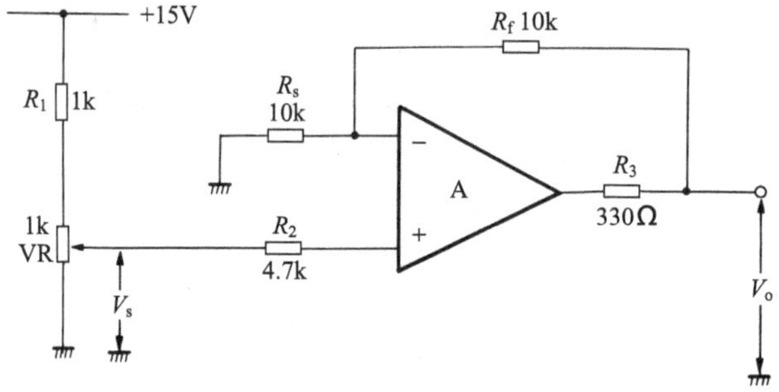

图1.7 正相放大器的实验电路

该电路图没有标注图1.2那样的电源配线、电源旁路电容 C_1 和 C_2 以及相位调整用的元件 C_3。实际制作时，电源配线和共同的电源旁路(电容路)及该OP放大器指定的相位补偿都是必需的。在图1.7的电路中，若假设OP放大器是理想的，那么应该如下工作。

首先，如果标有“＋”记号的正相输入端加上电压，则输出电压 V_o 沿正的方向上升。上升到什么位置呢？带“－”记号的反相输入端的电压与正相输入端相等之处，也就是说上升到两个输入端之间的电压为零。也可以将这种放大器看成一种将输入自动变成零的伺服放大器。因为放大倍数为无限大，所以如果反相、正相两输入端间即使残留一点电压，OP放大器的输出电压就将变成相同极性的无限大。反之，输入和输出如果处于平衡状态，反相、正相输入端间的电压就始终为零。不过，两端间并不是没有电流流动。这里也发生虚拟短路。

如果再使用棒和支点来考虑，则如图1.8所示。捧的左端放在支点上，将距此 R_s+R_f 的OP放大器的输出电压 V_o 抬起。抬起到什么程度呢？抬到 R_s 和 R_f 的连接点Ⓟ等于 V_s 为止。这时，R_s 左侧的支点实际上被变成地线。发生虚拟短路的是，

R_s和R_f的连接点Ⓟ和V_s之间，也就是说为OP放大器的两个输入端口之间。如果V_s发生变化，Ⓟ点和V_s之间出现电压差，那么OP放大器输出电压V_o会立即改变，保持虚拟短路。

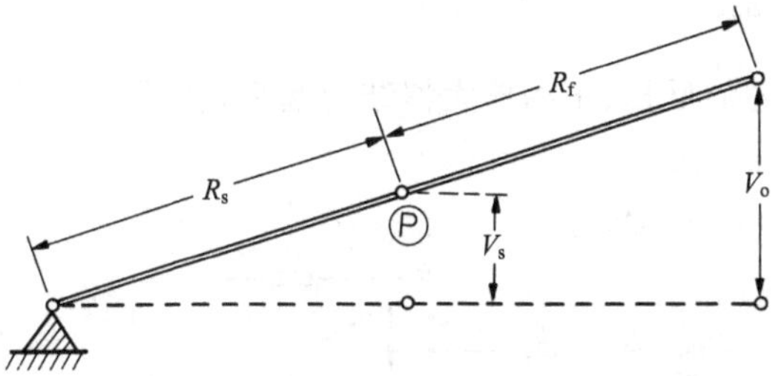

图1.8　正相放大器和输入输出的关系

根据这种关系，可以很容易地算出正相放大器的放大倍数与反馈电阻的关系。首先，反相输入的电压是输出电压V_o被R_f和R_s分压后的电压，即$V_o \cdot R_s/(R_f+R_s)$。这正是非反相输入的电压，也就是说，如果利用与V_s相等的关系，则$V_s = V_o \cdot \frac{R_s}{R_f+R_s}$，放大倍数$A_{NF}$为：

$$A_{NF}=\frac{V_o}{V_s}=\frac{R_s+R_f}{R_s}=1+\frac{R_f}{R_s} \tag{1.4}$$

这是题外话，笔者不使用在日语文献中常常出现的“假想接地”这种表达方式。其缘由正如由上例了解的那样，虚拟短路发生在反相、正相两端口之间，对象不仅限于地线。图1.5Ⓟ的电位对于地线是处于虚拟短路的状态。而这个例子中带“＋”记号的正相输入端被变成了地线。

1.2.2　电压输出器

作为正相放大器的特殊情况，如果设$R_s=\infty$，那么输出值就始终等于输入电压。在式(1.4)中，若$R_f/R_s=0$，则称之为电压输出器(voltage follower)。也许有人认为，只采用输出始终等于输入电压的使用方法没有什么用。但是，正相放大器的特点除了放大，还有一点是输入阻抗非常高。晶体管的射极跟随器的特点也是输入电阻高。采用OP放大器的电压输出器，不仅电阻值更高，而且直流误差(偏置)及其变动都小2位以上，线性也相当好。

最好预先全部了解所使用的电路元件的工作原理，这对后面的论述有用。所以对于图1.7的R_s和R_f以外的电阻，我们也预先说明一下。R_1将输入信号的可变范围限制在7.5V左右，VR的可变范围不会过大，从而可以确保实验的精度。R_2具有当V_s处出现错误、附加了大的信号时，保护OP放大器的功能。另外，如果预先选择R_2与R_s和R_f的并联电阻值基本相等，那么，使用旁路电流大的OP放大器时就具有控制零点误差的效果。在测量输出电压时，遇到因不注意发生V_o短路的情况R_s会保护OP放大器。

1.2.3 差动放大器

如果将此前讲述的反相、正相放大器结合起来，就可做出图1.9所示的将两个输入的差放大的电路。

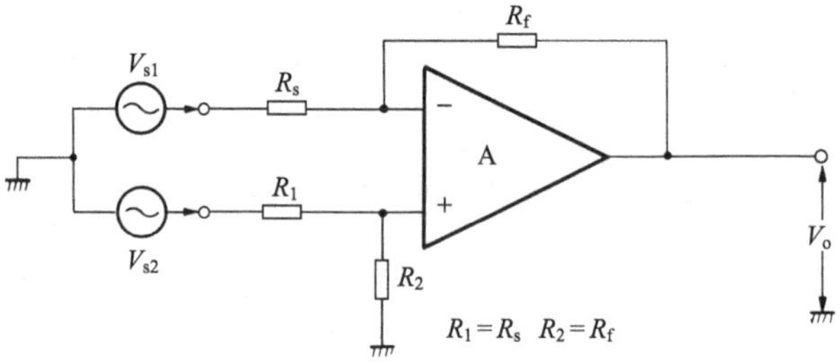

图1.9　差动放大器的构成

这是因为，根据前面的式(1.3)，反相输入的放大倍数为

$$A_{NF(INV)}=-\frac{R_f}{R_s}$$

由于正相输入信号被R_1和R_2分压，所以将由R_1和R_2得到的分压比代入式(1.4)中得

$$A_{NF(NON\ INV)}=\frac{R_2}{R_1+R_2}\cdot\frac{R_s+R_f}{R_s}$$

这里，若设$R_1=R_s$，$R_2=R_f$，则

$$A_{NF(NON\ INV)}=\frac{R_f}{R_s+R_f}\cdot\frac{R_s+R_f}{R_s}=\frac{R_f}{R_s}$$

因此，输出电压为

$$V_o=\frac{R_f}{R_s}(V_{s2}-V_{s1}) \tag{1.5}$$

由此可知，确实放大了两个输入的差。

实际应用时，有一点应该注意。试想假如没有V_{s1}，而只加V_{s2}输入的情况。这种情况下，如果是开路，没有V_{s1}就不行，必须让其接到地短路。也就是说，这个电路作为完全的差动放大器工作，信号源V_{s1}的内部阻抗是零，还是包括在R_s中，必须经过计算。按照电路图的规则“标有V_{s1}的电压源内部电阻为零”。

关于V_s的内部阻抗，即信号源阻抗，不只是差动放大，即使是在前面的两个例子中都有问题。因此,在图 1.2 的实验中,为了知道流过 R_s 的实际电流,在 R_s 的信号源一侧测量了输入电压。

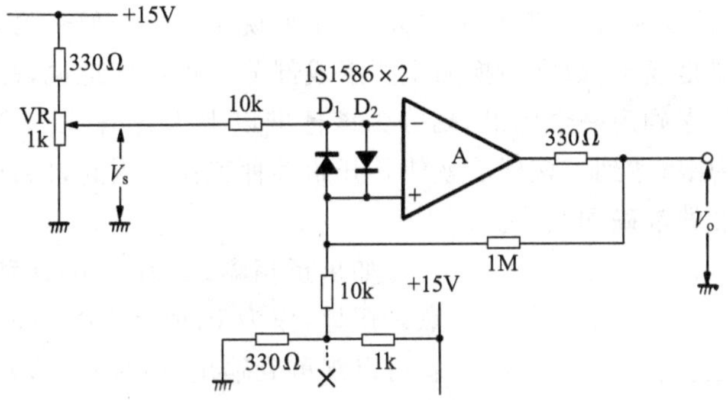

图 1.10 比较放大器的实验电路

然而,在差动放大的情况下,仅仅这样还不够。有兴趣的读者可以根据图 1.9 的电路,即式(1.5)、式(1.6),将串联的 R_{g1}、R_{g2} 信号源阻抗加到 V_{s1}、V_{s2} 上计算一下,就会清楚对于反相输入和正相输入的增益,即差动增益完全对不上的原因。

关于差动放大的场合,为什么要不厌其烦地说明这些事情呢?因为,差动放大器的真正价值不在于放大,而在于将对同时进入到两个输入端的噪声等"清除同相成分的能力"。差动放大器的这种能力一般称为共模抑制比(CMR:Common Mode Rejection Ratio)。用一个式子来定义,设对差动输入信号的放大为 A_d,对同相输入信号的放大为 A_c,那么 CMR 可表示为

$$CMR = A_d / A_c \tag{1.6}$$

有的文献将分母、分子颠倒,将 CMR 表示为 $CMR = A_c/A_d = -80dB$。本书统一为式(1.6)。此外,为忠实于原文,采用每个单词的头一个字母 CMRR 称谓,代替 CMR 的说法。仅 OP 放大器本身的 CMR 就有很多 80dB 以上的元件。但是这个性能不是任何时候都能发挥的。实际电路中 CMR 的大小还与包括外接电阻、频率特性在内的差动放大的平衡有关。

1.2.4 比较放大器

在图 1.10 所示的实验电路中,调节 VR 将输入电压控制在零的情况下,输出上升到能上升的高度,假如电源是±15V,则应为 12V 左右。如果慢慢调节 VR,让输入电压上升,在上升到 3.7V 左右,输出电压突然全为负,即下降到-12V 左右。这正是比较放大器的工作。所谓比较放大器(comparator)就是比较器的意思。那么,它是比较什么呢?比较一方的输入端和其他的输入

端之间的电位。

图1.10将正相输入端的电压作为基准考虑。如果反相输入端的电压与它相比为负，那么输出就上升到正的最大；如果是正，输出则下降到负的最大。这样就明白了，对于比较放大器，与其称为放大器，不如说是起到类似开关的作用。

比较放大器是模拟/数字转换的主要组成部分。再详细地说，是采用这样的一种使用方法。预先确定一个标准，划分为该标准以上为合格、以下为不合格；或者信号以该标准为限，达到了该标准就使其开始某种工作。因此，比较放大器的性能是要求判断标准的准确和快速。

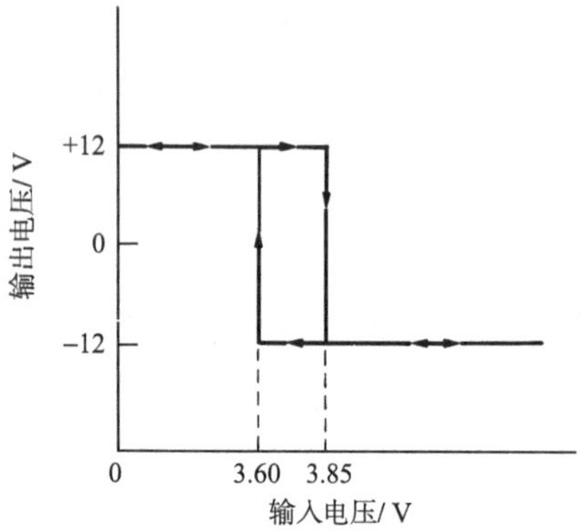

图1.11　比较放大器实验电路的输入输出特性

如果正相输入端的10kΩ和330Ω的连接点×接地，作为V_s加上10V左右的交流，那么，就可以观测到输出端很漂亮的方形波。在图示的电路，通过从输出向标＋符号的正相输入端加上1MΩ正反馈，使其具备了很少的滞后特性。输入输出特性如图1.11所示。详细内容将在第12章讲述。

与前面三个作用相比，最大的不同是：比较放大器虽然不是全部，但在很多情况下，都不是反馈放大器（feedback amplifier）。图中，1MΩ从输出连接到输入，所以不仔细看时也许看成一样的。但是反馈的极性不同，没有负反馈。因此，反相和正相输入间不发生虚拟短路现象。

1.3 OP放大器的理想状态

1.3.1 理想的OP放大器

使用OP放大器的第一步是将OP放大器当成理想的器件使用。例如前面举出的反相放大器，也要首先假设OP放大器是理想的，即放大倍数$A_{NF}=\frac{R_f}{-R_s}$，实际上该式仅限于OP放大器为理想的情况下成立。

要决定是否将实际的OP放大器当作理想的放大器使用，应着眼于哪一个特性比较好。图1.12所示的理想的OP放大器有以下六个条件：

① 放大倍数无限大。

② 带宽从DC到无限大频率。

③ 输入阻抗无限大。

④ 输出阻抗为零。

⑤ 没有噪声，输入为零时输出也为零。

⑥ 可以稳定地加上深度负反馈。

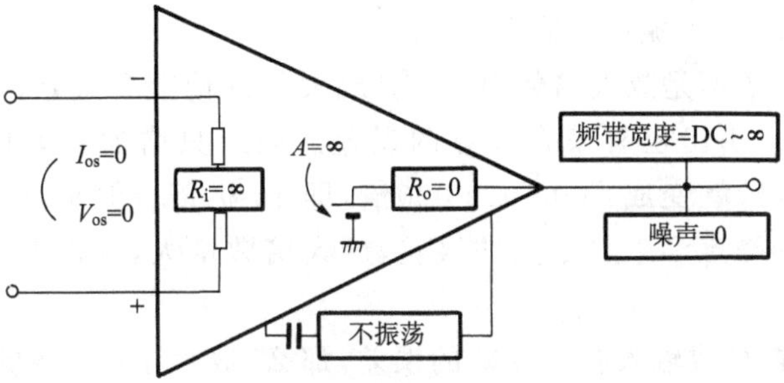

图 1.12 理想的 OP 放大器

具备这样特性的 OP 放大器确实存在吗？除了⑥，严格地讲是没有的。既然如此，为什么要这样定呢？因为在很多情况下，对特性要求的严格程度不同，在这个假设的基础上，在实际应用中的很多场合都可以得到十分满意的答案。

例如噪声，设要使用的 OP 放大器的噪声和偏差换算成输入，为 2mV。2mV 确实不是零。即使忽视其他条件，假设该 OP 放大器按 $A_{NF}=1$ 使用，那么当输入信号为零时，输出就会出现 2mV 的噪声。这个 OP 放大器到底能不能看成理想的呢？答案既是肯定的也是否定的。例如设输入信号为 10V，那么此时 OP 放大器所追加的噪声的比例为万分之二。对大多数的用途而言，这个值可以视为零。因此，该用途从第⑤条来看，就是理想的。

然而，当输入信号为 1mV 那么大时会怎么样呢？2mV 的噪声是输入信号的一倍，因此不能视为零。对于处理这种大小的信号来讲，这个 OP 放大器就不能算是理想的放大器，因此不能按照前面的计算公式来计算。

对①～④也是如此。只有⑥可以照样实现。这将在第 3 章中详细说明。

从哪里认为不是理想的放大器呢？有多大的裕量算足够呢？其界限如何界定呢？关键是要求的精度。如果允许精度为 5%，那么对 10V 的信号而言即使只有一点裕量、100mV 的误差和噪声都没有关系。如果精度变成 0.1%，那么全部都要在 10mV 以下，必须做到严格要求。

1.3.2 非理想的 OP 放大器的情况

下面举几个实际应用中不能作为理想的 OP 放大器处理的例子。

① 希望放大倍数在 1 000 倍以上。

② 信号电平在10mV以下。

③ 当输入端口间连接10kΩ以下的电阻时。

④ 对象是频率信号高于数十千赫时。

⑤ 上升速度必须很高。

⑥ 希望大电流、大振幅的输出。

①和②的问题不是放大倍数而是OP放大器的偏置和偏差，也就是说，问题是即使输入为0，输出也有来自零点的误差。如果只增加放大倍数，连接三个1 000倍的放大器，就变成1 000 000 000倍，即10亿倍。但是，由于放大器一定存在某种程度的噪声和来自零点的误差，放大倍数增大，其误差也增大，最后就无法使用了。

例如，如果换算成输入有10mV的误差，那么，放大1 000倍的输出就有10V的误差，放大10 000倍的输出就有100V的误差。因此，放大倍数的真正界限不是由放大倍数决定的，而是由该放大器如何稳定、低噪声(也就是说由输入换算的来自零点的误差和噪声)决定的。其详细情况将在第2章说明。

图1.13图解了③的问题。如果输入端口间连接比R_s、R_f低的电阻，对理想放大器而言，就和应该无限大的输入电阻变小了一样。特意按放大倍数成倍放大的输出电流被该电阻“吃掉”，不符合①、②的条件，放大倍数往往不足。放大倍数被“吃掉”了多少呢？计算式在下面式(1.12)中给出。凭直觉应该是和R_s的比。如果和R_s的值相同，那么就为一半。如果小一位数，则放大倍数为十分之一。因此，在这里加入低于R_s的电阻，就如同将良好的OP放大器扔进了臭水沟。

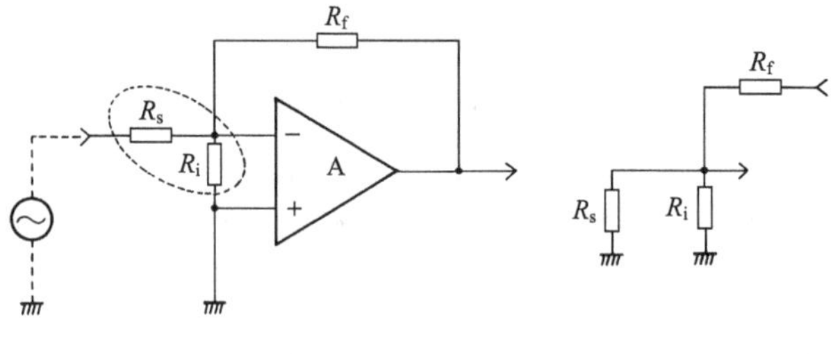

图1.13 低输入电阻的效果

信号频率高的，达到④的时候有其他的问题。OP放大器的净放大倍数A有5万倍，这种情况是在极低的频率情况下产生的问题。通用的OP放大器如图1.14所示，从f_0这个频率开始往上，频率每上升一位数，放大倍数以十分之一的比例下降。普通通用品的f_0为10Hz左右，因此，如果是5万倍的话，1000Hz只有500倍。

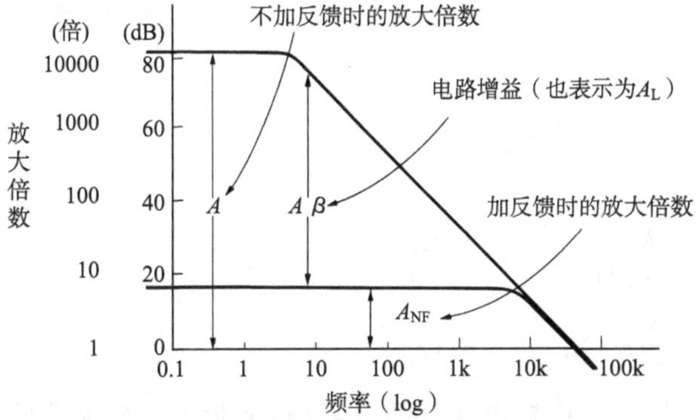

图 1.14 放大倍数有限的 OP 放大器的频率特性

普通的 OP 放大器有不同的性质，输出不能迅速地上升。通用的 OP 放大器每 1μs 最大 0.3～0.5V。这个性质在⑤要求“上升速度必须很高”时常常成为问题。普通的 OP 放大器使用±15V 的电源电压。因此，⑥的输出振幅通常最多不过±12V。输出电流由于元件不同而不同，大致为 10mA 就可以。但是，这个值是单片通用 OP 放大器单独使用时的情况。如果有外部电路的支持或者使用大输出用 OP 放大器，那么，要扩大到数十安、数百伏也不是困难的事情。

真是不容易！这么多的限制，OP 放大器就没法使用了……你是不是想这样说呢？在这种情况下就是显示才能的时候了。

1.4 非理想的 OP 放大器的使用方法

★1.4.1 放大倍数有限时

从本章的这一部分开始，后面都是以具有 OP 放大器的基础知识且有一定经验为前提来写的。初次接触 OP 放大器的读者，可以跳过标有★符号的各项内容，先阅读理解书中未标有★部分的内容，在必要更详细的技术时阅读标有★部分内容(后面文章中标题为★的各项，都是为这个目的而准备的)。

在以理想的 OP 放大器为前提的电路设计中常出现如下情况：净放大倍数 A 比 A_{NF}使用的范围大得多；输入端口间不许连接低电阻；频率高的特性不可靠等。那么，将前提变成 OP 放大器不是理想的，会怎样呢？公式、计算及思考方法都变得复杂。所以，如果从一开始就从非理想 OP 放大器入手，可能反而难以理解全貌。在知道了理想的 OP 放大器的处理方法后，将其算式稍微变化一下来处理。

首先思考放大倍数。作为理想的 OP 放大器，设加了计算的反馈状态下的放

大倍数为 A_{NF}，那么，使用不理想的有限放大倍数 A 的 OP 放大器时，放大倍数 A_{NF}'为：

$$A_{NF}'=A_{NF}\left(\frac{1}{1+1/A\beta}\right) \tag{1.7}$$

其中，β 为：

$$\frac{1}{\beta}=\left(1+\frac{R_f}{R_s}\right)\left(1+\frac{R_c+R_sR_f/(R_s+R_f)}{R_i}\right) \tag{1.8}$$

$$\approx 1+\frac{R_f}{R_s},\ (R_i \geqslant R_s, R_f) \tag{1.9}$$

这里，R_s、R_f、R_o为图 1.1 中标出部分的电阻值，R_i为 OP 放大器的反相、正相端口间的电阻值。将前面式(1.1)～式(1.3)中发生在正负输入端口间的电压当作虚拟短路、视为零的部分设为 V_i，

$$(V_s-V_i)/R_s=(V_i-V_o)/R_f \tag{1.10}$$

V_i是输出电压被 A 除后得到的，因此利用：

$$V_i=V_o/\mathrm{A} \tag{1.11}$$

的关系可导出。

另外，设 $R_c=0$，则式(1.8)变形为

$$\frac{1}{\beta}=1+\frac{R_f}{R_s}+\frac{R_f}{R_i}=1+\frac{R_f}{R_sR_i/(R_s+R_i)} \tag{1.12}$$

在从输出，经 R_f反馈的反馈电流被 R_s和 R_i并联电阻分流的电路构成中，很容易得出该式。

该式有什么作用呢？请注意"$A\beta$"的值。在第 3、4 章将详细说明。$A\beta$ 被称为回路增益，衡量该反馈放大器与理想放大器的标准有多大距离。

★1.4.2 回路增益的效果

如果净放大倍数 A 不是无限大，会造成多大的误差呢？设式(1.7)中 $A\beta \gg 1$，取 A_{NF}和 $A_{NF'}$之比，误差 ε 为：

$$\varepsilon=\frac{100}{A\beta}(\%) \tag{1.13}$$

也就是说，如果 $A\beta=100$，那么误差就为百分之一。因此，如果回路增益取 100 以上，影响 OP 放大器电路的精度问题在于 R_s或 R_f使用的电阻器的精度，而不是有源元件——OP 放大器的稳定程度和误差。

下面看看 OP 放大器的稳定性和离散偏差会变成怎么样。例如，净放大倍数 A 变化±20%。即使各个 OP 放大器元件的离散有一些偏差，也是同样的。这时，A_{NF}有多大变化呢？如果是反相放大器，$A_{NF}=-R_f/R_s$，也就是说，完全不受 A 的影响。这是因为 A 被设为无限大，而无限大的±20%也是无限大。

如果严格地面对现实就不是这样的。当 A 为有限的时候，利用式(1.7)可知

$$\frac{\Delta A_{NF'}}{A_{NF'}}=\frac{\Delta A}{A}\left(\frac{1}{1+A\beta}\right) \tag{1.14}$$

还是 $A\beta$ 分之一，也就是说可以压缩到回路增益分之一。

回路增益的效果具有将进入反馈回路内的特性改为回路增益倍数的性质。除了将 OP 放大器的输出阻抗变成回路增益之一、将正相放大器的输入电阻提高到回路增益倍数外，还有很多可利用回路增益得到改善的例子，例如，二极管、开关、积分用电容、直线性及漏电流等，这些将在后面的章节中一一介绍。

本章中稍加详细地讲述回路增益关系的真正目的是，希望读者能灵活把它应用到本书中没有出现的情况中。

第 2 章 零点、漂移及噪声

2.1 关于偏置

2.1.1 产生偏置的原因

当 OP 放大器的输入信号为零时，输出也完全为零就是理想的。但是，实际的放大器一定会产生一些误差。输入为零时，输出出现的电压称为输出的偏置电压。偏置电压随温度、时间等一起变化的情况称为零点漂移。这是表现 OP 放大器特性的重要性质。

制作直流放大器，即制作带宽低频一侧一直延伸到直流的放大器时，如何抑制这个偏置和漂移就成了大问题。为什么呢？如上一章所述，OP 放大器的放大倍数是越大越好，但是放大倍数的界限是由偏置和漂移的大小来决定的。

要寻找输出出现偏置电压的机制，就有必要了解 OP 放大器的入口——第一级的性质。OP 放大器的第一级基本如图 2.1 所示，即为使用晶体管或 FET 的差动放大器。差动放大器的电路左半部和右半部是对称的。例如，Tr_1 的 V_{BE1} 的温度系数和 Tr_2 的温度系数相等的话，温度变化引起的结果就互相抵消，不会在输出中表现出来。不仅如此，左右两侧产生影响的变化也相互抵消，在电源电压的变化方面就很强。

即使本来左右两边用的是同样的晶体管，也不一定所有的特性都一样。如果代入相似的 Tr_1、Tr_2，根据特性相差的多少，就会剩下不能完全删去的部分。用个别的晶体管和芯片制作时，应尽量从数量众多的元件中找出特性一致的，使两个晶体管的温度系数相同再一起封装到同一个金属壳中。

选择特性一致、温度适当相结合的单片 IC(mono-lithic)的 OP 放大器比起将分立元件组合起来更让人满意。因此，稳定的 OP 放大器批量生产，已经可以低价买到。

差动放大器产生偏置的原因是图 2.1 的右半部分和左半部分之间存在虽然很小，但毕竟不同的差异。即使用 IC 使左右相同，也仍会出现温度不同，Tr_1 和 Tr_2

的电流放大倍数 h_{FE} 的细微不同，V_{BE1} 和 V_{BE2} 的极小差被放大并出现在输出中的现象，这些成为来自零点的误差，即偏置。

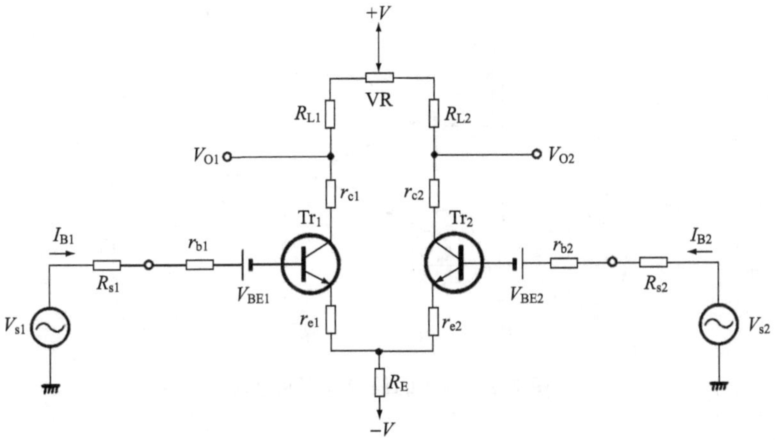

图 2.1 差动放大电路与平衡[4]

2.1.2 偏置电压与电流偏置

如果将 OP 放大器的偏置当成一种现象来考虑，那么输入为零时，就会在输出产生非零的电压。重要原因只有一点：输出偏移。如果沿这个原因追溯源头，对于第一级的两个晶体管，必须分成两种情况来考虑：①V_{BE} 的差异造成偏置电压 V_{os}；②h_{FE} 的不同即为 I_B 的差，进而产生偏置电流 I_{os}。两种情况分开后，根据用途的不同，有需要 V_{os} 小的情况，也有需要 I_{os61} 小的情况，可以分不同情况而采用不同的元件和措施。后面将分别详细地讲述。

另外，用输出电压表示偏置时，为了与输入信号大小做比较，隔一段时间就必须一一地通知放大倍数。因此，即使在内部发生的部分也要换算成输入，表示为输入换算的偏置电压 V_{os} 为多少、输入换算的偏置电流 I_{os} 为多少。这样一来，就可直接和输入的信号电压相比较，考虑信号与噪声的关系就容易了。

根据 OP 放大器的设计，不仅在第一级会产生输出偏置的情况，在第二级以后也会产生。一般它们都全部用换算成输入的合计值表示。

2.1.3 偏置电压的性质

OP 放大器的输出中有多少偏置电压 ΔV_o 产生呢？用下面的式子可计算。

$$\Delta V_o = \left(1+\frac{R_f}{R_s}\right)V_{os} + R_f I_{os} \tag{2.1}$$

与第一项的输入换算偏置电压 V_{os} 有关的系数是，将这个 OP 放大器当作正相放大器时的电压增益。这样的理由如图 2.2 中用虚线圈出的那样，V_{os} 在 OP 放大器的输入端口间，例如假设与 R_c 串联接入就便于思考了。

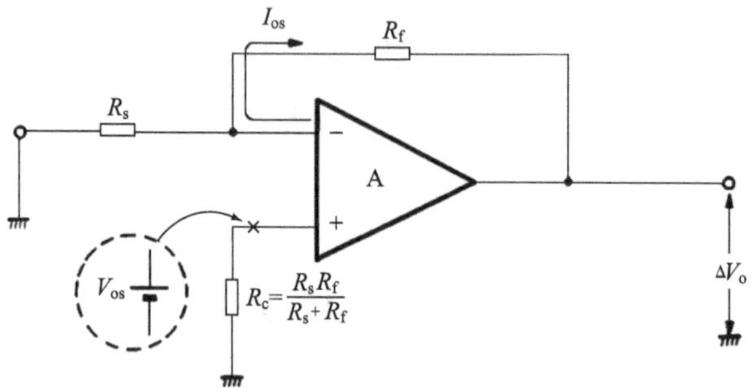

图 2.2 输入的偏置电压和电流

因此，偏置电压如果采用获得大的电压放大倍数的使用方法，就会在输出中表现得很大。相反，电压放大倍数即使小，在使用大 R_f 的大阻抗的用途中，偏置电流 I_{os} 对输出的零点也有影响。需要漂移小的放大器时，要区分是“偏置电压”的变化有问题，还是“偏置电流”必须小。

例如，使用了断路器的 OP 放大器，偏置电压小这一点是绝对好的。但偏置电流就不一定小了。相反，将 FET 放在输入级，偏流(bias current)和偏置电流(offset current)都很小，但是偏置电压不一定特别小。看一看将在第 5 章中例举的具有代表性的 OP 放大器性能，就会明白，越是高性能的越是要把重点放在某处进行设计。

例如，FET OP 放大器 LF356 和 TL081C 偏流都很小，是 nA 数量级，偏置电压为 10mV 左右，比双极的 709c、301A 差。偏流、偏置电压都小的 356A、38A、OP-07 之类的元件，都在制造过程中组合或个别挑选的，因此比普通元件价格稍高一些。所以，只有真正用于其性能所必需的地方，才能体现出它的价值。

2.1.4 偏置电流的性质

要将晶体管放在非截止区域的指定工作点时，其基极必须通上偏流。在图 2.1 的构成中，要使两个晶体管的输出 V_{o1}、V_{o2} 平衡，如果所需的基极电流 I_{B1} 和 I_{B2} 不同，尽管很小，也有影响会在输出中表现出来，成为偏置。导致这个原因的偏流的差，即

$$I_{os}=|I_{B1}-I_{B2}| \tag{2.2}$$

称为偏置电流。

在图 2.2 所示反馈放大器的情况下，如果事先让 R_c 的值与 R_s 和 R_f 并联后的值相等，那么，偏流靠其自身的效果就被抵消。因此，若看成仅有 I_{os} 在 R_f 中流动，利用前面的式(2.1)就可算出由 I_{os} 导致的偏置。再具体地讲，由式(2.1)的偏置电流，可以计算输出中产生的电压为：

$$\Delta V_o = -R_f \cdot I_{B1} + \left(1+\frac{R_f}{R_s}\right) \times R_c \cdot I_{B2} \tag{2.3}$$

因此，这里若选择：

$$R_c = R_s /\!/ R_f = \frac{R_s \cdot R_f}{R_s + R_f} \tag{2.4}$$

将这个关系代入式(2.3)，就可知道 $\Delta V_o = R_f(I_{B2} - I_{B1}) = R_f \cdot I_{os}$，如果在某种情况下，需要求 R_c 在非式(2.4)所示的情况的偏置，用式(2.3)就可计算。

2.1.5 偏置的实测法[5]

实际买到手的放大器有多少偏置电压和偏置电流？它的温度特性如何？事先测量好是有效的方法。有了测到的数据，再设计电路时，比将制做好的装置一台一台地放入恒温槽测试实用得多。

图 2.3 所示为测量偏置电压和偏置电流的电路。在这个电路中，如果设：S 关闭时，V 的读数为 E_1；S 打开时，V 的读数为 E_2。

那么，该 OP 放大器的 V_{os}、I_{os} 可用下式算出：

$$V_{os} = \frac{E_1}{R_2/R_1} \tag{2.5}$$

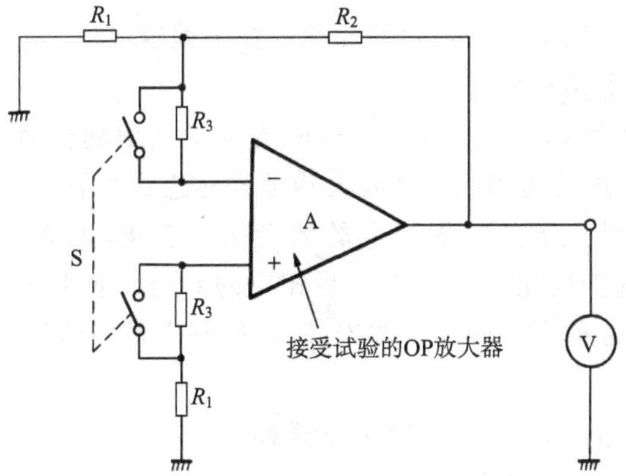

图 2.3 偏置电压、偏置电流的测量电路[5]

$$I_{os}=\frac{|E_1-E_2|}{R_3[1+(R_2/R_1)]} \tag{2.6}$$

例如，设各电阻值为：$R_1=47\Omega$、$R_2=4.7\text{k}\Omega$、$R_3=100\text{k}\Omega$，那么：

$$V_{os}=E_2\times10^{-2} \tag{2.7}$$

$$I_{os}=|E_1-E_2|\times10^{-7} \tag{2.8}$$

为了测量高性能的OP放大器，如果将R_2和R_3的精度提高1～2位，就能提高测量精度。为了测量偏置的温度特性，将这个电路全部放入恒温槽中，在S处采用舌簧继电器(必须用比R_3好得多的绝缘继电器)，利用外部开关控制，如果使用记录计将输出电压V画出来，由记录纸就能读取偏置的温度特性。也可以进行A/D转换，读入到计算机，实现自动化。

有两点应该注意。一是图中例子中省略掉了用来做实验的OP放大器上一定要安装指定的相位补偿用电容和电源的去耦电容。试验用的OP放大器即使小振幅也要预先试好，达到没有振荡。二是要考虑电源和R_1～R_3使用的电阻的变化等。OP放大器以外的干扰都不能进入。如果需要正确的测量，那么最好在R_1～R_3中使用金属皮膜电阻，事先将电压简单地恒压化。

2.2 零点稳定性的提高方法

2.2.1 变动的原因

下面具体地讲一讲如何降低偏置和漂移。为此，依次研究以下两个问题。以作为对象的信号电平为基准：

①测量的精度或S/N必须是多少呢？

②成为问题的输出偏置及其漂移的原因在于偏置电压，还是偏置电流？另外，它们的值在多少以下是被允许的？

例如，设由输入换算以1%以内的精度测量了数伏的信号。它的误差值在数10mV以下就可以，这是通用的OP放大器很容易达到的值。

如果想用记录计记下热电偶产生的数微伏的变化，那么另当别论。通用OP放大器IC的温度即使变化1℃，也会出现相应的变动。使用改善的方法不是“应该提高”，在实际动手之前事先确定要改善多少、做好定量的估计，就能预测靠这种方法有没有希望。

第②项和前面给出的式(2.1)有关系式如下：

$$\Delta V_o=\underset{①}{(1+R_f/R_s)V_{os}}+\underset{②}{R_fI_{os}}$$

在这里，第1项①的偏置电压和V_{os}的积，第2项②的偏置电流和R_f的积，这两项之和是输出的偏置。当然，偏置电压和偏置电流都十分小的话就没有问题。但是，在大多数的用途中，并不需要这两者同时都小。

近几年，我们买到的 OP 放大器越来越多地具有这种特征。例如，将微小电流作为对象的图 2.4 所示，如果将 741 用在这里，使用 $10^8\Omega$(100MΩ)的 R_f，那么，输出中产生的偏置电流所造成的电压可达到 10V 以上。即使是相当高级的、价格有些贵的 OP 放大器(例如 OP-07(PMI)，输出的偏置也近 1V)，也不能完全解决这个问题。这不是 OP-07 不好，而是它不适合这个用途。但是，如果这里用 3130 或 3140(RCA)会怎么样呢？一点不用担心输出中出现的无信号时的电压，在常温下它会稳定在 1mV 以内。而且，3130 的价格和 741 级没有很大的差别。对于双极晶体管输入的 OP 放大器，担心甚至是多余的。不仅偏流小，频带宽度、上升速度都很不错。

由此可知，MOS FET 输入型也不是最好的。其他的细小特征姑且不论，让我们来看假设按照图 2.5 的常数设置，要得到 1000 倍 A_{NF} 的情形。先前价格虽贵但处于劣势的 OP-07，其输出偏置在 250mV 以内，温度稳定程度也比 3130 好得多，能发挥出真正的价值。

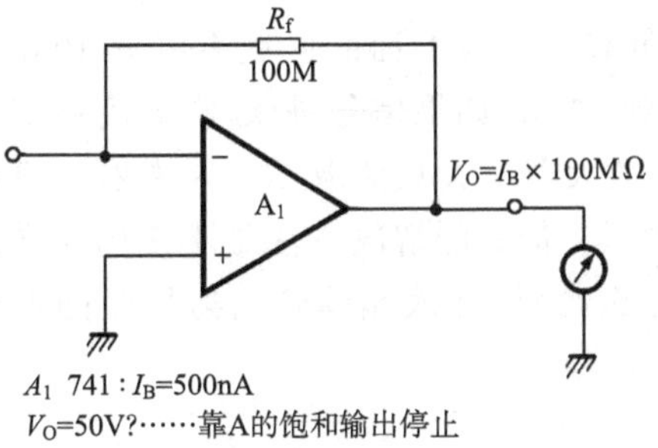

图 2.4 偏流造成的输出振荡

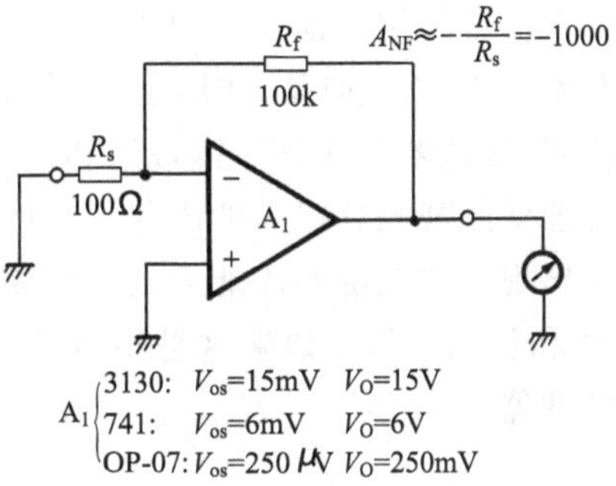

图 2.5 基于偏置电压的输出

这两个例子的区别是，后面的情况是大的 A_{NF} 造成 V_{os} 增大，而前面的例子，由于高 R_f 的原因，使得 I_B 或者 I_{os} 变成高压出现在输出中。由这个例子也可以明白，分析成为对象的问题点，并针对这一点采取改善的措施，就容易产生效果。

2.2.2 可直接进行的改善方法

从最简单的方法开始依次介绍降低漂移的方法。

第一个改善方法是，如图 2.6 所示，接入 R_c。这能产生多大效果呢，可以由下面的式子推算出来。当 $R_c=0$ 时，$\Delta V_o=(1+R_f/R_s)V_{os}+R_fI_B$；当 $R_c=R_f/\!/R_s$ 时，$\Delta V_o=(1+R_f/R_s)V_{os}+R_fI_{os}$。由此可知，由 R_c 带来的输出偏置电压的改善量为 $R_f(I_B-I_{os})$。因此，这种方法在作为高 R_f 使用了偏流较大的 OP 放大器之类的条件时，才会有很大的效果。在相反的条件下，R_c什么作用都不起。在这种情况下，最好省略R_c，相应地减少零件，电路才更可靠。在第一级使用了晶体管的OP放大器中，I_B和I_{os}之差有10倍左右，所以R_c的效果最大，FEI型为5倍左右。但是，高速OP放大器，例如电流反馈型的CLC400(COM)之类、两个输入为非对称构造的或内嵌偏流补偿电路的OP-07(PMI)等，即使接入R_c也完全没有效果。关于这些情况，用数据表查一查I_B和I_{os}之差就可知道。

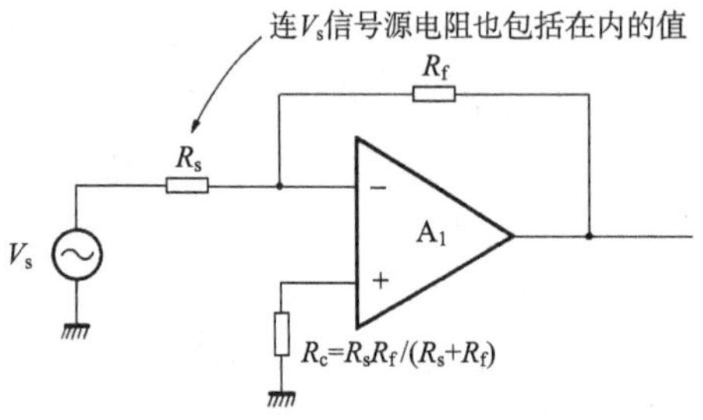

图2.6 R_c的接入法

第二个改善方法是在OP放大器中，尽可能使用小负载。工作中接触过OP放大器的人知道，即使在额定工作条件下，OP放大器也会变得非常热。

即使是温度系数相同的OP放大器，从室温到运转温度的差越大，通断引入后的漂移就越大。另外，输出、负载一旦变化，就会引起温度变化，成为漂移的原因。图2.7所举的例子也是其中之一。在这种情况下，OP放大器自身的负载小，可能只有不到1mA。但是，实际上R_f直接成了负载。在最上面的区域有将近100mA的负载，因此若将在其他区域运转的开关转到100Ω，如果信号进入，在温度稳定下来之前就能观测到很大的漂移。一般的OP放大器最大只能取10mA左右。只有发热出现一些温度差才能看到与此相同的情形。最好的解决方法是不使用这样低的R_f和负载电阻。如果这是不可或缺的，那么，最好加入晶体管的射极跟随器作为缓冲器。

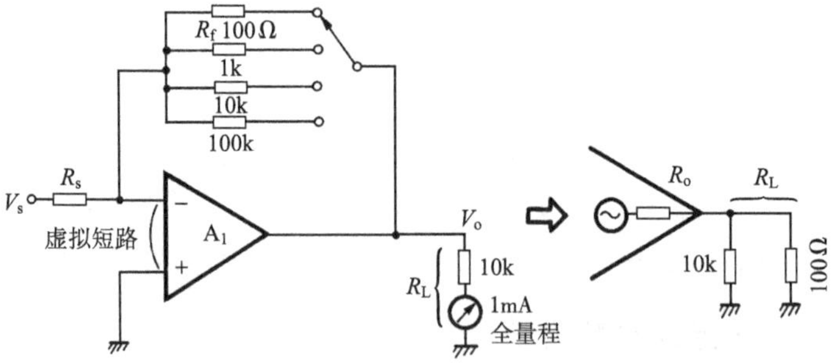

图2.7 OP放大器的可见负载与实际负载

如图2.8所示，给OP放大器加上散热片，也能在某种程度上得到改善。特别是使用高速的OP放大器或FET输入OP放大器在有极限特性的用途时，不要让OP放大器发热，尽量减少负载有利于降低漂移。

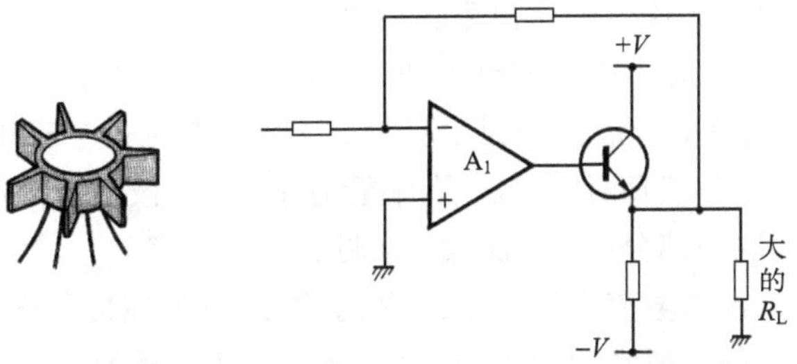

(a)加上放热散热片 (b)缓冲器的利用

图 2.8 冷却使用 OP 放大器

对 FET 输入型的 OP 放大器而言，其输入电流不是双极晶体管情况下，基极偏压所需的电流的主要成分是栅极和保护电路的中继造成的漏电流。这种漏电流如图 2.9 所示，具有大约每上升 10℃就增加 2 倍的特性，所以双极晶体管的偏流在高温下，不用说与减少不同，FET 在 25℃时为 6pA，在 75℃时则急剧增加到 $6\times2^5\approx190$pA。

FET OP 放大器也有引脚和头，25℃时的偏流，仅限于手头现有的目录就有 0.1～20pA，根据元件的不同，各种各样，但随着温度的上升，基本上不会增加。图 2.9 详细地说明了尽量在低温下使用 FET 输入型 OP 放大器的理由。

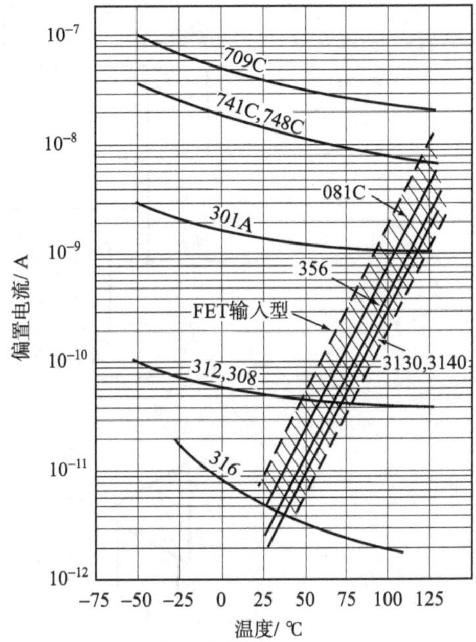

图 2.9 代表性的 OP 放大器的偏流和温度的关系

其次，漏电流不是只在 IC 中发生，实际封装在任何地方都会发生，所以要处理这样的高灵敏度、微小输入信号时就必须注意。印刷电路基板、插口、电容以及电线的覆膜等都容易出现问题，最好仔细研究材料或使用说明书上的方法。具体的方法将在第 7 章中说明。

★2.2.3 减轻电压漂移的方法

从本节开始，用四个部分讲述稍微细致的问题。初次接触的读者可以跳过去。

因为是补偿偏置的零点调节电路，所以如果零点和温度同时变化，那么零点调节也最好随之变化。从这个考虑出发，想到了数个电路。虽然这些方法并不是始终都需要，但作为一种思考方法如事先知道，即使自己不亲手制作单片 IC，在使用 ASIC、厚膜电路、混合 IC 或者表面封装（SMT）等技术时也会有用。图 2.10(a)所示为其中一种。如文字所示，它将晶体管连接于二极管，其温度系数从大约 −2.5mV/℃开始取一部分电压，加到零点调节电路上。

从补偿电路流入的电流直接使零点变化，因此用加减的形式计算由 VR_2 引起的普通零调整的比例。通常的双极型，大部分如图 2.9 所示，温度一旦上升偏置电流等就变小。图 2.10(b)是由零平衡端口采用同样的零点温度补偿的方法。关于这一点，参考文献[6]有详细地说明。

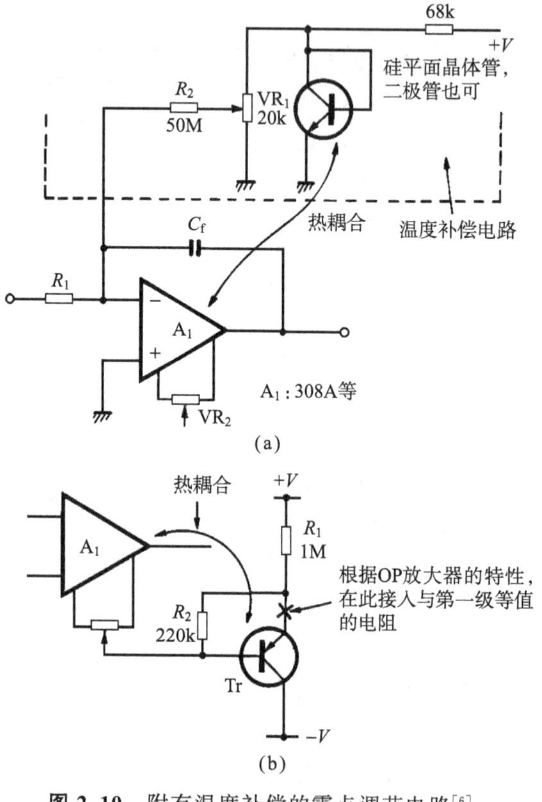

图 2.10　附有温度补偿的零点调节电路[6]

上述的两个例子，无论在哪种情况下，使温度补偿用晶体管和 OP 放大器之间很好地热耦合都是很重要的。实际封装时，如果是在基板上制作的话，要想办法（例如选择表面封装用的片状晶体管）用环氧树脂等将其粘在 OP 放大器上。

在具有与热耦合一致特性的这一点上，可将两个制作 OP 放大器的元件封装在同一个芯片上，当作差动放大器使用，以此（利用热耦合特性）来消除漂移。在图

2.11 的构成中，如果使用 OP-220、OP-221(PMI)，就保证了封装在同一个芯片上的两个 OP 放大器的跟踪特性，所以有可能减轻漂移。例如，即使含两个 741 级的 747 等也能达到同样的要求，但是这些便宜的元件并不能保证所含的两个 OP 放大器具有同样的特性，所以其效果必须经实验确认。

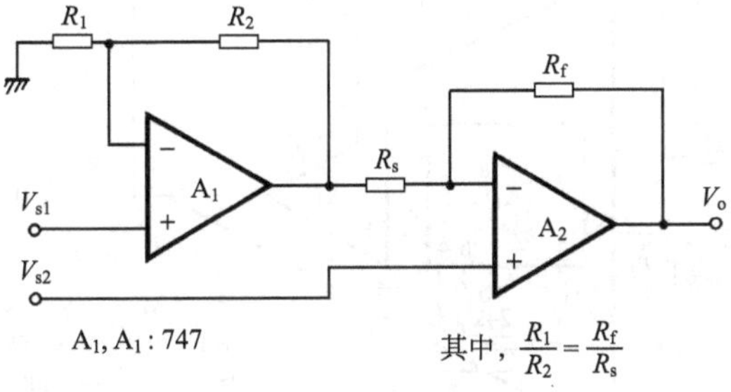

图 2.11 利用双重 OP 放大器消除 V_{os}

★2.2.4 寻求别的元件的帮助

按照顺序，下面应该讲关于电流偏移的减轻法或温度补偿法，但在此将其省略。之所以这样做，是因为更换元件比上述接入 R_c 和冷却的方法更实用。对 741 等通用 OP 放大器从外部进行补偿，虽然不能说绝对不可能在较大的温度范围内赶上 308 或 FET 输入型，但是需要做很大地努力。现在的 OP 放大器市场上，针对这种情况的产品很多。因此，不需要在温度补偿方面下功夫，与使用通用的 OP 放大器相比，选用高一级的元件更有利。

选择使用什么元件，各公司的数据表比本书更具体。选择方向有三种，分别是 308、316 这样的双极低偏流型，356 等 J-FET 输入型以及 3130 之类的 MOS FET 型。如果输入信号是 1pA 以下的极微小电流，那么除此之外，采用静电容量调制方式的参量型在目前也是很有用的。在对象为微小输入电压的情况下，有两种方法：完全换成高级 OP 放大器的方法和只将输入部分换成所需要的元件的方法。通用的 OP 放大器很难买来就能适用。现在的单片放大器已经达到过去的削波放大器的水平。如果使用 OP-07(PMI)级的 OP 放大器，仅此就能立即实现偏置电压 100μV 以内、温度漂移 1μV/℃。这样，无需斩波器等就能使直稳定地放大热电偶输出程度的信号。

较之稍低一点就是温度系数为 0.1～0.2μV/℃的水平。图 2.12 所示为追加了低电压漂移的差动前置放大器 LM321(NSC)的例子。

比它还低的是调制法。现在能买到的半导体削波型 OP 放大器(参见图 2.13)，其普及型产品也有与 OP-07 相差不大的。但真正的半导体削波型 OP 放大器的灵敏度相当高，例如在 ICL7650S(INTERSIL)的数据表中记载着，偏置电压 1μV、温度漂移 0.02μV/℃、偏流 5pA(均为 0～75℃的标准值)，是外形与 741 相同的 OP 放大器难以置信的值。

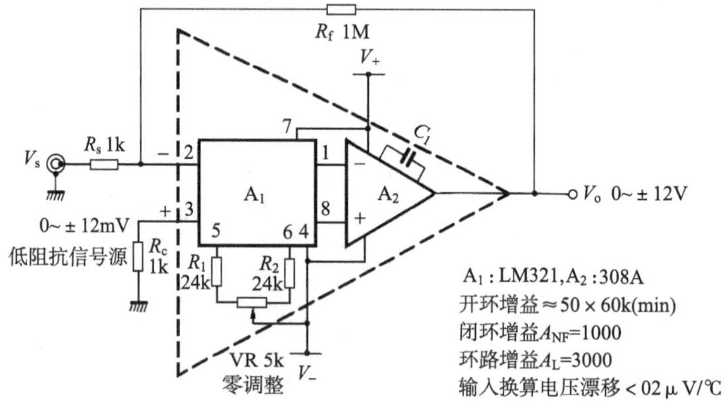

图 2.12 简单且电压漂移小的高增益放大器[7]

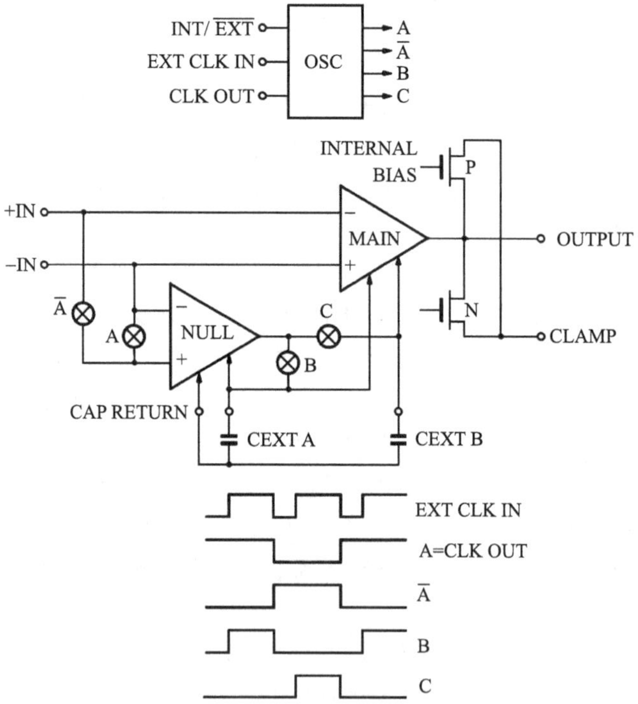

图 2.13 削波型 OP 放大器的例子[9]

★2.2.5 关于温度的两种研究

其中一种是利用恒温槽。(日本)国内外的产品中有图 2.14 所示的 IC 直接放入的简便恒温槽。若使用这种恒温槽,放进去的 IC 的温度保持在 65～70℃,可以保证外部温度变化对内部的影响只有 1/10 左右。该零件如果根据使用方法来应用相当方便,但是价格却格外贵。如果用于通用 OP 放大器,比大一圈的 OP 放大器还贵。而高温时,特性急剧降低的 FET OP 放大器等对于存在漏电流的问题则不适用。308A、OP-07 之类的双极输入,从偏置的一开始就与小元件并用,对进一步地降低漂移很有用。一般地,还是用于简单的温度试验等方面。

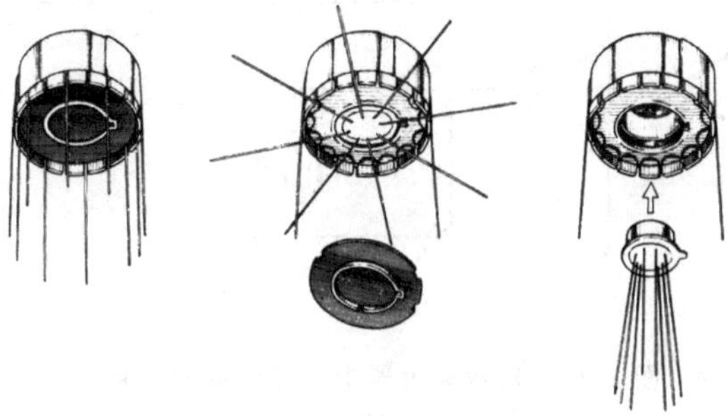

图 2.14 IC 用简易恒温槽

另一种方法是将 IC 内部制成恒温槽。晶体管和 OP 放大器使用两个以上放入到共同芯片的元件,将其中一个用于发热,并检测温度,自动控制温度使之保持恒定。与从外部加热的方式相比,具有响应快、只需数分钟就能到达恒定状态等特点。为了保证无论怎样温度都稳定在上升后的状态,作为代价,元件相互间的漏电流常常成为问题。

OP 放大器以外的温度特性怎么样呢?如果这种用途是指特性好的 OP 放大器也必须放入恒温槽后再使用的话,就有必要先研究一下是否将 OP 放大器放入恒温箱。以恒压电源为例,用于基准的稳压二极管和分压器等固定电阻的温度特性比 OP 放大器的温度漂移所产生的影响要大得多。

目前还存在对有源元件的不信任,变化的原因不少是被 OP 放大器遮盖了。但是,在正确使用了最近的 OP 放大器的情况下,必须将其放入恒温槽中时,应该试着计算一下其他元件的温度特性起了多大作用。有关这些措施将在第 5 章中讲述。

★2.2.6 关于温度的过渡特性

如果将放置在室温的 OP 放大器通上电源,其内部发热会使第一级的晶体管接点的温度上升。若观测输出出现的偏置，将发生温度引起的漂移(称为加热漂移)。通常，这是温度漂移中最大的。但是，实际封装的状态如图 2.15 所示，使几个元件的温度特性组合互相补偿，在温度发生变化之前，各个元件紧密地封装在一起变热，不可能冷却。

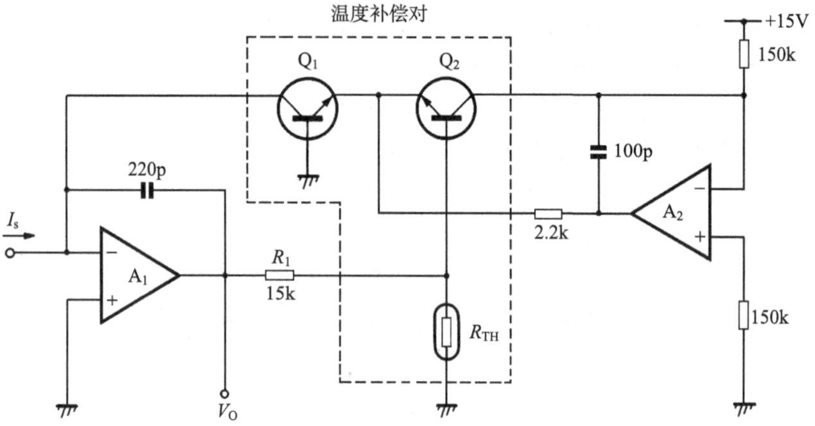

图 2.15 对数放大器中可见到的温度补偿

若以图 2.15 为例，Q_1、Q_2、R_{TH}尽量紧密地热耦合在一起，相互的热传导性好于与外部的热阻抗，这是必需的物理条件。实际上，这些元件若封装在共通的散热片上，一起模块化之后，周围用隔热材料包起来效果会更好。

要改善热过渡特性，设法不让这部分的热容量增大也有效果。在最近的已半导体化的系列中，预热时间变为数分钟至 10 分钟左右，很少有像过去那种预热需要花费一个小时的情况。单片 OP 放大器的内部，元件之间热传导太好了，一旦在输出部分接上重负载或容性负载，其发热就有可能在第一级发生反馈现象。设晶体管的 V_{EB}的温度系数为-2.5mV/℃，生成 2.5μV/℃的不平衡只需要 1/1 000℃的温差就足够了。

热冲击大多是来自外部安装的零件，例如，来自功率晶体管或电阻的冲击。要模拟这个效果，最好的办法是在认为受到损害的元件的外部，用吹头发的吹风机吹热风或者用液化氟利昂喷雾器喷雾冷却。采用这种方法做热冲击的试验，比恒温槽还好。其特征是并不像恒温槽那样温度都一样变化，而是只有一部分变热或变冷。

为了更加慎重起见，先介绍具体的操作方法。使用吹风机时，最好能制作一个使风更集中的附加器，热风温度会格外高，立即就上升到 80℃左右，可利用时间进行调节。氟利昂则要一点一点地喷，不要喷到对象以外的其他零件上，也不要突然过于冷却。喷雾口的方向不要搞错，若喷到眼睛可能会导致失明，所以戴上眼镜再喷更安全。另外，要加以说明的是，为防止氟利昂影响环境，已经制作了替代品。

2.3 消除偏置

2.3.1 零点调节的效果

要降低偏置和漂移，就要使与 OP 放大器两个输入端口相连接的、且与外部电路接地的电阻值相等。如果这样还不够，就要使用更高级的 OP 放大器，这样做确实有效。最好的方法还是在价格允许的范围内买到能够满足性能需求的 OP 放大器。即使这样还不能满足时，讲一个减少零点变化，效果不亚于价格昂贵、逐个调整 OP 放大器的方法。

其一是使零点调节电路外接。单片 IC 的 OP 放大器的偏置电压的温度系数一般多为数微伏每摄氏度。这与偏置电压是数毫伏相比，减小了三位数左右。因此，即使看到 50～100℃的温度变化，如果能将零点调节电路用好，也能在无调整情况下与使用同一个 OP 放大器时相比使零点的偏差降低 1 位数左右。

例如，FET OP 放大器 356 偏置电压为 13mV(max)、偏置电压温度系数为 5μV/℃，利用零点调节，只要吻合，即使 IC 的温度变化 100℃，也只有 500μV/100℃，即只有 0.5mV 的偏差就可完成。这个效果对于双极 OP 放大器来讲是 10 倍左右，而对初期偏置电压大的普及型 FET OP 放大器来说会更高。

2.3.2 零点调节的方法

在用混合方式制作的价格昂贵的 OP 放大器中，可见到零点稳定性比单片 IC 通用 OP 放大器好得多的情况。这是有原因的。便宜的 OP 放大器或许遭到指责，因为它在制作过程中没有经过个别调试。

相反，价格昂贵的模块型和混合 OP 放大器要选择元件、使偏置平衡，或者装入温度补偿电路。即使高级的单片 OP 放大器也利用激光来调节平衡。这意味着即使是便宜的单片 IC 的 OP 放大器，只要想办法也能发挥出更好的性能。

与提高性能有关的主要方法之一是偏置的调节。利用零点调节使之与零点吻合，过一段时间温度一旦变化，仍会出现一点偏差。因此，重要的是事先预测到利用零点调节吻合后的变化量。

以上只是一般性讲解零点调节的方法，还可以考虑如图 2.16 所示的三种方法。①是使第一级的集电极电流平衡；②是从恒定的电流源向反相输入加一定的电流；③是给正相输入加调节用电压。这几种方法可以应用于没有使用其他正相输入的情况。

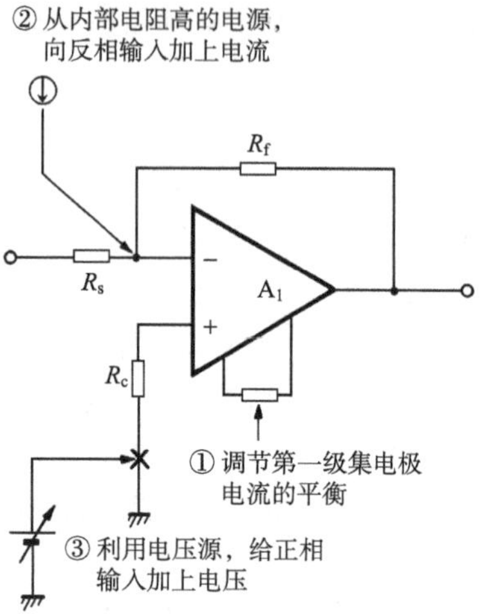

图 2.16 可用于零点调节的三种方法

2.3.3 利用集电极电流进行零点调节

因为漂移的成分包括电压偏置和电流偏置，所以要正确实施就必须对这两方面分别进行补偿。但是，这样一来，补偿电路就变得过于复杂。因此，大多采用如下方法，即偏置电流方面预先使 R_c 与 $R_s /\!/ R_f$ 合并起来，然后调节第一部分差动放大器的集电极电流，在没有输入时将输出调整为零。

先看看有代表性的零平衡的实例。图 2.17 是 741 中采用的方法。当没有下面的外接 VR 时，恒流电源 Q_5，Q_6 的发射极电阻 R_1，R_2 为额定值 1kΩ，由差动放大器 Q_1，Q_3，Q_2，Q_4 吸收了平衡电源。图为肉眼看不到的 Q_1，Q_2，Q_3，Q_4 形状。但是如果将 Q_1，Q_3 二者的作用看成和一个高增益 PNP 晶体管一样，就容易理解了。因此，如果利用 VR 调节 Q_5，Q_6 的恒流电路，就可以平衡 Q_3，Q_4 的集电极电流。

采用这种方法的 OP 放大器很多，如：715，725，749，102/302，110/310，118/318，355，356，018 等，内嵌相位补偿型大多都属于这种类型。所使用的可变电阻的值等具体情况根据元件不同而不同，所以请参照数据表。

图 2.18 为像 301A 那样，是外接相位补偿电容 C_c 的 OP 放大器中常见的方式。其原理也是增减第一级的集电极电流，但由于端口是从接受第一级差动放大的 Q_3，Q_4 的集电极一侧兼作相位补偿用而取出的，所以操作时必须注意。和图 2.17 不同，这个端口是直接从信号的通过部分接出的，而且电流又小，所以将图 2.18 所标出的高电阻 R_1，R_2 安装在 OP 放大器附近。图 2.18(b)是数据表里的方法。把标有 5MΩ 的 VR 短线连接在 OP 放大器上，但是实际安装时有困难。属于

这个类型的 OP 放大器，除了 301A，还有 301，748，777 等。

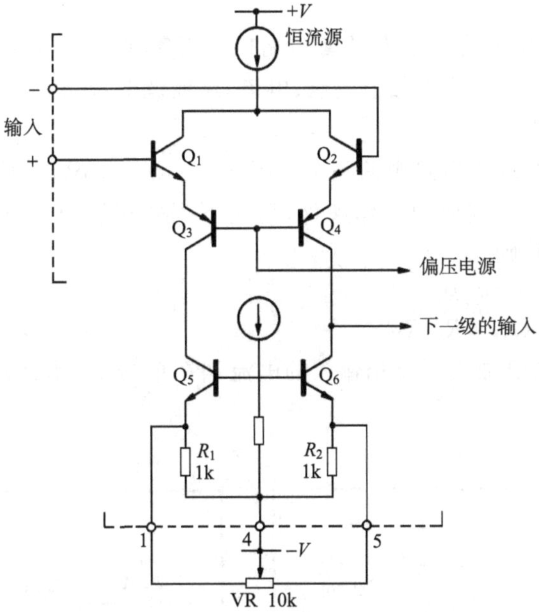

图 2.17 调节第一级电流的偏置平衡

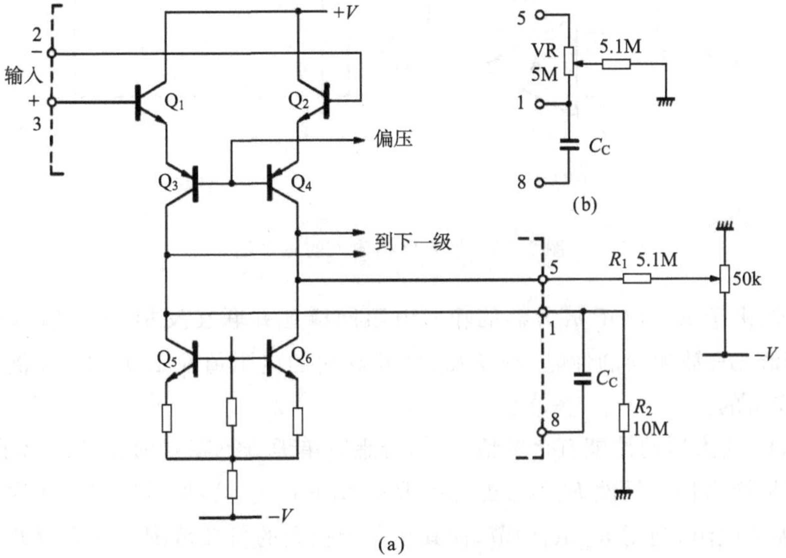

图 2.18 301A 中的偏置平衡

2.3.4 从输入侧进行的零点调节[10]

当OP放大器中没有用于零平衡的端口或者零平衡一旦改变、温度漂移就增加时，可给OP放大器的输入加上电压、电流，从而调节零点。

1. 反相放大器的情况

图2.19是两个基本电路中的一个。图2.19(a)的情况，参数设为增益−10的反相放大器，要应用于其他的工作条件，可用下列式子算出。设V_a为换算成信号输入端的调节范围，则

$$V_a = \pm V \frac{R_s R_f}{(R_s + R_f) R_1} \tag{2.9}$$

通过R_1流入OP放大器反相输入的电流加在信号上，作为将在第6章中讲述的加法器而工作。

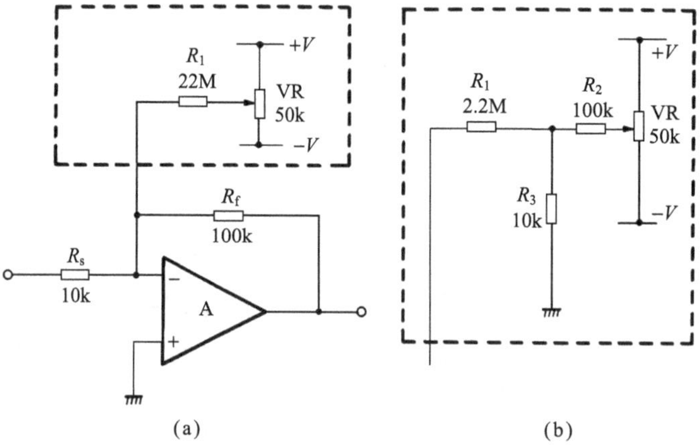

图2.19 加入反相输入的零平衡

不过，由于R_1和OP放大器的输入电阻同样地并联在反相、正相输入端口之间，会降低OP放大器的性能，所以R_s、R_f并联后的电阻值在100～1 000倍左右的大小是安全的。

在OP放大器的性能有余的情况下，若想简单地进行零点调节，也可像图2.19(b)所示那样操作。虽然R_1不可能达到$R_s /\!/ R_f$的1 000倍，但是根据上述理由要采用尽量大的电阻，利用R_2、R_3调节，使其在一个很大的可变范围。换算成此时的输入的可变范围是

$$V_a = \pm V \frac{R_s R_f}{R_1 (R_s + R_f)} \cdot \frac{R_3}{R_2 + R_3} \tag{2.10}$$

第二个基本电路使用正相侧。在正向侧闲置的情况下，这个方法可以说是最好的。在 R_s、R_f 使用特别高的电阻，对性能好的 OP 放大器进一步进行零平衡后再使用的情况下，采用上述方法，R_1 必须达到 100MΩ 或1 000MΩ。

图 2.20 所示代替这种方法，给正相输入侧加上了偏置平衡的电压。这样一来，通过 R_1 流入的电流在 R_2 的两端产生电压差，从而驱动零平衡。为了避免对电路其他部分的影响，用于 R_2 的电阻值要尽量低。正相输入端直接接地时，按照该图这样做即可。如果需要 R_c 的话，接入标有"×"符号的地方。这里，换算成输入的可变范围是

$$V_a = \pm V \frac{R_2}{R_1 + R_2} \tag{2.11}$$

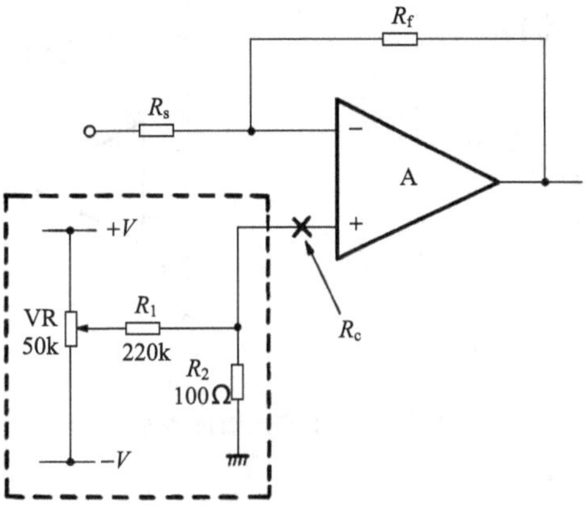

图 2.20 加入正相输入的零平衡

2. *差动放大和正相放大的情况*

上述的方法也可用于差动放大器。只不过为保护好 CMR，电阻值很小，故不要忽略 R_2，最好合并到 R_c 中。正相放大器的零平衡如图 2.21 所示。与前面的情况一样，由流入 R_2 的电流在这里生成补正用的电压。换算成输入的可变范围是

$$V_a = \pm V \frac{R_2}{R_1 + R_2} \cdot \frac{R_f}{R_s + R_f} \tag{2.12}$$

如图 2.21 所示的参数中，如果选 R_2 比 R_3 足够小，那么在计算上可以忽略 R_2，显得更为简便。

在电压跟随器的情况下，设计上有点麻烦。在图 2.21(a)中，应注意若使 R_f 变小，可变范围也会变小。如果此电路直接用作 $R_f = 0$ 的电压跟随器，那么无论如何流入电流，偏置都恒定不变。要从电压跟随器外部取得零平衡，按图 2.21(b)所示

那样,就可以实现±7mV左右的零点移动。

$$V_a = \pm V \frac{R_2}{R_1 + R_2} \tag{2.13}$$

不过,此时增益也为 $A_{NF} = 1 + (R_2/R_1)$,比1大。但按照图的参数为 $A_{NF} = 1.00047$,在实际应用上没有问题。

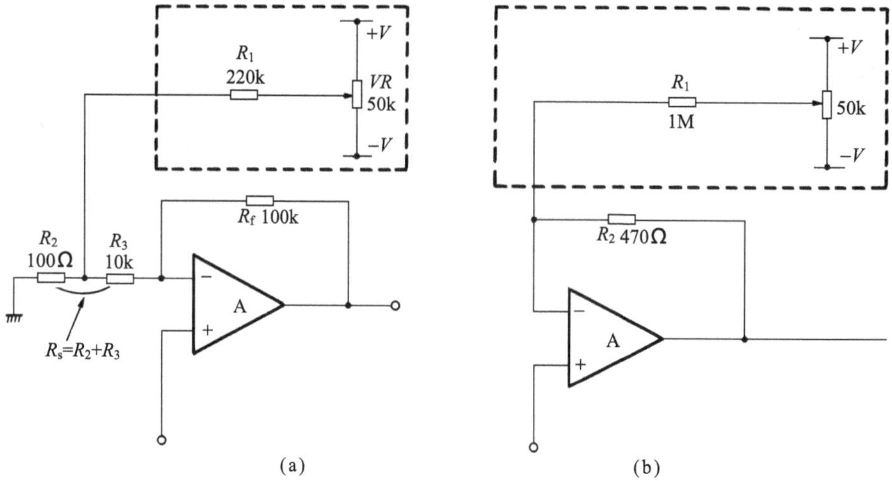

图 2.21 正相放大器的零平衡

2.3.5 使零点偏移后使用时

有时,不需要与零点吻合,而是要特意与零点产生偏差后使用。前面已经讲到,与零点产生偏差,也就是说,使第一级只有这一部分不平衡,从OP放大器的性质上讲不是上策。下面,讲一讲在尽可能不降低OP放大器性能的情况下实现这一目的的方法。

1. *有一点偏差时*

办法之一是,如图2.19所示,偏压当作信号之一,偏流流入反相输入。这时要注意的仍然是 R_1 的值。如果该值小,就会有损于环路增益,所以最好的办法应让信号源的电压尽量高,通过尽可能高的电阻值与反相输入连接。即使这样,也不是单纯的零点调节,一旦变成所谓的偏置,由于信号源电压的关系,不能使用数兆欧、数十兆欧这样的电阻。正确的做法是用1.4节所述的方法,计算环路增益的富裕量,如果不够就必须采取措施。

如果正相输入是空的,那么,图2.20所示是最好的、不损害环路增益的、稳定的偏流法之一。因此,设计测量系统时最好设法做成这个形状。

但是，采用这个方法有一个困难的条件。即使想加上高于 OP 放大器的全量程的偏流，也不能超过反相放大器的同相输入范围。还有一个利用保护电路箝位的方法。但是，作为基准的偏流电压，恐怕要使用稳压二极管或标准电池。这样一来，要产生 OP 放大器的输入、输出范围之外的高电压就麻烦了。

2. 大幅度地偏差时

在用于精密的物理量测量时，在想要进行最精度测量的情况下，因其基点在绝对温度 0 度附近，所以，总是在与零点产生大幅度偏差。解决办法是制作使用普通 OP 放大器的恒电流源，如图 2.22 所示，将其输出电流加到反相输入端。正如将在第 9 章中所述，恒流电路的输出电阻很容易地就能达到数百兆欧至 $10^{12}\,\Omega$。如果采用这种方法，就可以不消耗 OP 放大器 A_1 的环路增益，将任意大小的偏置电流流入反相输入一侧，使由输入 R_s 发出的信号电流偏差到任意点工作。

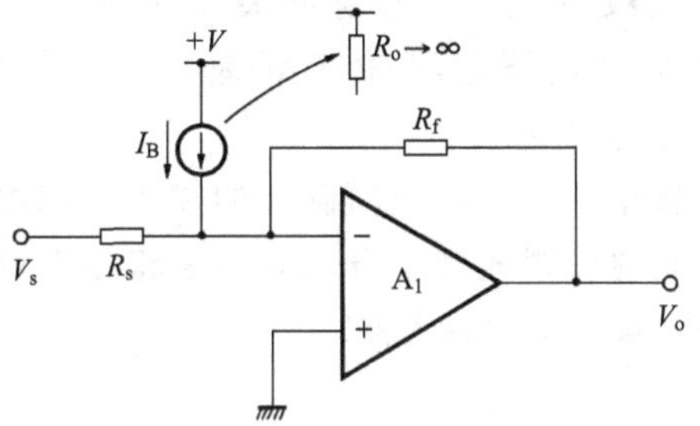

图 2.22 通过恒流电路流入求和点

2.4 自动零点调节

★2.4.1 自动吻合的方法和特点

不借助人工，使其自动完成上述零点调节，有如下几个特点。从制作的方面讲，连接多个零点调节可变电位器(potentiometer)对其进行调节，大多是由人完成的，因此调整所需的人工增多，价格就增高。从使用方面看，若半年之后零点变得不准了，由谁操作来使其吻合呢？这是让人担心的。还有更极端的效果。风吹、气温上升、输出增加、开门、装置旋转，这些都是笔者经历过的、造成漂移原因的实例。对于这类变化，用人工调整可变电位器是解决不了的。

对此，最常见的方法是使用特性更稳定的零件。例如，采用温度系数小、不会由于经过一段时间就发生改变的元件，并尽量采取无温度变化的安装方法。然而紧密性和可靠性不能与自动零调节相比。另外，还有用发动机带动零点调节的产品。不过，这里我们讲一讲更灵敏地进行自动零点调节的方法。

实用的自动零点调节的原理大体分为以下两种：

① 用开关切换零的状态和测量状态。

② 装入零点校正的专用放大器。

第一种方法不仅能储存零，也可以储存全过程及其他一些系数。其代价是稍稍变得复杂一些。如果不是一级一级地作，而是从整个系统的角度通过模拟/数字技术来进行考虑，可制作出效果更好的程序。

第二种方法也适用于比较小的单位，其优点在于不使用开关。我们从小规模的角度看看具体的实例。

★2.4.2 零点校正放大器

晶体管的射极跟随器处理高频率和脉冲很快，可得到工整的波形，非常有用。但是，直流耦合使用的脉冲电路等，晶体管的基极-发射极间电压（硅晶体管为0.7V，−2.5mV/℃左右）会有麻烦。

图2.23是为零点校正放大器论证而制作的输入输出电位差与OP放大器相同的射极跟踪器。Tr_1是射极跟随器本身，Tr_2用来将零点调节端连接到射极跟随器上，OP放大器A是零点校正用放大器。

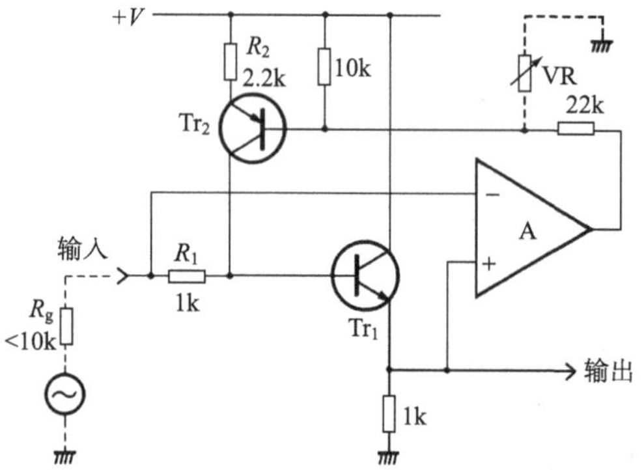

图2.23 输入输出电位差与OP放大器相同的射极跟随器

我们以信号源电阻在1kΩ以下的情况为例，演示一下其工作。Tr_2变成了恒流源，从集电极看到的输出电阻在200kΩ以上，其输出电流流入R_1。若忽略Tr_1的基极电流，只考虑Tr_2，则R_1的电流为$I_E=(V_B-V_{BE})/R_F$，其中V_B为$+V$和Tr_2基极之间的电压。因此，若调节V_B，在0.7mA附近，输入输出间的偏差，即偏置电压应变成零。

即使不用 OP 放大器，若像虚线那样连接可变电阻 VR 也可实现。不过，试着做一做就知道，实际上手动式根本不耐用。简要地说，初期晶体管放大器的不稳定性、−2.5mV/℃的温度系数都直接出现，在很小的用途中常常要吻合 VR。如果是这样的话，最好是在反相再装入一个 PNP 的射极跟随器。

该处可放入 OP 放大器 A。由于射极跟随器的输出电压若是比输入低，正相输入相对就下降，所以 A 的输出下降、V_B低，以 Tr_2的集电极发出的恒流输出增加、由 R_1产生的电压下降变大。结果，射极跟随器的基极电压使＋侧工作的输出电压上升。这样，OP 放大器自动控制 Tr_2，使两个输入端口间的电压为 0V。

这种方法的优点是，射极跟随器的响应速度和高频率的噪声基本上都不受 OP 放大器的影响。图中 A，即使使用 741A，不可能达到数百纳秒上升脉冲波形的 OP 放大器也能顺利地通过。

★2.4.3 更复杂的例子

上述例子是这里讲述方法中最简单的实例，它只使用了射极跟随器。在信号源一侧需要 1kΩ 以下的电流通路或者正的上升，虽然速度快，但是向负方向输出电阻取决于进入到 Tr_1发射极的电阻 1kΩ。当然，电路是越简单越好，所以，有这样的情况就足够了。如果信号源电阻只有 10kΩ 左右，那么只需改变 R_1和 R_2的值就能应对。

在欲进一步提高输入电阻值的情况下，可在入口处再安装一个射极跟随器。无论是 NPN 还是 PNP 都能使用，在 NPN 中由 R_1产生的校正电压为发射极-基极间电压的两倍，为 1.4V 左右；如果是 PNP，当作减去 Tr_1，所以只有 0.1V 左右。不过，处理的信号为脉冲情况时，已经规定了大体上要重视哪一个上升。因此，想使向正的上升快就选用 NPN；想使向负的上升快就选用 PNP，相同元件的组合对上升有利。

零点校正不在意这种情况，主要是如图 2.24 所示，从输入的最前面和输出的最后取出信号，放入零点校正用 OP 放大器中，若将其输出加入被校正电路的零点调节端，中途一旦有什么就全部被校正。即使这不是温度造成的偏置和漂移，只要 OP 放大器能跟上的信号，都是一样的。例如前面的图 2.23 中，如果 Tr_1的基极上串联地加上 50Hz、1V 左右的交流电压，R_1的电压降就反向变动，全部被校正，不在输出中出现。

希望信号的正负两方面都上升、并用于大功率时，可以自己制作互补的射极跟随器，而缓冲器使用市场销售的 IC 较为方便。缓冲 IC 可以挑选有零点调节端口的使用。

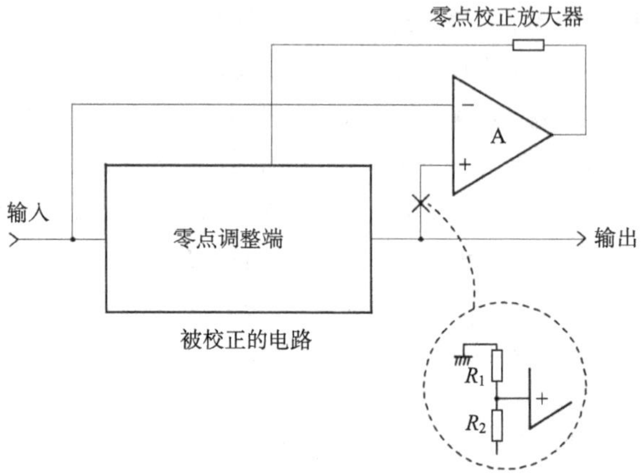

图 2.24　零点校正的方法

★2.4.4 有放大倍数时

按照同样的原理，可以改善虽然速度快，但偏置或漂移大的放大器。惟一改变的是进入OP放大器的信号中，事先将从输出一侧得到的信号用电阻变成增益分之一。图2.24中圆内所示的就是这个，如果被校正的电路增益为X，就要按照$(R_1+R_2)/R_1=X$，事先选择电阻值。

采用这种方法校正的电路，主放大器无论是分立的，还是IC都没关系。如果有输入输出直流电位差，加入稳压二极管大体就基本吻合。若在某处制作零点调节的端口、后面的都交给零点校正OP放大器的话，不论是脉冲放大器还是高频率，都变成了具有和OP放大器一样偏置和漂移的特性。不过，如在主放大器内部转换放大倍数、脉冲波形整形和保持取样等，输出中没有出现和输入波形一样的信号时，对进入零点校正放大器的信号必须设法处理。

应用于市面销售的电流反馈型OP放大器的例子，在参考文献[11]中已有记载。该放大器虽然是高速，但是因为第一级的构成不是差动放大，所以其输入特性不能像普通OP放大器那样低偏置、低漂移。而且，由于驱动40～100mA这么大的输出，在如此重负载的情况下，从脉冲的上升、下降后的数百微米左右开始，由热的影响导致的偏差可能会出现问题。图2.25研究了在这样条件下，所需要的低漂移和低偏置用途的情况。工作原理如前所述，在前面的图中，A_1为被校正电路，用虚线圈出的部分相当于零点校正放大器。图(a)所示为反相放大器的连接，图(b)所示为正相放大器的连接。参数是A_1使用CLC103、A_2使用LF356A。

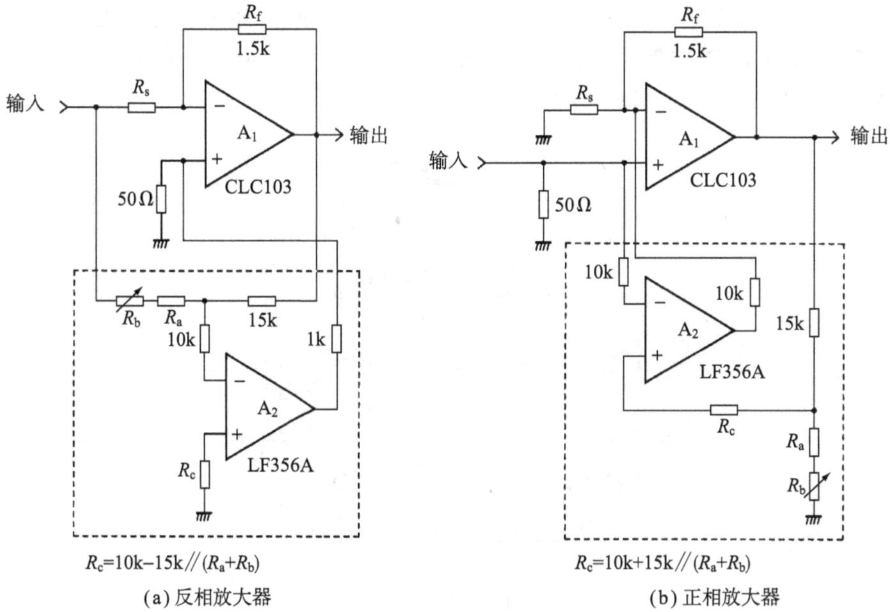

图 2.25 低漂移、低偏置的实现法

将输出电压变成增益分之一，加到 OP 放大器上的分压电阻是与输出端相连接的 15kΩ 和 R_a，R_b。R_b的调节来自输入的 70kHz 的方形波驱动，它保证放大器的输出在±5V 以上摆动。根据它的状态，可调整到使 OP 放大器的输出为最小。

★2.4.5 采用开关切换的方式

图 2.26 所示为采用模拟开关(也称为线性门)的例子。首先将 S_2、S_4 设为开，A_1 为接地的状态，此时 A_1 的输出也就是偏置成分经由 S_4 给 C_1 充电。于是，A_2 工作，在 R_1 产生与此电压相等的电流，给 C_2 充电。此时，从 A_2 的输出发出的零点的校正电流经过 R_2 供给 A_1，该工作持续到流过 R_1 的充电电流为零，也就是 A_1 的输出电压为零。

在这种状态下，若打开 S_2 和 S_4，关闭 S_1 和 S_3，在可进行零点调节的状态下就可以使用 A_1。图下方的波形表示零点调节和信号放大的时间关系，这个例子是每 T_s 时间进行 50μs 零点调节。T_s 是根据测量系列零点偏置的大小和可以零点调节余暇的时间什么时候取得而设定的。

图例中的 A_1 是放大倍数为 22 的反相放大器，这只不过是一般的取样。如果只打算简单地做这个电路，由于 A_1 的正相一侧是空的，可在这里装一个保持校正电压的电容，只用 1 个 OP 放大器就能完成。另外，因为 R_s 为 1kΩ 的低电阻，所以偏移调节用电流就可以通过 10kΩ 的 R_2，流入正相一侧。如果想有效地使用 A_1 的环路增益，稳妥的做法是像上文所述那样，在 A_1 的正相一侧进行偏移调节。此时，将 A_2 的反相、正相输入相对连接。

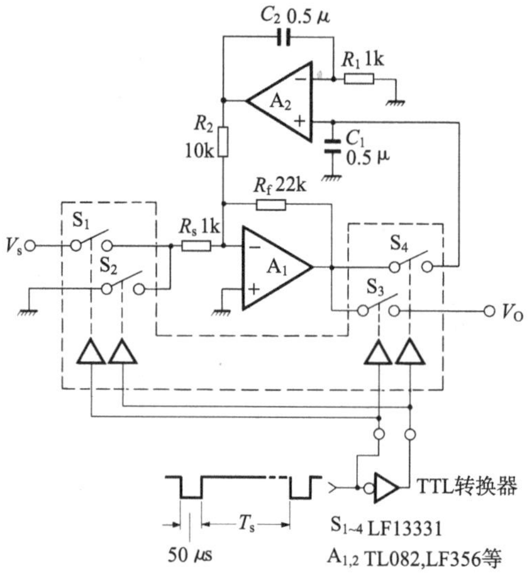

图 2.26　自动零点调节电路

在这里举这个例子，与其说是讲这些细小的事情，不如说是在说明这种方式的长处。它的长处就在于，应用 1 个或 2 个 OP 放大器不能解决问题的复杂系统中，可以戏剧性地改善整个系统的稳定性。它也有缺点。最大的缺点是零点调节的时间问题。由于其间没有测量到信号，用同行的话讲叫做“欠测”，在对可靠性有要求的系统中就会成为问题。因此，采用这种方式时，若能设计成以尽量少和短的时间完成零点校正，其应用范围会更广泛。这又是一个课题。

这个新课题就是开关的过渡电压，通俗地说就是尖锋信号。零点调节的时间越短以及对象电路越是高电阻、高速度、高灵敏度，S_1 ～ S_4 切换时产生的噪声影响就越大。因此，要追求极限的性能，在如何控制模拟开关的噪声方面就可看出技术的差异了。

★2.4.6　可使用计算机时

将模拟信号转换成数字信号，然后由计算机进行数据处理，这样的构成已经不是稀罕事了。这种情况有零点校正电路不是由模拟，而是由软件完成的做法。特别是如图 2.26 所示测量系列有很多时，或者不仅是零点而是全量程校正时，可比上文中所述的全部由模拟完成的方式节约数百个 OP 放大器和零件。

实际上，在测量实物之前，事先对校正用的电路编好程序。然后，在校正的电路中，预先给模拟系列的输入加上零或试验用的模拟信号，用计算机收集校正用的数据。接下来，对实物进行正式测量。从收集的数据中扣除先前的校正数据，然后进行运算，再去掉误差。如果能(也只有)很好地运用这种方法，就能从检测器到A/D转换器消除误差。即使如此，还要先讲一讲存在的主要问题点。

第一点是模拟开关。这已经在前一项中讲到。开关复杂，数量增加，要求精度提高，这些都更加严格起来。

第二点是数字信号的噪声。进入计算机装置，噪声水平一般都不低。往来于基板上的数据线的数量也增多了。所有这些都是模拟误差的原因。装置一旦变大，进行故障检修就很麻烦，处理和改造都会造成大混乱，在初期设计或试运行阶段就处理好这些问题是很重要的。

第三点是校正时和实际测试时的再现性。如果要收集校正数据，就要延长机器的使用时间。若是只进行校正，偶尔实际测试一下就可以了(这还简单)。但是，多数情况是相反的。甚至有时需要保密校正时间，以免用户发现。必须设法达到在有效的校正条件下，进行实际测试。例如，校正时的温度同实际测试时的温度是否一致，需要多少时间，如何考虑负载影响等等。

最后一点，也是最重要的一点，就是人。在不久以前，模拟和数字还由不同的人负责，如今连软件也全部交给一个人，恐怕是勉为其难。而采用这种方式产生误差的最大原因不是上述三点中的任何一点，而是在于负责的技术人员并非通晓模拟、数字和软件领域。但一个人即使不能够全部设计制作，只要他能够做到预先理解，不仅在这个领域，对于其他的领域也一定会非常有用。

2.5 OP放大器的噪声

★2.5.1 从内部产生的噪声

在OP放大器作为理想放大器处理的阶段，OP放大器本身并没有噪声，因此请跳过这一部分看下面的内容。这里，OP放大器并非理想放大器水平，噪声就是研究对象。

要设计电路获得所需性能，就必须要预测噪声的情况。但是，在OP放大器刚开始普及时，笔者当时写关于以前OP放大器电路设计的文章时，完全没有进行过关于OP放大器的噪声质量管理，要知道OP放大器产生的噪声情况，除了实际测量外没有别的办法。

如今，关于噪声的信息和OP放大器的质量管理都有了很大改善。关于OP

放大器的噪声数据，在某种程度上得到的种类也越来越多。下面就 OP 放大器的内部噪声，讲一讲其种类和性质的概况以及在实际电路设计中如何反映。

这里所讲的噪声，不是由电路的制作方法或外部的感应等带来的噪声，而是 OP 放大器或电阻等部件内部产生的噪声。这种内部噪声从本质上的意义称为固有噪声(intrinsic noise)。噪声的详细解释请参照专业文献。下面，我们先列举在论述 OP 放大器产生噪声时所要用到的最低限度的用语及其定义。

固有噪声主要有以下三种：

① 热噪声(thermal noise)

② 散粒噪声(shot noise)

③ 接触噪声(contact noise)

“热噪声”采用发现者的名字，也称为“约翰逊噪声”(Johnson noise)。由带电子或电荷的载流子(电子或空穴)在导体中不规则地运动产生。它对温度有很强的依赖性，电阻 R 发生的噪声有效电压由奈奎斯特(Ngqusist)的公式表示为 $e_n^2 = 4KTRB$ 其中，K 为玻尔兹曼常数(1.38×10^{-23} 焦耳/K)，T 为绝对温度(K)，R 为电阻值(Ω)，B 为测量带宽(Hz)。

“散粒噪声”由肖特基做出解释。当电压超过一定的阈值且电流流出时，由于其流动方式是随机性的，所以产生噪声。半导体由穿越中转的载流子的随机扩散而生成。根据肖特基的解释，噪声电流的有效值为

$$I=\sqrt{2qI_{dc}B}$$

其中，q 为电子的电荷(1.6×10^{-19}C)，I_{dc}为平均电流(A)，B 为测量带宽(Hz)。

“接触噪声”是由于材料的不完全接触造成电阻变化而产生的。按照从固有噪声中除去前面两种后剩下的噪声的意思，也称为“剩余(excess)噪声”，在真空管中称为“闪变效应(flicker)噪声”。由于这种噪声的电力密度分布为 $1/f$ 的比例，所以也称为“$1/f$ 噪声”。

除此之外，特别对 OP 放大器而言，成为问题的还有“米花状(popcorn)噪声”。它也被称为脉冲噪声，是偶然发生的范围较广的脉冲，主要是由制造技术的问题引起的。根据文献记载，也有包含在接触噪声中的，但米花状噪声波并未表现出 $1/f$ 的特性。

★2.5.2 噪声的表现方法

对于放大器中成为问题的噪声，用放大器产生的噪声合计为多少伏来表示不方便。第一，那样做的话，当然是放大器的带宽越大噪声就越大。而且，实际使用的带宽和频率特性根据用途的不同而不同，不可能总是将所有的频率成分扁平放

大，所以噪声的影响根据频率的不同也要出现差异。因此，在表示噪声时，用噪声的频率分布(noise spectral density)来表示，横轴取频率，纵轴取噪声大小。也就是说，如果知道什么频率出现什么噪声，就能正确地估计出噪声的影响。表示噪声大小的纵轴不常见 $V/\sqrt{Hz}$ 或 $A/\sqrt{Hz}$ 这种单位。为什么这样说呢？它是由相互间没有关系的两个噪声电压相加时，为乘方和的平方根这一有名的法则构成的。

现在，设从 f_x 到 $f_x+\Delta f$ 的频率，例如在 10Hz 到 10.1Hz 之间发生的噪声电压为 e_1。与之相邻的 10.1Hz 到 10.2Hz 之间发生的噪声电压为 e_2。从 10Hz 到 10.2Hz 之间发生的噪声电压不是 e_1+e_2，而是 $\sqrt{e_1^2+e_2^2}$。

若上面的微小频率 Δf 一直缩小，那么从频率 f_L 到 f_H 之间噪声电压为：

$$V_n = \sqrt{\int_{f_L}^{f_H} e_n^2 \, dt} \tag{2.14}$$

因此，若设 f_H 和 f_L 的差为 1Hz，每单位频率的噪声电压就可用 $V/\sqrt{Hz}$ 来表示。

若用它表示前项中所述的噪声，就成为图 2.27 的所示。热噪声和散粒噪声在任何频率中都均匀分布，这个特性被称为白噪声。接触噪声正如它的另一个功率 $1/f$ 噪声所说，以某个频率为界限，每当频率从这个界限下降 1 位数，噪声的功率即 e_n^2 就变成 10 倍。图的纵轴是以电压为刻度的，频率每下降 2 位数，噪声电压就增加 1 位数。从这个特性可得出有助于实际应用的几个线索。

① $1/f$ 噪声的起始频率称为转角频率(corner frequency)。

② 从转角频率往下，$1/f$ 噪声成为支配者，其他的可以忽略。

③ $1/f$ 噪声如果只计算 1 位数，那么下面的任何 1 位数都与之相等。

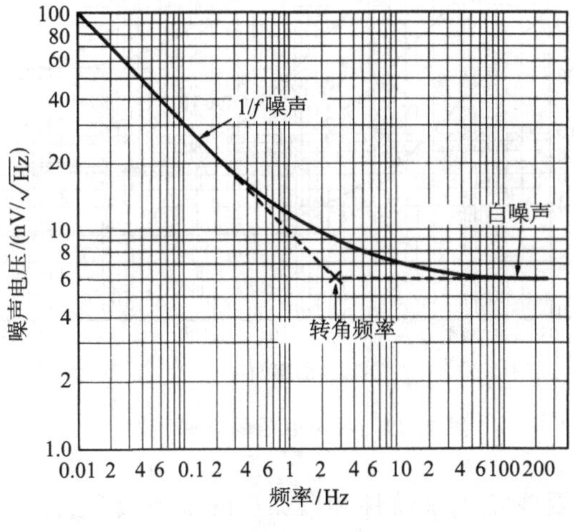

图 2.27 噪声的分布

★2.5.3 对OP放大器的影响

到此为止，噪声的性质已经弄清了。那么，我们思考一下这些性质对OP放大器有什么影响。噪声采用在偏置电压和电流部分所述的相同方法，在OP放大器中发生的噪声全部换算成输入。从噪声的起源来看，有电压型的，也有电流型的，所以假定信号源电阻，分成电压源和电流源表示，如图2.28所示。

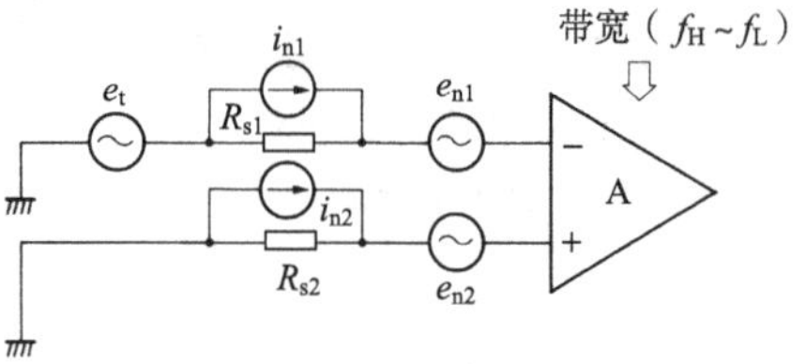

图2.28　用于计算噪声的模型

1. 噪声的电压成分

由于厂家和产品不同，表示法也多种多样。在产品目录中标出噪声规格的OP放大器越来越多。这其中有只标出代表特性的，也有的虽标出的数字有些不太好、但能保证其水平的。真正的设计都是按照后者进行的。由于数据还很少，所以图2.29使用了代表值，列出了几个OP放大器噪声电压的特性。

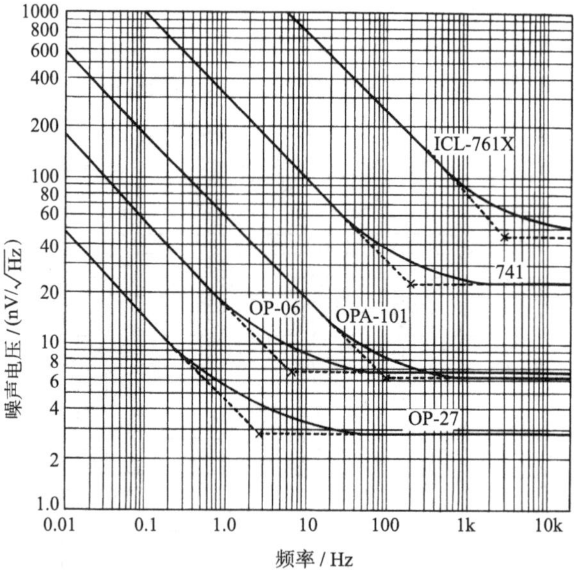

图2.29　噪声电压的频率特性

看噪声特性时，要注意$1/f$特性和白噪声的水平线交点。归纳起来讲，如果知道了转角频率的位置和噪声水平，就能判断出OP放大器的噪声。在对同样构成的OP放大器之间进行比较时，转角频率尽量低的优于更集中的噪声水平。

由图可知，在电压噪声方面，双极的低噪声型占有优势。但其构成却是完全不同的情况，例如，第一级为 FET 的情况就要发生变化。OPA-101 和 761X，前者为 JFET，后者为 CMOS，它们靠电流性噪声发挥优势。

2. 噪声的电流成分

和电压的情况相同，关于噪声的电流成分也如图 2.30 所示可以画出频率分布。这次纵轴为每单位频率的电流，并以 $V/\sqrt{Hz}$ 为刻度。在数据表公布的范围内，将这些数据全部集于一身的 OP 放大器还不多。尽管如此，但如果是以低噪声为卖点的 OP 放大器，大多都具有下面所述的、噪声计算所必需的数据。

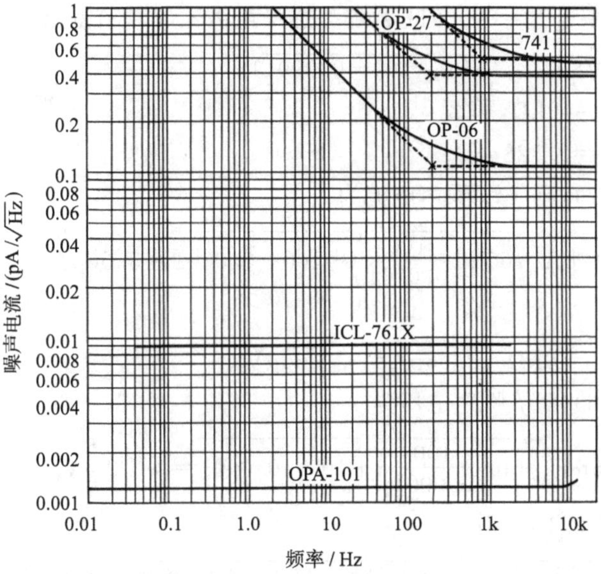

图 2.30 噪声电流的频率特性

FET OP 放大器的场合，其第一级无论是 JFET 还是 CMOS，电流性噪声都如图 2.30 所示那样，小得难以实际测量。特别是普及型的元件，某处为特定的频率，如 1kHz、0.01pA 以下大致的规格。其理由可能是，对这样难测的参数一个一个进行质量管理，就不是普及型的价格了。

3. 噪声计算实例

知道噪声的数据后，将其元件用于实际电路时，信号中将产生多大的噪声可用下面的方法计算：

$$e_{nt}=\sqrt{e_n^2+(i_{n1}\cdot R_{s1})^2+(i_{n2}\cdot R_{s2})^2+e_{t1}^2+e_{t2}^2} \tag{2.15}$$

其中，$1/f$ 领域的成分为：

$$e_n = e_p \sqrt{f_{ce} \ln\left(\frac{f_H}{f_L}\right) + f_H - f_L} \tag{2.16}$$

$$i_n = i_p \sqrt{f_{ei} \ln\left(\frac{f_H}{f_L}\right) + f_H - f_L} \tag{2.17}$$

热噪声的成分为：

$$e_t = 1.28 \times 10^{-10} \sqrt{R(f_H - f_L)} \tag{2.18}$$

计算结果按 rms 给出。要考虑与信号相比较的话，P-P 更方便，所以若假定为随机噪声，那么乘以 6 就可换算成 P-P。下面，先给出计算例子。使用了 OP-07 的数据[12]。

设 $f_H = 100\text{Hz}$，$f_t = 0.0001\text{Hz}$，那么热噪声由式(2.18)得出

$$e_{t1} = 1.28 \times 10^{-10} \sqrt{R_{s1}(100 - 0.0001)}$$

设 $R_{s1} = R_{s2} = 10\text{k}\Omega$，那么

$$e_{t1} = e_{t2} = 0.128\mu\text{V}_{rms}$$

将其代入式(2.17)，则 $1/f$ 噪声电流为

$$i_n = 0.12\text{pA} \sqrt{60 \ln\left(\frac{100}{0.0001}\right) + 100 - 0.0001} = 3.66\text{pA}_{rms}$$

因此，

$$i_{n1} = i_{n2} = 10\text{k}\Omega \times 3.66\text{pA} = 0.0366\mu\text{V}_{rms}$$

利用式(2.16)，$1/f$ 噪声电压为

$$e_n = 9.6\text{nV} \sqrt{6 \ln\left(\frac{100}{0.0001}\right) + 100 - 0.0001} = 0.130\mu\text{V}_{rms}$$

全体代入式(2.15)，则

$$e_{nt} = \sqrt{(0.130)^2 + 2 \times (0.128)^2 + 2 \times (0.0366)^2} = 0.56\mu\text{V}_{rms}$$
$$= 3.4\mu\text{V}_{P\text{-}P}$$

换算成 P-P 是为了便于与示波器等观测的结果相比较。

★2.5.4 减小内部噪声的方法

根据以上讲述的内容，要尽量降低 OP 放大器内部产生的噪声，其方法归纳起来有以下几点：

① 尽量减小信号源电阻。

② 电路的响应带宽设置为必需的最小限度。

③ 使用 $1/f$ 噪声的转角频率低、低噪声的 OP 放大器。

④ 减小电阻器等 OP 放大器以外的零件发出的噪声。

⑤ 研究系统整体的噪声和放大倍数的分配。

所有电流性的噪声都流经信号源电阻成为噪声电压，所以①是理所当然的。如果噪声电压和白噪声一样在哪个频率都均匀分布的话，在 OP 放大器的输出出现的噪声电压就与带宽的平方根成比例，所以对②也立即就明白了。但是，实际上很多放大器都具备意外的、并非必需的响应性，这一项很有效。

将③作为选择 OP 放大器的一个基准。由④的固定电阻产生的热噪声小得与普通 OP 放大器无可比拟。最近，对于低噪声和微小电流用的 OP 放大器，这已经成为问题。图 2.31 所示为理想固定电阻产生的热噪声值。在实际的电阻器中，金属箔、线圈、金属皮膜电阻大体都显示出与之相近的特性。碳皮膜，固体电阻根据元件的不同而存有差异，最好视为除此之外还有大小不可忽略的接触性噪声。

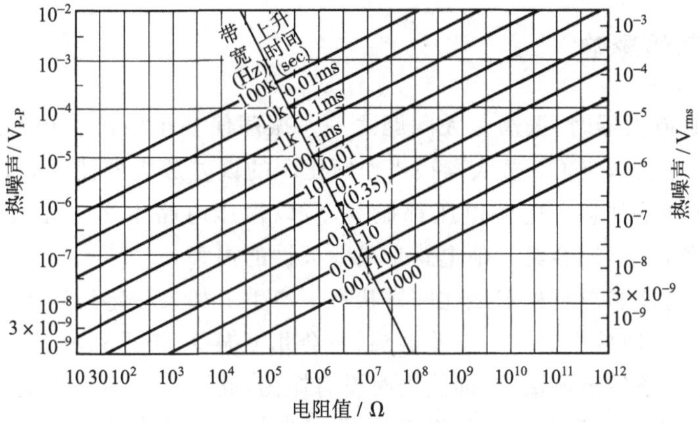

图 2.31 带宽和噪声计算图表

对内部噪声的研究就到此结束了。不过，在对噪声做整体考虑时，预先研究的不应只是这一个电路，而应对组合成一个系统时会怎样进行综合考虑。而且，不仅限于内部噪声，由外部传入的噪声也是应该考虑的问题。这些问题将在第 5 章中讲述。

第 3 章 避免变成振荡器

3.1 振荡的识别方法

3.1.1 振荡的影响[4]

使用 OP 放大器时，振荡是大问题之一。振荡使输出中产生预料之外的振幅和频率信号。例如，当 OP 放大器被当作恒压源的误差放大器使用时，一旦发生振荡，输出从 0 开始到整个电源电压都振荡，所以恒压电路本身会导致“最坏”的结果。在某些条件下，还会给其他电路带来毁灭性的损害。

而且，振荡并非总是稳定地在同样状态下产生。如果稳定地产生，就会制作更好的放大器。普通放大器是一会儿振荡，一会儿不振荡，神出鬼没，实在难以捕捉。因此，在一定的条件下做试验，即使当时没有振荡，此装置也不一定就稳定，条件改变后也许就会振荡。证明不振荡很困难，但证明振荡说起来却很容易，只要识别异常动作就行了，因为只要有一个不好的证据就足够了。

3.1.2 振荡的征兆

首先看看识别振荡的方法。如果遵守了 OP 放大器所指定的常量相位补偿，那么 OP 放大器单独振荡的情况不多。大多数的振荡都与周围附属的电路有关联。检查装置现在是否振荡，若用示波器进行观测，可看到不应该有的波形，马上就能明白。但若身边没有测量仪器，而准备好示波器的时候振荡可能就消失了，会漏掉难得的机会。所以，在没有测量仪器的地方遇到可疑现象时，就“用手指摸”。这是最简单的判断方法之一。用手摸会怎么样呢？振荡的电路会表现出特有的反应。例如：

① 一旦手靠近，输出就敏感地改变。

② 零点调节变化细微，零点变化不大，甚至不能视为漂移。

③ 直线性差。

④ 振幅不能达到设计要求。

如此等等。进一步观察变化的地方，甚至还有“声音”、“光”、“味道”等各种各样的线索。在这种时候，一定要赶紧采取措施。如果任其振荡，有时就会全部报废。有人甚至凭第六感觉将没有毁坏的部件换下来，所以建议至少要凭第五感觉工作，尽早发现征兆。

虽说是“声音”，但并不可能是特别大的声音，而是“噼”或“哧”这种很细小的声音。如果有变压器之类的，可认为或许是磁心或线圈振动。但是不可思议的是，只有 IC 和 *CR* 时也会发出声音。

所谓“味道”，是指由于发热引起的。有经验人只需跨进房间一步就会意识到“电阻烧了”。可能是由于零件的涂料或者是粘了灰尘的原因，电子零件达到高温后就会发出特有的味道。如果振荡使 OP 放大器、晶体管发热的话，即使不产生味道，手摸也能摸出来。

发“光”的元器件如果是发光二极管或指示器的话那是当然的。但是如果不是，就是放电。这是笔者的经验，笔者曾经查出1 000V电源上所使用的 OP 放大器的振荡。

模拟技术的一半是直觉……笔者并不想这么说。只是模拟技术不能截然分成 1 和 0，但是需要有敏锐的感觉。要锻炼出这种敏锐的感觉，不能只用数字式电压表读取测到的数字，还需要进行上述使用的神经训练。为此，请在这里找一找上述的“感觉”。

3.1.3 使用示波器

要定量确定振荡等异常现象，需要使用示波器。实际上，用示波器观测到的振荡也是各种各样的。第 1 章实验过的那种大振幅、充满管面的振荡，无论从哪方面讲都是个例外。

经常发生的振荡示意在图 3.1 中。图 3.1(a)就是在原来的信号上，信号波形看起来稍有变化。而扩大后(如圆圈内所示)看起来呈正弦波形。图 3.1(b)是积分器发现的例子。在输出端基本观测不到，可以在虚拟短路的输入端之间观测到。图 3.1(c)是如第 1 章的实验所示振荡得很厉害的例子。OP 放大器的振荡波形中，通常振幅小的是正弦波，振幅大时就近似于锯齿波或三角波。

如果有示波器就能很容易地发现这些振荡吗？未必如此。除了图 3.1(c)太大了之外，其他的因为意外的高频率、小振幅，有时会看漏。使用示波器时，请注意以下几点：

① 点始终调整为小、灵敏。

② 不要对自动或自由振荡明线用完不管，要全部使用触发模式。

③ 连测头尖也要校正，要在了解了自己的示波器性能后使用。

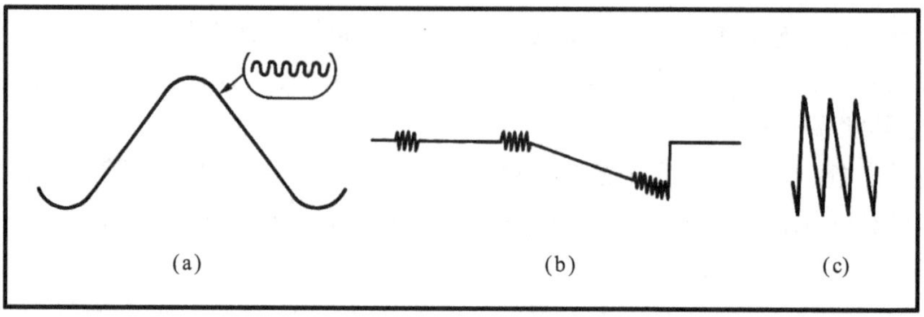

图 3.1 OP 放大器上所见到的振荡波形

即使这样，被视为直流放大器的 OP 放大器因意外高的频率而振荡，仍然让很多人感到吃惊。其实，OP 放大器既是直流放大器，同时也是高频率放大器，即使后来的 741 级以 500kHz～1MHz 振荡也并不稀奇。

3.2 增益和相位

3.2.1 振荡的原因

那么，为什么会发生振荡呢？下面，让我们找一找振荡的原因。虽说振荡是添麻烦的事，但是想发生正确的、有规律的振荡却很难。

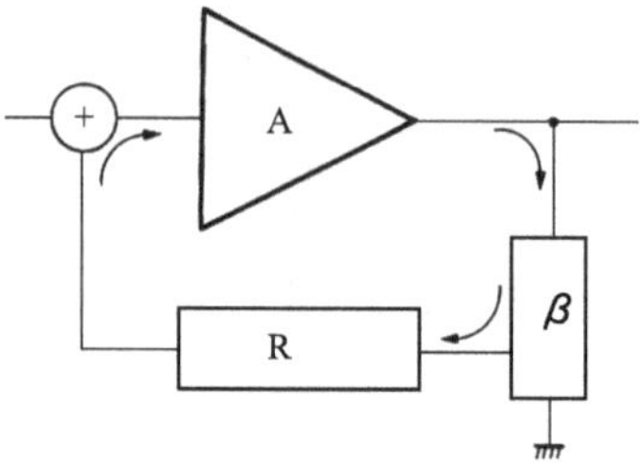

图 3.2 巴克豪森振荡条件

振荡的发生是要有条件的，即有名的巴克豪森振荡条件。根据这个理论，在图 3.2 所示的放大器 A、反馈 β、谐振电路 R 构成的电路中，如果下面两个条件不同时成立，就不会发生振荡。这两个条件是：

① 反馈环路中的增益为 1 以上。

② 反馈环路转一圈时的相位偏差在 360°以上。

大多数的放大电路都需要负反馈（negative feedback），这是相位相差 180°的输入和输出相结合的结果。因此，如果某点的频率处在 A 或 β 或 R 中、相位再转 180°，即 *CR* 时常数滞后两个以上，②就成立。如果在这个频率放大器 A 补充 β，R 的损耗，保持 1 以上的增益，那么①也成立，振荡开始。这样如果振荡逐渐变大，使电路内的某处饱和，就会增加损失，以增益为 1 的振幅达到平衡，频率也移动到损耗最少的地方，于是振荡稳定地继续。

不过，现在不是鉴赏振荡，而是必须消除所有振荡，无论是稳定的振荡，还是间歇状的振荡。所以,将发生振荡的原因分成图 3.3 所示的三个范围来解决。

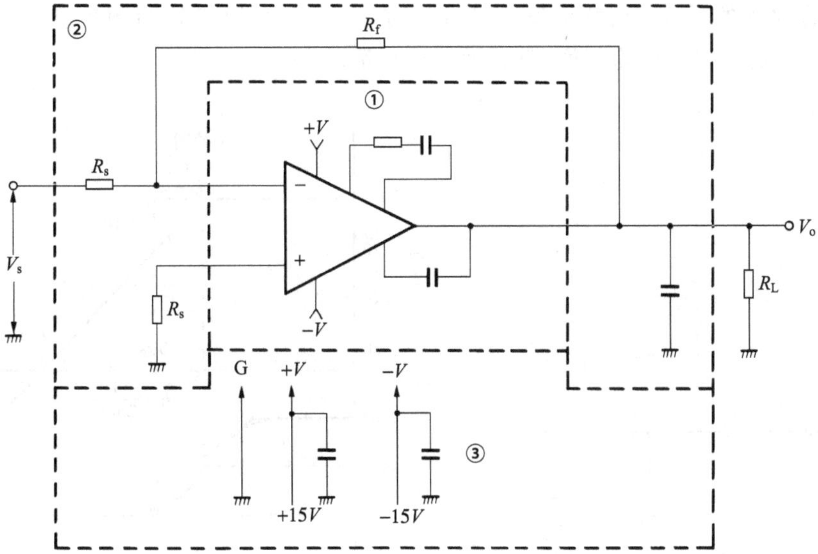

图 3.3 对振荡原因的分类

① 是"放大器部分"。与放大器的放大倍数和频率的特性以及相位补偿方法有关。

② 是"反馈部分"。问题在于反馈电阻是否纯电阻,或者输入和负载所加的电容量等。

③ 是"前两项中没有包括的部分"。例如电源的旁路等就包含在这一部分中。这个范围非常广范,看起来似乎并不重要,但解决起来却很费事。

这样分类后,分别考虑某个部分时,就视其他部分为完全理想的情况。例如,研究①的时候,就将②、③ 先当作理想的。虽然实际情况并不全是这样,但是如果全面考虑会难以解决,所以先假设成这样。

那么下面就说明①的部分。

3.2.2 关于极点

为了进入主题,对振荡的问题进行研究,需要一些预备知识。首先,先让我们了解一些基础知识。

要使本来应该是负反馈的相位发生 180°的偏差,变成正反馈并振荡,一定是某处相位发生了旋转。相位的旋转发生在图 3.4 所示 C 和 R 的电路中。即使用 L

代替 C 也会发生。在 IC 电路中，使相位自然发生旋转的主要是 C 和 R 的组合。给这个电路的输入加上一定的信号 V_i，并测量在输出中出现的电压 V_o，根据输入信号的频率的不同，V_o 就会发生变化。在图 3.5 中，以横轴为频率、纵轴为 $A=V_o/V_i$，两者都以对数为刻度，就表示了这种情况。

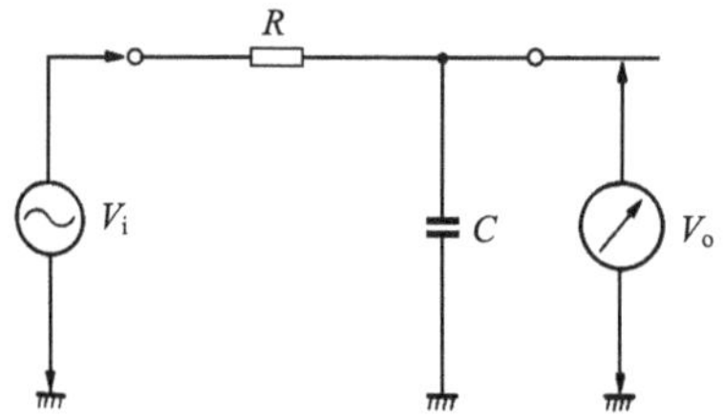

图 3.4 实现极点的例子

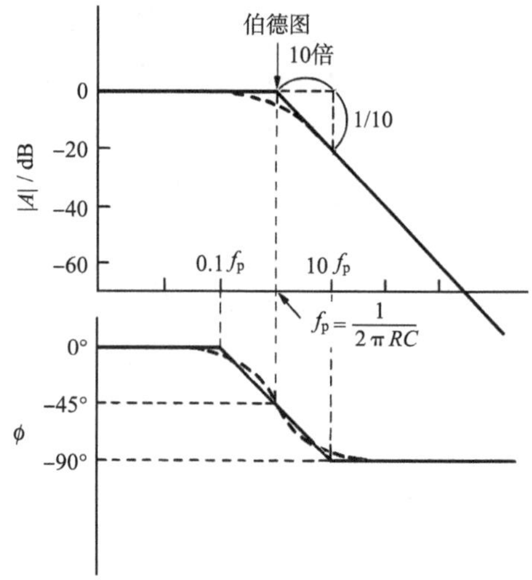

图 3.5 伯德图的表示法——频率特性、相位特性

看看上面的图就会发现一件有趣的事。对于低于频率 f_p 的信号而言，R 和 C 对电路都没有任何影响。但是从频率 f_p 处，突然开始出现变化，从这里开始，按照前面介绍的“频率达到 10 倍时，输出变成 1/10”这个固定比例下降。实际电路是这样有规律的吗？如果开始认为这是纸上谈兵的话，就会对理论产生不信任感。所以下面详细地讲讲这项计算有多正确。首先，其转折点的频率

$$f_p=1/(2\pi RC) \tag{3.1}$$

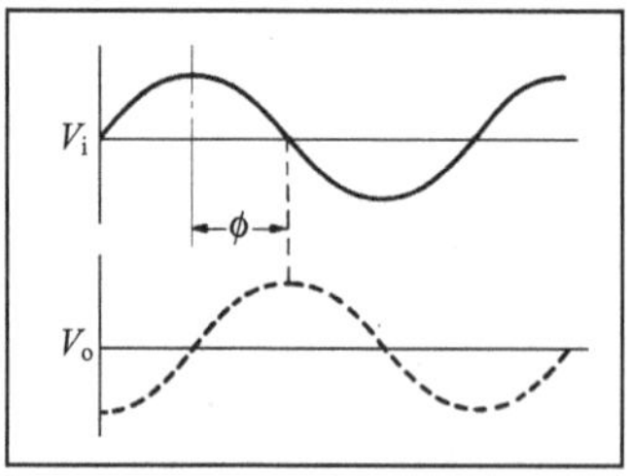

图 3.6 输入输出的相位关系

图 3.5 的下半部分表示的是极点附近的相位情况。对于输入信号 V_s，输出 V_o 的相位从比极点低 1 位数的 $0.1f_p$ 开始滞后，到 f_p 时刚好滞后 45°，从 $10f_p$ 开始滞后 90°，此后就保持不变了。

若将其以实际的波形来考虑，如图 3.6 所示。一旦信号的频率变高，输出电压 V_o 减小，相位的滞后 φ 就突出了。

图 3.5 的纵轴之所以以 A 的绝对值 $|A|$ 为刻

度，意思是不考虑相位的滞后、只表示振幅。从 $0.1f_p$ 开始往上如图 3.6 所示，输出 V_o 比 V_s 表现滞后。

3.2.3 伯德图及其精度

图 3.5 所示的方法被称为伯德图(Bode Diagram)。作为以研究 OP 放大器为主的所有放大器稳定度(也就是说作为研究振荡难度)的方法来说，非常方便。虽然有时与难的传递函数、稳定条件等混淆而避免使用，但仍是一种很容易理解的、实用的方法。即使这样，下面还是要给没注意到从极点处突然转折的各位详细讲讲该转折处的情况。

如果由 $X_c=1/(2\pi f_c)$ 计算前面图 3.4 中 C 的电抗，极点的频率由 $|X_c|=R$ 就可知道，f_p 输出电压实际已经变成一半(若按绝对值来讲为 70.7%)了。由于该图以对数为刻度，所以 70.7%＝－3dB。图 3.7 是在图 3.5 的 f_p 附近计算的结果和前面近似值的比较。由此看来，$|A|$ 的误差最大是在频率为 f_p 的时候。其差为 3dB，$0.5f_p$ 处为 1dB、$0.1f_p$ 处的误差只有 0.04dB。

像频率特性那样，以分贝测量的对象与以毫伏测量相比，甚至采纳了图 3.7 的形式，后面即使画上折线也不会有太大的误差。

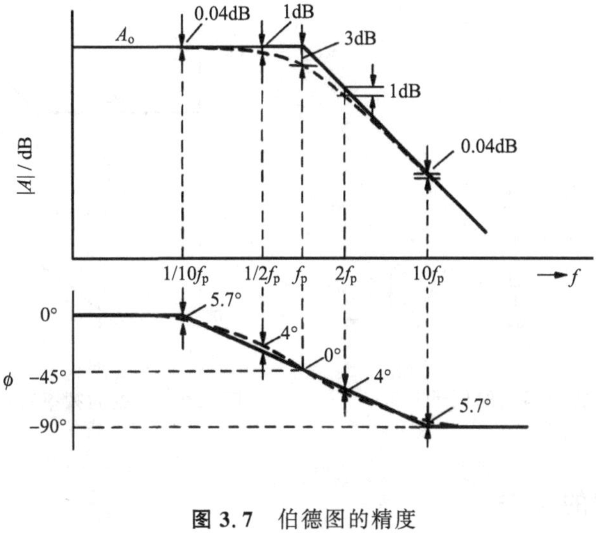

图 3.7 伯德图的精度

相位特性显示在图 3.7 的下方。近似的误差频率 f_p 处刚好为零，在 $0.1f_p$ 和 $10f_p$ 处为最大值 5.7°。然而若是这个大小，在实际应用中忽略也无碍。由于振荡的稳定极限通常在 45°以上，所以这个程度的误差已在计算误差和零件的偏差范围之内。也有把这种近似采用得更极端，即极点或零点频率一举旋转 90°的思考方式。伯德图放大倍数的使用方法就基本属于这种。但是，采用这种方式，当两个以上的极点或零点频率相互近似在2位数以内时，其间的近似将变得明显地不准确。而且，也不能应用到在第4章所论述的控制相位补偿，保留一点自激、提高速度的方法中。

3.2.4 关于零点

RC 与极点相反为图3.8的接续，如图3.9所示，表示与极点相反的性质，被称为零点(zero)。即以

$$f_z = 1/(2\pi RC) \tag{3.2}$$

的频率为界限，在该范围内，频率每增加10倍，固定的输出电压也按10倍的斜度增加，相位特性从 $0.1f_z$ 增加到 $10f_z$ 前进90°。图3.9的折线表示的是与极点的情况同样的近似值，其精度只需将图3.7方向反过来就适用。

一般地说，即使没打算制造极点，在放大器或电路中也会出现许多个。然后，这些极点引起相位的滞后，造成了振荡。由于零点具有和极点相反的性质，所以把它们很好的组合起来是消除添麻烦的极点的好办法。

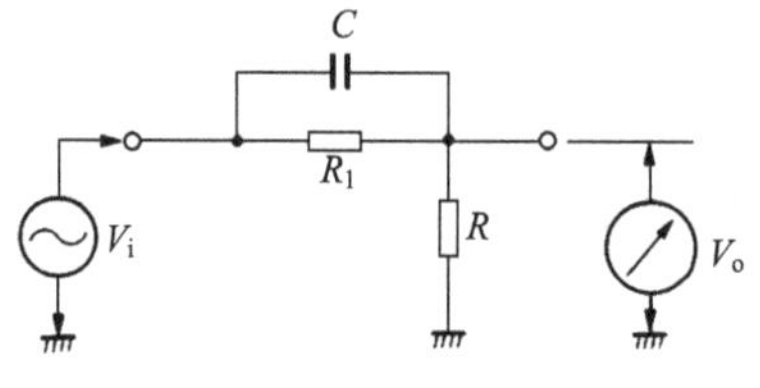

图3.8 实现零点的例子

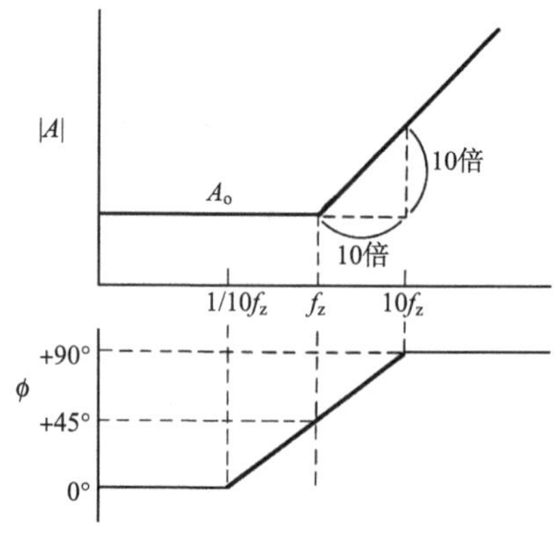

图3.9 零点的频率特性和相位特性

3.2.5 伯德图的画法

如果是单纯的、一个一个的 C 和 R，就不用画了。伯德图的优点是简单明了地表示出包含放大器系列复杂的放大倍数和相位关系。如果预先大致确定画的规则，就更方便。请看图3.10，该图是以对数为刻度画的。但是并不需要使用专用的对数座标纸。普通的1mm刻度的座标纸就行。不过有可能的话，使用1cm角

的大刻度反而更方便。利用个人计算机画图软件,将格网设为 1cm,会画得既快又漂亮。

画放大倍数 A 的刻度,可将 20dB 设为 2cm,从 0dB 开始画。横轴同样以 2cm 间隔表示 10 倍的频率。频率的范围最好从比最低的极点低 1 位数处开始。第一次画的时候可能超出界限,画两三次就掌握要领了。相位方面以 90°为 2cm 的刻度,横轴与放大倍数的情况相同。笔者所画的如图例所示那样,横轴兼顾二者,一根就完成了,这可能是不正规的画图方法。重要的是极点前后的斜度。如果极点为一个,那么其后的右下降部分一定是 20dB/dec,也就是说,斜度是每 1 个"十进位"下降 20dB。

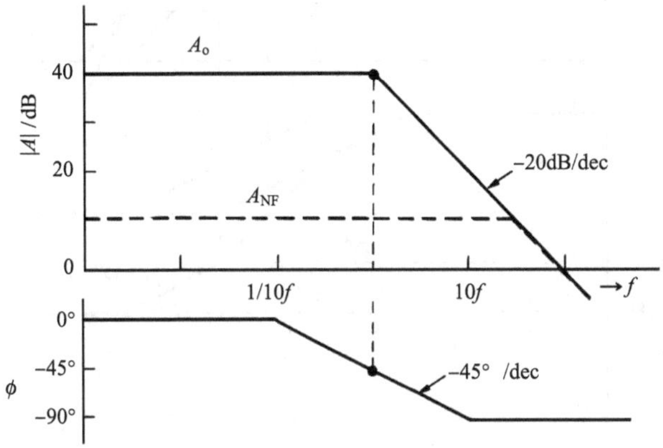

图 3.10 在 0dB 之间内的范围极是一个放大器

也有不用－20dB/dec 而用－6dB/oct 表示的。它的意思是频率分别达到 2 倍时下降 1/2 斜度,作为斜度和－20dB/dec 是一样的(det 是 decade(10 倍)的省略语、oct 是 octave(2 倍)的省略语)。

不论采用哪种方法,都表示的是频率达到 10 倍时增益变成 1/10 的性质。所以,如果极点为一个,无论其 C 怎样增大或缩小,只是极点的位置变动而斜度不变。

有两个极点的情况如图 3.11 所示。当第 2 个极点的效果叠加在一起时,如图中所示斜度变成增加后的形状。频率由极点上升一位数时,由于第一个极点的效果放大倍数变成 1/10,进一步由第二个 CR 又变成 1/10,所以(1/10)×(1/10),由于是乘法,在对数刻度的图上用增加后的形状表示。

关于相位,在极点为一个的情况下,从极点的一位数下面开始,到 1 位数上滞后 90°,所以是以－45°/dec 的斜度旋转,正好在中央的 45°处达到极点的频率。

个人计算机的绘图软件中,增加型的最好,在容易确定斜度的地方画出之后,只要移动到必需的位置即可。

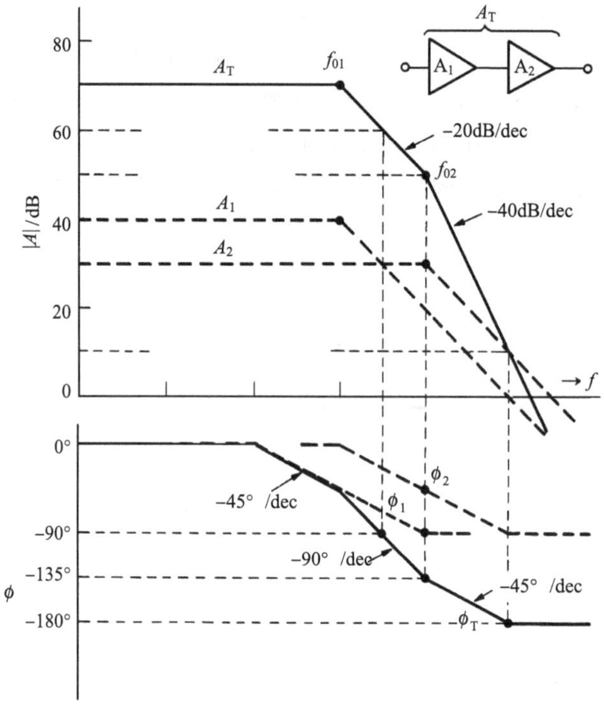

图 3.11 有两个极点的伯德图

3.3 OP 放大器的内部

3.3.1 不振荡的特性

如果查看 OP 放大器 IC 的说明书，就可看到写着内嵌相位补偿的电容，或外接相位补偿的参量。为什么没有一个厂家说：请根据不同的用途，在适当的地方加入使其不振荡的电容呢？

图 3.10 所示为不振荡放大器，也就是说满足了理想放大器⑥的条件。如图中所见，这是和图 3.5 所示的装了 *CR* 的积分电路一样的形式，即极点只有一个的形式。只不过因为这是放大器，和只是 *CR* 的时候不同，有放大倍数。放大倍数为 0dB，即在变成 1 的范围内只有一个极点的特性，无论加上任何负反馈（限于纯电阻）都不振荡，从这点来讲是理想的特性。

为什么不振荡呢？这是因为如果是这个特性，那么在放大倍数为1以上的范围内，相位最大只能旋转90°。而负反馈呢，由于相位加上了－180°的反馈，所以当增益在1以上时，相位进一步滞后180°，就可能出现振荡。但是，在这个例子中，由于滞后不超过90°，所以想振荡也振荡不了。

假如连接两级图3.4所示的*CR*电路的话，就会出现两个极点，相位最大旋转180°。如果连接4级，就应该旋转360°。但是可以保证即使将其输出连接到输入上也不会发生振荡。在图3.10的放大器中，在放大倍数为1以上的范围内，相位只滞后90°，所以只要具有这个特性，就可以保证不振荡。

3.3.2 多级放大器的特性

图3.11是连接了两级上述的放大器。先讲讲这个图的作法。用虚线标出的A_1和φ_1是第一级放大器的部分，A_2和φ_2是第二级放大器的部分。要了解整体的特性，首先在放大倍数的画面部分将A_1和A_2在图上面相加，总放大倍数及其特性A_T就出来了。这是由于纵轴是对数，所以最好相加，放大倍数为积。

在相位特性的画面中，第二级的滞后是加在第一级的滞后之上的，它们不是对数，只要用加法合成就能得出φ_T。得出的结果是A_T和φ_T的曲线。也许有人会问，φ_T的形状是如何出来的？即使好不容易画出似乎正确的图，如果不知道其中的含义，也就没用。由图3.11可以说明以下几个问题。

① 如果给这个放大器一点一点地加上负反馈，使增益(A_{NF})下降，则A_{NF}在60dB以上的范围内就会有条不紊地工作。

② 如果增加比这更强的NF，且在增益小的地方使用，就会发生阻尼振荡和过调节。不过在50dB左右的范围内大概还基本能稳定地使用。

③ 如果再进一步增加NF，使增益下降的话，阻尼振荡将变得更剧烈，10dB以下就会发生连续振荡。

这个判断是这样做出的。首先①是φ_T－90°的斜线与φ_T相交的频率，直线上升至与A_T的交点，在此读取左边$|A|$的刻度，就可知道60dB时相位滞后90°。到滞后90°为止，阻尼振荡、过调节都可以忽略不计。接着是②，再滞后45°，是－135°的地方。这是作为放大器稳定地工作的最大限度。过调节很明显，但是还没有振荡。在这个例子中求－135°的刻度和φ_T的交点，查看频率时偶尔与A_2的极点一致，但这只是单纯的偶然现象，并非总是这样。再往下③是关于－180°，用同样的方法可得出10dB。因此，这个放大器若使用电压输出器，即0dB的放大器，就会变成振荡器。

3.3.3 实际的相位补偿

普通的OP放大器由2～3级的放大器构成，在进行被称为相位补偿(phase

compensation)的极点调整之前的阶段，在 0dB 线之上，如图 3.12 的虚线所示有两个或三个极点。因此，如果将其直接使用，一旦加上稍深的反馈就可能发生振荡。即使有的人使用 OP 放大器时不打算加上这么深的反馈，但一旦 A_{NF} 设定得较小也会发生振荡。因为，一旦 A_0 将 100dB 的 OP 放大器当作电压输出器使用，即 $A_{NF}=1$，实际上就是加上了 −100dB 的可怕的反馈。

如上所述，这样一来就麻烦了，所以就要给 OP 放大器加入补偿电路，改变极点的频率，做到无论任何增益都能无振荡地使用。

让我们就图 3.12 来做做看。最基本的方法是将最低的极点 f_{o1} 再降到更低。如果 f_{o2}，f_{o3} 保持不变、f_{o1} 适当左移，那么如图的实线所示，可使第二个极点 f_{o2} 移到 0dB 线上，使其一致。这样，OP 放大器的特性就变成不振荡。实际上，f_{o2} 刚好和 0dB 线一致时，若从特性的偏移考虑是不稳定的。所以应让 f_{o1} 再降低 1 位数，即使净放大倍数 A_r 和零件的常量有或多或少的变化，也不会跑到 f_{o2} 线的上面来。对普通的 OP 放大器而言，这个最低的极点 f_{o1} 大多出现在第一级的差动放大器的集电极一侧。

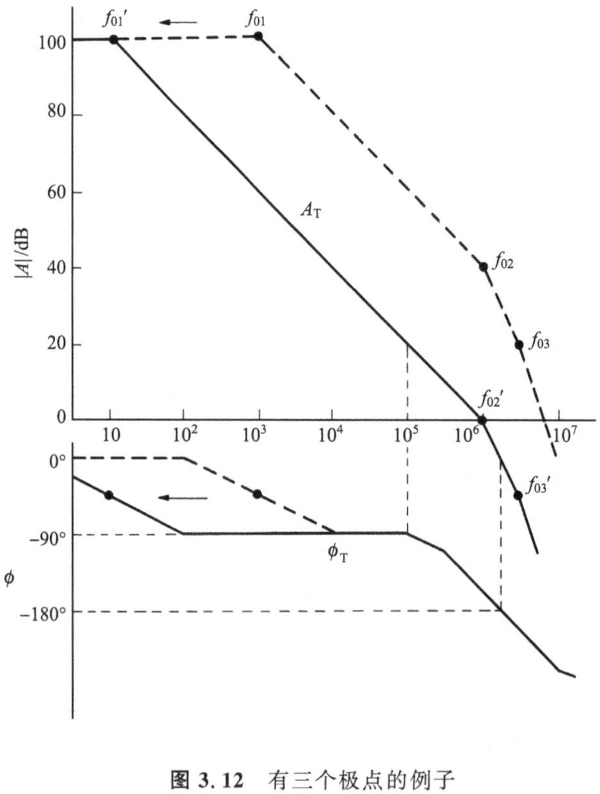

图 3.12　有三个极点的例子

请看图 3.13。这是为了表示实际应用的 OP 放大器的电路构成，以 LM301A 为例，只表示了与放大有直接关系的部分。

如图所示，这个电路的放大部分设计为两级：Q_1Q_3，Q_2Q_4 构成的差动放大器的第一级，将发射极跟随器 Q_6Q_7 连接在共射级 Q_5 上构成第二级。第一级的 Q_2Q_4 的组合是为了利用二者使其产生与一个高增益的 PNP 同样的工作，所以 f_{o1} 的极点出现在其输出侧，即 Q_4 的集电极一侧。

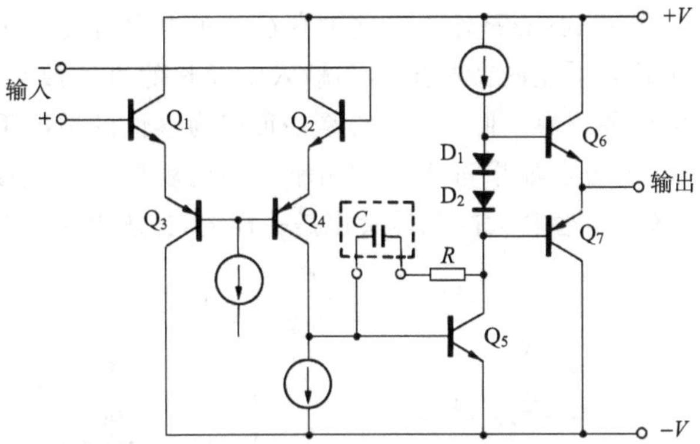

图 3.13 简化的 OP 放大器的电路例子

相位补偿用 C 因为加入 Q_5 的集电极和基极之间而生出端口。这样一来，就会产生米勒效应，这与把 Q_5 的 hf_e 倍的 C 放入 Q_5 的基极-发射极之间的效果相同。如 741 等那样，C 为内嵌的 OP 放大器也是同样的构成。电容外接时，这个端口有各种各样的用途。例如，如后面的章节中所述那样，根据目的的不同，或将 C 的值变小、或完全省略，串联加入 R 后制作零点，甚至校正外部产生的频率响应下降。还可以加上大的值，故意造成过补偿使用。但是，这是在充分地了解了电路的工作后才能这样做。由于速度即使快一点装置也会振荡，与其这样还不如没有。所以请首先按照数据表中指定的值，从确实进行补偿开始。

3.4 OP 放大器以外的要素

3.4.1 外部极点的产生

如果只使用 OP 放大器，上面的说明就够了。不过有一个附加条件是反馈为纯电阻，输入和输出什么也不连接。但是，如果这样做，好容易安装的 OP 放大器就没有用处了。无论输入、输出还是连接反馈电阻,哪个都不是理论的纯电阻或无限大的电阻,如果不使用真正的电阻或晶体管就麻烦了。不过,这样一来,即使完全补偿过的 OP 放大器有时也发生振荡。在前面的讲述中,除了 OP 放大器之外没有假设其他任何因素。如果这样的话,绝对不会振荡,所以发生振荡的原因一定不在于 OP 放大器。

完全补偿过的 OP 放大器在增益达到 1 的频率范围只有一个极点。发生振荡的原因是在这个范围的频率的某个地方混入了极点。图 3.14 中画出了容易产生这种极点的地方。图 3.14(a)是输入电路中有 C_i这种电容时,$R_f \cdot C_i$的极点成为振荡原因的例子。在后面讲述的微分电路和输入电缆长的直流放大器,R_f使用非常高的值时容易发生这种现象。图 3.14(b)是在负载为容性的情况下,由 R_0和 C_2产生新的极点,这个新的极点如果进入上述频率范围内就会产生振荡。对于这个负载电容,即使连接米勒电容和大的晶体管也是一样的,恒压电源的振荡往往就属于这种情况。

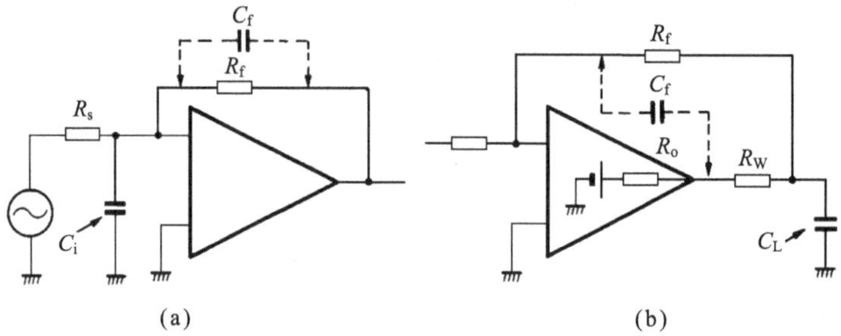

图 3.14 在 OP 放大器外部产生的极点

要解决这个问题,就要如图中虚线所示加入 C_f,使容性负载旁路,加上反馈。容性负载确实连接到 OP 放大器的输出时,如图所示,最好给输出端追加 R_w,从靠近它这边取得 C_f。

当进行图 3.14 的补偿时,如果不论 R_s和 R_f为多少,OP 放大器都不事先相位补偿到 0dB,那么,由于 C_f的效果有时就发生振荡。

★3.4.2 输入电容及其补偿法

以发生在输入一侧的杂散电容为例,再详细讲一讲在外部发生的极点的补偿法。

图 3.14(a)的 C_i位置发生的电容量是个大障碍,所以实际封装时要想办法变得越小越好。具体地操作,就是把与 R_f和 R_s的反向输入相连一侧的管脚尽量地缩

短。如果使用印制电路基板,那么使这一部分的结构短一些。如果使用接地平面基板,即使只在这个部分的附近削去,也可以使电容量不至于那么大。这样做之后,C_i变成什么样呢？即使小心制作,由于包含了OP放大器的输入电容,所以应该为3～4pF。如果是极其敏锐的电荷灵敏放大器,则为0.5pF。它采取了一些果断措施,省略了放大器第一级的保护二极管,FET从盒子中取出只留下芯片。

如果R_s为打开,那么C_i在下式中

$$f_p=1/2\pi C_i R_f \tag{3.3}$$

的频率处产生极点。为了消除它,如前一节所论述的图3.14那样,如果把C_f放入,那么在下面的频率处就产生零点。

$$f_z=1/2\pi C_f R_f \tag{3.4}$$

因此,如果事先选择$C_f>C_i$,由C_o生成的极点就可用这个零点消除。不过,由于放入C_f将产生新的极点。它的频率是:

$$f_p=f_z\cdot(R_s+R_f)/R_s \tag{3.5}$$

也就是说,若C_f和C_i完全相等,那么通过插入C_f,实际上可以使极点的位置只移动到正相放大倍数的量上。

由于是正相放大倍数的倍数,所以如果放大倍数小就没有效果。例如增益为－1的反相放大器,根据C_f的裕量选择为C_i的2倍左右,极点不会上升,和以前的位置一样。因此,这个方法有利于放大倍数A_{NF}大的情况下使用,除了消除C_i外还有其他用途。

★3.4.3 负载电容的补偿法

负载的静电容量不可能是零。特别是在高速宽频中,在多大的情况下能够运转静电容量呢？这在某种情况下,甚至成为设计OP放大器电路的关键。设负载的静电容量为C_L、OP放大器的输出电阻为R_o,那么这里出现的极点是:

$$f_p=1/2\pi C_L R_o \tag{3.6}$$

其OP放大器能够正常地运行多大的静电容量呢？设使用的OP放大器的增益是1的频率为f_t,那么

$$C_L=1/2\pi R_o f_t \tag{3.7}$$

例如,设$R_o=300\Omega$,$f_t=1\text{MHz}$,则C_L为500pF。这个值在没有其他极点的状态下,是45度的相位裕度的最大极限。在没有负载电容影响的地方使用时,由于相位是从它的下一位数开始转动的,所以在到50pF之前可以放心使用。

如果能将负载的静电容量削减在这个范围内,那么就不会有小的超越。但是,如果以更高速的OP放大器来计算,例如$R_o=60\Omega$、$f_t=50\text{MHz}$时,只能运行5pF,实际上并不方便。即使低频率,像大的静电容量、慢的功率晶体管那样,低的地方

也需要运行有极点的。

虽说用前面图 3.14 中的 C_f 可以补偿这个，但若定量地看则由此产生的零点是：

$$f_z = 1/2\pi(R_f + R_w)C_f \tag{3.8}$$

不过，由于通常 $R_f \gg R_w$，所以可看成：

$$f_z = 1/2\pi R_f C_f \tag{3.9}$$

应补偿的极点是：

$$f_p = 1/2\pi(R_o + R_w)C_L \tag{3.10}$$

因此，C_f 的值是：

$$C_f = C_L(R_o + R_w)/R_f \tag{3.11}$$

在实际应用中，R_o、R_L 的偏差、个体差都大，如果吸收它的 R_w 太大，输出电阻将变高，所以通常将 C_f 设定得比上式大。

高速 OP 放大器，即使负载的静电容量增加数皮法，运行也困难。所以，为了减轻 C_L 的影响，将电阻与负载并联地放入或者像后面的图 6.3 所示将电阻与负载串联放入都有效果。

★3.4.4 旁路电容的作用

要使 OP 放大器稳定地工作，电源线完全旁路很重要。仅仅说“重要”在逻辑上还不具有说服力。为什么需要旁路电容？它必须具有多大的容量和怎样的特性？我们来举例说明。

设有图 3.15 所示的多级放大电路。输出晶体管 Q_3 的输出电压以这个晶体管的发射极为基准，出现在发射极与集电极之间。

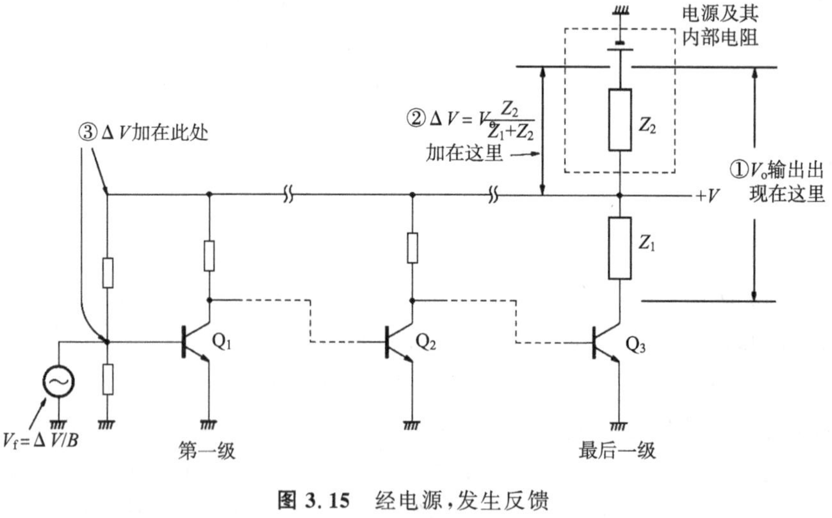

图 3.15 经电源，发生反馈

设集电极负载电阻、电源线地线间的阻抗分别为 Z_1、Z_2，输出电压 V_o 被 Z_1 和 Z_2 分压，

$$\Delta V=\frac{Z_2V_o}{Z_1+Z_2} \tag{3.12}$$

加在电源线上。前一级的晶体管 Q_1、Q_2 从这个电源线取得集电极电源和基极偏置。若各自阶段依靠一定的灵敏度与电源线相连，则按衰减率 B 反馈给输入的电压 V_f 为：

$$V_f=\Delta V/B \tag{3.13}$$

其结果，输出电压按下面的比例反馈给输入：

$$V_f=\frac{V_oZ_2}{B(Z_1+Z_2)}=\frac{V_oZ_2}{BZ_1}$$

其中，设 $Z_2 \ll Z_1$ (3.14)

一般在反馈放大器中，负反馈必须经反馈电阻正确地、定量地进行。如果在别的地方出现反馈的路由，那么设计时使用的反馈量、相位特性等全部都与实际情况不同，就不能得到预期的效果。因此，来自上述反馈元件以外的路由的反馈都必须减小到实际应用上可以忽略的水平。在实际的OP放大器中，输入输出电路可能和上述简单的例子的条件略有不同。其中之一是输出，大多像图3.16所示为双极性的发射极跟随器。因此，输出电阻 R_L 对两方的电源线产生影响，无论哪个都如下式：

$$\Delta V=Z_2I_L=V_oZ_2/Z_L \tag{3.15}$$

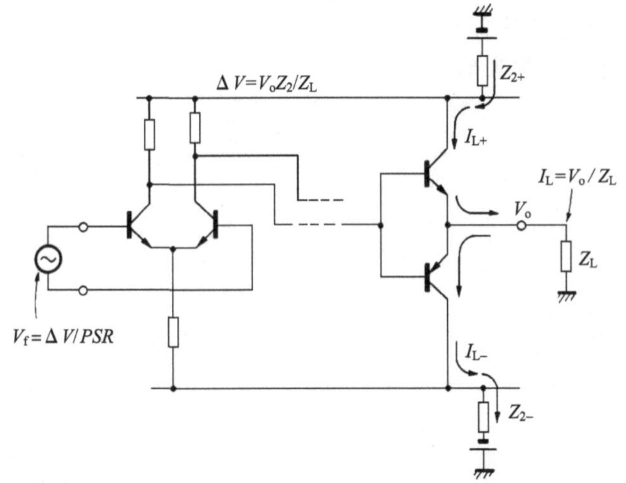

图3.16 由OP放大器电源产生的反馈

电源线的阻抗 Z_2，换言之在高频率处，由旁路电容的阻抗和负载的阻抗 Z_1 连在一起的值作为 ΔV，在电源上出现。

另外，OP 放大器的第一级使用差动放大器。为此，由 $-V$、$+V$ 而有差异，在低频率处其 PSR(Power Supply Rejection Ration)产生作用，通常由 60～80dB 的 PSR 引起衰减。这时衰减率 $B=1\,000$或者10 000，所以电源上载有的输出成分变成输入，尤其是反馈给第一级的相当小。但是，一旦频率变高，从 10kHz～100kHz 开始往上，差动放大电路的平衡容易被打破，特别是包含动态特性的差动放大级不能仍然保持如此完整的平衡。因此，与输入级的结合成为高频率就表现出明显增加的倾向。

对于电源线上载有信号的灵敏度和频率之间关系的一例将在下面的第 8 章中用图 8.8 表示。该例作为单片 OP 放大器，是高频率特性非常好的放大器之一。而通用的 OP 放大器，高频率时的 PSR 还没有达到规格，实际情况是下降的速度更快，而且下降幅度更大。

大体上讲，为了防止成分从 100kHz 开始往上反馈，考虑全面依赖旁路电容比较好。关于旁路电容的选择，连接方法等具体问题，将在第 5 章 5.5 节中讲述，请参照。

根据由上述简单解析中所得到的结果，我们清楚地了解到，如果提出两三条实用的条件，那么，首先并不是旁路电容的容量大就好，而是应以降低阻抗为目标。降低多少好呢？很明显，由负载电阻和静电容量的平衡来决定。这证明了在高速、大功率情况下，旁路更为重要。在实际安装方法完善的情况下，旁路电容的阻抗 Z_c 为测量频率时其电容的电阻和由损失部分产生的电抗的向量之和，即

$$Z_c=R_c+1/(J\cdot 2\pi fC) \tag{3.16}$$

其中，R_c 为该频率时的损失部分。

第 4 章　宽带化、高速化

4.1 决定上升的要素

4.1.1 转换速率与带宽

如果要用放大器处理快速上升的脉冲和大振幅的高频率输出时，除了放大器的带宽外，被称为转换速率(slewing nate)的特性也起着作用。它表示在给输入信号加入如图 4.1 中 A 那样的非常快速上升的波形时，输出变成 B 那样的性质。将输出最快速上升时的斜度，以每秒上升数伏(如 0.5V/μs)来表示。规格表中列出的转换速率，是 OP 放大器最大可按什么速度使用的最好标准。第 5 章中将给出的图 5.2 也是为了以转换速率为标准判断特性的图。

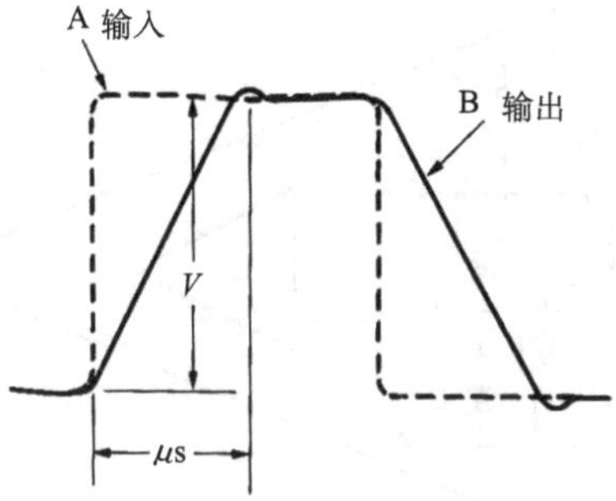

图 4.1　转换速率不足造成的输出波形不正

如第 3 章所述，由 OP 放大器制作的反馈放大器的频率特性是，负反馈越加深，带宽就越宽。如果是净放大倍数 A_0 为 100dB 的放大器，若在 $A_{NF}=1$ 的范围加上反馈的话，其带宽实际上应该达到 5 位数宽。但转换速率不变。如果包含相位补偿调节在内，那么正相反，$A_{NF}=1$ 时为最不利。

转换速率的单位是 V/μs，但是如果把它换算成大振幅时的频率带宽，有时更方便。若设所使用的OP放大器的转换速率为S_r，那么应得到的功率带宽（大振幅带宽）$f_{p(max)}$在其振幅$V_{O(max)}$指定后可用下式换算：

$$f_{p(max)}=S_r/(2\pi V_{O(max)}) \tag{4.1}$$

如果S_r用V/μs表示，当输出的振幅为一侧10V时，则乘以100，除以6就得功率带宽。若用741来试着计算一下，设$S_r=0.5V/\mu s$、$V_{o(max)}=\pm 10V$，则

$$f_{p(max)}=0.5\times 10^6/(2\pi\times 10)=7.96(kHz)$$

另外，根据0.5×100/6可以估算为8kHz。

4.1.2 转换速率由什么来决定

图4.2所示为OP放大器内部输入部分的一个例子。Q_1和Q_2为差动放大器，而Q_3和D_z则是吸收其发射极电流的恒流源。现在设输入快速向负上升。V_o与之相对应，以同样的上升向反方向运动，使反相输入始终保持在地线电位，只要虚拟短路成立就没有问题。但是，如果V_s向负的上升比V_o向正上升还快会怎么样呢？V_o上升、经R_f使反相输入端上升滞后，所以，反相输入由于V_s向负上升就向负运行。这里，虚拟短路被破坏。也就是说，在输出追随不到的时间范围内，OP放大器的输入级已经不平衡了。

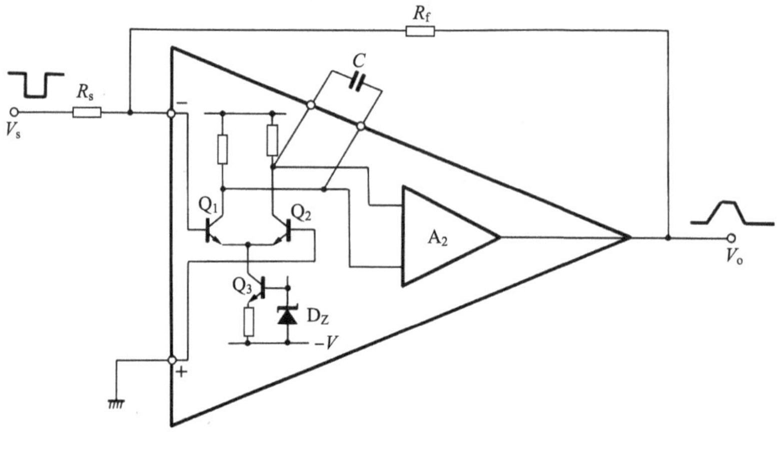

图4.2 转换速率的机理

通常，Q_1和Q中流过的基本是同样大小的集电极电流。两者的和是恒流源Q_3的输出，设它为$2I_c$。但是现在是Q_1的基极偏向负。因此，Q_1为OFF、$2I_c$完全流向Q_2一侧。至此，处于平衡状态、没有电流流过的电容C由$2I_c$进行充电，并且

要尽早地使输出向正的方向上升，使反相输入端向零点平衡。

晶体管 Q_2的集电极电压 V_c产生变化的速度取决于以该 $2I_c$电流为电容 C 充电的速度。若定量地说，设到第二级以后的输出为止的放大倍数为 A_2，那么输出的转换速率 S_r可以用下式表示，即

$$S_r=\frac{dV_c}{d_t}A_2=\frac{2I_c}{c}A_2 \tag{4.2}$$

也就是说，使 Q_2的集电极上升速度乘以 A_2的是输出的上升速度。虽然附加的条件是 A_2的转换速率非常快，但是作为类似实际应用，这样想也无妨。也许有人会问，到底为什么在这种地方加入添麻烦的电容呢？如第 3 章所述，大部分的 OP 放大器为了保证不振荡、取得稳定的特性，都必须在此处内嵌或者外接电容。

正如上述已经明确的那样，同一个 OP 放大器转换速率（如式(4.2)所示），由 I_c和 C 的值决定。如你所见，这只不过是单纯的恒流源和电容量的关系式。外接的 R_s和 R_f也如此，何况平衡时的 A_{NF}是多少都是没有影响的。

前一部分中曾讲到，在转换速率这点上，当 $A_{NF}=1$ 时反倒是最不利的。这是因为 $A_{NF}=1$ 时，需要最大的相位补偿用电容。但是，给相位补偿电容选择补偿到 $A_{NF}=1$ 的值、直接由 C 增加了 A_{NF}的话，在 A_{NF}大的时候没有转换速率快的要素。实际上，这种内嵌电容的 OP 放大器，如测试 741C 的转换速率，是$A_{NF}=1\sim100$，基本显示的都是同样的值。

从以上的分析可以看出，对于需要大转换速率的场合，使用外接相位补偿的 OP 放大器更为有利。在这种情况下，使 A_{NF}为 10 且使用与 $A_{NF}=0$ 时一样的 C 的做法并非上策。当然，也可以置换为最小的 C。如果 $A_{NF}=100$，那么，可以以更小的 C 来完成。如果能这样使相位补偿的 C 尽量减小，那么就如式(4.2)表明的那样可改善转换速率。

4.1.3 使转换速率变大

下面做一个实验，用同样的 OP 放大器来观察其效果。由于内嵌相位补偿的 OP 放大器效果不好，所以选用外接的 301A。将指定的 30pF 接在引脚 1 和 8（金属盒的情况）之间，测得波高 5V 的输入脉冲波形，如图 4.3 的 A 所示，上升 5V 用了约 8μs。使同一个 OP 放大器的相位补偿为 5pF，如图 4.3 的 B 所示，上升时间约为 2.2μs。不过，5pF 时，$A_{NF}=1$ 时的稳定性不够。如果 $A_{NF}=10$，即使 5pF 也十分稳定，完全不接 C 的比较放大器则为 0.8μs。

从这个结果可知，由于使用方法的不同外接相位补偿的 OP 放大器，也在不断提高标准性能。我们再进一步将这个原理作一般化的阐述。如前面的图 4.2 和式(4.2)表明的那样，如果 dV_c/dt 相同的话，那么相位补偿电路的 A_2越

大，转换速率就越大。换言之，在同一个 OP 放大器中，相位补偿越是在靠前面部分，效果越好。由于 OP 放大器的最前面是输入端口，如果只考虑转换速率的话，那么如图 4.4 所示在输入端口间进行相位补偿最有利。当然，不仅有优点，还有缺点，也应事先讲清楚。如果在输入端口间进行相位补偿，噪声往往就有些增大。

关于这个方法，将在后面的 4.4 部分详细讲述。

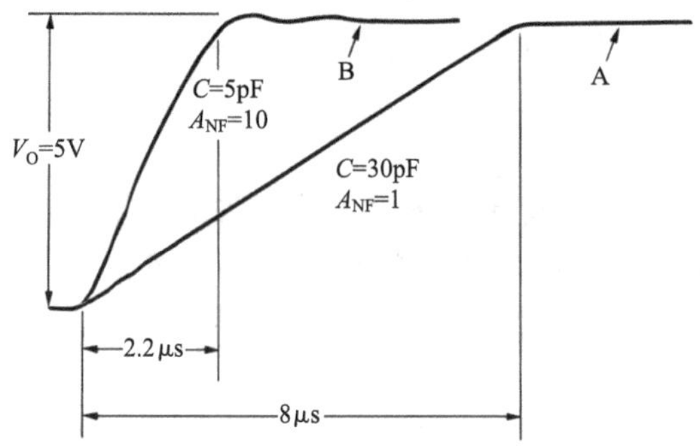

图 4.3 相位补偿的参数与转换速率

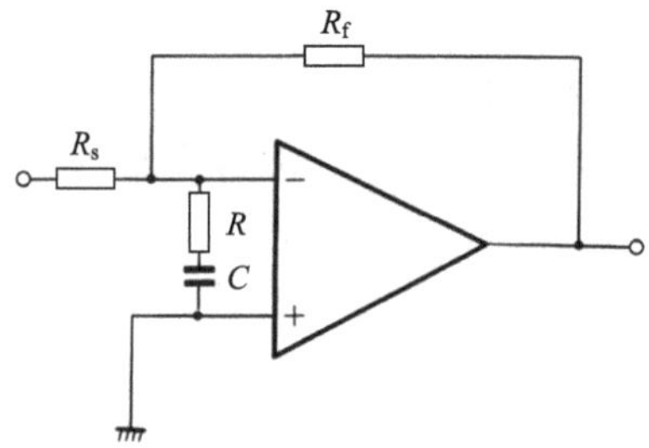

图 4.4 在输入处进行相位补偿

4.2 有效的带宽和相位补偿

4.2.1 振荡的停止

如果使用上一章所述零分贝线上极点只有一个标准的相位补偿，那么，应该能制作出无振荡的放大电路。虽然如此，但实际上为什么还有那么多为振荡而烦恼的情况呢？原因是，标准的相位补偿是以输入、负载或反馈元件都为纯电阻的理想状态为前提的。实际上，这些条件全部成立的情况并不多。OP 放大器的信号线不可能没有电容量，负载或反馈电阻中都不同程度地含有电容成分和电感成分。

以具备图 4.5 所示 OP 放大器的频率特性为例，对于将原有的特性ⓐ像ⓑ那样补偿的标准进行相位补偿，为了补偿上述现象，必须像ⓒ那样将极点移到更深处补偿，使用 3.4 节所述的使 OP 放大器的外部产生的频率响应下降为旁路的方法。

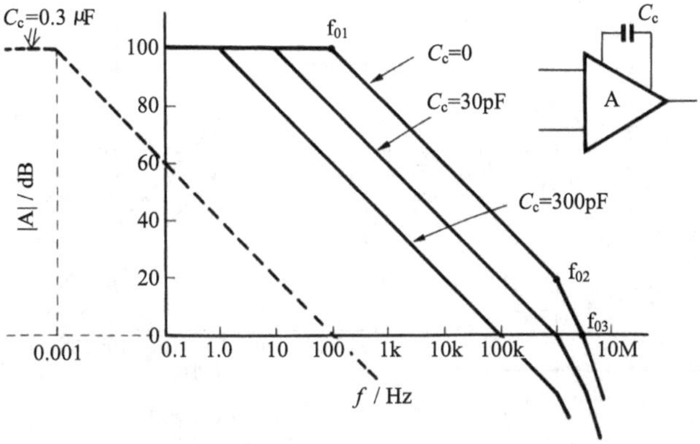

301A的转换速率S_r和C_c	
C_c	S_r
0	4V/μs
30pF	0.5V/μs
300pF	0.05V/μs
⋮	⋮
0.3 μF	0.000 05V/μs

图 4.5 相位补偿和频率特性

振荡装置偶而也会产生比没有振荡更坏的结果。因此，对振荡有所畏惧，有时会碰到如 301A 的相位补偿中按标准为 30pF 处加入 0.5μF 之类的例子。虽然没有 301A 的 C_c中不能加入 0.5μF 的这个规定，但是加入这么大的 C，电容的漏电流就容易造成第一级的工作不正常。图中所示只不过仅是作为相位补偿想法的参考，不要按它实行。

下面，让我们来看看加入这么大的电容，即不缩小带宽也不用担心振荡的方法。另外讲一讲，如果在同样的条件下，怎样才能尽可能地使响应加快、带宽变宽，采用什么方法使转换速率增大以及有益于更加稳定和加快速度的相位补偿的几个技术。

4.2.2 带宽和功率带宽

首先我们探讨在伯德图上面加上反馈后，使 A_{NF}增益时得到的带宽和实际取得大振幅输出时得到功率带宽的关系。

图 4.6 是典型 OP 放大器数据表中列出的电路构成和频率特性。对于这样的 OP放大器，若给其加上使之变成 10 倍放大器的反馈（设 C_c为 30pF），那么，如图4.7 所示就可立即得出带宽为 100kHz。使相位补偿有更多的富裕，若设 C_c为 300pF，可得 10kHz 的带宽；如果为3 000pF，可得 1kHz 的带宽。

但是，这是最小信号时的情况。一般的 OP 放大器，很少只在输出的振幅为小信号的范围内使用，所以有必要探讨一下大振幅时的情况。

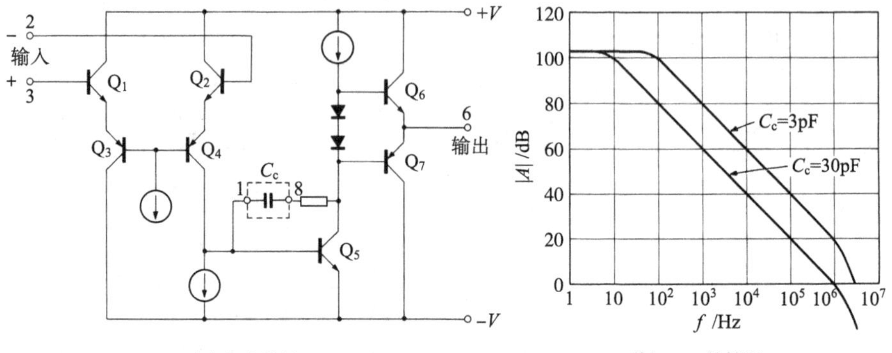

(a)频率特性 (b)301A的情况

图 4.6 简化的 OP 放大器的电路实例

图 4.8 所示为与图 4.7 相对应的大振幅时的特性。根据这个图,所有规格振幅可以取的频率是,C_c=3pF 时为 60kHz,30pF 时为 6kHz,与从图 4.7 中读取到的结果相比,带宽非常窄,C_c=300pF 时移到了图的最左边,比 30pF 的线还要往左移 1 位数。

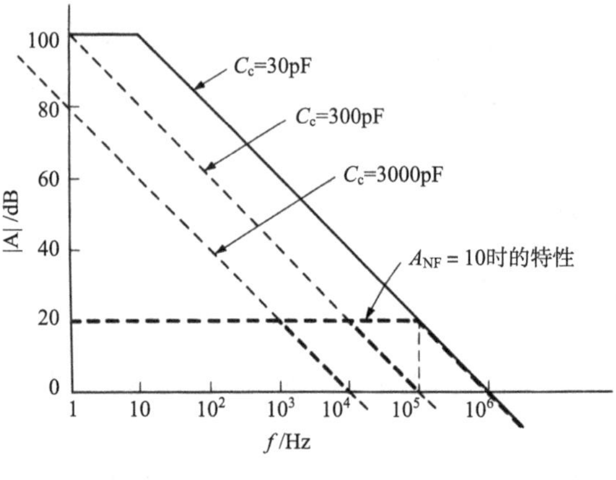

图 4.7 小振幅时的频率特性

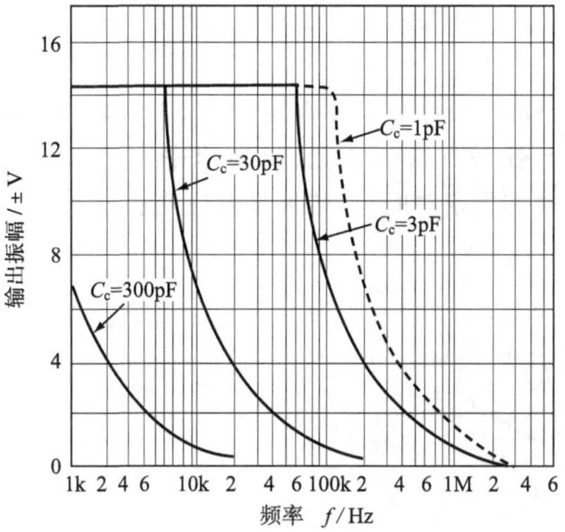

图 4.8 大振幅时的频率特性(301A 的情况)

大振幅可得到的带宽被上一部分中所述的输出的转换速率制约,应当用下式表示:

$$S_r = \frac{I_c}{C_c} \cdot K$$

其中,K 为 OP 放大器的固有常量。

如果 OP 放大器和 C_c确定了,那么不管 R_s、R_f如何,S_r也大致确定。无论 S_r使 A_{NF}加深多少都没有关系。

如果有很多附加物作为 C_c进入相位补偿,那么消除这些附加物,就可使 S_r变快。在 OP 放大器内嵌相位补偿的情况下,不可能减少附加物。

扩大功率带宽的方法大致有以下四种:

①标准的一个极点补偿或者极点、零点并用的一个极点补偿,在可确保所使用的增益稳定情况下,用最大程度的小 C_c补偿。

②两个极点补偿,也就是在频率特性的一部分制造 40dB/oct 斜度的地方,如果使用的增益回到 20dB/dec,只要小补偿电容就可以完成。

③利用前馈补偿,用 C 使 OP 放大器的低速部分为旁路。

④相位补偿的位置尽量选在 OP 放大器的靠前面部分。

4.2.3 转换速率和稳定时间

"转换速率大、稳定时间就短吗?"让我们来探讨这个问题。所谓稳定时间(settling time),就是信号(在这种情况下,为 OP 放大器的输出)稳定在一定的误差范围内所需要的时间。这个问题多出现在OP放大器的上升加快阶段，负载为容性的情况。

同样的OP放大器，如图4.9所示高速的3550(BB)，在容性负载C_L上加上不同的相位补偿C_c进行比较。与带宽宽、转换速率大的$C_o=0$相比，加入大小为$0.02\times C_L$大小的C_c时的稳定时间短，结果是响应变快。

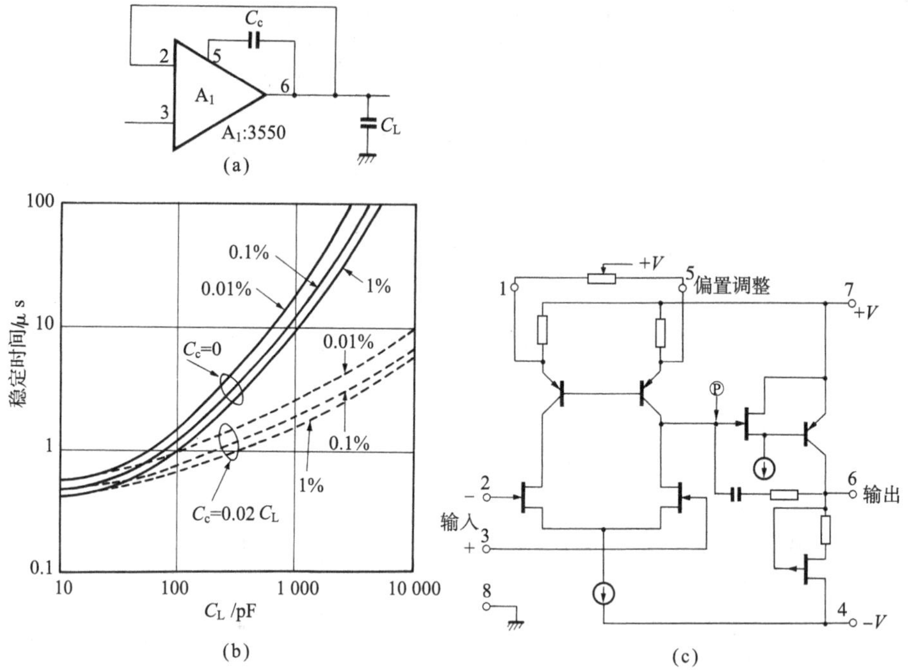

图 4.9　利用相位补偿可加速稳定

在上述例子中，输出的波形如图4.10所示。其结果，在上升最快的A状态下，与带宽减小、转换速率稍有限制的B状态相比，稳定时间需要得更长。不用说，在加入了过大的相位补偿电容C状态下，上升需要用很长时间。

这样看来，虽说都是OP放大器电路的高速化，但根据其用途的不同，有各种各样的形式。OP放大器元件的选定和相位补偿的形式以及其处理决定的方法，都因其是否需要达到最佳的特性(参数)而截然不同。

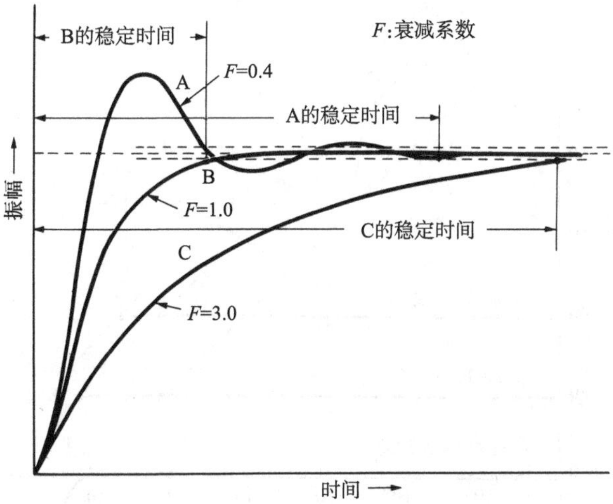

图 4.10 转换速率和稳定时间

4.3 三种基本的相位补偿

4.3.1 一个极点的补偿

标准的补偿法和伯德图的说明已在上一章中讲过，这里讲讲应该称为第二步的高速化和宽带化。

对于 OP 放大器产品目录中给出的相位补偿标准常数，是只要没有特别地说明，即使 $A_{NF}=1$ 也不振荡，0dB 时的补偿值。因此，功率带宽所需要的是，减小 C_c至实际使用 A_{NF}的值。这样的话，既能得到稳定性的定容，也可以增加功率带宽。

图 4.11 给出的就是其实例。为了和后面的两个极点和前馈补偿都进行比较，电路、数值例都沿用前一部分的 301A。这是为了让数据和说明有连带性而采用的手段，如果同是外接相位补偿，此方法也可以适用其他 OP 放大器。

图中的 C_c是指前面的图 4.6(a)中所示的相位补偿电容。如果将 C_c从标准的 30pF 开始逐渐减小，在 $A_{NF}=1$ 时观测，就可看到输出波形中逐渐出现阻尼振荡。$C_c=5$pF 以下时，根据元件的不同而开始振荡。但是，$A_{NF}=-10$ 时，3pF 就基本上可得到完全的稳定性，不用担心发生振荡。如果 $A_{NF}=-100$，那么，即使 $C_c=1$pF，只要电源的旁路完全，也会很好地工作。由此看来，对于一般 OP 放大器的相位补偿，人们都有点轻率地投入了大的、超过需要的补偿值。以 301A 为例看一看实际情况。

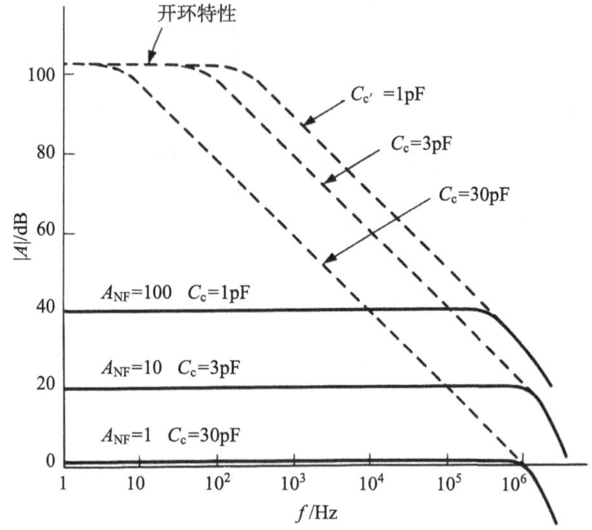

图 4.11　由 A_{NF}加减 C_c后得到的频带特性

$A_{NF}=-100$ 时相位补偿 1pF；$A_{NF}=-10$ 时相位补偿 3pF；$A_{NF}=-1$ 时相位补偿 22pF，是这种情况下最适合的补偿。

图 4.11 所示为在加上不同开环和前馈状态下的频率特性。此时的大振幅特性请参见图 4.8。

在实际的电路设计中，一直不使用 $A_{NF}=1$，所以 A_{NF}在 10 以上，功率带宽可以得到标准补偿的 8 倍，这在很多情况都有用。在种种增益中欲得到稳定的且频带宽度大的、大转换速率的 C_c的值，可以用下式求得：

$$C_c=\frac{R_s}{R_s+R_f}C_s \tag{4.3}$$

其中，C_s为数据表中标出的到 0dB 补偿用的值，例如 748，101A，301A 用 30pF，TL070，TL080 用 18pF。

4.3.2　两个极点的补偿

如果采用前一部分的方法调节 C_c值，那么当 A_{NF}大的时候，转换速率可接近 10 倍，有的情况下可能更大。但是当 A_{NF}小的时候，其效果就很不明显，例如$A_{NF}=-1$ 时，C_c减半可得到的转换速率只限于两倍，$A_{NF}=1$ 时，不得不为标准补偿值。

当 A_{NF}小的时候，若使用称为两个极点补偿的方法，可以增加高频的环路增益，扩大功率带宽。图 4.12 所示为其电路实例，图 4.13 所示为其伯德图与标准补偿的比较。

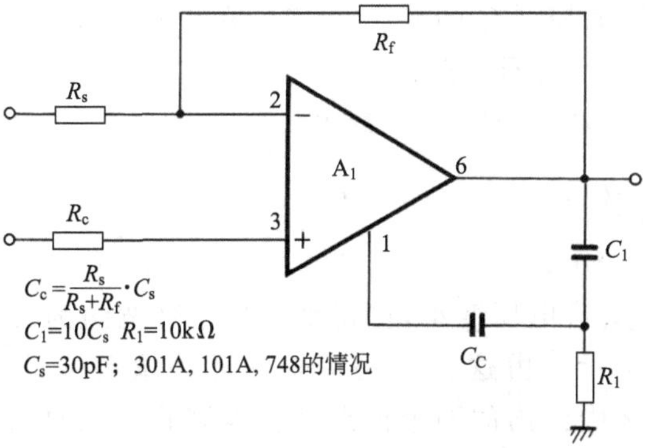

图 4.12 两个极点补偿的电路例子

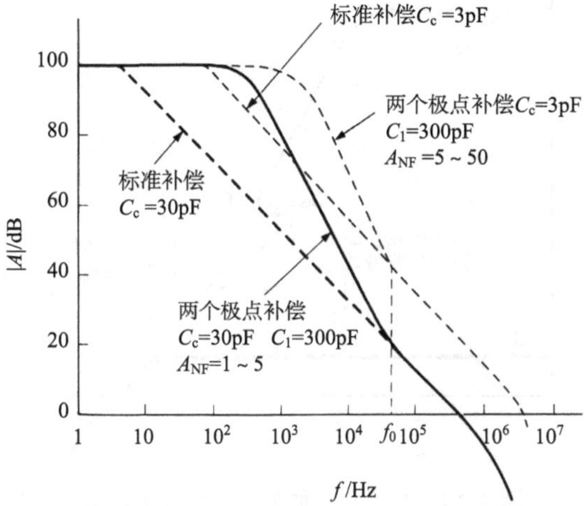

图 4.13 两个极点补偿的频率特性

C_c为标准型时，将图 4.6 所示的电路像图 4.12 那样在 OP 放大器的输出一侧，设计具有 C_1和 R_1频率特性的分压电路，并把 C_c连接在分压电路。从 C_1和 R_1相等的频率 f_0（在图 4.13 的实例中约为 50kHz）开始往上的频率和 C_1短路、C_c直接与输出连接是等价的。因此，从 f_0往上的频率特性看，与加入了 C_0的标准补偿为同一值。由于比 f_0低的部分具有 C_1、R_1的分压比为－20dB/dec 的频率特性，所以 C_c的有效方式合计表示－40 dB/dec 的频率响应下降（roll－off，使高频衰减的特性）。其结果，开路时的频率特性如图 4.13 的实线所示。

在这个例子中，根据开路的特性，50kHz、增益为 20dB 左右的地方有一个 f_0，即朝向－20dB/dec 的拐点。因此，A_{NF}＝±1～5 左右时使用是最适合的补偿。

根据前一节所述的控制 C_c 的方式，当 A_{NF} 值更大时，如在 $A_{NF}=10$ 时，3pF 的 C_c 就能完成，这里可以采用两个极点补偿。

按前面的式(4.3)，此时的各个参数为

$$C_c=\frac{R_s}{R_s+R_f}C_s,$$

其中，$C_1=10Cs$，$R_1=10k\Omega$。

由于加给 C_c 的交流电压变小，可得到的功率带宽约为标准补偿的两倍，如图4.13的细虚线所示。由这种方法带来的环路增益的改善，在高频时如图4.14所示。图4.12中给出的两个极点补偿电路作为LM301A的应用实例已被发表。不过上面标出的计算法和常量都加以变更，以便普遍化，对301A以外的情况也能应用。

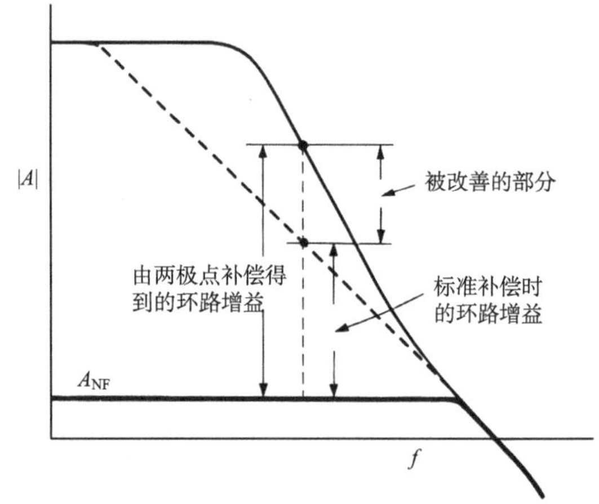

图4.14　利用高性能补偿增加环路增益

要采用这里所述的方法，作为对象的OP放大器电路构成必须具备一定条件。就是作为相位补偿取出端口的一方，要能使用OP放大器的输出端口。与其用文字说明，还不如看看图4.6(a)。在301A的构成中，在放大级 Q_5 之后，直到输出端为止之间，只加入了射极跟随器。如果 Q_5 的后面没有电压放大级，那么，相位补偿用电容 C_c 的一边可以不与 Q_5 的集电极连接而与输出端连接。具备这些条件的相位补偿外接型OP放大器，在后面各章中出现的用开关控制相位补偿的功率激励器、高速的理想二极管等将发挥各种各样的用途。

这种形式的OP放大器，在外接相位补偿型中有很多。例如可以直接适用相同常量的301A，748，777以及同系列的双重OP放大器。如果要求适合各自的常量，308，318，709，725，070，080等各公司的产品也能适用同样的思考方法。

4.3.3 前馈补偿

图 4.6(a)所示的 OP 放大器由慢的第一级和快的最后一级的两级放大器构成。在很多情况下,通用 OP 放大器的设计都把第一级设计成具有大的放大倍数和低的极点,图 4.6(b)所示为一个极点补偿且具有频率特性的结构。

扩大这个 OP 放大器带宽的另一个方法,是利用电容旁路带宽受到限制的第一级。在低频时,从第一级到下一级,在高频时干脆将输入直接加在第二级上,从而实现 OP 放大器带宽的扩大。这称为前馈(feed forward)法。

将其原理一般化,则如图 4.15(a)所示。在实际应用中,分立或混合的斩波器、变容二极管(可变电抗器)等放大器经常被使用。在这种情况下,将放大倍数大、输入换算的偏置电压或者电流小的斩波器、变容二极管(可变电抗器)用作 A_1,将后面的输入中由 C 交流耦合的宽频放大器用作 A_2。合成的频率特性如图 4.15(b)所示,放大倍数变大而且频带也变宽。A_1 和 A_2 本身并不需要特别高难的技术,只要重合的频率特性选得好,就能得到宽频带,这是本方法的一大特征。

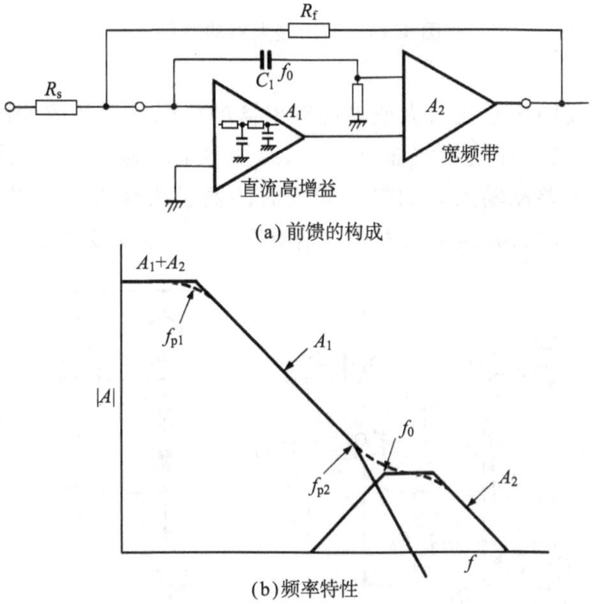

图 4.15

但是,在实际操作中,前馈补偿不能如预想那样工作的例子有不少。不是特别完成的混合电路或模块(组件),而是自制的或者从外部在单片 OP 放大器加上前馈补偿时不成功的情况似乎很多，下面讲述实例。

图4.16和上例一样将301A做了前馈补偿。只要按这样的电路和常数使用应该是顺利进行的，但这里使用者不仅要像例子中所示的那样使用，而且想做各种各样地应用。

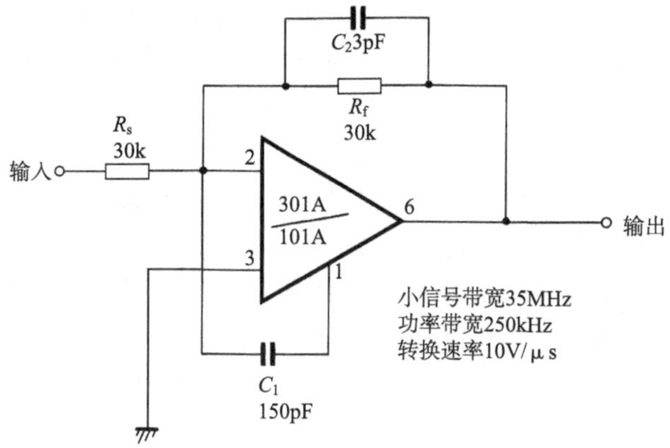

图4.16 前馈放大器的实例

首先是想将其用于正相放大或电压输出器的情况。只要改变图中的信号输入和接地，就必定失败。即使斩波器、变容二极管中单端输入的多，前馈补偿的原理本身也可以应用于差动输入。如果要问上面的例子为什么不能顺利进行，其原因在于OP放大器的第二级的取出方法。请看图4.17，若从反相输入由C_1与Q_5的基

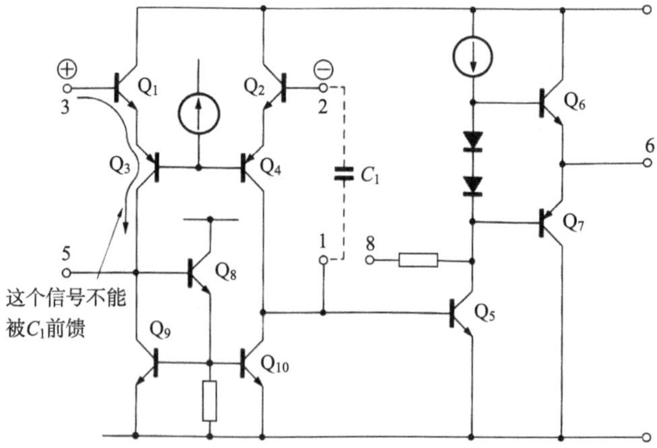

图4.17 前馈只在反相侧有效的原因

极连接，确实可以使 Q_2 和 Q_4 的工作旁路。但是，如果在这种状态下将反相输入接地，从正相输入接入信号会怎么样呢？通过 Q 和 Q_3、经过恒流电路 Q_8 和 Q_{10} 到达 Q_5 的路径中，前馈不生效，Q_3 慢的特性曲线就直接出现。在单片 OP 放大器中，图 4.17 的 Q_5 以后大多为单端的，所以不能就这样直接加上差动的前馈补偿。在图 4.18 中给出了用目录数据以外的常量进行前馈补偿所需的几个办法和一般化的电路。

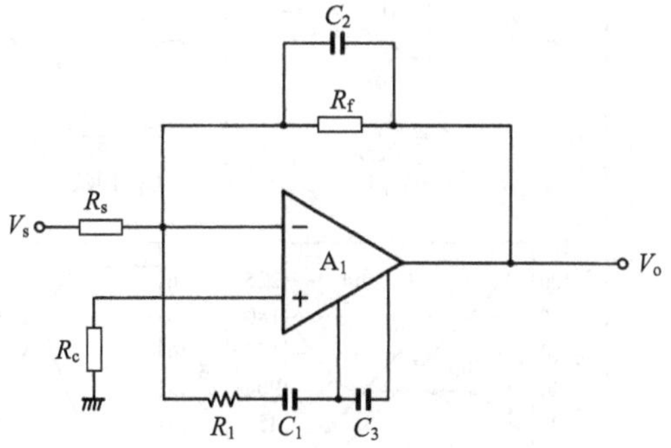

图 4.18 前馈的一般化电路

C_1 是为了迂回第一级所设的电容；R_1 是用于抑制从 A_1 经 R_f 且在 C_1 这个小环路振荡的电阻；C_3 作用是为调节 A_1 的频率响应；C_2 抑制已完成的前馈补偿在高频的上升，表示出与 C_3 相似的效果。这些手段根据 OP 放大器的不同而有选择地使用，如 301A：

$$R_1=0,\ C_1=150\sim220\text{pF},$$
$$C_2=1/(2\pi f_0R_f)$$

其中，$f_0\approx3$MHz，$C_3=0$。

而在 748、777 及其他的相位补偿外接型、相当于 741 的 OP 放大器中：

$$R_1=33\text{k}\Omega,\ C_1=150\sim220\text{pF},\ C_2=0,\ C_3=C_sR_s/(R_s+R_f)$$

其中，$C_s=10$pF。

在 FET OP 放大器、TL070、080 中：

$$R_1=0,\ C_1=470\text{pF},\ C_2=1/(2\pi f_0R_f)$$

其中，$f_0\approx1$MHz，$C_3=0$。

另外，也有前馈补偿内嵌于 OP 放大器自体内的 118、318 等例子。此外，作为正相放大器要使前馈生效，可以采用通过用晶体管附加简单的反相电路或者使电源浮动的方法实现。

4.3.4 三种补偿方法的比较

图 4.19 表述了一个极点、两个极点和前馈三种补偿方法用于同一个单片 OP 放大器的情况，以厂家数据表的形式总结了所实施的例子。

第一层是电路图，参数的计算在本文中已说明。第二层是伯德图，使用刻度，左边刻度是增益，右边刻度是相位。为了与标准补偿的特性相比较，两个极点、前馈的特性用虚线表示。第三层是功率带宽特性，下层是对于脉冲输入的输出波形，横轴的刻度发生改变，请加以注意。此外，下层的脉冲特性，一个极点、两个极点是

$A_{NF}=1$ 时，前馈是 $A_{NF}=-1$ 时的。

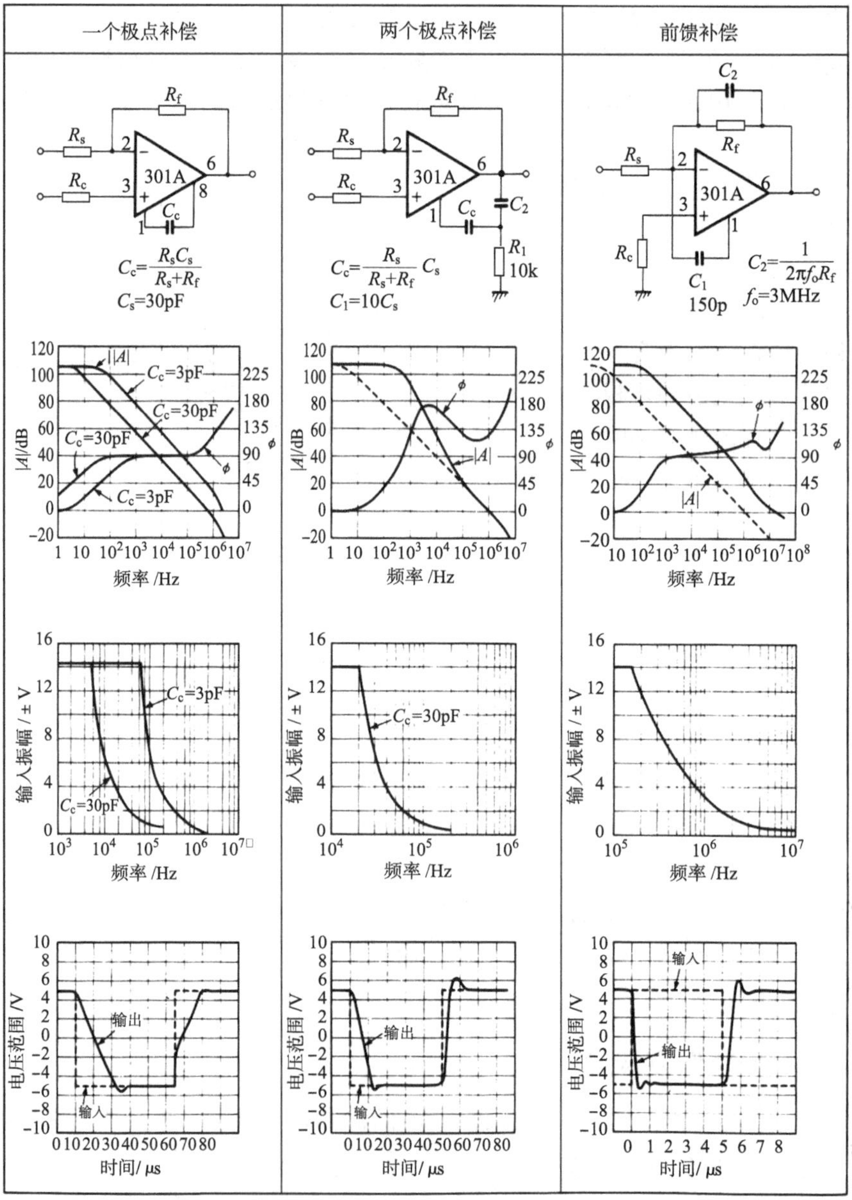

图 4.19 三种补偿电路的总结

4.4 相位补偿的技巧

★4.4.1 将带宽变宽的方法

为了加快响应速度、增加带宽，使用快速 OP 放大器，减小负载和输出的电容量，控制相位补偿，这一点已经很明确了。对所需的各项技术，前面已经详细地讲述了。但是，并不是任何时候这样做都是最好的万能之策。在现实给出的条件中，使用什么技术，怎样使用才能取得最好的结果？这就完全要依靠设计人员的判断。正因为如此，才有发挥才能的余地。在这一部分中，为了寻求其方法，讲讲前一节所述的技术应用法及限制、副作用、问题点和确认的方法等。

1. 控制相位补偿

首先，使带宽加宽的最简单方法是以 $A_{NF}=1$ 的标准相位补偿为基准，控制相位补偿。这个方法，A_{NF}越大效果越好，当 A_{NF}在 10 以上时，速度基本上可提高近 1 位数。

放大倍数在接近 $A_{NF}=1$ 的范围内，控制相位补偿方法的作用减小。即使这样，$A_{NF}=-1$ 时，也能改善 2 倍左右，所以标准补偿的 1 倍速度和功率带宽，根据用途的不同是有价值的。

2. 两个极点补偿

在 $A_{NF}=1\sim3$ 时，可能两个极点补偿的效果比控制相位补偿的效果好。在 $A_{NF}=3\sim10$ 时，根据使用条件的不同，优劣会发生变化。两个极点补偿也有两种方法。一种是图 4.13 的实线那样，以 $A_{NF}=1$ 的补偿为基本；另一种是该图中虚线那样，以控制相位补偿的特性为基本。以 $A_{NF}=1$ 作为基本的两个极点补偿并没有大幅改善转换速率、功率带宽等表面的特性，但是它具有环路增益甚至高频都增大，且在容性负载和输入电容校正的状态下也能稳定工作的特点。

3. 从外部的补偿

虽说内嵌相位补偿，但也有不少想从外部追加补偿的情况，如：在 $A_{NF}>10$ 的范围，都能使用作为前提的 OP 放大器；即使在 $A_{NF}=1$ 的范围补偿，而又想进一步控制减幅振荡等。图 4.12 所举出的两个极点补偿是作为 IM301 的应用所考虑到的例子。不过，还有其他既保留两个极点又能稳定工作的相位补偿方法，可以从 OP 放大器的外部进行这样的补偿。这将在下一节中进行论述。

4. 完成情况的检查

要使用相当复杂的技术进行相位补偿，不仅要有一定的理论基础，而且绝对有必要确认补偿的结果。利用示波器测试速度和功率带宽就能看见其波形，方法很简单。但是怎样才能知道是否发生振荡及其振荡的程度呢？这也将在下一节中论述。

★4.4.2 从OP放大器外部补偿

最近的OP放大器中，内嵌相位补偿的越来越多。但是，补偿至 $A_{NF}=1$ 时还要求高速、宽频带，这时的效果就不好。所以，现在制造高速用外接相位补偿和在 $A_{NF}>5\sim10$ 范围补偿的OP放大器。

下面讲一讲即使想进行上一节所述的两个极点补偿，但考虑没有连接补偿电容的端口的OP放大器，以将 C 和 R 接入OP放大器输入端口间的方式为例详细地讲一讲。

1. 一个极点补偿

例题中使用的OP放大器根据例子的不同而假设模型。可以拿357、OP-06、OP-37、TL080等做例子。这种OP放大器的相位补偿都是外接的，虽然标着转换速率为50～100V/μs，但该值都是指定的 $A_{NF}=10$ 时的值，不是 $A_{NF}=1$ 的相位补偿值。

如果用伯德图表示其放大倍数的频率特性，那么，这种OP放大器的特性大致如图4.20的细线(原来的特性)所示。这里我们不采用追加相位补偿的电容 C_c 和降低 f_{p1} 以变成标准特性的办法，而试着把图4.21的 C_1 和 R_1 接入OP放大器的输入端口之间，利用产生的极点和零点。

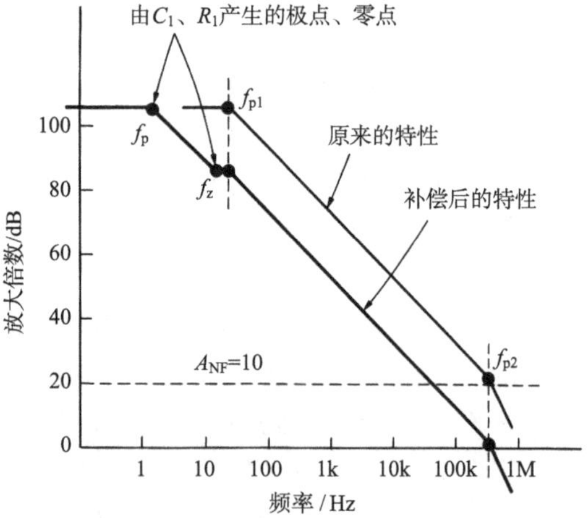

图4.20 利用外接进行一个极点补偿

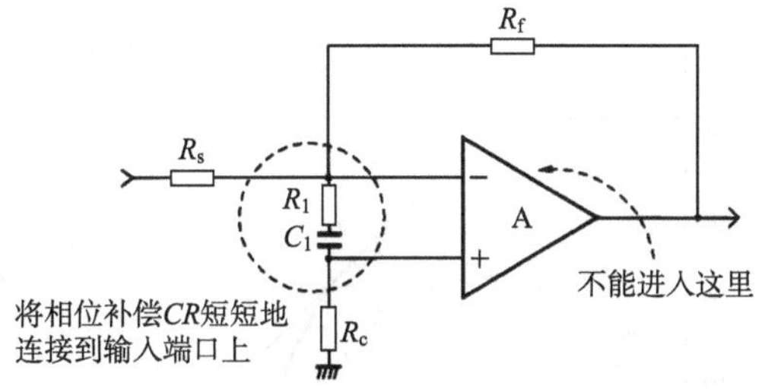

图 4.21 外部补偿的接入方法和常量

接入 C_1 和 R_1 而产生的零点的位置为：

$$f_z=1/(2\pi C_1R_1) \tag{4.4}$$

但同时极点在下面的频率处发生

$$f_p=(R_s+R_f)/[2\pi C_1(R_sR_f+R_sR_f+R_sR_c+R_1R_f+R_cR_f)] \tag{4.5}$$

若把 f_z 放在图的 f_{p1} 附近的位置，那么用 f_z 可以消除 f_{p1}。于是，新的 f_p 成为最低的极点，整个特性变成图中的粗线那样。本例特意挑选了 f_p 和 f_z，以便和补偿至 $A_{NF}=1$ 的标准特性基本一致。所以伯德图上的特性与使相位补偿用电容 C_c 增大后的特性几乎没有变化。但与实际使用时的特性有很大不同。这是转换速率。例如为了补偿到标准特性的 $C_c=30$pF，设在此状态下的转换速率为 1.5V/μs。如果不使用 C_c 时内部保留的静电容量为 3pF，那么由于 C_c 为 1/10，所以转换速率为 10 倍。因此，用这种方法进行相位补偿时，应该得到大约 15V/μs 的转换速率。

2. 适于两个极点补偿

上述的方法，为了制造低频的极点，必须在放大器的输入侧接入相当大的 *CR*。如果没有特别需要变成标准特性，也就是单一极点的特性，上一节所述的两个极点补偿在大的频率范围可以得到大的环路增益。

图 4.22 用伯德图表示一个例子。数值的计算法直接使用前面的式(4.4)和式(4.5)。

这里，我们试做一个简单的具体例子。原来的 OP 放大器补偿到 $A_{NF}=5$，设其极点处在 f_{p1}、f_{p2}，要使其到 $A_{NF}=1$ 稳定，最好使高频的增益为 1/5，因此，图 4.23(a)的反相放大器中，如果设 $R_s=R_f=R$，则 $R_1=R/4$，在该图(b)电压输出器的情况下，按 $R_1=(R_c+R_f)/4$ 选择 R_1。电压输出器根据用途的不同也有不规定信号源电阻的情况。R_c 则用于吸收它。由于没有必要在补偿旁路电路的时候也要使 R_1 生效，所以在 R_f 或 R_c 中至少要有一个。

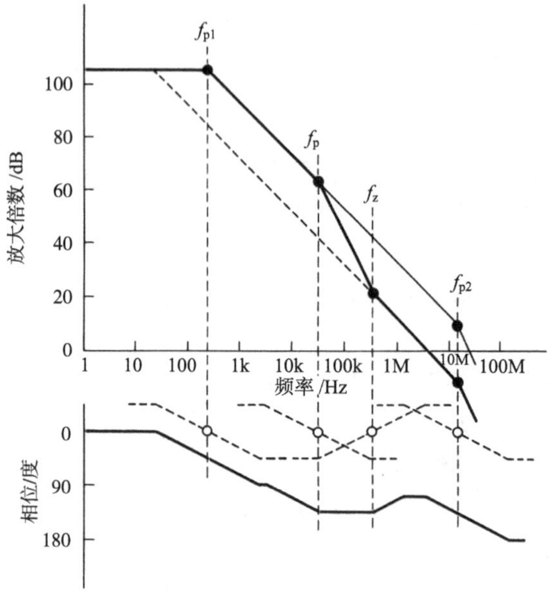

图 4.22　由外部进行的两个极补偿

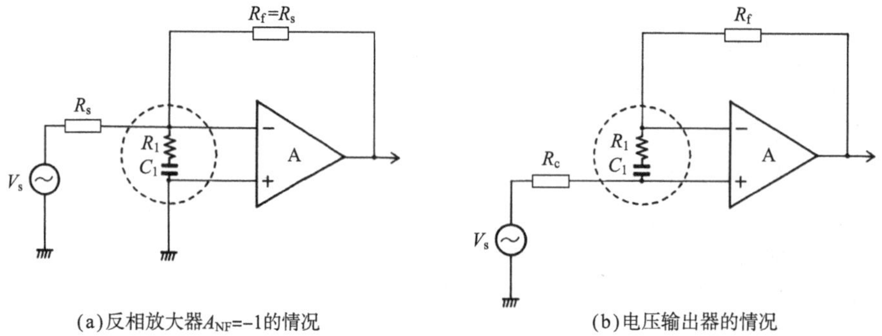

图 4.23　放大器的构成与常量

使零点在带宽的稍下面一点、留出 1/2～1 位数的裕量，选择 f_z 利用 $C_1 = 1/2\pi R_1 f_z$ 计算出 C_1。在图中，f_z 的位置标在 300kHz 左右，由于使用的 OP 放大器不同而不同。例如 LF－357(NS)、3508(BB)为 3MHz，而 3554(BB)，如果 $R_1 = R/10$，则 f_z 可延至 8MHz 左右。

用这个方法，不仅能谋求转换速率的改善，而且还具有增加前面 4.3 节所述的两个极点补偿环路增益的效果。通过图 4.22 的例子也可以了解，在从 f_{p1} 到 f_z 的宽频、且在环路增益容易下降的高频范围，可得到 20dB(也就是 10 倍左右)的特性改善。

采用这种方法时的问题是，在开动前面第一个极点的情况时噪声增加显著，而在两个极点情况时却不怎么明显。在图 4.22 的低于 f_p 的频率时没有影响，在高于 f_z 的频率时若考虑用 R_1 使 OP 放大器的输入端口间短路就明了了。

★4.4.3 电流反馈型 OP 放大器

1. 特征与工作原理

有一种值得注意的高速 OP 放大器，其结构被称为电流反馈型。美国高姆利尼亚公司(Comlinear)从 1983 年左右开始制造高速 OP 放大器，之后，有数家厂商都在销售用类似方式制作的产品。到目前为止，可以把电流反馈型看成制作高速 OP 放大器的一种最常用的手法。

图 4.24 所示为电流反馈型(current feedback)或互阻抗(transimpedance)型的高速 OP 放大器的构成。发生变化的不是第一级的差动放大，而是从 V_1 加入的正相输入(+)开始、经放大倍数为 1 的电压跟随器与反相输入连接的地方。这种构造，VF 的输出阻抗低，V_2 与从流入反相输入端口(－)R_2 开始的反馈电流或信号电流无关，经常与 V_1 为同一电压，反相、正相输入端口间和普通的 OP 放大器一样有虚拟短路。

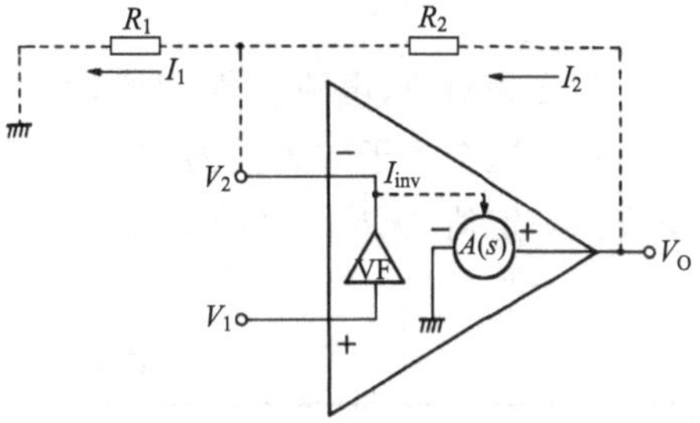

图 4.24 电流反馈型 OP 放大器的构成

图中用 $A(s)$ 表示的增益级为电流输入/电压输入型，也就是说，具有和普通 OP 放大器使反相放大器为 $R_s=0$ 时一样的放大级，流向那里的输入电流与正相输入端口流入的电流 I_{inv} 汇合。然后将放大极的输出作为电压 V_o 输出到输出端口。$A(s)$ 是放大部分的传递函数，由于是电流输入/电压输出，所以单位是欧[姆](Ω)。

该 OP 放大器的构造就是这样，实际上电路是如何工作的呢？我们用数式展开，与此前的 OP 放大器比较一下。

首先比较特性。为了便于与电流反馈型 OP 放大器比较，将此前的 OP 放大器的工作如表 4.1 那样表示。输入电压和输出电压的比，也就是用传递函数 $A(s)$ 来表示电压放大倍数。但在这里重点是如式(4.7)所示将含极点的 $D(s)$ 分离出来表示。采用这种方法，其结果使此前表示普通 OP 放大器放大倍数的式(4.6)变成式(4.8)。在式(4.8)中，分母的 $D(s)$ 即表示极点的函数变成了 G。在这种形式中，若设 A_{NF} 的放大倍数为 G 倍，那么极点时、常量 $G=$

1时都为放大G倍后的形状，其位置下降到低频一侧，作为反馈放大器的截止频率下降。这意味着，在原有的方式中，根据设定A_{NF}的不同，极点的位置即带宽发出变化是本质性的。

表4.1 普通的OP放大器

$$A_{NF}=\frac{G}{1+G/A(s)} \quad (4.6)$$

其中，$G=1+R_f/R_s$，$A(s)=(V_1-V_2)/V_O$

这里若用含极点的$D(s)$和含零点的$N(S)$表示$A(s)$，则：

$$A(s)=N(s)/A(s) \quad (4.7)$$

代入最初的(4.6)式，则：

$$A_{NF}=\frac{GN(s)}{N(s)+GD(s)} \quad (4.8)$$

与之相对应，电流反馈型的计算式用表4.2表示。按照此表计算，可得到式(4.11)。这个式子和先前的式(4.8)不同，$D(s)$的系数规定为R_2。因此，只要R_2事先为一定值，无论A_{NF}的值设定成什么，都应该能获得一定的带宽。

表4.2 电流反馈型的情况

流入增益级的电流I_{inv}为：

$$I_{inv}=I_1-I_2$$

$$I_{inv}=\frac{V_2}{R_1}-\frac{V_O-V_2}{R_2} \quad (4.9)$$

这里，若将$I_{inv}=V_O/A(s)$、$V_2=V_1$代入并整理，则：

$$V_O/A(s)=V_1(1/R_1+1/R_2)-V_O/R_2$$

若和常规型一样令$V_O/V_1=A_{NF}$，$G=(1+R_2/R_1)$，则：

$$A_{NF}=\frac{G}{1+R_2/A(s)} \quad (4.10)$$

若用式(4.7)置换$A(s)$，则：

$$A_{NF}=\frac{GN(s)}{N(s)+R_2D(s)} \quad (4.11)$$

2. 实际应用上的问题

图4.25将参考文献中发表的产品的特性实例与其他的OP放大器做了一个比较。在电流反馈放大器的情况下，即使将A_{NF}设定为20dB以上的不同值，带宽也完全不变。而按常规的方式，将标准相位补偿的特性作为基准，A_{NF}增加20dB，带宽就变窄1位数。现在，可以说得到显著的改善。不过，即使是

常规的方式，在保留第二个极点、设定 A_{NF} 时，若将相位补偿调整到最适当的值，使用前一节所述的几种方法，也可以改善 A_{NF} 大时的带宽和转换速率。在目录中标出的电流反馈型说明中，为了突出其特长，忽略了常规 OP 放大器的高速化手法。

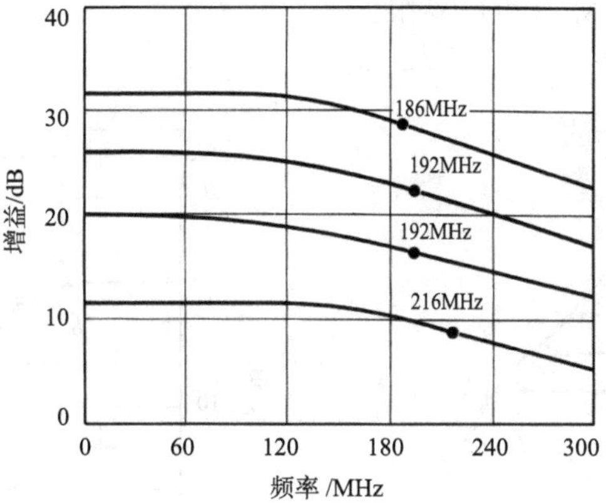

图 4.25 频率特性的实例[14]

即便如此，利用电流反馈的方式，对于高速宽带化原理上的障碍已经清除。这种方式已经成为美国专利，到目前为止已发表了几种类似的方式，而且已经有数家公司在销售此产品。通过产品我们可以看到，它在原理上具有的优势。为了发挥其高速性，许多产品驱动负载的能力也大大地提高，这一点上，它成为有特长的 OP 放大器。

但是，障碍清除后，高速模拟电路就没有问题了吗？不是的。至少原来不需要相信补偿的比较放大器、高速的比较放大器存在噪声、误操作和振荡等问题。高速 OP 放大器普及之后，利用技术的优劣更加凸现出来。

★4.4.4 稳定性的确认方法

在有相位补偿的状态下，确认是否真的达到预定的相位，有益于保证制作的不是振荡装置。特别是按照同样设计生产大量的装置时，绝对需要用实际的装置检验设计。要检查 OP 放大器是否振荡，大致有两种方法。

1. 频率特性的实测

在开环和闭环的状态下，实测频率特性。在闭环的状态下测量放大倍数时，在 OP 放大器增益变大的低频很难正确地测量。但是，通常的振荡都在至少数千赫以上才开始发生，kHz 级以下的即使省略也能达到目的。而测量闭环增益的频率特性,只要有要测量频率范围的正弦波振荡器和示波器就行了。如果有频谱分析器或网络分析器,同时还能得到相位特性,可以大幅度地减少测量的麻烦。

将测得的数据用曲线表示就得出图4.26所示的实线。在这种情况下,需要引起注意的是出现在频带上限附近的峰值。根据这个峰值出现多少dB,利用图4.27就可以推算出相位界限。

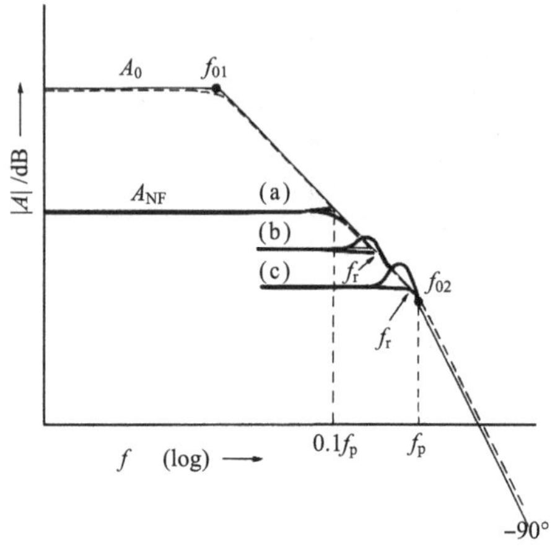

图4.26 第二个极点和频率特性的峰值

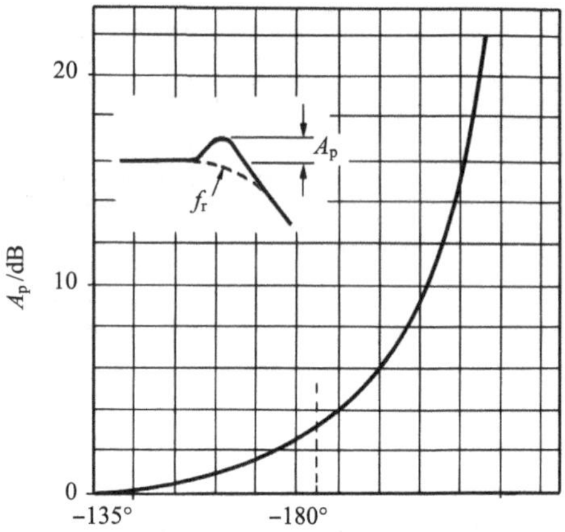

图4.27 相位滞后和频率特性的峰值

通过实测就可知道,频率特性随信号振幅的不同而变化。在大多数情况下,最好将信号源电压控制在振幅(可清楚地测到)为信号的最小值、输出为2~30mV的水平进行测量。

2. 脉冲响应的观测

更简单的方式是加入步进输入,观测输出的响应。信号源必须是比被测量系列快得多、没有阻尼振荡的整齐阶跃波形。低频时使用普通的脉冲发生器,高速型则采用水银脉冲发生器,与电阻很好地调整后使用。根据输出中出现的阻尼振荡、参照图4.28,就可求出相位界限。这时,如果将信号阶梯增加太大,系统的大振幅特性和转换速率发挥功

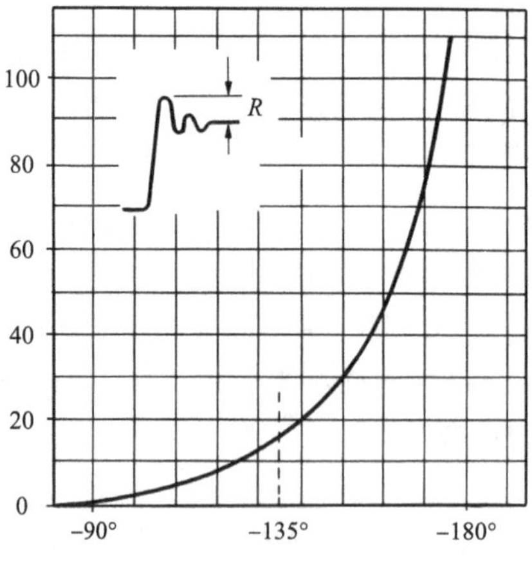

图4.28 相位滞后与阻尼振荡的关系

效,就不能获得正确的结果。所以要控制步进输入、使输出在 100mV 以下进行测量。

★4.4.5 高速封装技术

下面讲一讲高速 OP 放大器配线和配置以外的问题。

1. 负载与驱动

即使相位补偿和极点的位置得到改善,大振幅驱动负载的能力并不能自然产生。高速上升至使容性负载工作需要大电流,所以,内部电阻低的输出级就需要 OP 放大器自带或外接的升压器。由于高速 OP 放大器意识到这一点并强化了输出级,封装大或者采用了混合构造,价格变得昂贵。也出现了塑料封装的普及品,但输出的驱动能力或输出振幅还属小型。因此,要制造出便宜灵敏的高速电路,最好的办法是减少负载。如果为了减轻负载而用 5kΩ 代替 50Ω,那么就不能驱动电缆,而且容易受到分布电容的影响。

2. 发　热

根据上面所述的理由,消耗功率变大,会意外地发热,温度高到一摸就灼伤人的程度。最近的高速 OP 放大器在功率晶体管排列时最好考虑到放热与冷却。笔者认为如此发热就不能很好地工作。的确存在这样的问题。例如,在驱动全定额的重负载状态下,加入上升快的阶梯信号进行实验,可以观测到下面的现象。

若用示波器观测输出,可以看到按说明书所标的速度,由于产品的不同,有的以数纳秒的、很好的速度上升。过一会儿,观测到 OP 放大器分离后的波形之后,将示波器的时间轴从 ns 旋转到 ms 的方向(欲观测上升后的信号电平在长时间内将会如何变化),于是就会观测到在这个阶段 ms 级慢慢地变动。这是由于元件内部过渡的温度变化造成温度漂移。

3. 漂　移

如原理部分所述,电流反馈型 OP 放大器的原始型输入级不是对称的差动放大。因此,原始型的温度特性与通常的 OP 放大器相比明显地差。

以前 OP 放大器常用的技法,如与两个输入相连的外部电路电阻值相等、削除进入各输入的偏流、保证偏置电压、电流缩小一位数等等,不能用于输入为非对称型的电流反馈型 OP 放大器。幸运的是,在大多数需要高速的应用中,要求高阻抗、同时对偏置和漂移都严格要求的例子并不多。即使这样,也有高速 A/D 转换器那样同时要求精度和速度的。因为所有高速 OP 放大器输入特性都较差,这时必须设法增加自动零点校正,或者再使用一个慢的 OP 放大器补充低频部分。这个方法已在第 2 章讲述过。

4. 旁 路

旁路可以认为是实际安装的一部分。为高速驱动电路提供快速上升电流的电源，必须(短短地)连接内部电阻低、且容量大的旁路电容。

在通过了模拟、数字的所有电路中，旁路最重要的作用可以理解为“高速OP放大器输出级的电源”。对旁路电容的要求由于OP放大器自身和负载的不同而不同，所以需要参照各OP放大器的数据表。一般推荐采用迭层陶瓷、钽和盘式陶瓷组合的多个电容。

第 5 章 零件、封装、系统化的技术

5.1 选择 OP 放大器的方法

5.1.1 短暂的历史

翻看各国的技术文献，常常看到不仅讲述 OP 放大器本身，而且讲述该技术的相关内容及发展过程。这种习惯与他们深厚的专业技术有关，下面简要介绍 OP 放大器的历史。

OP 放大器（operational amplifier）最早出现在 1947 年 Ragazzini 等写的论文[17]中。在研究小组中承担 OP 放大器开发的主要人员是 G. A. Philbrick[18]。1960 年前后的 OP 放大器基本都是真空管式，装在宽 19 英寸的机柜里，很重，使用时需要频繁的调整。当时的目的是用于解微分方程式的模拟实验，“运算放大器”的名字就是由此而来的。记得笔者开始进入这个领域时，OP 放大器的价格是十几万日元一台，笔者一年的工资也买不起。

1962 年在美国，Philbrick 公司和 Burr-Brown 公司开始出售使用了半导体的模块型 OP 放大器[18]。同年，Fairchild 公司的 R. J. Wider 等人采用已经实用化的数字 IC 技术，埋头研究用单片式（mono-lithic）集成电路制作的 OP 放大器，发布了至今仍属高速类的 μA702[19]。这款 OP 放大器似乎并未获得那么大的反响，而其后发售的 μA709 则大受欢迎。在 710、711 和四种单片式集成电路 OP 放大器相继面市的 1964 年之后，OP 放大器的历史迅速进入了 IC 制 OP 放大器的时代。

当时，由半导体和其他部件组装的模块型 OP 放大器的价格为数万至数十万日元，而这时出现了价格为数千日元单片式集成电路 OP 放大器。从这时开始，各公司出售的 OP 放大器种类越来越多，价格越来越低。随后迎来采用单片式集成电路（也就是在 1 块硅片上制作数个晶体管，特性及温度变化都集中、输入特性较好但速度不是很快）的 OP 放大器的全盛期。

到了 1967 年，随着输入级和相位补偿的改进和 PNP 晶体管等性能的提

高，相继转入 National Semiconductor 公司的 Widlar 等人发布了 LM101A/301A[20]。其他的新产品也相继被制造出来。随着生产量的增加，使价格降低，进而产品推向普及，此过程循环进行(作为本书的基础，曾发表在晶体管技术杂志 100 期上的《OP 放大器概述》一文就是在这个时期写的)。第二年，也就是 1968 年发布了 μA741 型[21]，虽然其性能方面和以前各公司的产品相比没有什么划时代的意义，但内嵌相位补偿型因其在使用上的方便而被用户广泛接受，一跃成为最畅销的产品，并在此后很长一段时间保持着这一地位，为 OP 放大器的普及做出了贡献。

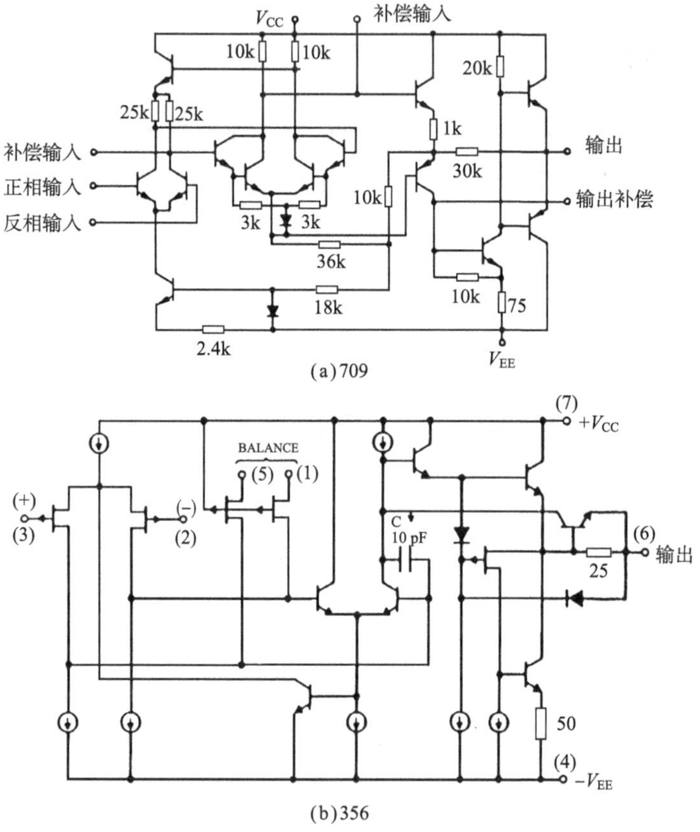

图 5.1 709 和 356 的等效电路[6,7]

其后，一方面出现了相当于 741 的产品，另一方面各公司也不断改进产品，制造技术和使用技术都逐渐得到发展。因音频用途博得好评的 RC4558 等低价格

OP放大器为整个OP放大器产量的提高做出了贡献。此外当时的超高性能OP放大器(经过个别挑选、逐个调试的微小偏流型、高速型等)不仅有单片集成电路式的,还出现了很多混合型和模块型的。

在这个时期,人们已经知道采用两个或更多个芯片的混合型OP放大器在第一级使用FET的优点。但单片式集成电路的FET OP放大器的真正普及是从1976年发布的、采用FET和晶体管同时制作技术的LM356(NSC)[22]开始的,这和以普及价格制造的080系列(TI)有关系。

到这个时候为止,电压偏置较小、放大倍数大或高速的高性能OP放大器都作为个别调整的高级、高价品对待,是BB、AD等专业厂家独占的舞台。但是,从1980年左右开始,大量生产的低价格OP放大器也进入了可以用普及价格就能买到的时代,相继出现了在IC芯片上的稳压二极管和电阻可以由计算机控制的激光自动进行选择和调节的OP-07(PMI)等,输入特性比741还好两位数。

之所以引入FET OP放大器,是此前OP放大器存在弱点和表现出高速、宽频强化。其后的一代高速OP放大器为FET输入型,如LF401(NSC)、OP44(PMI)等相继投入市场。1985年,采用高速OP放大器方面引人注目的新技术——电流反馈的CLC100(COM)投入生产[14],其后又制造出单片式集成电路的CLC400(COM)。

1990年左右,在此前还没有实现分立的高速、宽频的分支领域内,随着特性好的FET和高速PNP晶体管的研制成功,单片式集成电路的特性有了显著提高,被视为微小信号用的特殊品CMOS OP放大器的品种也增加了,其前景令人乐观。另外,由于成本的降低,放入两个、四个的封装逐渐普及,尽管各厂家之间、日本和美国之间用于表面封装的元件和尺寸都不同,尚不统一,但按标准提供的品种却在逐渐增加。不过,在OP放大器利用技术方面,表现出随着使用人数的增加、平均应用水平下降以及不能充分发挥其潜在性能的倾向。模拟技术因人的才能不同有着很大的差异,希望本书对读者在这方面有所帮助。

5.1.2 OP放大器的构造及优点

本书中并未包罗世上所有的OP放大器,而是根据笔者的经验选择了其中具有优点的。生产厂家的名称用表5.1的简称表示。

1. 使用本书中没有列出的OP放大器时

本书中并不是像OP放大器的名人录那样列出许许多多的名字,而是选择了其中具有典型特征的为例,所以宁可种类少一些。在OP放大器的种类相当多的今天，与其讲述某种 OP 放大器的使用方法，不如研究如何应用更有利。

表 5.1　本书中使用的生产厂家名称的简称

AD	:	Analog Devices Co.
BB	:	Burr-Brown Co.
COM	:	Comlinear Co.
HAR	:	Harris Co.
INT	:	Intersil Inc. (General Electric Co.)
LIN	:	Linear Technology Co.
MOT	:	Motorola Semiconductor Products Inc.
MXI	:	Maxim Integrated Products Inc.
NSC	:	National Semiconductor Co.
PMI	:	Precision Monolithic Inc.
RCA	:	Radio Corporation of America (General Electric Co.)
TI	:	Texas Instruments Inc.

另外，下面作为实例采用的种类并不是通过召开公平评论会选出来的，而是根据笔者有限的经验选择的。因此，读者在必须使用自己手中的 OP 放大器或者自己公司生产的 OP 放大器时，请依据本书中所例举的 OP 放大器的丰富资料，参照数据表查找与之相当的产品。由于与 OP 放大器有关的原始文献或数据表大多是以英文为原文的，因此笔者建议大家尽量阅读英文原文的原始文献。理由是：

① 这些技术的英文很简单，如果感兴趣谁都能看懂。

② 在其他的发达国家，专业人员大多直接看英文。

③ 有些原文的意思是翻译不出来的。

对专门在学校学过几年英语、因长时间不用而荒废的人而言，如果养成用英文阅读这类简单文献的习惯，从长远来看，也许比学习 OP 放大器技术更有用。

本书和笔者所著的上一本书一样，遗憾的是没有选日本国产的 OP 放大器。从公布的数据表来看，日本国产的 OP 放大器要么是派生的，要么是没有显著特征，数据明显不完备。譬如将微小偏流作为特征的 FET OP 放大器，只给出周围温度为 25℃时的典型值，而温度上升的变化却一点也不提。这样的数据表根本不能满足使用的要求，只是在敷衍用户。日本生产厂商精密的制造技术和质量管理是公认的，所以对大家的特殊订货应该提供必需的规格。但是，笔者并不主张将没有公布的规格作为基础。

发明 OP 放大器是件很了不起事情，制造 OP 放大器更是如此。而对使用 OP 放大器的人来说，没有必要一定从研发的生产厂家购买最新的产品。很多情况下，派生品的存在才保证了供给的稳定性和长期性，才使得价格更便宜。

2. 整体的趋势

现在的 OP 放大器，根据今后的需求状况正朝着具有以下几个特点的方向发展。基于对知名 OP 放大器的了解，让我们来看看现在生产的 OP 放大器的几大特点及其典型例子：

① 通用、便宜、内嵌相位补偿的普及型：μA741 以及相当于 μA741 的产品、互换品、改进品。

② 第一级采用 FET、偏流小、比较快速的通用型：LF356、071、081。

③ 偏置电压及电流小、而增益大的精密型：LM308A、OP-07。

④ 偏流特别小的微小电流型：AD515A、OPA128、LMC660。

⑤ 转换速率大的高速、宽带型：LM318、LM6361～6365、CLC401。

⑥ 上升快的电压跟随器和缓冲器：BUF-03、LM6361、LM6321。

⑦ 一个封装内有数个 OP 放大器：装入两个的 DUAL、装入四个的 QUAD。

⑧ 斩波器、变容二极管/可变电抗器、单电源等特殊性能。

对上面的内容将另外详细地讲述。现在列举出的代表性产品名单只说明笔者执笔时的情况。由于产品的进步，目前的情况——名单会随着时间的变化而改变。

3. 通用型

通用型的代表是 OP 放大器中生产数量最多的 741。最早的起源是菲尔查依路德(现在的 NSC 公司)的 μA741，目前有超过 100 家在生产其派生品或类似产品。这种 OP 放大器虽然品种上明显地陈旧，但特性满足人们的需要，价格也便宜，人们都习惯于用它，所以长期受到人们的欢迎。

741 的特性大概为：偏流最差 800nA，偏置电压 10mV，放大倍数 5 万～10 万倍(90dB)、靠内嵌相位补偿带宽 1MHz、转换速率 0.5V/μs。对一般的使用者而言，偏置等直流特性已经足够了，由于响应速度不足，大振幅时的实用带宽达到 8kHz，只要不注意声频频率，就能观测到转换速率造成的误差。作为声频用的通用品，RC4558 或者相当于 RC4558 的产品，改进品已经普及。也有比 741 噪声低、转换速率大、一个封装装入两个或者四个 OP 放大器。

笔者原以为通用型本来是外接相位补偿的类型。但是，市场上对内嵌相位补偿的 741 的需求相当大，实际情况是仅仅一个外接电容让用户觉得是否是节约了。虽然在工作现场对电容负载、输入电容下了很大功夫，但一开始的设计却表现出采用内嵌型的倾向。生产厂家也迎合这种倾向，大量生产没有相位补偿端口的 OP 放大器。

在外接相位补偿型 OP 放大器中，LM301A 虽然型号老但是仍是通用型 OP 放大器的杰作，在本书的上一版[1~3]中曾被当作标准使用。放入 30pF 则能补偿到 0dB，当时的特性与 741 相似。增益为 −1 的反相放大器是 15pF，如果增益为 10，则以 3pF 补偿，补偿电容中可得到大致成反比例的转换速率。

4. FET OP放大器

FET OP放大器有各公司的产品，这里以LF356(NSC)、071、081(TI)为代表。

第一级差动放大器中使用了JFET或MOS FET的OP放大器，它当初是作为低噪声、低偏流产品而售出的。但是使用之后，在噪声方面，又生产出使用双极晶体管——噪声更低的产品；而在偏流方面呢，在室温或者室温以下的温度中FET型的偏流小，当元件的温度从75℃左右开始往上升时，FET未必有利。FET OP放大器的优点在于偏流较小而转换速率较大。缺点是偏置电压稍大和具有电压性噪声。

若讲到价格与741处于同等水平的普及型081，其偏置电压稍大，偏流小一位数，转换速率变成13V/μs，快30倍左右。

OP放大器多余时

采用一个封装装入两个和四个OP放大器时，有时出现多余或不使用的OP放大器的情况。由于电源与接地都是相通的，所以即使不使用也耗电，那么怎样连接才好呢？必须做的是“并联连接”。习惯使用数字IC的人可能认为如果并联会增加输出，但请一定不要这样认为。

不使用的OP放大器如果和输入输出没有任何联系，大概就不会产生障碍。但为了慎重起见，将输出与反相输入连接，作为电压跟随器就绝对没有问题了。

如果要再“积极”一点，将其用于增加驱动功率，请参考第6章的6.4部分。再一个就是制作恒流电路，增加驱动容量，图A所示为从参考文献中引用的这样的实例。不过，这种方法不适用太高速的用途。

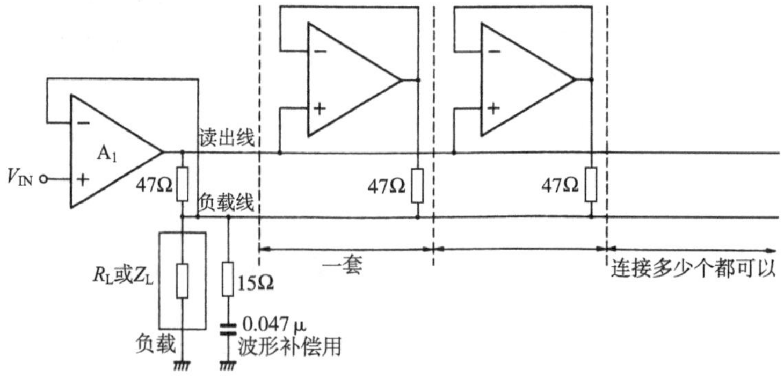

图A 利用任意数量的OP放大器驱动负载的方法[7]

1. 精密型

偏置电压特别小、还可以获得环路增益大的被称为精密级的 OP 放大器，从当初的高价格逐渐便宜到可以便于使用。设计时要考虑的 308A(NSC)之类就是这当中最早上市的产品，OP-07(PMI)则由于出现了许多的派生品，已经得到了普及。

低偏置电压、低噪声性最好的是双极型，到本书执笔时，要求偏置电压 25μV 的有 OP-07，OP-27，OP-37，OP-77（都是 PMI 生产的），同时转换速率达到 100V/μs 水平的有 750μV 的 OP-44(PMI)。

2. 微小电流用

在低偏流的 OP 放大器中，较早出现的混合型 OP 放大器 ICH8500A (INT)，因其 0.01pA(25℃时的最大值)的性能而著称。单片式集成电路中 FET OP 放大器 0.075pA 的 AD515A(AD)、OPA128(BB)之类处于领先水平。除此之外，如果没有必要的话，非常便宜、且装入四个放大器的 CMOS OP 放大器 LMC 660(NSC)也很有趣。

3. 高速型

高速型不能只举一个例子。不久以前，LM318 因其使用简便而盛行。在这之前，混合型 LH 0033 是常规产品。现在，从速度的角度出发，有好几家生产电流反馈型的 CLC 400(COM)等都很突出。

如果不要求如此高的速度，那么，SR=300V/μs 的 LM 6361～5(NSC)在放大倍数不同的、三种典型特性都不突出的高速型 OP 放大器中，因其使用简便而值得推荐。转换速率达到 100 左右就称为高速型的 FET OP 放大器，各公司都有。

4. 缓冲器和升压器

最常使用的是电压跟随器。用普通的 OP 放大器制作电压跟随器是最简陋的使用方法，所以建议使用专用型。但使用的人还少，价格稍微有点贵，这让人不可思议。需要一定的速度时，也可以将上述的 LM 6361 用作电压跟随器。如果给电容负载稍稍追加一点相位补偿，就能顺利地工作。

功率升压器以前的价格也很高，随着其普及，价格也便宜下来了。不过，混合型因其制造方法没有变更，价格不会出现明显的下降。对于功率放大级，由个别部件制作的仍将继续保持低价格的局面。

小功率单片式 OP 放大器出现了便宜的升压器。LM 6321、LM 6325(NSO)带有被视为三端口调节器的由温度控制断路的功能，SR=800V/μs、300mA 的输出会受到许多用户的欢迎。

5. 专用型

如果要举一些成熟的、有特点的产品，则有自己控制IC内部温度的μA726、内嵌半导体斩波器的OP放大器ICL7650(INT)、使用了变容二极管的参数型的3430/3431(BB)、只有差动放大的第一级才特别平衡的LM 321A(NSC)；较新一点的有装入两个电流反馈型而保证特性能匹配的260(PMI)，与其说是OP放大器，还不如说是用于自动零点调节的LMC 669(NSC)等。这些OP放大器只要使用一下就会知道，其特点很有意思，但是由于篇幅的关系，这里只列举出它们的名字。

5.1.3 典型OP放大器的特性

在本书举出的电路例中，除了特殊情况外都没有标出OP放大器的名称。这是因为考虑到实际应用时，若使用特性适合所需的OP放大器，比将特定的OP放大器作为对象应用范围反倒更为广泛。为了给大家选择满足需要的OP放大器提供参考，笔者制作了关于代表性OP放大器特性的表和图。

首先，从市场上无数的OP放大器中选择典型的，在表5.2中体现，可以做到选择时一览所必需的特性。表中列出的是从无数元件中选出的代表，如果表中没有读者手中的OP放大器，那么，请读者最好将特性数据和表中所列的比较一下，看相当于表中列出的哪个OP放大器。

另外，表中给出的某些数值可能比厂家公布的值差很多，这是因为为了尽量直接用于设计，选取的不是标准值而是最坏情况时的值。由于有些厂家和种类没有完整的数值或定义，其中有些部分是笔者换算或推算的，特此说明。

图5.2是OP放大器的选择表。横轴的刻度在上、下两端，下端的刻度表示的是当插入$R_c = R_s /\!/ R_f$时，R_f能使用什么水平值的目标。其根据是在0～70℃的范围内，由偏置电流产生的输出误差为50mV，也就是说对于10V的输出，以0.5%为界限。横轴的上端刻度表示的是偏置电流最坏情况时的值。由于FET OP放大器的工作温度变化大，假设设计时要考虑冷却，所以采用了最坏情况时的值的1/4(意味着冷却到比最高允许运转温度低20℃工作)。纵轴左边的刻度是转换速率。$A_{NF}=1$，也就是作为电压跟随器时的值。在其他的使用方法中，调节相位补偿会比这样做更好。右边的纵轴是在上述状态下上升到10V所需的时间。不过，条件是负载为4.7kΩ的纯电阻，也就是说，OP放大器内的保护电路不发挥作用。如果电路中能上升5V即可，那么，所需时间就缩短到右边刻度值的1/5。

表 5.2　代表性 OP 放大器的主要特性一览

型　号	709C	741C	301A	308/A	3140/B	081C/B	356/A	702C	715	318
偏置电压★/mV	10	7.5	10	10/0.73	15/2★★	20/5	13/2.3	6.5	10	15
偏置温度系数★/μV/℃	12 Ⓣ	15 Ⓣ	30	30/5	—	10 Ⓣ	5 Ⓣ/5	20	6	—
偏置电流★/nA	750	300	70	1.5	1.2/0.7	5/3	2/1	2 500	750	300
偏流★/nA	2 000	800	300	10	10 Ⓣ	10/7	8/5	12 000	7 500	750
同相/差动输入范围★★/V	±8/±5	±12/±30	±12/±30	±14/ ±0.5	−15 +11 /±8	+15/±30	±20/ ±40	−0.5 +4 /±5	±10/ ±15	±11.5/ ±0.5
放大倍数★(倍)	12k	15k	15k	15k/60k	100k Ⓣ/ 20k	15k/25k	15k/25k	1.5k	8k	20k
带宽★★/MHz	1	1	1	1	4.5	3	5	30	65	15
转换速率★★ @A_{NF}=1(V/μs)	0.3	0.5	0.5	0.3	9	13	12	3.5※	18	50
电源电压范围★★/V	±9～±18	±5～±18	±3～±18	±2～±20	4～44	～±18	±5～±22	±6　±14 ～ −3　−7	±6～±18	±5～±18
相位补偿(部件个数)	外接(3)	内嵌	外接(1)	外接(1)	内嵌	内嵌	内嵌	外接(2)	外接(3)	内嵌
输入输出保护	无	—	—	—	—	—	—	无	无	—
偏置调节	有	有	有	无	有	有	有	无	有	有
备注	双极通用	双极通用	双极通用	双极高感度低偏置	MOS FET	J－FET	J－FET	※Lead-Lag 补偿 cmp	双极高速	双极高速

★T_a＝0～75℃时的最坏值；　★★T_a＝0～75℃时的标准值；　Ⓣ　标准值

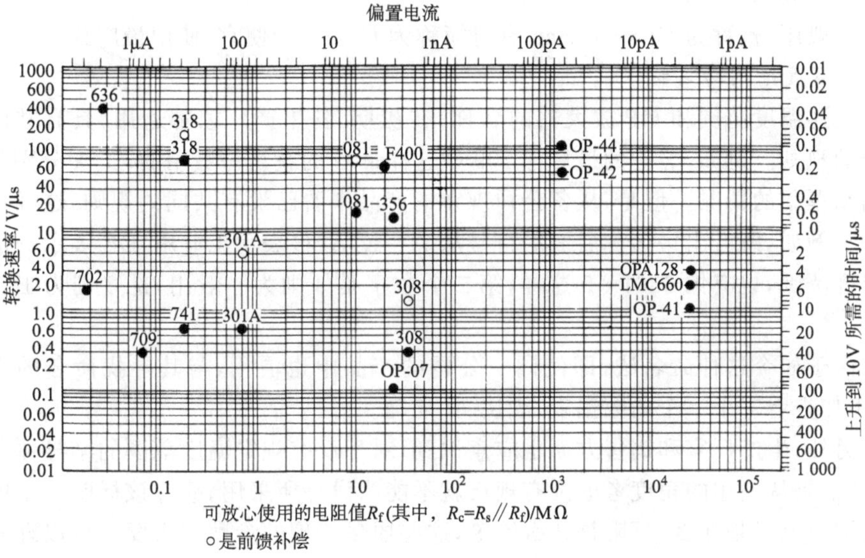

图 5.2　OP 放大器选择图

图中白点表示的是前馈补偿。如果没有在外部电路做补偿，前馈补偿只能使用反相放大。所以表中列出了 $A_{NF}=-1$ 时的值。使用该表可知，例如，308 是 $T_a=0\sim70$℃范围内最大值，偏置电流为 1.5nA，R_f 甚至可使用到 33MΩ、$A_{NF}=1$ 时的标准补偿，转换速率为 0.3V/μs，上升到 10V 需花费 33μs，而同样的 308 一旦进行前馈补偿，可获得 1.5V/μs。

如果所要的 OP 放大器不在此图中，可查一查其规格接近表 5.2 中的哪一个，然后补充到图 5.2 中再使用。

5.1.4 温度范围

OP 放大器随着种类的增加，保证其性能和特性的温度范围也因产品和生产厂家的不同而呈现多种多样。根据 OP 放大器使用温度 T_a 的范围，分成下面三类来考虑比较好理解。此外，还制作了高达 200℃仍保证工作的产品类型。

① $-55\leqslant T_a\leqslant+125$℃

保证这个温度范围的 OP 放大器是最好的，有人称之为军用规格或 Millitary，简称 Mil。实际上，军用或宇航用都是各自的机关确定特殊规格然后购买的，所以上述的名称只不过具有象征性的意义而已。

② $-25\leqslant T_a\leqslant+85$℃

通信工业用，被称为 Industrial，有时简称为 Ind。

③ $0\leqslant T_a\leqslant+70$℃

一般用，被称为 Commercial，有时简称为 Com。最便宜，使用最广泛。

▶温度范围与名称

上述温度范围和 OP 放大器的名称，在初期，各生产厂家都通用，具有共同和一定的规则。例如，名称的最后像 709 C 这样带 C 的就是一般用的，B、A 分别是工业用和军用的情况。但是，从各公司现在的产品来看已没有共同的规则，这样反倒更好。例如，既有出售名称后面的符号从 A～E，ABC 表示工业用、DE 表示一般用的温度范围，也有像 6361～5 这样，第二个数字是 3 则为一般用，是 2 则为工业用的。

由于如今这种命名法，即使同一公司的产品中也混用，与其寻找命名的规律性，不如查看一个一个的数据表，既快、又准确。

另外，生产厂家和销售方面也应意识到，对于没有规定温度范围的半导体制品来讲，如果从使用的角度考虑没有规格就不能为设计所采用，故应该标明一定的温度范围的上限是什么、下限是什么等等，这些质量管理的参数很重要。可以理解的数据表比任何广告都更能赢得用户的信任。

5.1.5 封　装

图 5.3 中所示为具有代表性的 OP 放大器的外形。最普通的是 T0-99 及

其他的 8 引脚金属制罐装品。像数字 IC 那样的塑料模块也通用了。还有 8 引脚的封装中装入两个 OP 放大器产品，14～16 引脚的封装装入四个 OP 放大器的产品。

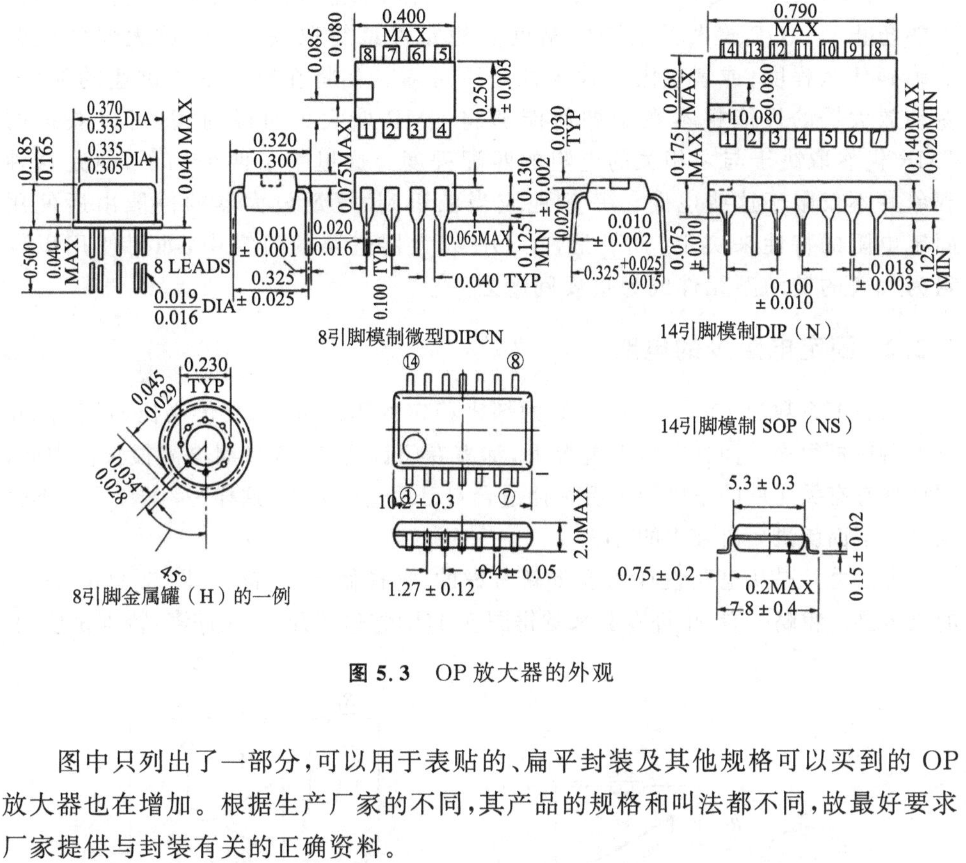

图 5.3 OP 放大器的外观

图中只列出了一部分，可以用于表贴的、扁平封装及其他规格可以买到的 OP 放大器也在增加。根据生产厂家的不同，其产品的规格和叫法都不同，故最好要求厂家提供与封装有关的正确资料。

5.2 固定电阻的选择

5.2.1 增益的稳定性

具有环路增益大、反馈强的放大器，即使所使用的 OP 放大器的净放大倍数变化，A_{NF} 方向也不会产生太大的变化。如第 1 章中所述，理想放大器在 $A=\infty$ 的情况下，用作反相放大器时的放大倍数为：

$$A_{NF}=-R_f/R_s$$

即使放大倍数有限，A_{NF}的变化也被压缩在环路增益分之一。这在第1章的1.4节已经讲述过。但是，如果固定电阻R_s或者R_f变化会怎么样呢？或者R_f和R_s有±5％的误差；或者变化后仍可照样使用；在最坏的情况下，A_{NF}会相差10％。

这种现象无论使用如何高级的OP放大器，加上环路增益多大的反馈都是不能防止的。OP放大器电路的精度和稳定性最终取决于OP放大器的电路准确到什么程度、或者电阻的稳定性是否可靠。如将在第8章中讲述的那样，差动放大器的性能根本在于如何能够将CMR取大。而说到底，可以获得的CMR仍然取决于与之相关的电阻的匹配程度。这里举了两个例子，但是这种现象并不仅限于这些电路。一般地应当认识到“反馈放大器的性能由所使用固定电阻的特性来决定”。于是，在OP放大器电路的研究中，如何使用以电阻为代表的被动型元件成为重要问题之一。

5.2.2 固定电阻少的电路

以温度系数为10～1 ppm[1)]/℃的精密稳定的固定电阻，其价格比通用的OP放大器还贵很多。而且在很多情况下，都需专门订货，交货日期也需很长。因此，请在具有有关元件的正确知识后选择适合自己用途的元件，这样写，读者可能不会满足。下面就讲一讲其中的方法。

方法之一是从电路设计角度重新考虑的，这样做相当有效。图5.4(b)是(a)的改进型。粗略一看，也许看起来觉得图5.4(b)省略了开关、元件多，特别是使用

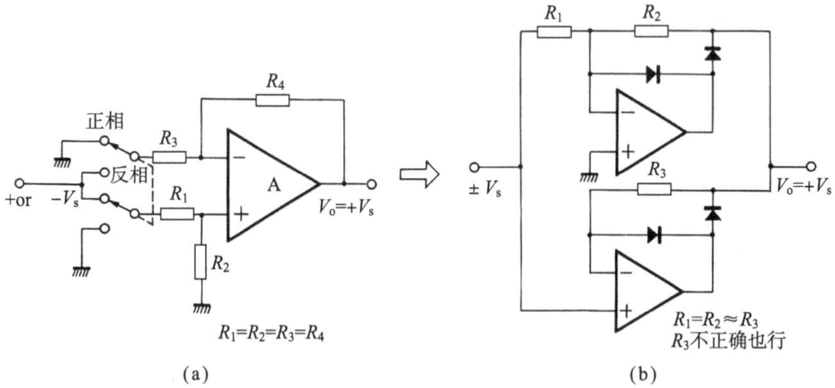

图5.4　使用OP放大器减少精密电阻的设计实例

1）　1ppm为百万分之一。

了多余的 OP 放大器，成本也高，稳定性也不好。但是，要保证 0.1%的稳定性，图 5.4(b)比(a)在制作上更便宜，而且长时间特性都能保持稳定。其理由是什么呢？在这种情况下，电路所需的精密电阻的数量，决定电路设计的成本和性能。列举其条件为：

① 尽量减少精密电阻的数量。

② 如果要使用就尽量使用电阻值相同的电阻。

③ 为此，可以增加 OP 放大器的数量。

5.2.3 精密电阻的选择

如果要求温度系数在 25ppm/℃以下，即使最好的金属膜电阻也难以达到，价格昂贵，且交货期长。如果使用最好的金属膜电阻（只是金属膜电阻大多是 100ppm/℃以下的水平，比它好的大多是指定温定系数，需专门订货），要求温度系数在 25ppm/℃的比较容易买到。精密线圈电阻稍好一些，都是按标准使用的。如果高频的特性不成问题的话，也可以使用线圈的方法。金属膜电阻也是由特性相当好的材料制作的。

即使这样，或者将 OP 放大器的 A_{NF} 控制在 5ppm/℃以下，如图 5.5(a)所示；或者将输入信号以 2ppm/℃的稳定性分压为 1/2，如图 5.5(b)所示。这实际上都是非常困难的。下面的想法应该对解决这个问题有效。

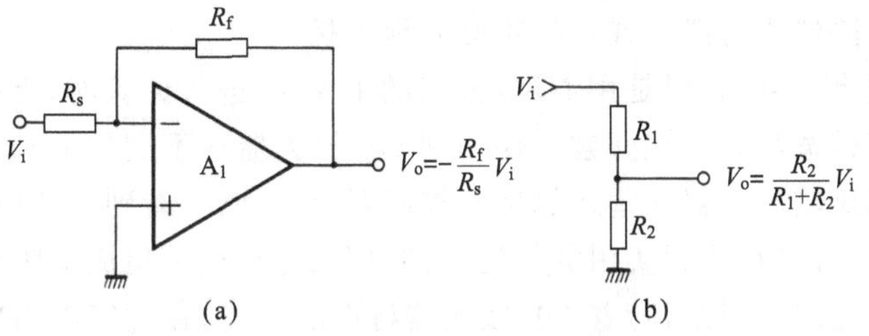

图 5.5 大部分电路的精度都依赖于电阻

买几种将固定电阻装在 DIP 盒等 IC 封装中的、所谓的集成电阻、并使用它。本来，集成电阻有多种多样，用于数字 IC、且以向上拉为目的的集成电阻的精度怎样都可以满足要求的也不少。这种电阻在这里并不适用，必须使用精度高、温度系数和跟踪特性(表示同一个封装中的各电阻如何相互影响的值)都明确的产品。这种产品是用于 D/A 转换器、从很早以前就开始制造的，由于规格严格、生产数量少，所以价格较贵。

这里向您推荐的不是这种特殊的产品，而是将全部相同的电阻装在一起的集成电阻。笔者从几个厂家中选出一例薄膜集成电阻在图 5.6 中示出。NSC. Beckman 长期以来一直制造。现在日本国产的电阻生产厂家还把这种产品作为标准品库存销售。在所举的例子中，电阻的温度系数为 80ppm/℃，这是一个一个观察到的情况，跟踪的标准值是 2ppm/℃(最坏值为 5ppm 左右)。

也就是说，在 OP 放大器 R_s、R_f 或者如图 5.5 采用分压电路那样的使用方法时，如果利用同一个封装内的电阻元件，那么计算可得到的和分别使用 1～5ppm/℃的固定电阻具有相同的稳定性。而且这种集成电阻一个封装中有 7～8 个电阻，它们的价格大概只相当于一个 25ppm/℃金属膜电阻。

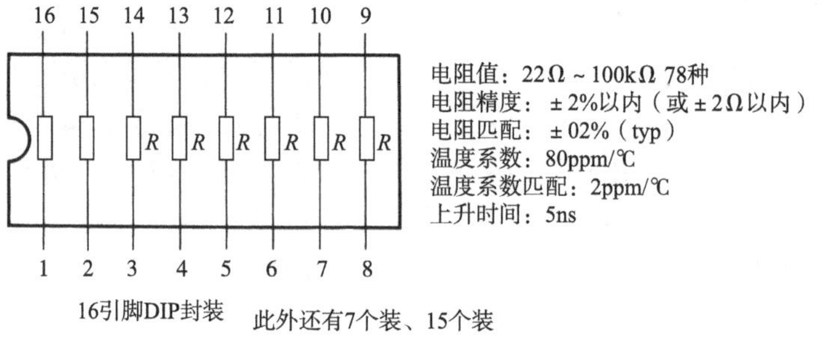

图 5.6 集成电阻实例

如果说这种集成电阻还让人担心的话，那就只能是：电阻之间产生静电容量，因此造成在电路使用时滞后或产生不必要地干扰。

虽说数据有一点旧，但是用 NSC 公司的 RA 08 进行试验时，至少在 OP 放大器工作的频率带宽没有发现问题。使用到 OP 放大器达不到的上升 0.3μs 左右的脉冲放大器或比较放大器的输入侧增益控制器上，虽然能看到一些电容的影响，但这种使用方法，可以观测到实用的特性。到目前为止，这种集成电阻似乎还没有得到那么广泛地应用。但是，随着 OP 放大器特性的进步，在固定电阻的特性成为瓶颈时，可将它看成非常有用的技术之一。

5.2.4 使用同样电阻的电路

在使用上一节所讲的集成电阻时，很多人因为“只能用同样的电阻”这一点而放弃。如果想要别的电阻值，使用两个封装就行了吗？不行。别的封装的电阻不能跟踪，用它作什么也干不成。

不仅是集成电阻，即使在使用普通的电阻时，只使用同样的电阻组成电路，具有易于集中电阻特性的优点。图 5.7 所示为使用很多相同的电阻值而构成的各种各样的电路。

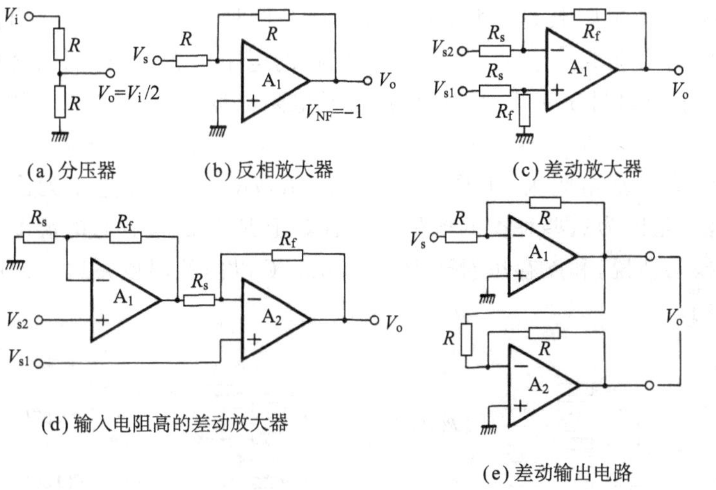

图 5.7 使用同样电阻值的电路实例

5.2.5 由组合可以获得的电阻

下面讲一讲在需要不同电阻值的电路中,如何组装使用相同电阻值元件的集成电阻。图 5.8 所示的例子表明组合几个相同电阻值的电阻,可以获得电阻值合成的电阻。

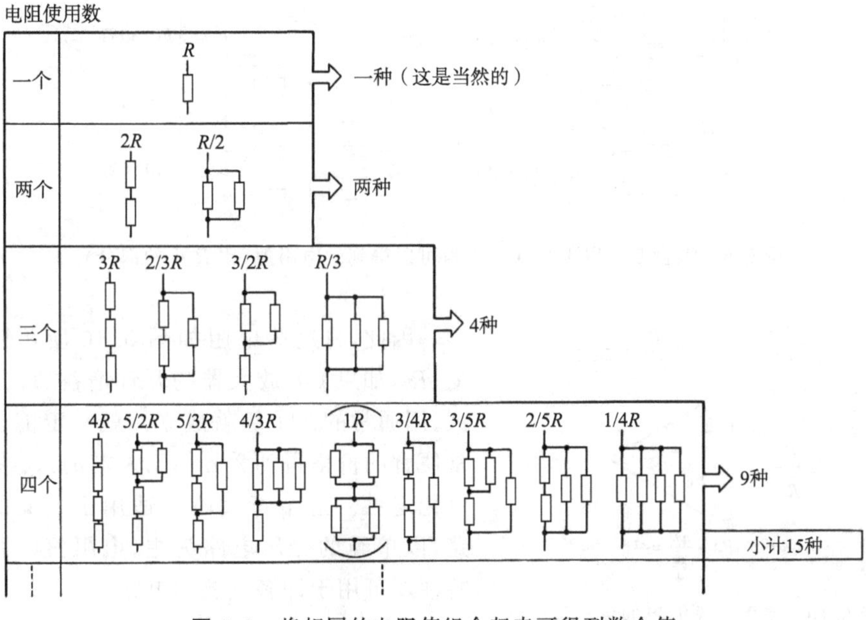

图 5.8 将相同的电阻值组合起来可得到数个值

如果是一个电阻就是一种，两个电阻就是两种，读者马上就能明白。但是，3个、4个就越来越复杂了。使用5个以下同样的电阻组合，可得到的合成电阻的种类，只比 R 小的如图5.9所示。图中所示是电阻值低于 R 的合成。如果将它串联到并联的地方、把串联变成并联，全部都可以一对一地对应着连接。这样一来，由于比 R 大的其合成电阻大，于是可得到 $5R$，$4R$，$7R/2$…。在这里列出这些复杂的电阻连接法，是因为这些种类的电阻都具有对于 R 在2ppm/℃的温度系数下跟踪的特征。换句话说，和库存里对于 R 在2ppm/℃以内的温度系数下跟踪的特征电阻是一样的。

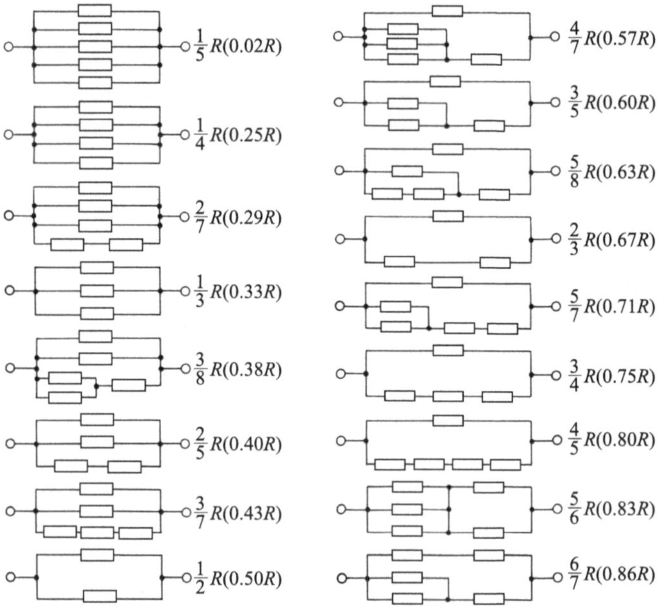

图5.9 组合5个以下相同的电阻可以得到的电阻值（比 R 小的部分）

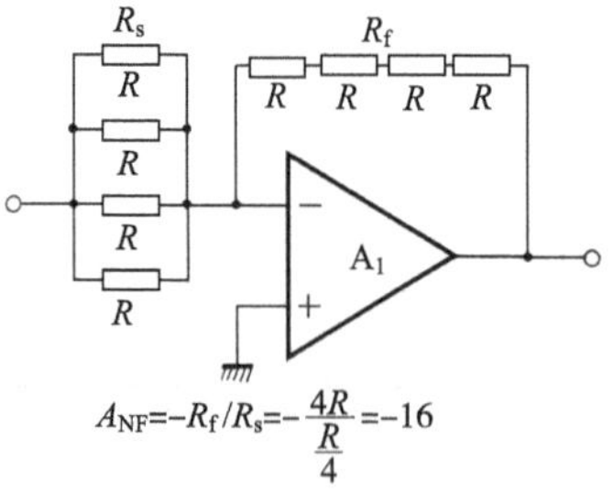

图5.10 使用集成电阻的反相放大器

因此，将这些电阻如图5.10所示用于 R_s、R_f，如果OP放大器的开环增益 A_o 足够大（用通常的741级就成立），就一定能以非常便宜的价格得到2ppm/℃左右的 A_{NF} 的温度稳定性。这个特性不仅适用于上面的电路，以单纯的分压电路为主，电阻值的跟踪特性还可用于许多重要的电路。

5.2.6 需要大增益的情况

按上述的电容，可稳定地获得各种各样大小的增益。实际上如果使用了它，细微处没有什么问题。但是，如果其最大比为 16 ∶ 1，有时就不够了。如果集成电阻内嵌电阻元件数为 8 个，这是当然的界限。使用内嵌元件数目有限的集成电阻制作具有大 A_{NF} 的反馈放大器时，可以考虑图 5.11 所示的构成。如果 $R_1 \sim R_4$ 按图所示那样确定，那么，此电路中的 A_{NF} 可表示为：

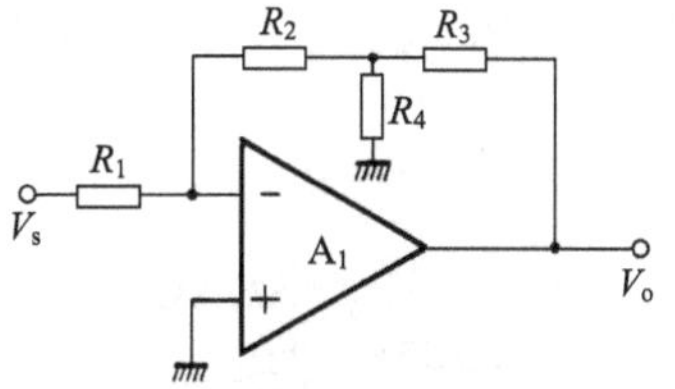

$$A_{NF}=\frac{R_2+R_3+R_2R_3/R_4}{R_2}$$

图 5.11 不用高电阻而得到大 A_{NF} 的电路

$$A_{NF}=\frac{R_2+R_3+R_2R_3/R_4}{R} \tag{5.1}$$

如果电阻数为 8 个，那么组装入 $R_1 \sim R_4$ 时可得到的增益例子如表 5.3 所示。

表 5.3 由 8 个以下相同电阻得到的 A_{NF} 值

A_{NF}	R_1	R_2	R_3	R_4
24	$R/2$	$2R$	$2R$	$R/2$
22	$R/2$	$3R$	$2R$	R
20	$R/2$	R	$3R$	$R/2$
18	$R/2$	R	$2R$	$R/3$
17	R	$3R$	$2R$	$R/2$
16	$R/4$	$2R$	$2R$	∞
15	R	$3R$	$3R$	R
14	$R/2$	R	$2R$	$R/2$

如表中看到的那样，用这种方法得到最大 $A_{NF}=24$。$R/2$ 的意思是将两个电阻用于元件并联，$2R$ 的意思是将两个电阻用于串联。如果和前面的情况一样，A_o 足够大，这样得到的 A_{NF} 的温度特性基本上也只能达到集成电阻各元件间的温度系数离散偏差，因此，即使将实际上的各种因素考虑进去，计算的结果是，A_{NF} 的温度率数可以获得数 ppm/℃。

在此，我们看一看如果使用两个封装或者更多集成电阻会得到什么。

图5.12(a)是使用两个集成电阻的最单纯的实例。在这种情况下,最主要的将 R_s 和 R_f 分别分用于两个集成电阻封装。否则,例如 R_s 只用一个封装是不够的。因为这样由集成电阻温度系数产生的变化部分不能平等地作用于 R_s 和 R_f 双方,就失去了采用这种方法的意义,温度特性会降低1位数以上。

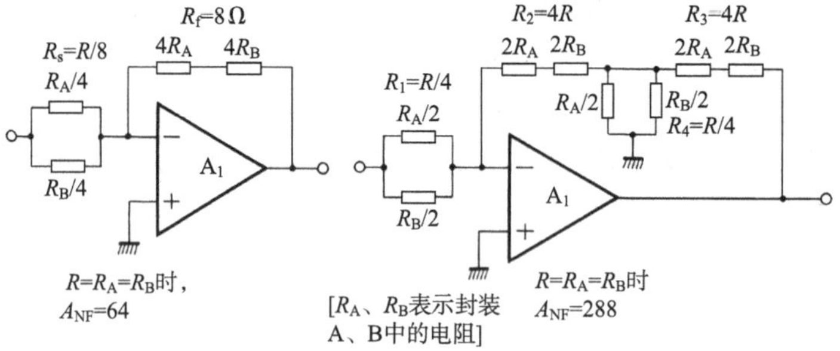

图5.12 使用两组集成电阻时

只要将封装分成 R_s、R_f 两方,这个优点着眼于激活这点上。那么,图5.11中的方法也能用于使用两个封装的情况。图5.12(b)就是这样的例子,在这种情况下的关键是,配置时两个封装的元件必须平等地参加到 $R_1 \sim R_4$ 当中。这样就能构成放大倍数 $A_{NF}=288$ 的非常稳定的OP放大器电路。

上面所述的想法还可以继续往下引伸。不过要注意在增加放大倍数时,OP放大器选择的电路增益是否足够。

5.2.7 可调节精密电阻电路

在固定电阻的温度特性方面,利用前面所述的方法可以合成相当优秀的产品。但是,合成的值并不会每次都和目标完全吻合。于是就出现想将其中一部分半固定、取得平衡组合的情况。下面讲述这个问题。

如果将温度特性不同的电阻如图5.13(a)所示串联连接,合成后的电阻的温度率数 T_c 就可以这样计算:

$$T_c=\frac{T_{c1}R_1+T_{c2}R_2+\cdots+T_{cn}R_n}{R_1+R_2+\cdots+R_n} \tag{5.2}$$

其中,T_{cn} 是 R_n 的温度系数这意味着合成后电阻的温度系数是各电阻的负载平均值。

那么并列时的情况是怎样的呢?

$$T_c = \frac{T_{c1}R_2 + T_{c2}R_1}{R_1 + R_2} \tag{5.3}$$

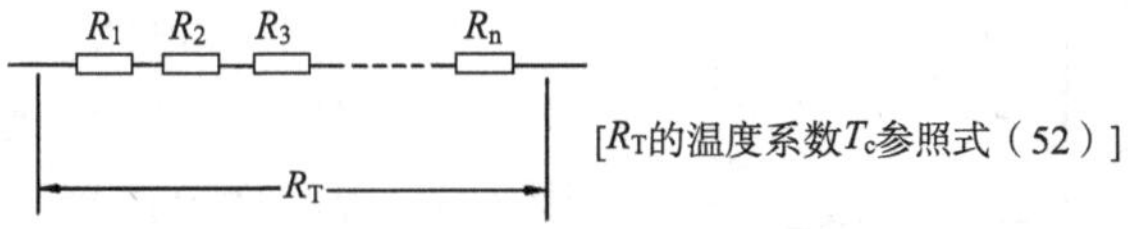

（a）串联连接电阻

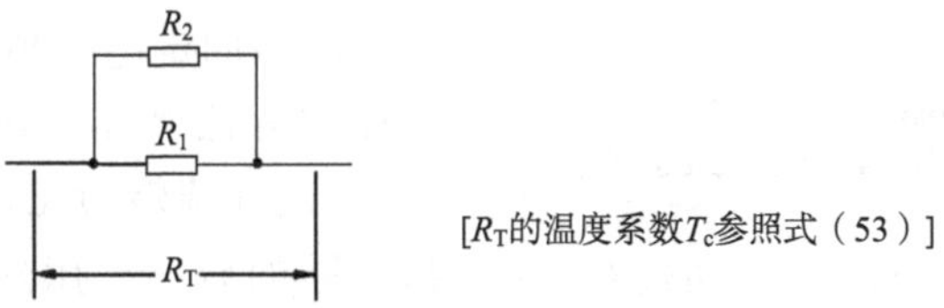

（b）关联连接电阻

图 5.13 电阻的组合与温度系数

对于这个关系，在直觉上稍有些难理解，所以不加以一般化，只表示出两个的情况（如果以导纳考虑的话，两个以上的情况也能容易地一般化）。电阻越低，效果越好，如果电阻值相同就是各温度系数的平均值。可变电阻、半固定电阻，温度系数为 20 ppm/℃左右的是最好的。因此，在使用了前面的集成电阻的电路中，当两个电阻值正确装入时，就成为图 5.14 所示的那样。

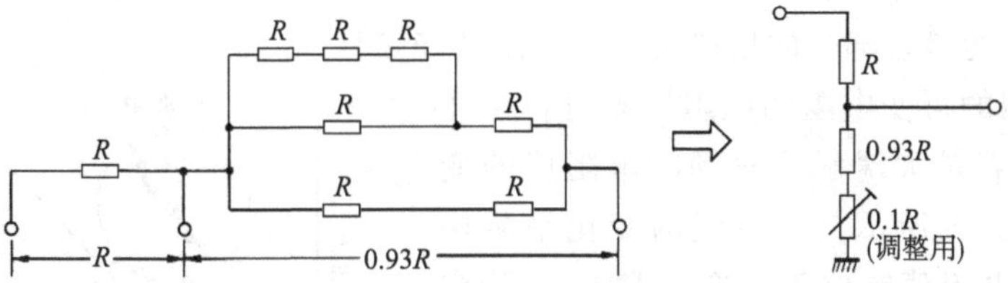

图 5.14 利用 8 个相同的电阻值制作 1∶0.93 R

图 5.14 的右侧部分是使用一个封装 8 个元件中的 7 个、制作 14/15 即 0.93R 的构成。如果在这里串联地放入并组合 0.2R、20 ppm/℃的半固定电阻，在平衡状态下大概接近 0.1R，所以对合成电阻的影响为 20 ppm/℃左右。

集成电阻的情况呢，各自电阻值的温度系数为 80 ppm/℃的规格，5ppm/℃这个值是其跟踪特性。因此，给元件中的一个加上上述的2ppm/℃时，可以认为跟踪的差错程度在2 ppm/℃以内。因此，如果这样做，就能得到温度系数在7ppm/℃以内的精密的分压电路。

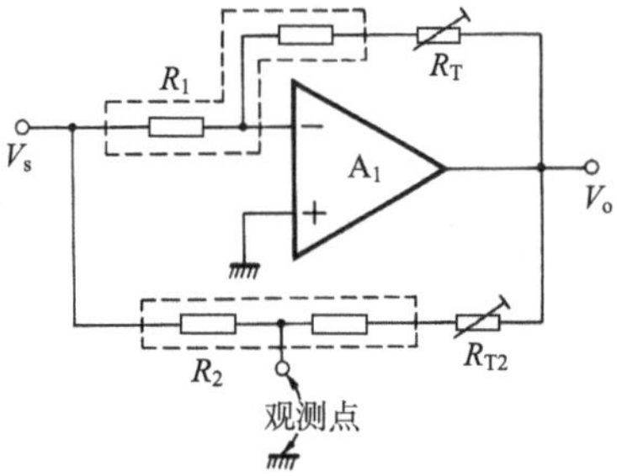

图 5.15 组合的观测方法

要观测这个组合，最简单的办法是如图5.15所示将示波器上显示的波形变成最小。这个电路中还需要一组正确的、阻值相同的固定电阻值，这也可以用和上面一样的方法制作。再将组合反相连接试一试，最好调整为无论怎么样连接其结果都相同的状态。用这个方法可将两个电阻值组合到0.005%以下。

5.3 其他外接元件

5.3.1 可变电阻

一旦制作电路进行实验，就会出现可变电阻的数量渐渐增加的倾向。确实可以将所有的电阻都变成可变电阻，但是容易造成电路的长期稳定性差。

可变电阻也在逐渐发展，目前所用的电阻器有线圈、碳膜、碳烧结、金属陶瓷和金属膜等，电阻器自身的温度特性和经过几年变化、用这些材料制作固定电阻时的特性相似，很容易达到20 ppm/℃的水平。但是，可变电阻的问题在于被称为滑触头和滑动片的滑动部分的构造及接触电阻的稳定性。

线圈型的可变电阻的电阻器本身特性非常好，若试着扩大滑触头移动时电阻值的变化则如图5.16所示。电阻值的变化呈阶梯状，不能把电阻值置位于中途。因此，将阶梯的细致情况用整个电阻的比例表示，称为分解能0.1%。

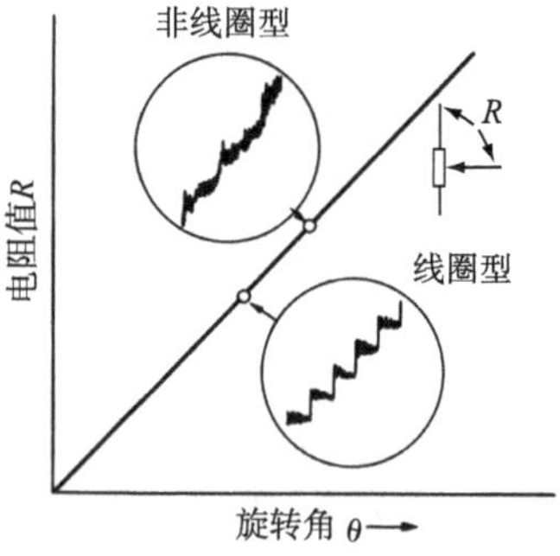

图 5.16 可变电阻的电阻值和旋转角

另一方面，在线圈型以外的烧结电阻或金属陶瓷电阻中，为了制作避免这种倾向的产品，有表示为无限大分解能的。但是，没有阶梯状变化的东西，接触电阻值如图5.16所示变化，不能无限细致、稳定地设定。

要估算可变电阻可使用到什么细致的情况，就必须知道所使用可变电阻设定值的再现性和稳定性。说明书上有可变电阻的规格，带10回转分度盘的精密电阻为整个电阻值的1/1 000左右，常常作为调整器使用的旋转角为300度的半固定型为整个电阻值的5%左右。不够时，串联放入固定电阻，减小可变范围后使用。例如，用上述的半固定电阻按0.5%的精度设定后，可串联放入9倍的固定电阻，于是可变范围变成1/10。

5.3.2 电　容

OP放大器中使用的电容，根据其用途的不同分成三类：旁路、相位补偿和时间常量。

旁路用电容是在接地层附近给各电源线安装一个50μF以上的电解电容，再给每个OP放大器安装上0.02μF的圆片或者叠片陶瓷。高速OP放大器或接地层，需要根据设计来考虑，请参照第3章、第4章及本章中讲述的实际安装技术。旁路用电容最重要的特性是高频阻抗低，使用时不用注意静电容量的精度和温度特性。若在电容小的一侧发生误差就麻烦了，电容大的一侧，两倍甚至10倍也没关系。

相位补偿用电容的静电容量精度和稳定性如果达不到一定程度，因极点的位置而产生差错就会引发故障。小电容时镀银云母1 000 pF以上的云母太大，聚酯树脂等薄膜电容便于使用。陶瓷电容也很好，但是有的温度系数非常大，变化达数10%，所以请认真确认后再使用。

对于时间常量用电容(也就是积分电路，有源滤波器的常量，或者作为A/D转换取样和同步使用的电容)来讲，静电容量的精度和温度系数特别重要。有源滤波器其稳定性由电阻和电容决定。电阻中若使用金属膜或薄膜集成电阻，其稳定性会受到电容优劣的影响。小电容镀银云母没有问题。在树脂薄膜系列中使用苯乙烯、聚酯树脂、聚四氟乙烯和聚碳酸酯原料等制作的产品中，也有优秀的。

用于A/D转换器的取样和同步的电容，除了介质损耗和静电容量的温度特性外，还必须注意电介质吸收这一性质。

5.4 OP放大器和系统设计

● 5.4.1 电平图的画法及用法

画电平图，首先要像图5.17(a)所列的样本那样确定条件。这里列举出放大器插入损失以及可变增益控制器的例子。所谓的插入损失，是指除了固定的衰减器和有源滤波器之外，把信号电平衰减的任何因素都表现出来。图形的大小需要预先统一。宽度以画起来方便的尺寸为宜，而高度则是用对数刻度表示放大倍数和衰减率的尺寸，例如将10dB定为2cm。

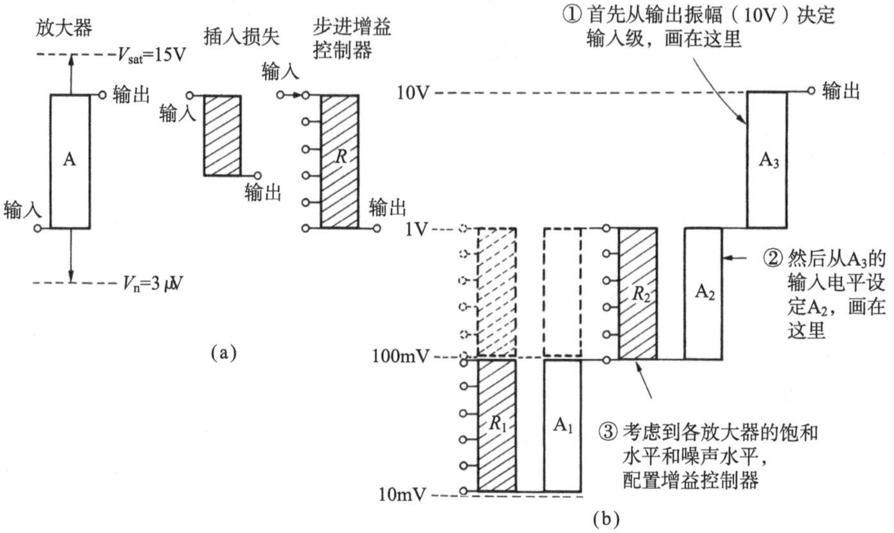

图5.17　电平图的画法

图5.17(b)所示为在这些条件下将表示的级组合起来的状态。该图将输入放在左边，输出放在右边，从输出一侧开始画。例如，设计上必需的输出振幅最大为10V，输出放大A_3的上端，即输出的电平为10V，将它固定在图的位置上。A_3的增益为10倍，因此将A_2的输出电平加到上面，A_2的位置就决定了。

稍稍复杂的是R_2那样有可变增益控制器的情况。根据它所处的位置不同，比它前一级的电平也发生变化。对此进行研究时，关于阻尼因数最大时和最小的情况，最好是像图的虚线和实线那样画好两套图。

前面的说明，都是拿已经设计好的例子来讲述的，而实际上它是用来决定如何进行设计的。因此，对于手中各种放大器和设计可能的增益控制器等，最好事先作出图5.17(a)那样的图形。事先画出最大输出电平和噪声电平，将它垫在薄纸下面制作右图那样的图。

从制作出的图中可以明白，对于各放大器，A_3到10V、A_1和A_2到1V为止必须是直线性。得到10V输出的输入，从约为10mV到1V为止可以用增益控制器R_1、R_2调节。因此，最大增益为1000倍，最小增益为10倍。最大增益时S/N大致等于A_1，要缩小增益时，首先缩小R_2，然后缩小R_1最有利。一旦缩小R_2，A_1产生的噪声就变成了 1/10。在这种状态下，如果 A_1 和 A_2 是一样的特性，那么 A_1 的输入换算噪声应该是 A_1 单独时的约$\sqrt{2}$倍。不论把 R_1 的阻尼因数扩大多少，A_1 产生的噪声都不减小。而且即使把 R_2 变得比它还大，A_1 产生的噪声被衰减而对 A_2 的噪声却没有影响，所以这一部分支配性地表现在输出中。这种情况下，电平图可用于使用了放大器系统的最佳设计上。

5.5 封装技术

5.5.1 元件的配置和配线

OP 放大器电路的安装随着放大信号的不同而不同。最敏感的是高速、高阻抗的电路。即使不是高速，在处理 nA 以下的微小电流、10mV 以下的微小电压时，也需要和普通电路不同的特殊技术。

例如，转换速率在 500V/μs 以内的高速 OP 放大器或者偏流在数 pA 以下的 OP 放大器，制作出的装置性能还必须具备 OP 放大器的特性。但毫无疑问要受到安装技术的影响。靠什么安装技术最好呢？首先是元件的选择，然后是配置，最后是配线。在决定配置、研究配线的阶段，也可能需要重新选择元件。不论怎样，设计者和考虑安装的人都应由同一个人担任。制作好的电路的必要条件是，电路的设计者要预先了解元件的实际大小、配线的错综复杂等情况。

关于安装技术中基本的接地法、如何消减杂散电容的生效部分以及旁路电容的连接方法，将在下面部分中论述。此外，有利用电路技术改善安装的方法。例如，增加接地层的绝缘、降低漏电流保护电极的制作方法和驱动方法，将在 7.4 书中讲述。作为提高电路阻抗的手段，有用的自举的方法请参照第 7.2 节。

5.5.2 地线的接法

在处理数百千赫左右的低频时，接地层没有必要像后面所述的那样采用地线接地层方式。应严格实行一点接地，避免其他电流混进信号路径。

图 5.18 举出了其例子。图 5.18(a)的方式是将接地层上的地线依次接地，流入地的电流在高放大倍数的 OP 放大器的前级进入、被放大后出现在输出中，此种情况经常成为大问题。如果这样连接，在从旁路电容 C_b开始流经负载电阻 R_1、负载电容 C_1时，用箭头表示的电流路径、信号源 V_s和正相输入的连接点 R_c的管脚之间具有“共同的阻抗”，会发生难以预料的输入输出的干扰。

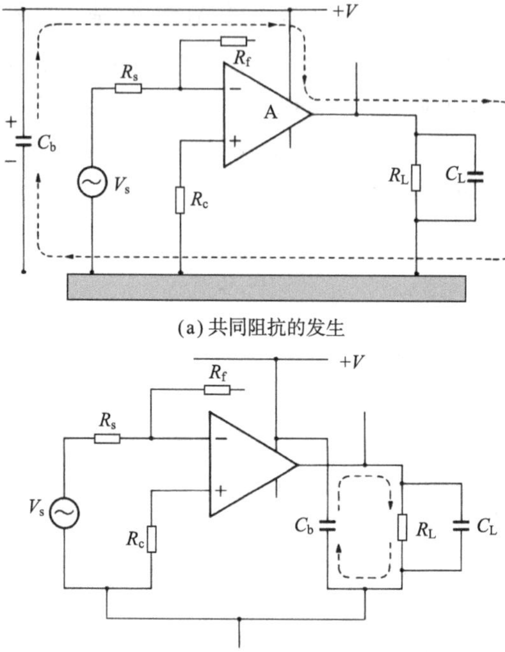

(a) 共同阻抗的发生

(b) 利用旁路电容防止

图 5.18 一点接地的方法

一旦发生这种现象，为了使其停止，通常会进行所谓的“调整”，如将地线变粗，在这里是增加配线等操作，但并不能很好地解决问题。原因是即使将接地的配线加粗到原来的两倍，仍然还有一半的结合；即使加粗 10 倍，仍然还有一成在干扰。实际上，即使下很大的决心来处理，要将配线加粗到 10 倍也很困难，因此在可能生效的地方，采取针对其现象同时增加接地的配线、用分级测试法改变接地的地方等办法。

要解决这个问题还有更好的方法。回到原理上来考虑就容易明白，输出级的大电流由旁路电容 C_b 供给，流入负载 R_L、C_L。因此，如图 5.18(b)所示，将 C_b 的＋侧与放大器功率级的电源侧连接，－侧与负载的接地侧连接。这样一来，流经输出级的大电流如图中箭头所示只流经这一部分，而不经过地线，和输入信号之间就不会具有共同的阻抗。在对输入级和输出级进行这样的处理之后，将两者连接成一体的接地配线不要说地线基板，即使使用如头发丝那么细的配线，也一定能很好地工作。

高速、宽频 OP 放大器也一样。与其莽撞地降低接地阻抗，不如好好想想是不是哪里的电阻有问题。不过，如果高频时拉长配线，即使连接也没有意义。所以应像图 5.19 所示尽量使接地的配线扩大范围，可在原地接而不用拉长元件的管脚，这样的结果称为接地层(ground plane)。

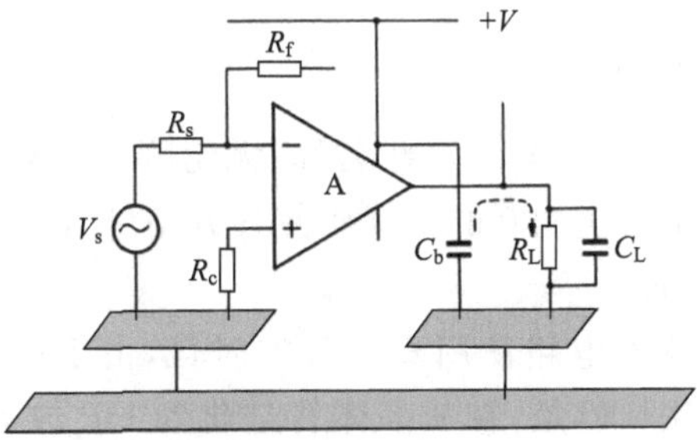

图 5.19 接地的想法

接地层具有缩短接地配线的长度，降低接地外的配线阻抗，减少与邻近配线的结合效果。但作为代价，配线对接地的静电容量增加，接地层的安装密度下降。此外，接地层能使共同阻抗减少，但不具备使其消除的效果。因此，过分大的接地层成为共同阻抗的发源地，可能引起麻烦。特别是在与数字电路共存的情况下，建议接地与敏感的模拟部分，譬如把比较放大器或 OP 放大器部分与其他部分分开，做成接地层。图 5.20 是针对此例的意义加以强调而画出的。这里关键的问题是，与其将大的接地变成全部一样的低阻抗，不如在某种程度分成小部分更易于创造好的条件。

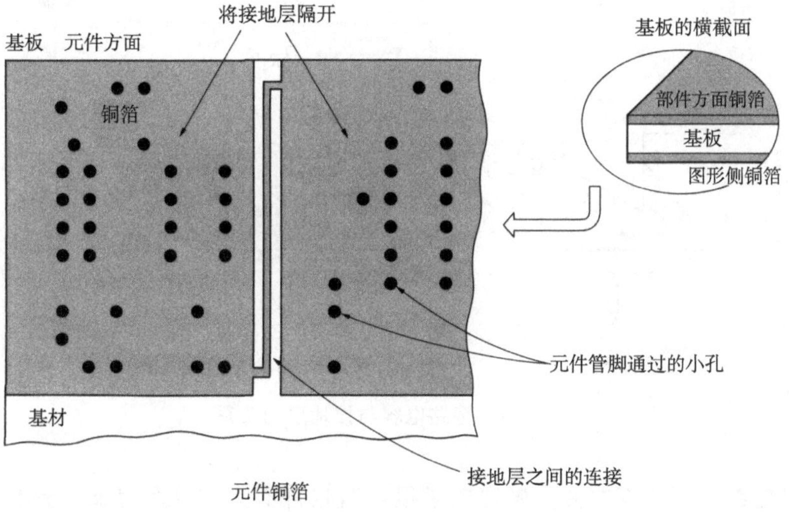

图 5.20 接地层的构造

在与数字电路共存、将大的多层接地层中的一层当作地线时，不要将接地层全部当成一块接地层，至少应将模拟部分和数字部分隔开，只在某一处最后用细线连接。

5.5.3 旁路电容的连接

旁路电容也被称为去耦电容。这些名称，无论哪一个都是考虑到本来的电源(由哪里获得电源)，为了防止相互的干扰而使其旁路(bypass，从岔道通过)或者去耦(de-coupling)而得来的。

附带说明的是，在电子电路使用真空管的时代，由于成为负载的电路比较单纯，所以是这种思考方法。但是，在从晶体管进化到 OP 放大器的现代，应该有更先进的思考方法才行。

接地的构造和旁路电容的使用方法有着密切的关系。如果分成小部分的接地层或电路块，每一部分都像电池那样，有与其他部分没有关系的电源是最理想的。将这个功能交给旁路电容，如果这样想就比较容易明白。也就是说，将各电路块的电源如图 5.21 所示交给那里所接的旁路电容。不过，由于电容的电位一使用就下降，所以必须要有充电器。可以认为该充电器是电源，它和电源之间的配线是为了充电所需。充电所需的配线没有必要特别粗、特别短，只要不让电压下降就行了。当然，利用这条配线，为了不引起共同阻抗或与其他电路相互干扰，应该在电压降允许的范围内保持尽量高的阻抗。

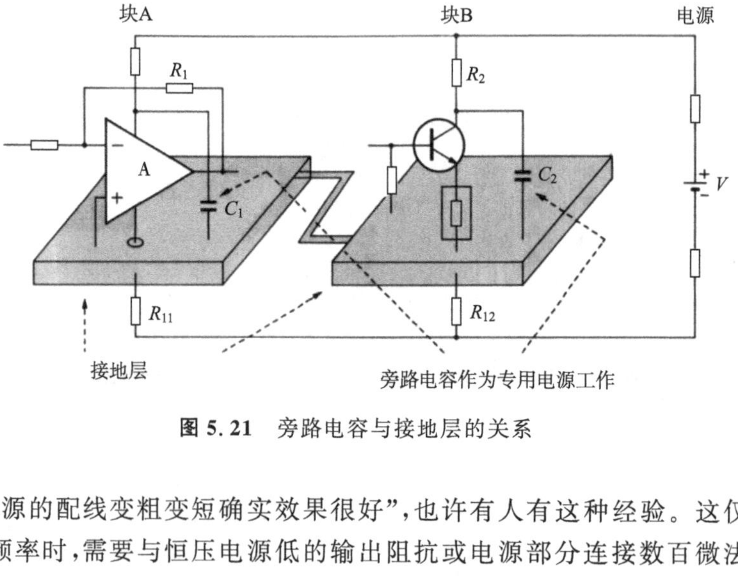

图 5.21 旁路电容与接地层的关系

“将电源的配线变粗变短确实效果很好”，也许有人有这种经验。这仅限于在极其低的频率时，需要与恒压电源低的输出阻抗或电源部分连接数百微法以上电容的情况。在这样的条件下,装在接地层上的旁路电容也许还不够。即使这样,接地层上也不能装上数百微法。

特别是高速 OP 放大器,在某些情况下,至少在一个 OP 放大器的封装中,将接受前一级的旁路电容和输入级的电源分开比较好。如图 5.22 所示,引出两组电源端口。在这种情况下,也根据负载电流的情况,从 $+V$ 侧来讲,通过 1~10Ω 左右的小电阻 R_1 将高频用的旁路 C_1 接入输出级的电源中,将前一级与按普通要领插入 C_2、C_3 的电源相连接,效果更好。这样一来,可以解决输出级的拉出电流在高频领域向前一级反馈的问题,使它不会太扩大化。

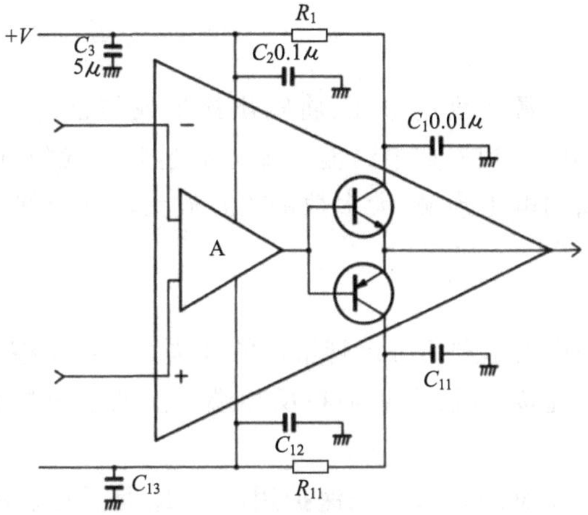

图 5.22 电源端口出现两组 OP 放大器的使用方法

5.5.4 减少杂散电容

与将配线变粗、使用接地层降低配线的阻抗相反,电路的杂散电容有具有很大的影响。在 OP 放大器的反相输入端口附近就是其例子。设在这里发生的杂散电容包括 OP 放大器自身的输入电容在内为 C_i。很明显和 R_f 之间,在 $f_p=1/(2\pi C_i R_f)$ 的位置会产生极点。

如第 3 章所述,虽然说任何不振荡的 OP 放大器都是以外部没有极点为前提,但是由于 OP 放大器自身的输入电容在 0.5~3pF 左右,从道理上讲,不用校正而能稳定地使用的 R_f 应该有上限。普通的 OP 放大器之所以不能这么说,是因为即使 R_f 使用 100kΩ,如果 C_i 为 1pF,那么 f_p 比 1MHz 高,又由于与 R_f 并联发生的杂散电容在某种程度上起了校正的作用,所以实际损害不是很明显。

但是,随着 OP 放大器的发展,R_f 使用 1MΩ 以上的电阻,OP 放大器变快,这个影响就不能忽视了。譬如,OP 放大器的带宽上升到 100MHz,C_i 为 5pF 时,R_f 大于

300Ω,由 C_iR_f产生的极点的影响就应该出现了。

正如第 3 章中所述,这里发生的极点通过和 R_f并联或者从输出端口直接接一个小电容 C_f到反相输入就可以补偿。但是,由于 C_f放入了富裕处,虽然防止发生振荡,但响应速度不得不下降。

由于这个原因,与 OP 放大器的反相输入端口连接的配线应注意尽量减小杂散电容。如图所示那样,将反相输入配线的元件和图形都缩短,不要靠近其他东西,即使高速 OP 放大器将接地层作为接地层,也最好将反相输入周围的地线清除。

5.5.5 保护电路

即使给输入加上电源程度的电压、将输出接地或与自己的电源短路,最近的 OP 放大器也不会损坏。但是,如果给输入加上高达几千伏的电压和静电,或者将输出与比自己电源高的电压接触,大多数的 OP 放大器都会坏掉。下面讲一讲保护的办法。

1. 输入的保护

经常使用的是图中所示利用二极管箝位的方法。实线是控制加在两个输入端口之间的过大电压的连接,虚线是将加在反相端口上的电压控制在 $+V$ 或 $-V$ 以下的连接。

这里提两点应该注意的。第一是保护用电阻 R_p是关键。将输入电压箝位是二极管的工作。二极管导通后,实际背负过大电压的是电阻 R_s。由于在多数的 OP 放大器内部都含有某种形式的保护用二极管,所以只需将电阻插入信号输入就能保护输入。若设可流经的最大电流为 I,要保护的最大电压为 E,那么电阻的值可用 E/I 求出。对于普通的 OP 放大器的保护二极管,瞬间数十毫安左右没什么关系;如果事先接入 10kΩ,直接接到外部的电线也没关系。

第二是处理微小电流时的漏电流。在输入端口间加入保护用二极管时,这部分的电压因为虚拟短路的原因完全变成 0。但是,一旦像图 5.23(a)的虚线那样将二极管放入 $\pm V$ 之间,二极管的漏电流就直接进入,所以选择二极管时必须注意。

CMOS OP 放大器和将微微安培以下的偏流放在产品样本的种类中,若将普通的市场销售的二极管作为保护用放入,则其漏电流将达到不能忽视的程度。由于这种 OP 放大器全部内嵌在漏电流少的保护用二极管,所以外部只增加电阻 R_p就可以了。

2. 输出的保护

当输出比 OP 放大器电源还高的电压短路或者负载有逆流时,如图 5.23

(b)所示将二极管放入OP放大器电源进行保护。这个时候，将保护电阻R_p放入它附近也很重要。由于R_p进入反馈电路，作为工作中的输出阻抗被压缩到环路增益分之一，如果到数百欧，就负担不大了。

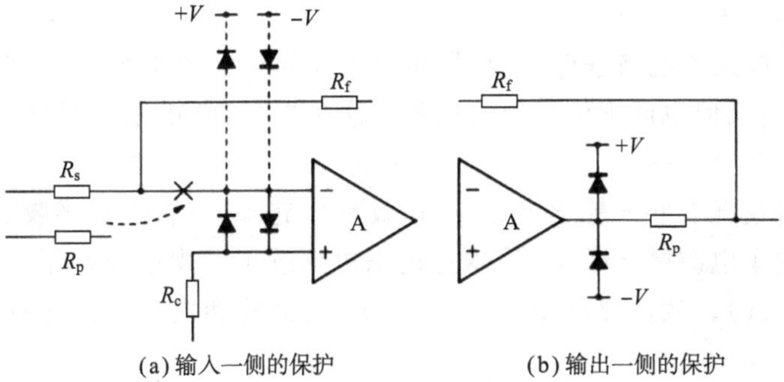

图 5.23　OP放大器输入输出的保护

3. 电源的保护

图5.24(a)是电源与正负相反的极性连接时的保护电路。电池作电源的情况下，反相放入情况的对策是绝对需要的。这不是只放入OP放大器，而是应该插入到电源本来的地方。

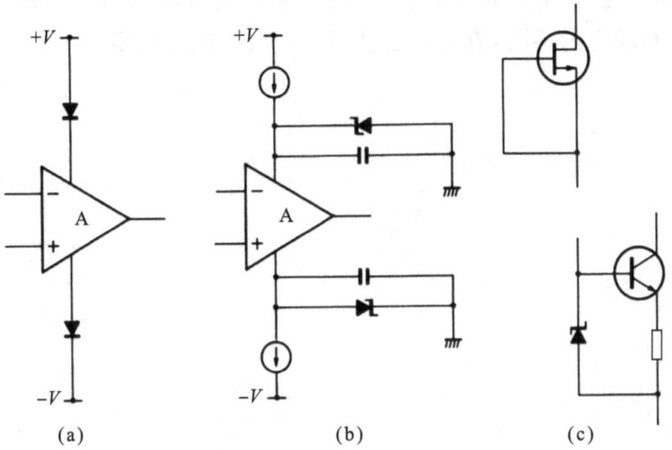

图 5.24　电源异常的保护

图5.24(b)是电源电压异常上升时的保护电路。在图5.24(c)所例举的恒流电路中则为电流流入齐纳二极管的构造。图5.24(b)电路耐电压的界限由恒流电

路在什么地方决定。

有的 OP 放大器，一旦正负电源的一方没有了就会损坏。由于并非所有的 OP 放大器都这样，所以所使用的 OP 放大器是否具有这种性质，请参照 OP 放大器的数据表。

4. 闭锁的对策

在用 OP 放大器电路进行实验时，可能发生不知什么时候输出完全跟随电源电压变化，无论如何也回不到原处的现象。这在初期的 OP 放大器、CMOS 的数字 IC 中时常发生。

出现这种情况有些人感觉很奇怪，认真地修起来，一直干到半夜还没有修好，精疲力竭就关了电源躺下睡了，等休息过来再继续干发现已经好了。这种现象称为闭锁(latch-up)。就是现在的产品高速 OP 放大器和模拟开关等有时也会遇到这种现象。

这种现象的解决办法是不要着急，将电源开关切断，等电源电压充分下降，然后只需重新打开开关就能复原。有很多闭锁是从 IC 的设计中产生的，由于不是很大的麻烦，所以在经常引起这种现象的产品技术资料中也没有反映出来。但是，如果仔细阅读各公司的资料，从“解决了闭锁问题的新产品”等记叙中可以了解这个问题曾经存在。

由于产品的水平造成这种现象就麻烦了，所以根据元件的不同，输入应比电源电压稍稍低一些的电压制作 $\pm V$，对如图 5.23(a)所示的电路预先进行好箝位。最重要的是从电源电压到外侧都不发生振荡，电源上升时，$\pm V$ 的某一个极端地滞后，由于闭锁和场合的不同，有时也会造成 OP 放大器的损坏。

第 6 章　作为反相放大器的应用

6.1　简单的反相放大器

6.1.1　反相放大器的特征

OP 放大器作为反相放大器连接是其应用范围最为广泛的使用方法，是构成本章所述全部应用的基本点。这些使用方法有如下特征：

① 可获得与输入极性反相的输出 。

② 降低输入阻抗或保持一定值。

③ 也可作为电流输入型使用。

④ 虚拟短路点在一定电位上产生。

⑤ 正相输入端口空闲，可用于各种用途。

⑥ 可增大转换速率使用。

⑦ 如果信号源阻抗低，更易获得满意的 S/N。

⑧ 采用 OP 放大器可使用反馈补偿。

本书第 1 章的实验就是实例。首先我们就从定量地观察开始。

6.1.2　肯定工作的反相放大器

图 6.1 所示为无论是谁制作都肯定工作的电路实例。不过在使用 OP 放大器时，选择 741 为例。因为它无需相位补偿，反而不必过于担心发生错误。引脚都是金属罐，即便是其他 OP 放大器，如果适合于它的连接和相位补偿同样可以使用。

在表 6.1 中，列举了这个电路的参数和大致的特性。A_{NF} 为 -10 时，无论谁制作，只要连接正确就会按照原理工作。

如果放大倍数与正确计算时的不符，请检查一下电阻的精度而不是检查 OP 放大器。因为普及型的碳膜电阻的误差有的可达 10% 左右，所以 A_{NF} 理所当然也会不同。我们推荐在 OP 放大器电路中使用金属膜等稳定的电阻。

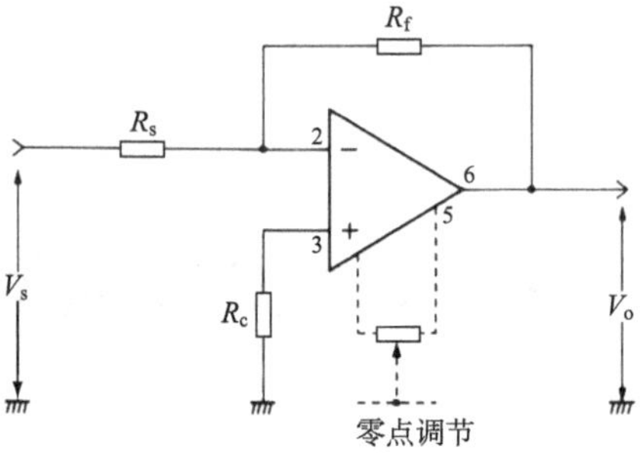

图 6.1　标准的反相放大器

表 6.1　使用 741 反相放大器(图 6.1)的参数与特性

A_{NF}/倍	R_s/Ω	R_f/Ω	R_c/Ω	$A_{NF}\cdot I_{os}$/V	$R_f\cdot I_{os}$/V	ΔV_o/V	f_B/Hz	备注
−1	10k	10k	5k	6m	3m	9m	1M	
−10	10k	100k	10k	60m	30m	90m	100k	
−100	1k	100k	1k	600/60m	30m	630/90m	10k	/0adj
−1 000	1k	1M	1k	6/0.6	300m	6.3/0.9	1k	/0adj

如果放大倍数为 100 或者 100 以上,实测时没有按照理论上所要求的情况越来越多。造成比电阻的精度更大的误差原因是信号源电阻。在表 6.1 中,放大倍数大时输入电阻 R_{IN}就为 1kΩ,所以如果信号源的内部电阻为 50Ω 左右,$R_s=1k\Omega$,相反误差就会达到 5%。这一误差在实用中不成问题,其原因在于设计时可以把信号源电阻加入到 R_s进行计算。例如,信号源具有 R_g(Ω)的输出电阻时,使用 R_s-R_g而不是 R_s。但是如果信号源电阻 R_g不稳定,发生大幅度的变化,R_s-R_g变化,放大倍数就会变化。这时使用在下章中要讲述的正相放大器更为有益。$A_{NF}\cdot V_{os}$表示偏置电压按放大倍数放大后的输出量。$R_f\cdot I_{os}$表示偏置电流流经 R_f得到的输出偏移量。表中的 ΔV_o表示将输入设置为零时输出中出现的电压,即表示输出处零点的误差的基准。因为这是以在 25℃的最坏情况为基准的,所以在实际中很少有超过这种情况的。

R_c的目的在于消除由于 OP 放大器的偏流而在输出中产生的偏移,按第 2 章中所叙述的方法计算出的数值与表中的相同,其效果通过输出换算为 $R_f(I_b-I_{os})$,当 R_f小时几乎不起作用。

此例中,按 741 的偏置电流的最差值(I_b-I_{os})为 500nA 来计算,R_c的效果从表中的 $A_{NF}=-1$ 开始,依次为 5mV,50mV,500mV。由此可知,无论是哪一个 R_C,都使偏移与电压偏移同样程度地减少。若省略 R_c,直接与地相连的话,则只增加同等大小的偏移。

输出上表现出的偏移与增益成比例变大,根据使用目的,当偏置电压为 6V 时就麻烦了,那时如果使用虚线画出的零点平衡电路就可变小。但是即使吻合为零时,也有温度随时间一起变化的成分。即使这样安装零点调节,假设按 50℃左右的温度变化,像 741 这样的通用型 OP 放大器比没有零点调节时可改善一位数左右。

再者,表中的 f_B是小振幅时的带宽,大振幅的带宽如 4.1 节中所述,由 OP 放大器的转换速率来决定。

$$f_{p(max)}=S_r/(2\pi V_{o(max)})$$

741 振幅为 10V 时是 8kHz 左右。

★6.1.3 精密的反相放大器

前面所举的例子是简单使用最普及的 OP 放大器所完成的例子。在实际应用中的很多情况下,这种程度的性能足够了。但是,在表 6.1 中所列举的放大倍数在 -100 以上时,这样的特性在某些用途中也有困难。如果安装零点调节将电压偏置变小一位数仍可使用,但是如果 $R_f \cdot I_{os}$造成偏置是 0.3V,合计起来为 0.5~1V 以下的误差就困难了。采用 741 的 1 000 倍放大器的零点误差,条件差的话,对于 10V 全量程达到 5%~10%左右,即便不是相当粗野地使用,也不是那么耐用的吧。与 741 同等价格的不行,若使用已经相当普及并高一个档次的 OP 放大器,就可以轻松地解决这些问题。

在此我们以 OP-07(PMI)为例。精密的 OP 放大器中派生也很多,价格相对比较便宜。与给 741 安装零点调节、预热之后才能正常工作相比,在某些用途中使用这个更为经济。不仅限于 OP-07 型,在目录、使用说明书里所记载的使用实例及数据,大多是其系列最佳种类的记录。而派生的产品,质量管理的数据,即产品特性的偏差肯定不同于原产品,所以必须参照实际使用产品生产厂家的规格数据。

表 6.2 中所举的是采用 OP-07(PM)反相放大器的例子。假定 V_{os}的整个温度范围的最差值为 250μV,I_{os}为 8nA(实际数值可能会稍好些)。

最后为安装厂家指定的零点调节的例子,偏置电压的温度系数 1.3μV/℃是在假定 50℃的温度变化而计算出的。如果输出信号的最大振幅是 10V,即便增益为 1 000倍,偏置、漂移也可控制在其 1%、100mV 以下。如果实际应用中要使用 100 倍以上的放大倍数,除了偏置,还必须考虑放大器的容限,也就是说要考虑能得到多少环路增益、达到多少频率。

表 6.2 使用 OP-07 反相放大器(图 6.1)的常数与特性

A_{NF}/倍	R_s/Ω	R_f/Ω	R_c/Ω	$A_{NF} \cdot I_{os}$/V	$R_f \cdot I_{os}$/V	ΔV_o/V	f_B/Hz	备注
−1	10k	10k	0	0.25m	0.1m	0.35m	1M	
−10	10k	100k	10k	2.5m	0.8m	3.2m	100k	
−100	10k	1M	10k	25m	8m	32m	10k	
−1 000	5k	5M	5k	250m	40m	290m	1k	
−1 000	1k	1M	1k	65m	8m	73m	1k	0 adj

设 741 的放大倍数与最初的极点位置为 5 万倍(80dB 强)和 10Hz,就可以画出如图 6.2 所示的伯德图。由此看来,A_{NF}=1 000 的带宽只有 300Hz,低频时电路增益也只有 20dB,也就是说只有数十倍,因此可知道是 A_{NF}=1 000 时使用的,如果是 741 的话,基本上是办不到的。OP-07 的净放大倍数在 100dB 以上,最小值为 150V/mV,所以即使在 A_{NF}=1 000 时使用,环路增益在低频时也还在 150 以上。只是,带宽为 300Hz 左右。

如果再想拥有高速性和宽频带的大的环路增益,使用 OP-27 或者外带相位补偿的 P-37,偏流就增大 1 位数,可使带宽增加 1～2 位数,图的最外侧是用 OP-37 控制相位补偿的例子,带宽为 30kHz,在低频率的环路增益也有 60dB,所以性能让人难以相信是同样的电路。

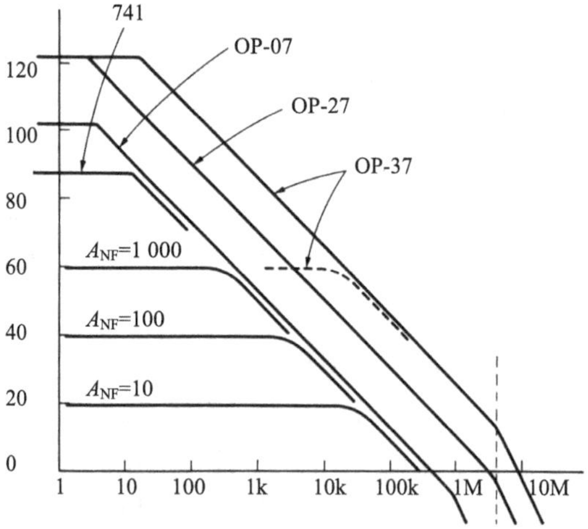

图 6.2 反相放大器的增益-频率特性

★6.1.4 高速反相放大器

有时需要比上述例子快得多的放大器。虽说是快速，数 100MHz～1GHz 的高频放大等，对从直流放大器的角度出发来看的 OP 放大器并不满意。

使用普及型的 OP 放大器所能得到的带宽，小信号带宽时是 1MHz，使输出偏向±10V 左右的功率带宽（大信号带宽）大约是 10kHz。但是，若使用针对高速、宽频开发的 OP 放大器，功率带宽如果是数兆赫或者数十兆赫就可以实现。下面举一个具体的例子。

在前面的图 6.1 里，使用 741 得到的功率带宽为 8kHz，以此为出发点，换成 301A，调节相位补偿，就为 50kHz。若在此使用 LF－356（NS）、081（TI），达到 1MHz 稍有些不易，如果达到 200kHz，则能够驱动±10V。

之后，功率带宽与上升速度及其稳定时间都成了问题。而且查看各 IC 的目录，测量条件也不同。OP 放大器的上升及稳定时间在 $A_{NF}=1$ 时，电压跟随器状态最为不利。即使这样的话，也有使用电压跟随器专用 IC 的方法。表 6.3 列出了 $A_{NF}=-1$ 时四个不利的条件。

表 6.3 比 OP 放大器的高速性

名 称	I_B/A	S_r/(V/μs)	BPW/Hz	T_s/s
LF 356	5n	10/12	200k	1 500n
LM 318	500n	50/70	1M	400n
LM 6361	6μ	200/300	4.5M	120n
CLC 400	35μ	430/700	35M	15n

表中的各参数是：I_B为偏流，S_r为转换速率，BPW 为功率带宽，T_s为公认的稳定时间。由于负载与分布电容的不同而变化，可进行大概估计并参考。

一般地讲，要提高稳定时间，除了 OP 放大器内部极点之外，形成的极点尽可能远离会产生问题的地方，会效果较好。在 OP 放大器外部形成的主要极点是由

① R_f与 OP 放大器的输入电容。

② 负载的静电容量与 OP 放大器的输出电阻。

决定的。

图 6.3 所示的是以高速、宽带为目标的情况，加入相位补偿。用虚线圈起来的部分是为此而连接的元件，除了放入右端负载的两个电阻外，在第 3、4 章都已讲述过了。串联、并联放入负载的电阻，在负载为容性及感性时具有减轻其影响的效果。但是振幅减少，所以使用时应注意到这一点。

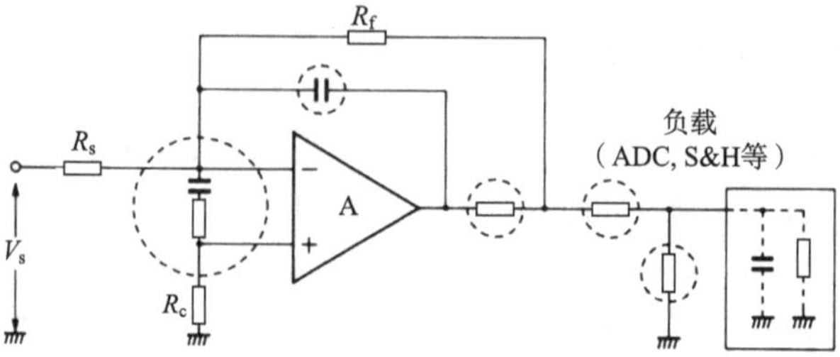

图 6.3 以高速、宽带为目标的反相放大器

6.1.5 加法电路

如图 6.4 所示，如果 OP 放大器的正相输入端口接地，只要 OP 放大器不饱和、能正常运作，不论输入电流的大小如何，与接地处虚拟短路有关系的反相输入端口就始终处于接地电位。在这种条件下，流进相加点Ⓟ的输入电流全部流经 R_f，所以

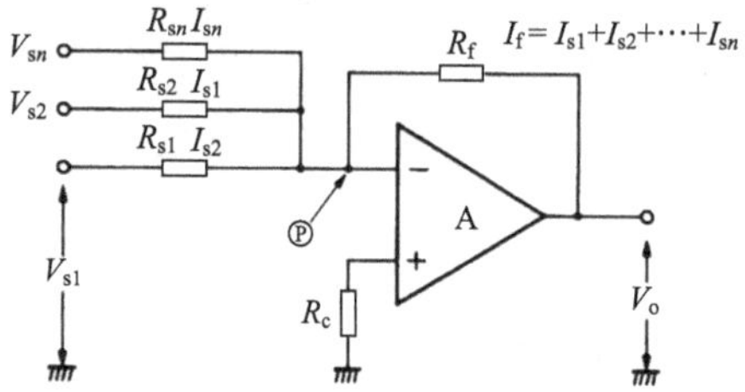

图 6.4 加法电路

$$I_f = I_{s1} + I_{s2} + \cdots + I_{sn}$$

$$I_{s1} + I_{s2} + \cdots + I_{sn} = I_f \tag{6.1}$$

应当形成加入输入电流而合成的形状。

若看一看电压，则

$$I_{s1} = \frac{V_{s1}}{R_{s1}}, I_{s2} = \frac{V_{s2}}{R_{s2}}, \cdots, I_{sn} = \frac{V_{sn}}{R_{sn}} \tag{6.2}$$

所以

$$\frac{V_{s1}}{R_{s1}} + \frac{V_{s2}}{R_{s2}} + \cdots + \frac{V_{sn}}{R_{sn}} = \frac{V_o}{R_f} \tag{6.3}$$

由此可知，加法放大器可根据 R_{s1}，R_{s2}，…，R_{sn}，调节各个系数，通过 R_f 调节整体增益。换句话说，加法放大器可以看成以虚拟短路点为基准、多台反相放大器的叠加。因此，要让加法放大器按照设计那样工作的必要条件是，虚拟短路始终成立。但是，由于输入端口很多，无意中，OP 放大器的动态范围、响应和电路增益等容易不足。要查这种情况，使用灵敏度好、带宽充分的示波器，观测Ⓟ点的电压波形就可知道。V_o 是 10V，OP 放大器的裸增益即使是 10 000，1mV 以上的信号在Ⓟ点应什么也看不到。如果有什么的话，就证明虚拟短路被破坏了。

在设计上，R_{sn} 要使用比其他电阻低得多的阻值，而在哪一处用，一定要注意,因为它的电阻从其他输入来看是作为低输入电阻跨越在OP放大器的输入端口间的。一定要记住加法放大器并不是免费的,它是随时可进行加法运算的。

在这种状态下,正确的使用方法需要一定的高技术。OP放大器已经不再是理想的放大器,请参照第1章1.4节中放大倍数为有限的情况。但加法电路若使用正相一侧,由于不消耗电路增益,所以有利。正相侧的加法器请参照7.3节。

6.1.6 使用前馈

可使用前馈补偿也是反相放大器的另一个特征。从现在高速OP放大器的水准来看,比起对不够快速的301A进行前馈补偿,若一开始就选择快速OP放大器制作的话,能制作出更好的高速电路。下面看一看前馈这种技术的简单例子。

图6.5是对3LM301A进行前馈补偿后使用的情况。由它可得到优秀的输入特性、高增益通用型OP放大器所达不到的速度,使0～+5V上升1μs以内,约是普通型的10倍。因此,可以作为相当高速的模拟加法器及脉冲的混合变换器使用。虽然前馈补偿如此有效,但有以下几个使用条件:

① 仅限于电路作为反相放大器工作的情况下。

② 并非对任何OP放大器都适用。

③ 相位稳定特性不如响应速度那么好。

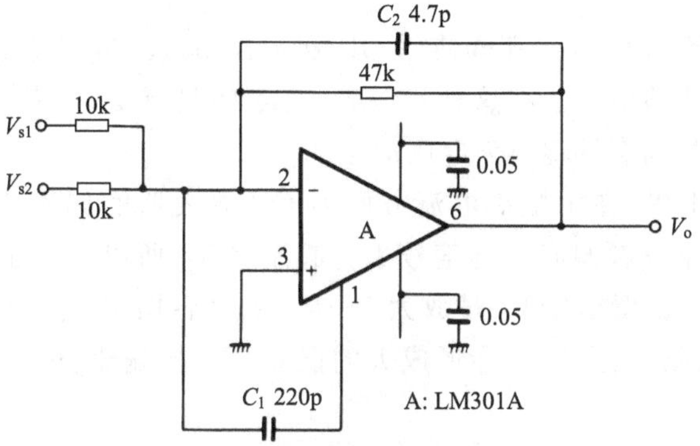

图 6.5 高速加法变换器(一般性说明在4.3节)

为慎重起见,有一点要注意,这个电路放大器已经不是作为低频的OP放大器工作,它是带宽达到10MHz以上的宽带放大器。电容C_1和C_2避免使用温度特性差的，应选云母或苯乙烯薄膜电容、或者湿度系数小的陶瓷电容。电源在 OP 放大器的管脚处必须旁路。

6.2 电压信号与电流信号的转换

6.2.1 由电流信号转换成电压信号

要把电流信号转换为电压信号，如图 6.6(a)所示，只需连接电阻就行。但是，这样一来 I_s 就会变大，因为 $I_s \cdot R = V_s$，V_s 也就上升，I_s 只要不是理想的电流源就难以流入 R。另外，若要读取 V_s 而连接什么的话，由于其内部电阻与 R 并联进入，将使等效电阻(即变换系数)改变。

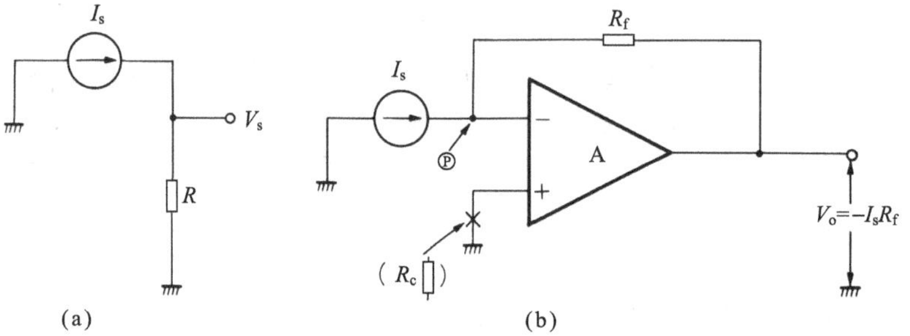

图 6.6　把电流信号转换成电压信号

如果我们按照图 6.6(b)那样使用 OP 放大器，那么在Ⓟ点会发生虚接地，其电位同 I_s 无关成为接地电平。在这种状态下，流经 R_f 只有 I_s，与负载的大小无关，所以就能正确地从电流信号转换为电压信号。

这种方式的限界，在于微小电流方面为 OP 放大器的偏流 I_b，或者偏置电流 I_{os}。由于偏置电流或者偏流 I_b 与信号 I_s 一起流过 R_f，所以如下面式子所示在输出中作为误差加上。偏置电压 V_{os} 被放大 $1+R_f/R_s$ 倍后加到 V_o。如果 I_s 是电流源，则可把 R_s 看作无限大，所以不会形成大的误差。包括偏流、偏置电压造成的误差在内的值为：

$$V_o = (I_s + I_b)R_f + V_{os} \tag{6.4}$$

在上式中，使用 I_b 是把正相输入直接接地时，加入 R_C 时此处使用 I_{os}。因为 R_s 为无限大，R_C 的值同 R_f 相同。但在微小电流的 OP 放大器中，I_b 与 I_{os} 几乎没有差别的情况较多。

大电流方面的界限，流过 R_f 的电流必须被 OP 放大器的输入吸收。OP 放大器的最大吸收电流(即输出电流)就是界限。通用型 OP 放大器其值为 10mA 左右,也有数安培的电流流动,请参照目录。如果 OP 放大器的输出安装缓冲器则可变得更大。

但是,100mA 以上的电流(甚至 10A 或者 100A),把它全部作为信号源流过 R_f 并不是好办法。要从那样的大电流通路中取出信息,常用的方法是以图 6.6(a)的方式,使用极小的 R,取得的 V_s 有必要的话就进行放大。对此,将在第 8 章的图 8.11 中列举更为便利的方法。

6.2.2 高灵敏度化

在图 6.6(b)的电路中,A 为 LM308A 的情况下,I_b 大约是 7nA,所以若 R_f 使用 10MΩ,以大约 7%以内的精度将 0.1μA 的电流变换成 1V 的电压,可以得到性能优良的电流-电压转换器。此外,使用相同的 OP 放大器,只要对 R_c 值及偏移平衡下一番功夫的话,还可能使精度提高 1 位数。在使用 308A 的情况下,误差要稳定在 1nA 以内。

下面再列举一个高灵敏度的例子。图 6.7 所示为最高灵敏度的全量程 1pA(微微安培 $=10^{-12}$A),其量程内的稳定性含漂移在内在 2%以下,其性能可能令专门厂家也甘败下风。

下面列举 A 为 ICH8500A 的实例。如果偏流是在使用温度范围内的最差值为 0.1pA 以下的 OP 放大器,特性就会发生变化,但是无论哪种都可使用。有问题的是 R_f。虽然(日本)国内外的厂家有很多,可是如果订货对精度及经年变化等要求特别严格的话,要生产这种电阻是非常困难的。

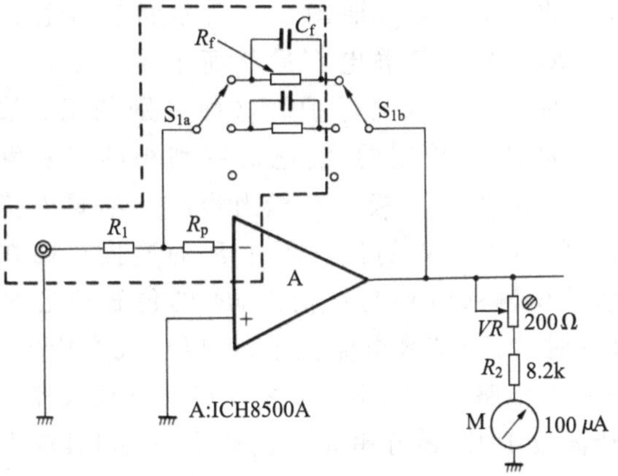

R_f、C_f 的表

范围	R_f	C_f
10^{-12}A	10^{12}Ω	2pF
10^{-11}A	10^{11}Ω	20pF
10^{-10}A	10^{10}Ω	150pF
10^{-9}A	10^{9}Ω	1 000pF
10^{-8}A	10^{8}Ω	0.01μF

图 6.7 微小电流计的实例

包括电阻 R_f、连接器和配线电路在内的输入部分都不能直接用手触摸。安装元件时要带上干净的手套，可能被污染的部件要事先清洁干净，清洁方法在稍后的"微小电流的测量技术"中讲述。

如果基板的构造达到 nA 程度，则符合强化绝缘水平。如果是 pA 级的产品则必须有防护构造。关于防护将在第 7 章中详细讲述。

在安装元件时要特别注意 OP 放大器的反相输入部分。R_f一侧的管脚要弄得特别短，如果强度许可，OP 放大器及保护电阻都不使用中继端口而悬空连接。但是，如果摇摇晃晃的话反而构成噪声的原因，所以一般要使用一个带保护的远距离端口。

为什么我们要研究这种非常识性的问题呢？因为想在减小 OP 放大器反相输入处漏电流的同时，将进入地之间的静电容量 C_i降至最小值。当 R_f为 $10^{12}\Omega$ 时，C_i在 1pF，时间常数 1 秒、1/6Hz 处出现极点，即使打算非常小、包含 OP 放大器的输入电容，很快就达到 5pF 左右，所以此处是处理微小电流最关键的地方。

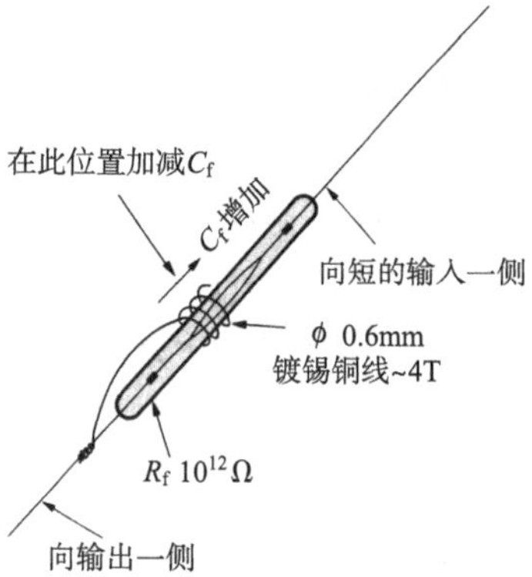

图 6.8 利用散杂电容制作 C_f

在输入接上长长的同轴电缆，用旋转开关多次切换 R_f的多种用途中，C_i无论如何都会变大，其结果会造成振荡、不稳定，所以与 R_f并联时接入 C_f加以预防。如果 C_f使用防潮型的苯乙烯电容，R_f在 $10^{11}\Omega$ 以下时首先不用担心漏电流。R_f大于 $10^{11}\Omega$ 时，C_f的值减小到 0.2～2pF 而且必须进行调节。如果从 OP 放大器的输出一侧按照图 6.8 所示将铜线卷在 R_f上利用其静电容量就简单了。R_f是针对超大输入的保护。这种级别的 OP 放大器，保护用的、漏电流特别小的二极管大多为内嵌式的。若要自己寻找可用于此处的二极管是相当难的。不要外接二极管，尽量使用内嵌的二极管就简单多了。R_P的位置不在 R_f的连接点而在 OP 放大器内才是真的。但是，要想减少输入电容与连接点，R_1 的位置更容易安装。即使在 R_p或 R_1处加入 100kΩ 时，由于信号电流很小，所以也没有影响。

输出设置为 100μA 的电流表，其他的电路也没关系。但要注意，OP 放大器为 FET 型的场合，负载加重。为了不让温度上升，最好事先让负载承受为 10kΩ 左右。

6.2.3 微小电流的测定技术

1. 漏电流

下面讲讲与使用 OP 放大器将电流变为电压有关的微小电流处理技术。我们在听到诸如测量微小电流、微微安培($pA=10^{-12}A$)等术语时,往往会认为是非常特殊的技术领域。实际上,有关这方面的知识,并不只是在制作特别超高灵敏度的微小电流表时才使用的,在制作性能良好的 OP 放大器电路时,了解这些知识非常有用。

在近期的 OP 放大器中,出现了偏流在 1pA 以下的情况,要充分发挥这类 OP 放大器的性能,就必须将其他电路的漏电流控制在比它低 2～3 位数。如若将电路的电压设置为 10V,其漏电流必须控制在 $10^{-14}A$ 所需的绝缘水平,有的地点其极限为 $10^{15}\Omega$。我们以前面的图 6.7 为例来看一下。在此图中用虚线画出的部分绝缘水平就对电路工作产生影响。

2. 改善绝缘水平

最近,作为普通的绝缘体,在通畅导体中明确区分为可以使用的和不可以使用的两部分。看起来可以使用、而不能使用的绝缘体有木头、纸、橡胶、乙烯基类、酚醛、树脂、赛璐珞和丙烯等。例如放在木制桌上的乙烯电线,通常认为是绝缘的,但对我们在这里谈到的电流作为问题而言,和将裸线扔到铜制的桌子上没有什么区别。那么,哪些东西可作为绝缘物使用呢? 首先是特氟隆、聚苯乙烯和聚乙烯,只要没有弄脏就可放心使用。玻璃和冻石(滑石的一种——译者注)也可以。但缺点是湿度一上升绝缘性就容易下降。因此可用硅树脂等进行防潮处理后使用。

实验性绝缘性能好的开关(图 6.7 中 S_1 所需要的情况),最好选择冻石制造的、尽可能大型的且绝缘距离长的开关,用酒精认真清洗后使用。擦拭之后不要用手指触碰,用干燥器或干净的烤箱(当然烤面包机也可以)烘干,但要注意烘干过程中温度不要过高。市场上销售的旋转开关,虽然成品特意使用了冻石,但端口要接触衬垫的电木粉或者金属部分的构造(存在不激活绝缘物性能的元素),所以选择时要注意。

信号电流以 $1nA(10^{-9}A)$为界限,如果在该数值下,还必须避免将 OP 放大器的输入端口连接在印制基板上。

3. 摩擦产生静电

将树脂制的梳子及笔杆等在衣服上擦一擦,在微小电流放大器没有密封的输入附近动一动,就会产生全量程的输出(据说有和经常抚摸猫等同样的效果)。如果有振动,静电容量发生变化,按照 $VC=Q$,电荷当然就会移动。即使

低功率OP放大器与应用

标准的OP放大器所需电源为±15V、10mA左右。但是现在有很多以5V工作的OP放大器。±1.5V或2～3V就能正常工作的OP放大器很便宜地就可买到。

在此，我们选择消耗电流极少的低功率型。图A是从数据表中转载的，这里使用的OP放大器从电源电压±1V开始工作，仪表不偏转时的消耗功率为1.8μW。由于靠与电池自身的放电电流差别不大的电流工作，故不需要设计电源开关。即使不是这样极端的情况，现在所用的OP放大器如果其速度不很快的话，也能制作出非常省电的、靠电源电压使输出偏转的电路。最好根据目录选择，CMOS OP放大器也值得注意。

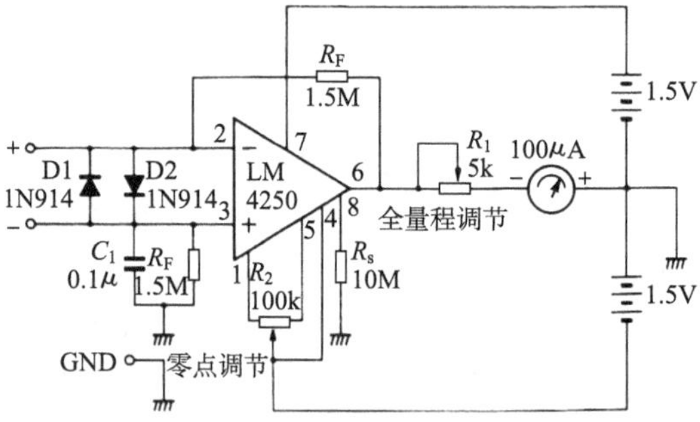

图A　100nA全量程便携电流表

如果在哪里都不适当安装的话，就会变成摇摇晃晃的，所以要最小限度地使用特氟隆的远距离端口等。摇摇晃晃对绝缘来说是好的，但是一旦加有振荡，就会同电容麦克风原理一样产生噪声。这类元件例如从R_f或OP放大器的封装中露出线的部分，输入的连接器、电缆也与性能相关。在这种情况下，OP放大器的性能之所以好，只不过要依靠必要条件。超高灵敏度的皮安表的几乎所有的故障，还有精密的OP放大器的应用譬如高性能的电源、积分器、采样保持和D/A转换器等，绝大部分可以说都受绝缘物使用方法的左右。

绝缘的问题，在高电压工学中称为绝缘协调。并不是求出平均值，而是由最弱的决定。假如电缆或连接器使用的是10日元左右的绝缘物(如果用钱能决定绝缘的话)，那么，即使在其他地方使用数万日元的OP放大器及开关，发挥出性能也就是10日元的水平。

像清洁旋转开关那样使其他的元件也保持干净是很有效的。但在清洁擦拭时，注意不要将酒精点燃。由于不可能将装置及电缆全部都放入干燥器或烤箱中，所以这时可以方便地使用吹风机。

没有振动，只要风吹在输入部的电极就会产生噪声。这些全都是由摩擦产生的静电及其移动造成的。要防止其影响，如果把敏感部分密封起来，就能比较简单的解决。

麻烦的是电缆如果使用普通的同轴电缆，从下降 1nA 开始就出现影响。在 10～1pA 时，同轴电缆束像麦克风那样将周围的声音及振动全都收进去。

明白了发生的原理是由于同轴的密封网和绝缘物之间移动产生的摩擦静电后，将产品都制作成如图 6.9 所示，将碳精粉涂在密封网里面或包一层导电性的绝缘带，与没处理过的产品相比，电缆很难产生两位数的噪声。即便那样，也不能摇或者踢 pA 级的信号电缆。

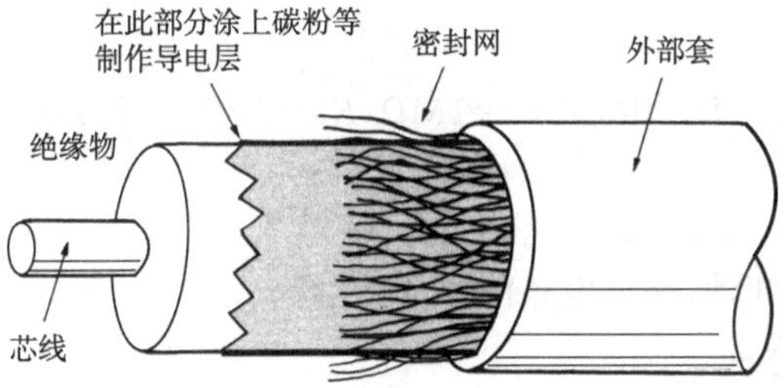

图 6.9 低噪声电缆的构造

6.2.4 把电压信号转换为电流信号

同前面的例子相反，要取出与信号电压成比例的电流输出。图 6.10 是将 R_L 接在相当于通常反相放大器 R_f 位置上的形式，在其中流动的电流将输入电压设为 V_s 时，利用了 $I_f = V_s/R_s$。这个例子表明，必须把负载 R_L 连接在 OP 放大器的输入、输出这些最微妙的地方。

作为以接地为基准的电压-电流转换电路，图 6.11 所示为有名的转换器。由于这个电路作为研究 OP 放大器工作的对象，值得进一步深入研究，所以在很多文献中都有记载。但是，如果作为实际电路组装到产品中使用的话，经过数月的磨合后得到的特性可能还赶不上第 9 章所叙述的恒流源等的零头。究其原因，是这一电路严重依赖于电阻的平衡。因此，如果使用电路模拟器等无误差的电阻进行实验，就能得到极好的特性。但是，比起目前的高性能 OP 放大器，高稳定性电阻的价格相当贵，所以使用时要注意到这一点。

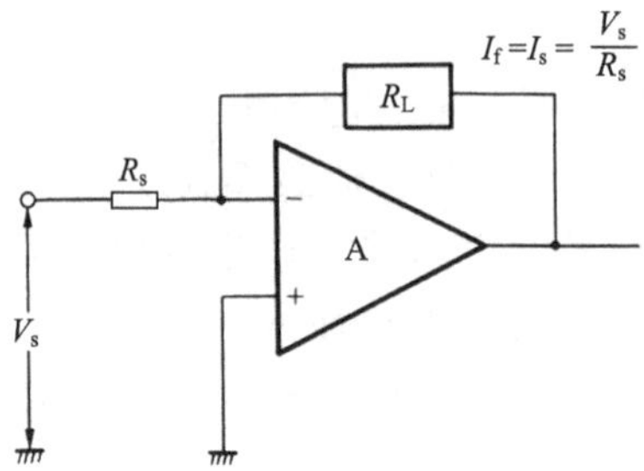

图 6.10　将电压信号变成电流信号

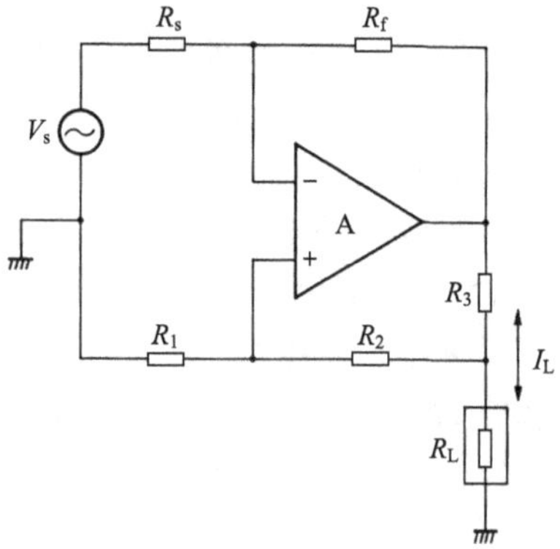

图 6.11　双极性电流-电压转换器

例如，设常数 $R_s=R_f=R_1=R_2=1\text{M}\Omega$，$R_3=1\text{k}\Omega$。当为其他值时，请遵守下面的关系：

$$R_s=R_1,R_f=R_2+R_3$$

对于负载电阻 R_2 的变动，这一电路的恒流特性为：

$$\frac{R_f}{R_s}=\frac{R_2+R_3}{R_1} \tag{6.5}$$

其中，$R_3 \ll R_2$。作为恒流电路的 R_L 的输出阻抗变得极高，表现出优秀的恒流特性。

有电阻抗误差时的输出电阻 R_o 的值概算为：

$$R_o \approx R_3(R/\Delta R) \tag{6.6}$$

其中，R 是 $R_s \sim R_2$ 的四个电阻值，ΔR 是其误差的绝对值。

输入电压 V_S 与输出电压 I_o 的关系为：

$$I_o=\frac{R_f}{R_s}\cdot\frac{V_s}{R_3} \tag{6.7}$$

不论输入信号 V_s 的正负，工作范围是 OP 放大器的输出达到饱和为止，而且由输出的电流容量来决定。对于电压-电流的变换电路，也可以看作是将控制端口取出到外部、做到从外部可以控制恒流设定值的恒流源（voltage controlled current source）。

6.2.5　电流转换器

图 6.12 所示为颠倒信号电流的极性，取出电流输出的电路。信号输入电流 I_s

流经 R_1，和负载电流 I_L 流经 R_2 所产生的电压降是相等的，所以

$$I_L = I_s \cdot R_1 / R_2 \tag{6.8}$$

可以得到具有 R_1/R_2 这个放大倍数的电流转换器。

被许多文献采用的这一电路，是展示 OP 放大器工作情况的好教材。但实际应用的情况并不多。其原因是，如若取在 R_2 上的电压降太大，那么在负载电阻 R_L 上的电压振幅受到限制；而如若在 R_2 处电压取得太小的话，能处理的最低信号由于受偏置电压的制约，不能得到大的动态范围。但这一电路作为应用基础的分程序具有极为重要的特征。

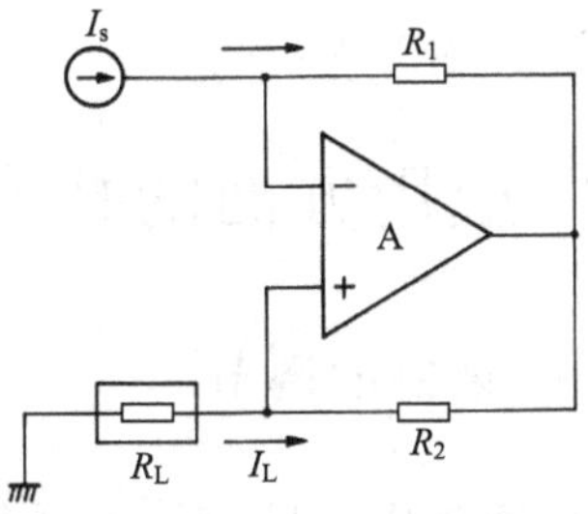

图 6.12 电流转换器

图 6.13 所示为一个应用实例。图 6.13(a)只是将前图的两根电阻换成二极管或一对晶体管，具有很大的实用价值。其样品是在后面第 11 章中使用的对数放大器。为获得对数特性而采用的晶体管，在 NPN 中有特性良好的元件，而在 PNP 中很难找到。因此，大多数文献中出现的对数放大器都只限于正输入。

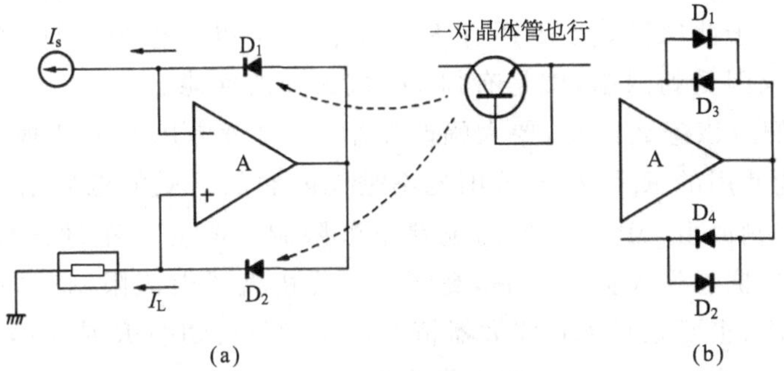

图 6.13 宽范围电流转换器

此外，往往会碰到这样的情况，即来自传感器的信号极性不对，而加入前置放大器后，其动态范围就不足，而又不能在那里安装距离转换开关。

图 6.13(a)的电路是负电流信号 I_s 变换为正电流输出(功率)I_t，能使用的动态范围取决于 D_1 和 D_2 的匹配程度，在这里具有特征的是 OP 放大器的输出中产生近似于 I_s 的对数电压，而 D_1 内的漏电流及内部电阻等则包含了将在第 11 章中讲述的所有误差。只要其误差在 D_2 处也同样产生，则相互抵消，不出现在输出电流 I_2 中。因此即使使用同等特性的二极管，也比使用对数放大器

处理的信号范围广。根据精度和范围的要求，可在 D_1 与 D_2 处采用相应的一对二极管和晶体管或者附加使其保持恒温的电路等。若输入极性为正，则只将图 6.13(a)的二极管反相就可以。图 6.13(b)例举的是对双极性的输入信号 I_s 进行响应的例子。

6.3 应用方面的技术

6.3.1 增益的调节

想调节作为反相放大器使用的 OP 放大器的增益 A_{NF} 时，怎么做才好呢？答案是只要改变 R_s 或 R_f 就行。这看起来似乎非常简单，但实际做起来却有格外麻烦的问题。

首先是想大幅度切换时，若 R_s 为 100Ω 固定电阻，R_f 为 10MΩ 的可变电阻，转动几下旋钮，A_{NF} 就能随心所欲地得到从零至 10 万倍的任意值。但这种方法却不实用。假如可变电阻能调节至 100Ω，对于 100Ω，如果要求 1% 的稳定性，则其值为 1Ω。如果你已知道 10MΩ 的可变电阻为 1Ω，也就是能稳定地设定到1/10 000 000的方法，你就可以立即放下此书，开个元件商店，一定会大获成功。由于此原因，把 R_s 还有 R_f 全都作为了可变电阻设计，在实际应用中不是使用范围受到限制，就是有损 OP 放大器的性能。

那么我们应该怎么办呢，要大幅改变增益，可考虑用开关切换 R_s 或者 R_f。即便如此，能使用的 R_s 和 R_f 的范围也不是无限制的。R_s 的低侧值可由信号源电阻限制，高侧值由 OP 放大器的偏置电流限制。R_f 也一样，低侧值由 OP 放大器的输出阻抗与最大振幅限制，高侧值同样由偏置电流限制。即使这样，如使用这一方法，也要根据 OP 放大器情况而定。只要切换 R_s 或 R_f 某一单方，就可以在 3 位～6 位或以上的范围内发生变化。

据笔者的经验，有过这样的情况，得到 1V 输出，对所需的输入电流从 0.1pA～1mA 切换 10 位数。这样优秀的动态范围（让 R_f 改变的情况）是反相放大器的最大特征。

6.3.2 增益的微调

对于增益的细微调节，要尽可能地将 R_s 和 R_f 的一部分换成无感应型的可变电阻，然后如图 6.14(a)那样进行加减。由于稳定的可变电阻多为线圈型，而且体积大，在频带宽度大的电路中会带来让人头痛的问题。而使用正相型较为理想，请看下一章的内容。

R_s、R_f不能使用频率特性及电阻值都适合的可变电阻时，图 6.14(b)是调节增益的好方法。VR 降低至最低的状态时，若使 R_1 与 R_2 的电阻值相等，很明显输出是 VR 为最高时的两倍。这种结构的放大倍数为

$$A_{NF}=-\frac{R_f}{R_s}\cdot\frac{R_1+R_2}{R_2} \tag{6.9}$$

环路增益减少，输入偏置电压被扩大。而若事先将其计算进去，如果可变范围能达到 10 倍左右，那么在大多数情况下都能使用。

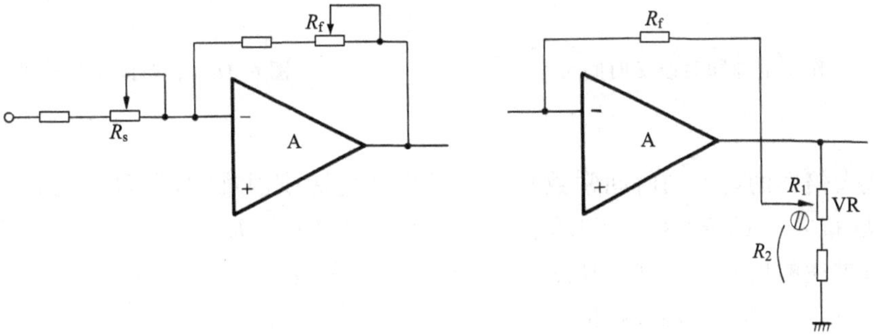

(a) 改变 R_s 或 R_f 的一部分　　(b) 改变NF的分割比率

图 6.14　增益微调方法

6.3.3 与响应速度的关系

如果我们把反相及正相放大器的负反馈电阻加到 R_f，加入并联电容 C，就能够调节响应速度。在电路理论上，采用运算放大器的积分器是一种低通型的有源滤波器。实际上是用于调节放大器的响应速度而不是用作滤波器。如图 6.15 所示用开关切换 R_f 时，这里能得到上限截止的极点 f_p 为：

$$f_p=\frac{1}{2\pi R_f C_f} \tag{6.10}$$

可以利用距离转换开关 S 将时间常数和灵敏度同时切换。

至今为止，笔者也将这种方式应用于将高灵敏度的直流放大器、D/A 转换器和脉冲重复频率表等，效果很好。

在一些用途中，有时想使 C_f 的有效方法连续可变，数百皮法姑且不论，数微法的可变电容或微调电容也没有，而在图 6.16 中可以实现。

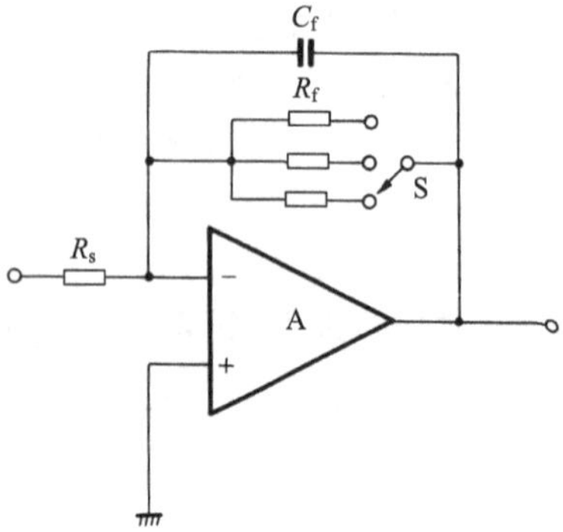

图 6.15 与作用范围同时改变时间常数

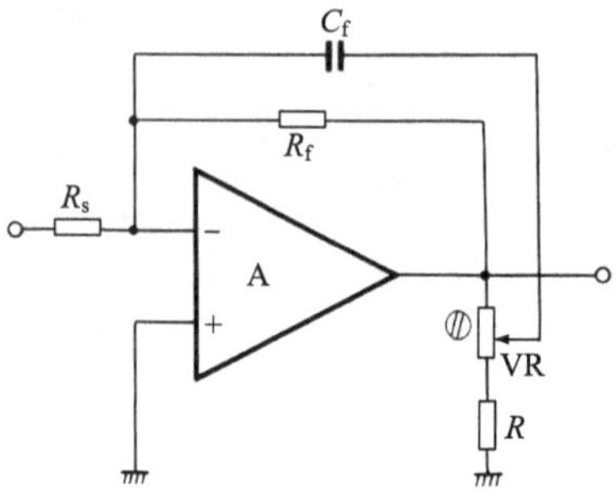

图 6.16 让时间常数连续可变

放大倍数的切换与时间常数相关联发生变化造成困难时，采取与之相反的方法，并联接入 C_f 的 R_f 不变，可以使用 R_s，或图 6.14(b)的 R_1 与 R_2 的比率，或者是下一章所讲述的增益控制器。切换 R_f 时，按图 6.7 那样给每个 R_f 分别接一个 C_f，也可以在每个作用范围调节响应。

6.4 功率增强器的研究

6.4.1 简单的缓冲器

OP 放大器的输出功率不足时，最简单的解决方法是如图 6.17 所示在其输出处加入晶体管的发射极跟随器。像恒压源那样负载为单极性时，只要这样做就足够用了。

另外，像 FET OP 放大器那样，OP 放大器的温度上升对其偏移电流有很大影响的元件中，负载电流控制在 100μA 的程度，实际的负载让图中的 Tr 来负担。这样的话，与 10mA 流入到 OP 放大器中的情况相比，能够保持 40℃，偏置电流大概可以使用 1/16。

在负载为双极性的情况下，稍微有些麻烦的问题。即使如图 6.18 所示连接也可以在低频使用，但是如若信号频率稍微变高，Tr_1 与 Tr_2 就都变为 off，OP 放大器的输出振幅，就不能够忽视 1.4V 的不灵敏区。

一种解决方法是使用非常高速的 OP 放大器，或使用外接相位补偿的 OP 放大器，如图中 C_c 那样连接相位补偿，只要相位补偿通过不灵敏区时就断开。这是与理想的二极管共通的技术。将在后面的第 11 章中详细讲解。

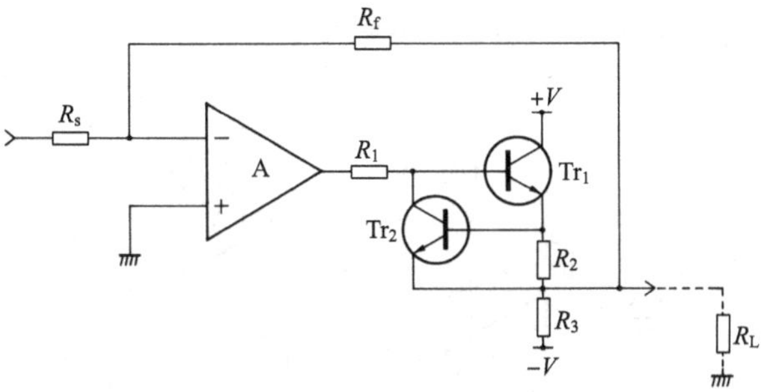

图 6.17　单极性的功率增强器

另一种方法是如图 6.19 所示。在此，由 OP 放大器直接提供使两个输出晶体管为 off 的不灵敏区的电流，填上缝隙。若 OP 放大器的输出电流为 10mA，驱动为大约 140mA，则用这样的方法可以填埋±0.7V 的不灵敏区。

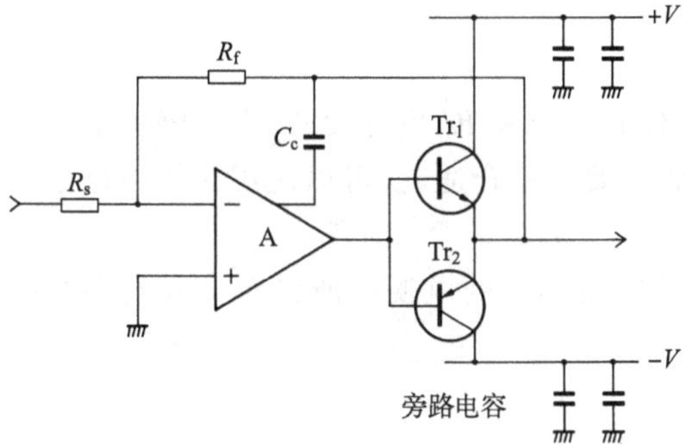

图 6.18　转换相位补偿的增强器

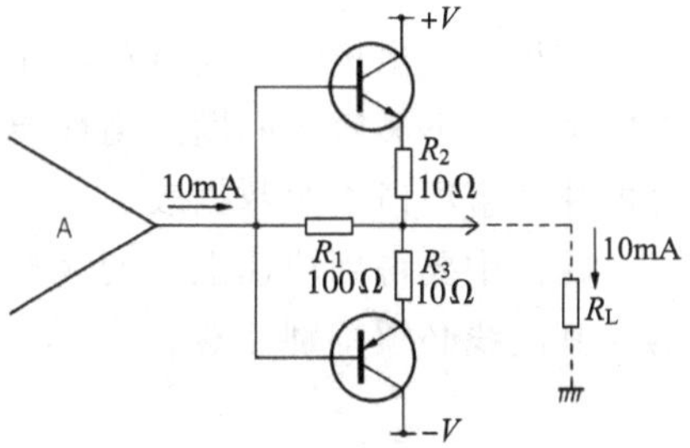

图 6.19　利用 OP 放大器输出填埋不灵敏区的增强器

6.4.2　使用自举的增强器

图 6.20 所示为改善转换速率，增加输出功率的另一种方式。在这里，不是从 OP 放大器的输出端口、而是从电源端口取出到功率晶体管的输出，从而解决晶体管的偏置问题。而且，输出级的电压振幅甚至可以说在电源电压到处都是这样大的范围获取，这也是这一结构的特征。图中 OP 放大器使用的是 741，但并不仅限于此。把 OP 放大器的负载电阻减小为最低的 47Ω，这时利用流过的电源电流驱动输出的晶体管。由于 OP 放大器的电源线是输出端口，不要在这里将旁路电容插入到其外侧的电源线上。这样的话对于输出短路及超负载而言较弱，晶体管立

即损坏，最好在发射极插入适当的电流限制电路。

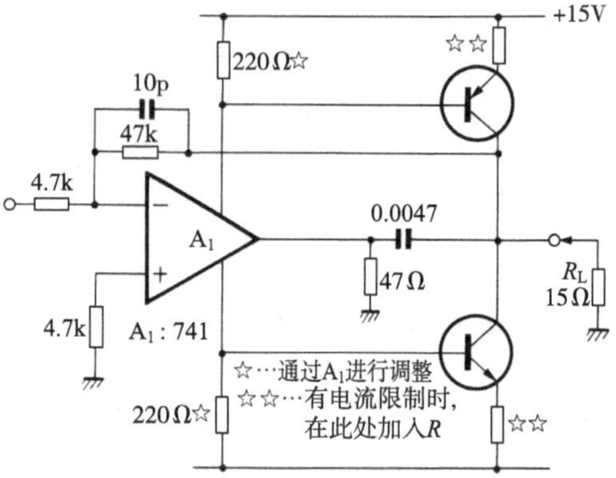

图 6.20 由电源线进行驱动的功率增强器[6]

6.4.3 使用专用缓冲器

市场上也出售缓冲器专用的元件。便宜的单片 IC 也有卖的，也有解决了输出级的偏置及不灵敏区问题的高性能产品，只要价格合适，就可以使用。使用每个零件的注意事项请参照数据表。

输出中要得到快速上升的大振幅，就需要相应的电源。所以对电源的旁路电容及其配线必须特别注意。

第 7 章　作为正相放大器的应用

7.1　简单的正相放大器

7.1.1　正相放大器的特征

OP 放大器作为正向放大器使用的时候，有以下特征：

① 可以获得与输入相同极性的输出；

② 能获得高输入阻抗；

③ 正相输出可用于自举；

④ 反相侧的输入端口可用于其他目的。

相反，由于只作为电压输入放入信号，所以也有缺点，如：输入的动态范围狭窄，特别是增益为 1 的电压跟随器，在转换速率这一点上条件最差。

以后各章中有大量应用正相放大器及电压跟随器的实例，在本章中只讲基本的实例与问题。

7.1.2　现实的正相放大器

使用 OP 放大器制作的正相放大器有怎样的性质，图 7.1 举出一个实例。若 OP 放大器使用 μA741，LM101A/301A 等输入电阻为 2MΩ、放大倍数为 5 万倍以上的，特性大多相似。表 7.1 是 741 的情况，表的数值以带宽 f_B 为主，都是没有考

表 7.1　741 的特性

A_{NF}/倍	R_s/Ω	R_f/Ω	$A_{NF} \cdot V_{os}$ /V	$R_f \cdot I_{os}$ /V	ΔV_o/V	f_B /Hz	R_{in}/Ω	REM
1	∞	0	3m	0m	3m	1M	400M	
10	1k	9k	30m	3m	33m	100k	400M	
100	100	9.9k	300/30m	3m	303/33m	10k	280M	/0 adj
1 000	100	100k	6/0.6	30m	6.3/0.9	1k	80M	/0 adj

虑转换速率的小振幅的值。

正相放大器阻抗高的特征出现在 R_{in} 一栏中。在上一章中讲的反相放大器的情况下,出现了由于信号源阻抗的影响,得不到预计放大倍数的情况,而正相放大器如图7.1所示,放大器的输入,即信号源串联加入 R_g,即使发生大幅度的变化,对放大倍数基本上不产生影响,这也是一个很显著的特征。其理由正如图7.1所示的那样,正相放大器中 R_g 与放大倍数本身无关系,只是与 R_{in} 一起作为输入信号的分压器工作,而且由于 R_{in} 相当大,大多数的情况下可以无视 R_g 的影响。要定量地计算 R_{in},设OP放大器的净放大倍数为 A,如图7.2所示给出第一级各部分的参数,输入电阻 R_{in} 为:

$$R_{in}=(R_i \cdot A_L)//R_b \tag{7.1}$$

其中,$A_L = A/(1+R_f/R_s)$,$R_b = 2\,h_{ie} \cdot R_E$。

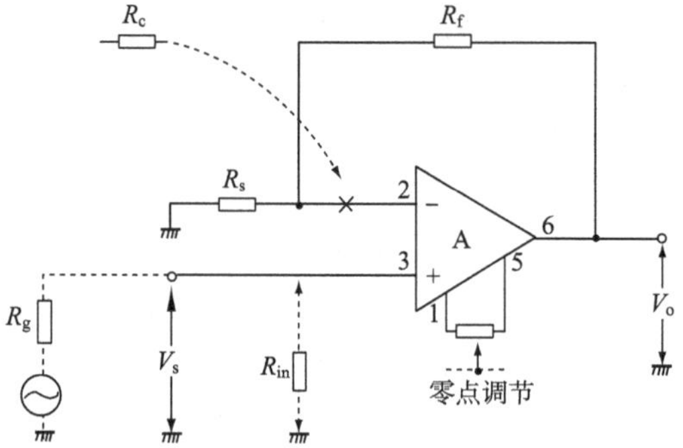

图7.1　正相放大器的基本型

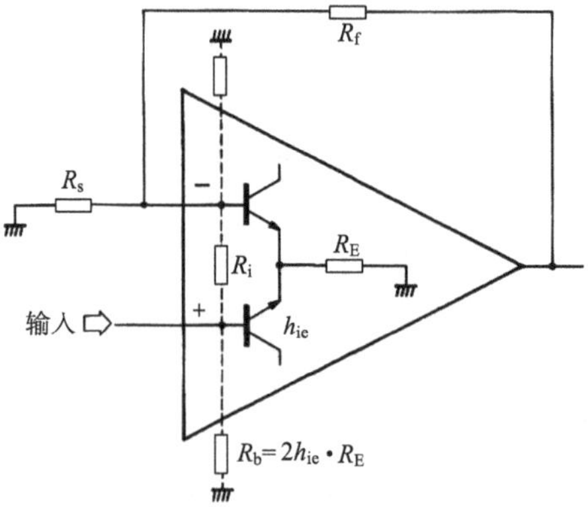

图7.2　正相放大器的输入电阻

也就是说，输入电阻为 R_b 和放大环路增益 A_L 倍后的 R_i 并联的值，不过，在实际的 OP 放大器中，数据表中不列出 R_b 和 R_i 的情况很多，计算是非常困难的。制作电路时，在放大倍数和理论相保持一致这一点，比起前一章已讲述过的反相放大器，这个正相型的容易制作。由于 R_{in} 非常大，R_g 的影响几乎为零，只要明确 R_s 与 R_f 的精度，那么首先理应能达到计算数。

可是在现实中，正相型不能像设想那样工作的例子并不少见。图 7.3 就是一例，请注意作为正相放大器使用的 OP 放大器的反相输入端口Ⓟ。在反相放大器的情况下，Ⓟ点相对正相输入端口是虚拟短路。由于正相输入端口大多接地，且有固定的电位，所以反相输入端口与这些电位处于虚拟短路的关系。因此，那里无论连接什么，只要不是极低的电阻就没有太大的影响，这种感觉也容易带到正相放大器中。但是，正相放大器就完全不同了。诚然，反相输入端口工作时，正相输入端口处仍然为虚拟短路，但是其正相输入端口是根据输入信号进行工作的。

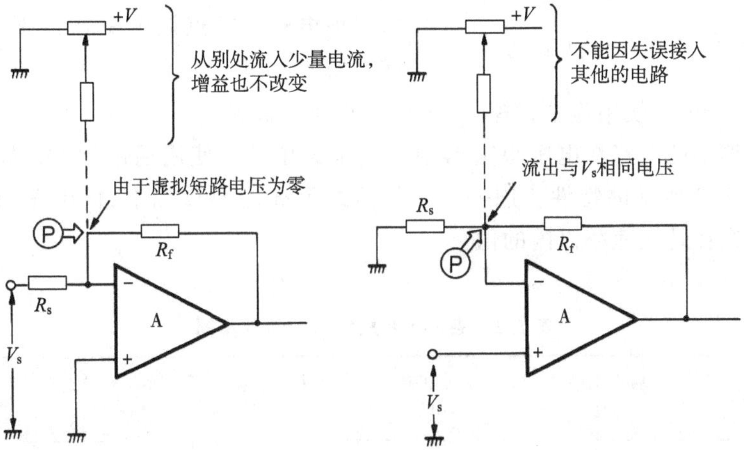

（a）反相的情况　　（b）正相的情况

图 7.3　正向端口的性质

在图 7.3(a)中，反相放大器的反相输入端口在所有阻抗为零、且接地的状态下工作。因此，即使电流从外部流入到这部分中，或者接入电阻等，也只是环路增益被吞掉，OP 放大器在负反馈状态下的放大倍数 A_{NF} 不受大的影响。

可是，正相放大器的情况是在反相输入端口与接地之间产生与输入相同的电压。而且 R_s 连接在端口和接地之间。例如零点调节或者是与其他的信号进行混合等目的，在反相输入端口处连接什么的话，与其电路接地之间的等效电阻全都和 R_s 并联。其结果是放大倍数改变，较常见的例子中呈现出一些症状，如由于连接零点调节或需要进行加法运算的信号的问题而造成零点移动，进行加法运算的信号源的阻抗一旦发生变化，增益就改变，等等。正相放大器的反相输入端口尽量不要连接 R_s 和 R_f 以外的元件，一定要记住这一性质。

7.1.3 电压跟随器

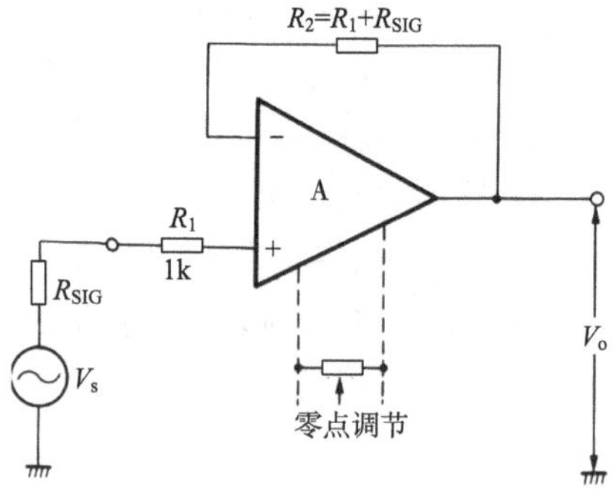

图 7.4 最简单的电压跟随器

正相放大器中，当 $A_{NF}=1$ 时，特称为电压跟随器(voltage follower)。图7.4所示为使用通用 OP 放大器的典型的电压跟随器。有的 OP 放大器在用作电压跟随器时要外接特别的相位补偿、电阻等，所以要看产品的数据表。

R_1 是在有输入电压状态下，输出发生短路时，防止超大电流流入内嵌的箝位二极管的保护电阻。零点调节是在特别需要的时候安装的，没有电压放大倍数的电压跟随器的话，大部分可在使用途中省掉，也不会受到什么影响。

这里例举的电路在电压跟随器中也是很简单的。使用通用的 OP 放大器，可以得到表 7.2 所示的特性。这一性能是负载阻抗在 1kΩ 以上、输出振幅小、且其振幅与上升在转换速率以内的值。

表 7.2 各种 OP 放大器的特性不同

型号名	输入电阻 /Ω	输入电容 /pF	输出电阻 /Ω	小信号带宽 /MHz	转换速率
741	400M	1	1	1	0.5V/μs
LF356	10^{12}Ω	1	1	5	12V/μs
LM310	10^{10}Ω	1.5	2.5	20	30V/μs
LM6361	300k	1.5	—	50	300V/μs

电压跟随器只要使用 741 等内嵌相位补偿的 OP 放大器，若不将插口连接错，应能很好的工作，同晶体管中的射极跟随器一样，使用起来很方便。而且输入与输出的关系，偏置以外的误差可达 0.01%以下，对交流就不用说了，对直流也是非常“忠实”的。那么，不管制作能力如何，做出的电压跟随器都一样吗？并不是这样。OP 放大器的使用方法，特别是要让其不振荡、快速利落的响应，电压跟随器即 $A_{NF}=1$的正相放大器是个很难控制的对象。

在 OP 放大器的使用方法中，电压跟随器处于最容易引起振荡的状态。因此，内嵌于普通 OP 放大器中的标准相位补偿常数，都以作为电压跟随器使用之际不发生振荡为目标来决定。

外接相位补偿电容的 OP 放大器也是同样的理由，所以在电压跟随器的情况下，比起使用放大倍数的方法，更需要大相位补偿电容。关于相位补偿的详细内容，请参照本书第 3、4 章。

电压跟随器的零点调节也呈现出特异的性质。信号源只要不串联的增多电压，来自外部电路的零点调节就不起作用。因此，如果有必要的话，或者如图中虚线那样使用 OP 放大器指定的零点调节电路，或者使用图 2.21(b)所示电路。

7.1.4 快速的电压跟随器

只要给电压跟随器加入小振幅的信号，不会发生太大的问题。但是这一电路常常用于大振幅下驱动的目的。如果不行，电压跟随器似乎就失去存在的价值了。在这样的用途中，电压跟随器响应速度，与其说在于小信号的带宽，还不如说取决于大振幅时如何快速地上升，也就是说，转换速率快是重要条件。

一般的 OP 放大器在作为电压跟随器使用时，相位补偿电容必须更大。这意味着要在上升最慢、转换速率最小的状态下使用。相位补偿内嵌型 OP 放大器转换速率小的理由，是因为内嵌了在此条件不发生振荡的大相位补偿用常数(这在前面已讲述过)。大振幅、快速上升至 $A_{NF}=1$ 的重反馈，要同时满足这些条件，对现有的通用 OP 放大器放大倍数大多数达 1 000 倍的单片型而言，还是个难题。

对策之一是对大振幅快速上升所必需的级的整体构造下功夫，以变成反相放大。如果能具有反相放大水平的增益，就变得非常有利。

对策之二是使用晶体管的射极跟随器和 FET 源极跟随器。从转换速率大、能得到大振幅而且不用担心振荡这一点来比较的话，晶体管的射极跟随器和 FET 的源极跟随器具有 OP 放大器电压跟随器没有的优点。但是，晶体管有一个大的缺点：直流偏置约有 0.7V，温度系数为 −2.5mV/℃，而且跟踪误差也远远赶不上 OP 放大器。如果是 FET 对，也有偏置特性好的一面。但元件的选择非常不容易。

对策之三是使用电压跟随器专用的 OP 放大器，但这种产品只限于一部分的厂家，且种类也不是很多。例如 LM302，310 等，由于定额是输入电流 1～3nA，转换速率 10～30V/μs，所以可以获得与大多数反相放大器相匹敌的结果。6361 的价格并不怎么贵，也能达到 300V/μs。若将被称为通用 OP 放大器的 741 及 LM301A 用作电压跟随器，所得到的转换速率为 0.5V/μs 程度，其差距很明显。

7.1.5 技巧性的手段

除了上述三种传统的对策外，如果说还有什么技巧的话，那就是给快速但偏置电压及其温度系数都稍大的缓冲器以及射极跟随器接上自动零点调节或在快速OP放大器的相位补偿方面下功夫。

1. 使用自动零点调节

图7.5中列举了前者的例子，A_1使用转换速率在200V/μs以上的快速电压跟随器，而且容纳在精密OP放大器级的偏置及漂移中，其原理已在第2章中讲述过。

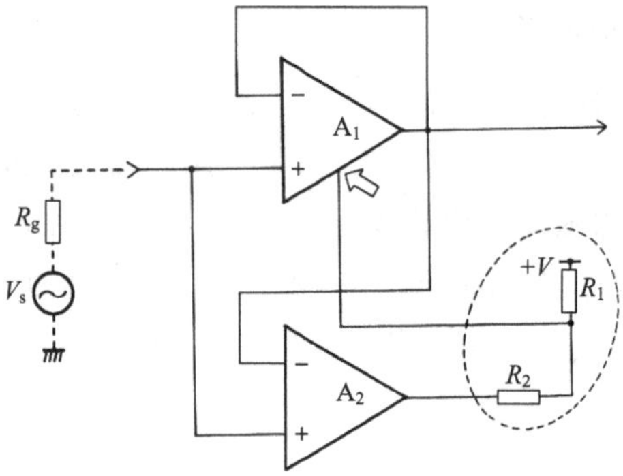

图7.5 快速直流特性好的电压跟随器

实际应用时有两个要点。图中在A_1的下方用箭头标出的是零点调节的端口。也有没有这个的缓冲器、电压跟随器，但难以用于这个目的。所以选择LM6361(NSC)和BUF-03(PMI)那样的带有零点调节端口的产品。

从数据表中查一查A_1处选定元件的零点调节电路常数，以及外接电路中电流的大小。根据数据表的等效电路还难以计算时，可以通过离散偏差制作、测试带有标准的零点调节电路。知道其大概的数值后，就可以求出给其提供相应电流的R_1与R_2的值。

功率增强器

要增加OP放大器的输出电流，下了很多功夫，如用晶体管制作缓冲器，用CMOS数字IC代替等。当然专用的缓冲器是用混合IC制成的优质品，但是价格贵。让我们来看一看制作了只有功率放大级为单片IC的低价格产品。图A中列举了一例，这一构造还包括了对电流与温度的保护功能。这一电路中，SR=800V/μs、输出电流最高±300mA，可以说对普通的用途已经足够。

A_2可以慢，所以要选择偏置电压小、偏流小的元件。譬如 OP-07 和其微功率版等就适合。因为图 7.5 构成的目标性能不是靠一个元件就能达到的，所以这里使用了 709C 等。

如果这样就说具备 A_1的速度与 A2 的直流特性的电压跟随器完成了，是夸大其词。实际上还存在一个重要的问题，就是 A_1的偏流。

假定信号源电阻 R_g，由 A_1的偏流 I_b只产生 $R_g \cdot I_b$的偏置电压。当然，此处还要加上 A_2的偏流。与高速的 A_1相比，其大小不成问题。A_2对输出与输入的电压进行比较、控制 A_1的零点调节，使二者趋于相等。其基准不能在输入端口之前就得到。由于基准在 R_g之后才得到，所以不能消除 $R_g \cdot I_b$的误差。例如比较一下 A_1使用 6361 和 BUF-03 的情况，由于 BUF-03 的偏流少，即使 A_2使用同样的 OP-07，$R_g \cdot I_b$也会变小。由此，准确地说，这一电路成为具备 A_1的速度和偏流以及 A_2的偏置电压的电压跟随器。

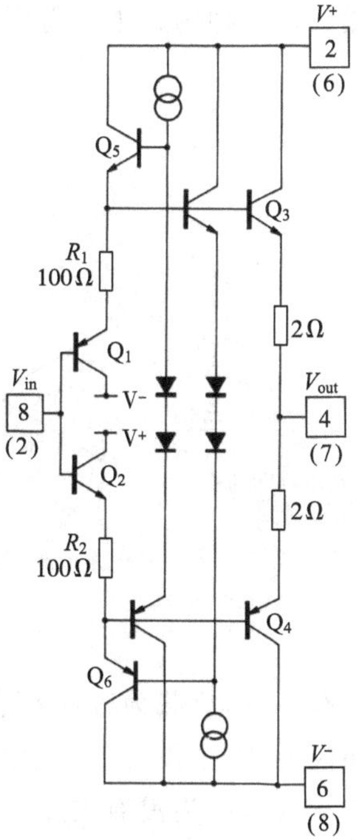

图 A LM6321 的内部构成[7]
（括号中的号码为 8 引脚 NDIP 产品）

2. 在相位补偿上下功夫

比较简单、有通用性的是只采用相位补偿的方法。图7.6(a)所示为此电路实例。仅这样不发生任何变化。重要的是，A 为选择外接相位补偿的 OP 放大器、还是为 $A_{NF}>10$ 时等限制的没有相位补偿而达到标准特性的 OP 放大器。如图所示将其加上反馈，变成电压跟随器。

你是否认为这样就会发生振荡呢？如果不发生的话，本书第 3 章的内容全部都成为假话。至少会出现不能使用严重自激的状态。

现在我们就从这里入手，有两个方法。其一是两个极点补偿，这只限于外接相位补偿型，满足特别条件的 OP 放大器才能够利用。关于两个极点补偿，第 4 章中专有 1 部分讲述，请参照。另一个方法是在 OP 放大器的输入中用 R R_c、C_c进行相位补偿。其原理及计算常数的 R_s方法已在第 4 章中说明。这里只举应用例子。其作法简要地说，就是在反向、正向输入端口间如图所示那样，只放入电阻和电容。这种方法在想利用完全没有相位补偿端口的 OP 放大器时很有用。例如，本来为了电压跟随器而使用 LM6361(NSC)等，在实际设定 $A_{NF}=1$ 时，却意外地发现明显自激。在这种用途中就需要进一步控制。

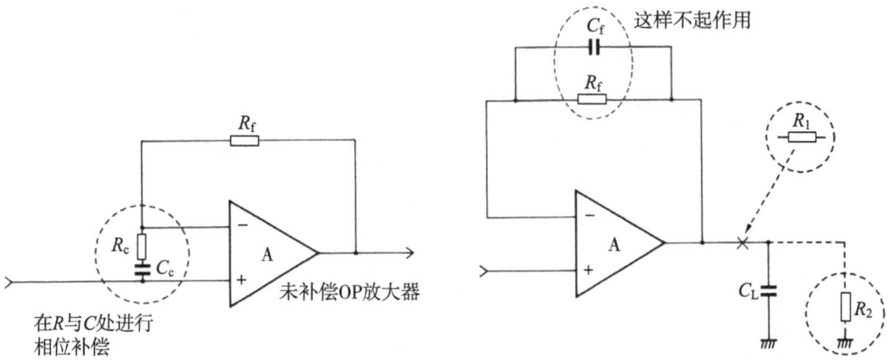

（a）未补偿OP放大器的利用　　（b）负载电容的补偿

图 7.6　正相放大器的实验电路

还有一点，负载为容性的情况下，若电压跟随器出现自激就麻烦了。第 3、4 章中曾建议与 R_f并联入 C_f，但电压跟随器中不存在 R_f。如果勉强像图 7.6(b)所示插入 R_f与 C_f，因为没有 R_s，所以效果理应不明显。

当然，像图中的 R_1、R_2那样，将电阻放入与负载串联或并联处就会有效果。但采用这个办法，要事先确认负载若非容性就不会发生阻尼振荡，然后再使用。在只是 OP 放大器本身发生的情况下没有效果。

7.1.6　同相输入的范围

如果将正相放大器当成与反相放大器一样使用的话，有些特有性质容易发生问题。这些问题是使用正相输入时产生的，所以下一章中将讲到差动放大器也存在同样的问题，这里只概括地讲一讲。

问题是输入电压的范围。在反相放大器的情况下，输入信号从 OP 放大器来看，是与电阻 R_s对面一侧相连接的。进入反相输入端口的不是电压而是电流。反相输入端口的电压与输入信号的大小也没有关系，因虚拟短路始终保持着一定电压。因此，特别适合处理动态范围大的信号。

但是，在正相放大器特别是电压跟随器中，大振幅的输入信号电压直接加到正相输入端口上。只要 OP 放大器在工作，反相输入端口也变成与正相输入端口相同的电压。例如，若加上＋10V 的输入信号，则正相输入端口与反相输入端口两者都会上升到＋10V。这就是同相输入相加的状态。查一下 OP 放大器的规格，同相输入电压(common mode input voltage)的限度为，±10V、电源电压以下。如果在实际应用中不严格遵守这一界限，就会损坏 OP 放大器。最好是限制输入振幅或事先采取下面的保护对策。

保护对策就是加入图 7.4 中所示的 R_1，在信号源为低阻抗或放入了 0.01μF 以上电容的情况下，在切断电源开关的一瞬间，OP 放大器内保护电路的工作就被破坏，有可能毁坏 OP 放大器。这一现象根据 OP 放大器输入层构造的不同、呈现出不同的形态。但在电压跟随器与正相放大器的输入侧，按图 7.4 所示那样预先放入 1～5 kΩ 电阻就安全了。

7.2 自举的技术

正相放大器与电压跟随器的特征之一为可以获得与输入信号相同相位的低阻抗的输出。这一输出可以有多种多样地应用，在这里介绍主要的几点。其一就是自举的方法，利用能取出与输入信号一样振动、且阻抗值低的输出电压，制作具有独特特性的电路。

7.2.1 交流耦合的电压跟随器

请看图 7.7(a)，若要采用交流耦合让电压跟随器工作，有时就要制作这样的电路。为了发挥输入阻抗高的电压跟随器的特性，在正相输入端口处除了输入以外什么也不想连接。可结果却是 OP 放大器不工作。无论如何，必须有像图中 R_c 那样从正相输入端口到接地的电阻。如果用途只是针对低电平信号，要想减小偏置及漂移，则要在反相输入侧也要插入和 R_f 同样值的电阻。

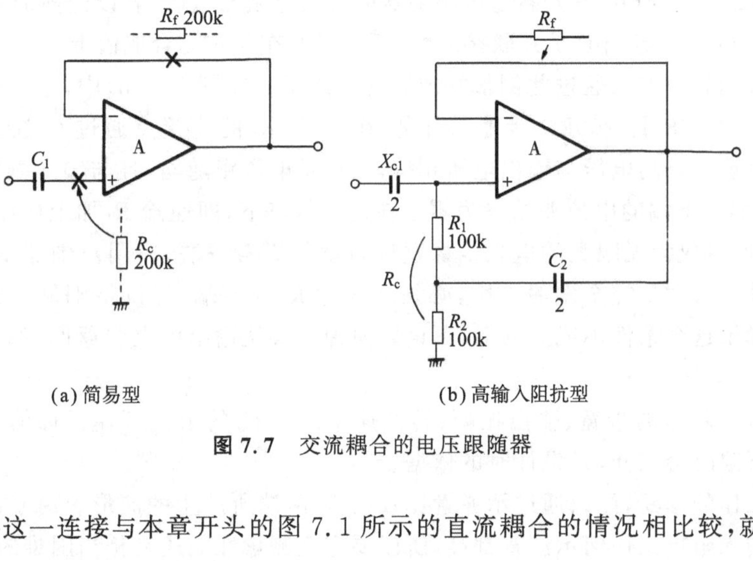

图 7.7 交流耦合的电压跟随器

若将这一连接与本章开头的图 7.1 所示的直流耦合的情况相比较，就能发现很不利的方面。虽然直流耦合时很容易得到 400MΩ 的输入电阻，但在图 7.7(a)中，即使采用最好的 OP 放大器，也要担心漂移，而且 R_c充其量为数兆欧。

在耦合电容 C_1的阻抗变成非常小的频率时，该电路的输入阻抗基本是由 R_c来决定的。可是，由于有前面所述的制约，R_c不可能变得那么大。请看图 7.7(b)将 R_c分成 R_1与 R_2两个电阻，其间的输出电压通过 C_2连接，这就是自举的技法。如果这时 OP 放大器的增益为无限大，而且作为对象的信号频率具有足够的带宽，则该电路的输入阻抗可由下式简单地计算出来。

$$Z_{in}=X_{C1}+R_1+R_2+\frac{R_1R_2}{X_{C2}} \tag{7.2}$$

或 X_{C1}，$X_{C2}\ll R_1$，R_2时，

$$Z_{in}\approx\frac{R_1R_2}{X_{C2}} \tag{7.3}$$

正如由该式可知的那样，自举在频率低的时候效果变差。关于图 7.7(b)，若求对于 100Hz 输入信号的输入阻抗的话，因

$$X_{C1}=X_{C2}=1/2\pi f_{C1}\approx 800\Omega$$

所以代入上面的算式，就可得出大约为 120MΩ。

R_1与 R_2想使用更高值和要减小偏置、漂移时，像图 7.7(a)那样，将与 R_1+R_2相同值的电阻作为 R_f与反相输入端口串联就可以了。若要使 R_1与 R_2变得更大或者想增加 C_2的容量，就可以使输入阻抗在更低频提高。

即使按现在的状态，如 10Hz 时 12MΩ、100Hz 时 120MΩ、1kHz 时 1200MΩ，频率一旦上升，输入阻抗多少也会提高的。但是这只是自举部分是理想情况的事情。现实中，作为 OP 放大器电压跟随器的输入电阻与电容，若以先前的 μA741 为例，由于 400MΩ 与 1pF 是并联接入的，所以停留在与它的合成值上。

自举的思考方法通过此例很好地表现出来了。在图 7.7(b)中，直流的正相输入端口由 R_1+R_2即 200kΩ 接地。可是，在 R_1与 R_2的连接点通过 C_2连接输出电压。如果这一点的电压与输出电压相等，而且是电压跟随器，且与输入电压也相等的话，R_1的上下端的电位差始终为零。在这种状态下，即使给 R_1加上电压，电流也不流动，所以成为无限大的电阻。像这样自举的思考方法，应用范围非常广，记住没有坏处。自举要完全发挥作用，必须在上述 R_1的下端，提供特别靠近其上端的电压。如果这个条件不成立的话，不论以何种形式从输出由电容返回，都不能提高效果。

电压跟随器的带宽、输出振幅、转换速率以及 C_2的阻抗等在目标信号的频率上限与下限时会怎样，是设计时的依据。

对工作的诊断，可以通过示波管比较在 R_1两端所产生的波形。由于该电压跟随器的输入阻抗比任何示波管都高，所以要完全测量性能还是相当困难的。

7.2.2 交流耦合的正相放大器

不仅电压跟随器,用正相放大时也可应用与前项例子相同的方法。图 7.8(a)为输入阻抗约 330kΩ、电压增益约 3 倍的简易型正相放大器。

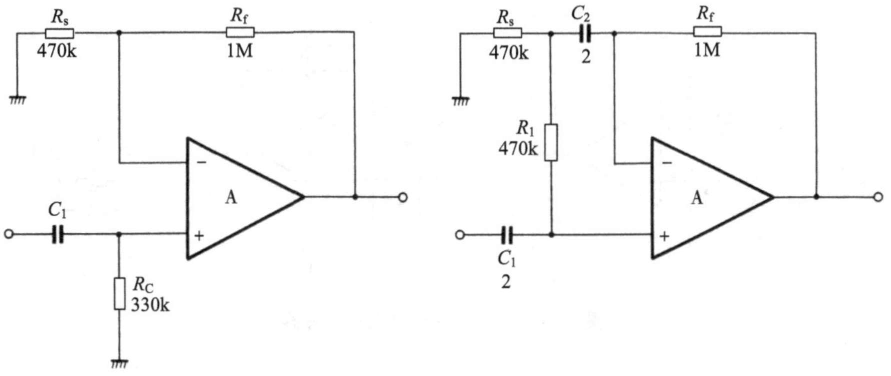

(a) 简易型　　(b) 高输入阻抗型

图 7.8 交流耦合的正相放大器

输出阻抗 330kΩ 的原因,不用说是 R_c的值,所以若利用自举做成图 7.7(b)所示的电路,A 为理想放大器时,输入阻抗在 100Hz 时能达到 250MΩ,这与令式(7.3)、中 $R_s = R_2$的计算相同。

还可以使 C_1、C_2短路,使之成为直流耦合,或者根据直流量分别准备反馈电路。后者的例子请参照第 6 章。

7.3 正相放大器的应用

7.3.1 正相侧的平均值电路

加法器一般使用第 6 章中叙述的反相放大器。反相放大器由于其加法点为虚接地,没有信号间的相互干涉,工作原理也容易明白,所以经常被采用。但是,如图 7.9 所示在正相侧加上信号的方法也有利用价值。如果来自正相侧的输入如图(a)那样只有一个的话,可得到的输出 V_o为:

$$V_o = V_a(R_s + R_f)R_c - V_b(R_f / R_s) \quad (7.4)$$

因此变成从正向输入中减去反相输入的形式。

如图 7.9(b)所示,如果在正相侧加上两个以上的输出,则其合计如图 7.9(c)

所示，可以求出以电阻连接电路的电压：

$$V_a=(V_1/R_1+V_2/R_2+V_3/R_3)/(1/R_1+1/R_2+1/R_3) \quad (7.5)$$

其结果是单纯由电阻得出的平均值，所以与使用反相侧的加法器不同，相互的输入之间互相影响。例如看一下 V_1，根据 V_2、V_3 的大小，即使 V_1 一定，通过 R_1 流入的电流也发生变化。使用反相侧的加法器，不会发生这样的事情。

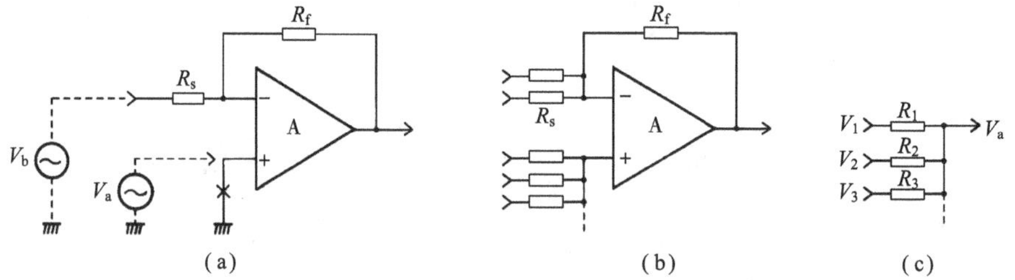

图 7.9 使用了正相侧的加法器

如果直接将图 7.9(c)当作图 7.9(a)的 V_a 连接到 OP 放大器的正相侧，就可得到图 7.9(b)那样的反相、正相双方都可以使用的加法器。在这种情况下，正相输入的工作是图 7.9(c)本身，将其称为平均值电路(与加法器相区别)更为妥当。在其他的文献中，有将其当作加法器使用的，也有当作平均值电路区别对待的。

只要注意使用方法，这一电路具有将作为加法器使用的 OP 放大器变成两个的效果。例如，要增加零点调节的电压时，只要其电压不超过同相电压范围，使用正相侧更有利。可以说与其就此将正相输入接地，不如作为另一个信号输入更好。可是，零点的移动或加法电压超出同相电压范围，例如达到 15V 的时候，若变成恒流信号加入到反相输入，不用将动态范围控制在同相电压范围，就能够利用。即使加到正相处也一样。为了避免振幅过度，必须采取箝位等措施，所以并不像反相侧那么简单。

另外一个实际应用的例子就是对大量的信号进行加法运算。例如有 100 根检验器，要想将全部信号加起来时，如果全集中于一个 OP 放大器的话，即便增益取 1，电路增益也会变成 1/100。如果 10 个 10 个地输入加法器，那么就需要 10 个 OP 放大器。但如果反相侧 10 个输入，正相侧也 10 个输入，电路增益同样下降 1/10 时，只要 5 个 OP 放大器就能够完成。

7.3.2 从动密封

使用较长的密封电缆传送信号时，最好能降低信号源阻抗，但在很多情况下都做不到。可以像图 7.10 那样使用自举，代替订购特制的、容量小的密封电缆。这是密封外侧的编组，由于一般都避开接地的地方而与电压跟随器的输出相连接，所以被称为从动密封。采用 OP 放大器的电压跟随器的输出阻抗(如图 7.1 中所述)可以比 1Ω 小得多，所以密封的效果足够了。而且，由于密封的芯线与密封之间的电容在 OP 放大器的特性所达到的频率中不能忽视，所以不比任何一种特别订购的密封线差。

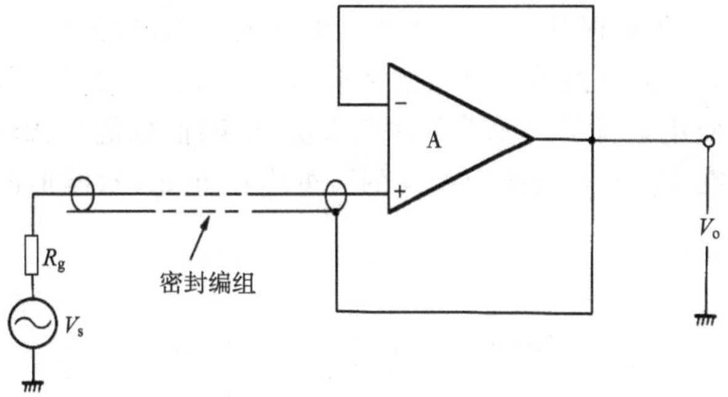

图 7.10 减少密封电容的电路

不可以粗心大意地将密封外侧接地。因此 OP 放大器最好是带输出短路保护或事先外接电路保护。电缆过长、密封的电容大时，用输出大的电压跟随器专用 OP 放大器、缓冲器、射极跟随器或升压器支援。这个办法不仅限于密封，与外部电容耦合困难时，可适当地应用于保护电极之间。

7.3.3 消除输入电容

不能使用从动密封那样的杂散电容，例如像图 7.11 所示，信号通过高电阻 R_g 进入时，会发生因 OP 放大器自身的输入电容及其他的杂散电容 C_s 使信号上升变慢的现象。这像 C_T 那样，加入小容量电容就能简单地进行补偿。如果知道 C_s 的容量，C_T 的值为：

$$C_T=\frac{R_s}{R_f}\cdot C_s \tag{7.6}$$

完全被平衡，C_s 的效果理应被中和。但是如果 C_T 比它大就会振荡，所以 C_T 最好使用温度特性好的 NPO(温度系数接近零级)的陶瓷微调电容等，可以一边观察波形，一边稍加控制地使之吻合。

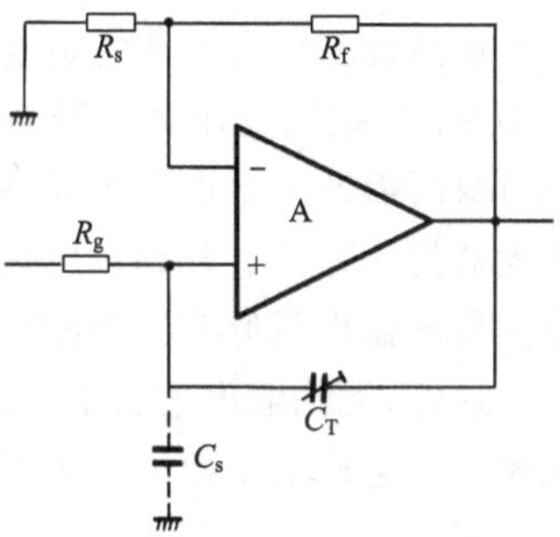

图 7.11 消除输入电容的电路[7]

7.3.4 增益的微调与电压跟随器

宽频和脉冲放大器中常常需要正确、稳定且再现性能良好的放大器的微调，但这种微调也是困难的。

如果是阶梯状的切换，有稳定度很好的固定电阻。但一旦变成可变电阻，碳精粉与金属陶瓷型的稳定性和设定精度就不足，而线圈的多旋转型使其阻抗产生效果，改变放大倍数则上升时间也随之改变。可变电阻的电感部分对输出波形最没影响的使用方法是不要将其放入反馈电路中，而是像图7.12所示用正相放大器或电压跟随器接受使用就行了。如果用这一方法，电阻值也能从比较广的范围中选择较适合的。与在R_1和R_2处使用相同的可变电阻相比，对波形的影响可以小得多。

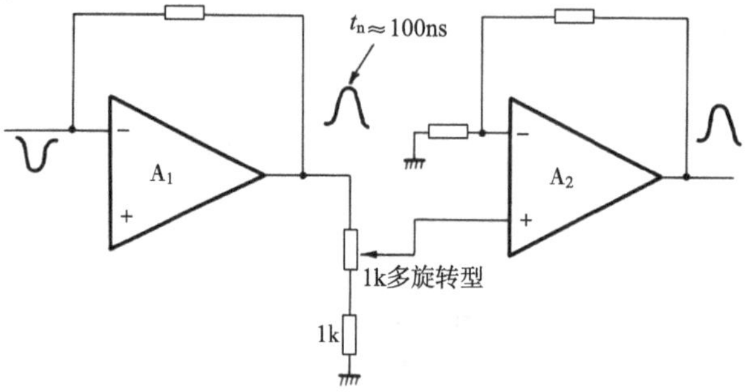

图7.12 脉冲放大器增益的微调

7.3.5 在任何地方都摆动的电压跟随器

虽然说OP放大器的耐电压提高了，但一般也就数十伏。所以要成为输出超过100V振动的电压跟随器的话，还需要下一番功夫。图7.13是OP放大器为达到自身所需的电源电压由自举制作出的例子，如果输出上升，在Tr_3的作用下，OP放大器的$+V$可上升到只比它高D_{Z1}的齐纳电压V_{Z1}的电压，$-V$可上升到比OP放大器的输出只低V_{Z2}的电压。

这样，无论输出怎么上下变化，只要电源电压与自举的效果持续存在，加到OP放大器的电源电压始终约为$V_{Z1}+V_{Z2}$。

图中所示为用Tr_1、Tr_2制作的简单升压器。由于没有考虑到OP放大器的输出，如果就这样原封不动的话，无论什么OP放大器都可振动200V，只要负载超过一点就会立刻被损坏，所以这个升压器的目的是为了强化输出部分。将升压器部分再凝固些，对偏置部分下些功夫，可随意用作超负载保护。

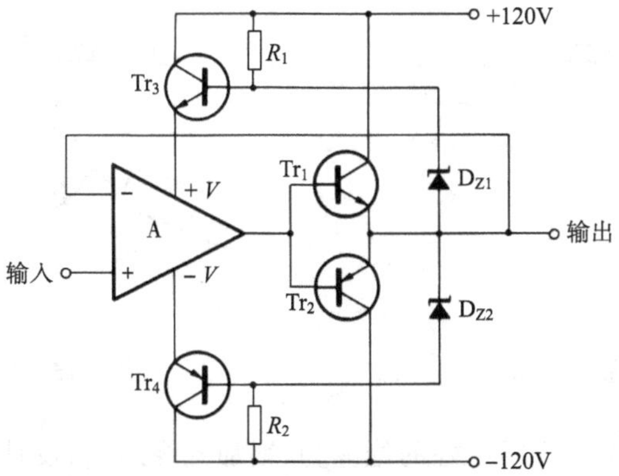

图 7.13 可得到大振幅的电压跟随器

只要 $Tr_1 \sim Tr_4$ 的耐电压允许，那么，不仅限于图中所示范围，即使 500V 和 1 000V也可以摆动，市场上也有以这种方式制造的高耐压 OP 放大器出售。

7.4 保护的方法

7.4.1 放大绝缘

一旦 OP 放大器的性能提高，偏流由 nA 变至极小的 pA，原本不成其为问题的印制基板、连接器、开关等元件的绝缘材料以及从其表面流过的漏电流等就不能忽视了。

看一看图 7.14 这样的印制基板，基板上一定有 OP 放大器的输入端口，至少布有 OP 放大器自身所需的电源线。实际的印制基板，其间有用 R_1表示的漏电阻（或者绝缘电阻）。R_1除绝缘物，即基板材料的体积电阻外，还包括表面上黏附的尘埃、灰土以及吸收的湿气等产生的阻抗。在普通的基板材料和配置中，将 R_1的值保持在 $10^{12}\Omega$ 是相当困难的，当然，用新品制作的其价格更高。但在实际使用状态中，根据使用环境的不同也有差别。有时会有连 $10^{11}\Omega$ 也困难的例子。玻璃环氧基板就可以考虑是这种程度的。

假设 R_1为 $10^{11}\Omega$，根据它假设$+V$ 为 15V，就可计算出 150pA 的漏电流 I_1流入了输入端口。这是比最好的 OP 放大器的偏流还大的值。而且上面的说明中只考虑了$+V$。也有基板上加了其他电压的线或元件。R_1也根据不同的条件（如由于温度及湿度）而发生变化。其结果，较之 OP 放大器的性能，这一部分的封装技术更会造成稳定性的很大差异。

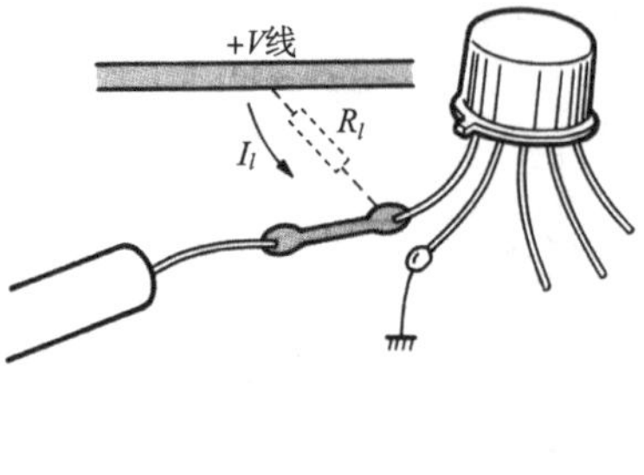

图 7.14 基板上的漏电流

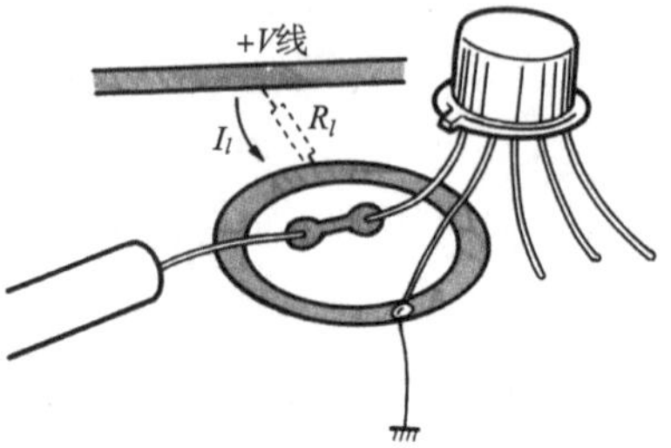

图 7.15 保护的原理

对策之一很明显是使用更好的绝缘物，增加绝缘距离，设计成尘埃、灰土、湿气都进不去的构造。另外一个就是保护的方法(guarding)。请看图 7.15，用模板团团围住 OP 放大器的反相输入端口，将其接地。这样一来，漏电流 I_l完全流入接地方向，而不能进入反相输入端口。这个被围起来的导体环，被称为“保护环(guard ring)”或者“保护电极”。

当然，在输入端口与保护环之间也是由绝缘物构成的。不考虑这之间的电阻状况是一个疏忽。输入端口与保护环之间的电压究竟是多少呢？这里是虚拟短路。也就是说，用 OP 放大器的净增益 A 除 OP 放大器的输出电压。如果详细地说，就是加入偏置电压。

若将 OP 放大器的最大输出设为其电源电压 $+V$ 的话，这之间的电压大约为 $+V/A$，因此，假如保护环与输入端口之间有与刚才相同的漏电阻 R_l时，其间流过的电流为 I_l/A。也就是说一旦使用保护的方法，具有将绝缘电阻放大 A 倍的效果。仅靠这一点，漏电流变成千分之一或者万分之一，而且大部分没有副作用，是不可忽视的安装技术。

7.4.2 实际的保护环

根据上面的理论，最理想的保护环的构造是如图 7.16(a)所示将绝缘物完全分开。但除了特殊的检验器和为此制作元件装置类的情况另当别论外，在基板上这样地加入打通的金属是很麻烦的。

因此，第二种办法是像图 7.16(b)那样扩大保护环的宽度。即使像图 7.16(a)那样完全打通，考虑到积有灰尘时也是一样的。同基板和灰尘的厚度 t 相比，保护环的宽度越大，外部的电流就越难侵入保护内侧。图 7.16(b)为通孔，虽然变成两面基板，这时如能在两面设置 t 以上的环，用普通的基板材料就能获得相当满意的结果。用单面基板时也是相同的道理，试一试，只要安装时 t 允许就加宽。

保护侧的端开接触基板的部分要设计得尽量小。在与基板连接的部分，如图 7.16(c)那样，把聚四氟乙烯制的传输固定器压入基板，也是一种方法。在基板侧面打了一个孔，单纯的只是为了用聚四氟乙烯强化一下绝缘性。但是如果像图中那样，利用通孔制作出保护环，基本上就很容易得到和理论上同样完美的保护效果。这样就能在 0.1～0.01pA 左右的范围内使用了。

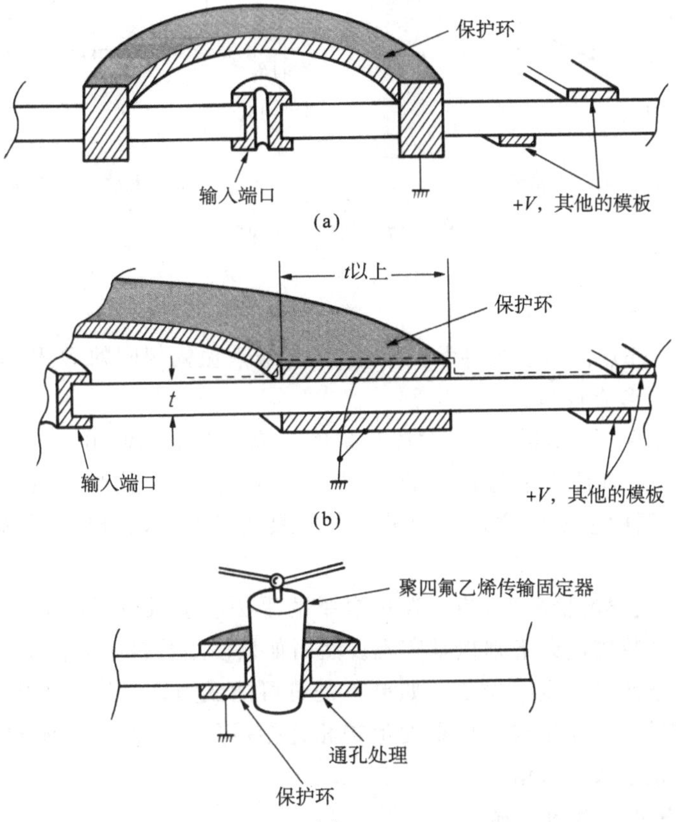

图 7.16 保护电极的制作方法

7.4.3 驱动保护

完成了保护之后，将其接在何处又是一个问题。在处理正相放大器的这一章里采用的保护方法是下面要讲述的内容。

1. 反相放大器的情况

如图 7.17(a)所示接地，本来还考虑到偏置电压打算连接到 R_c 内侧的，但由于这样一来阻抗太高，所以放入 R_c 时就放到图中的位置。保护电极不仅应用于基板上，也应用于切换开关、输入连接器或电缆。全部集中接到同一个地方。

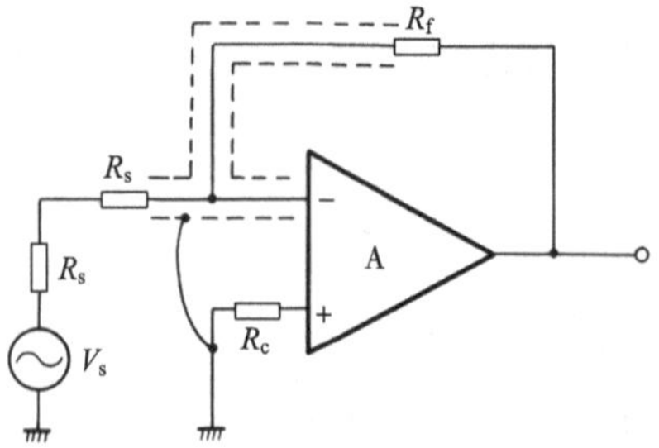

(a) 反相放大器的情况

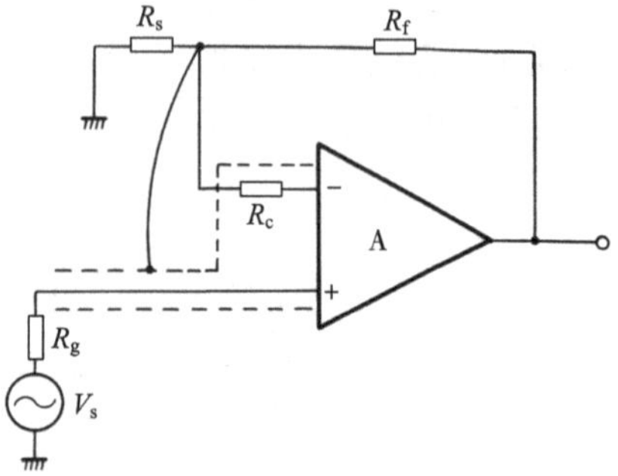

(b) 正相放大器的情况

图 7.17 如何连接保护

2. 正相放大器的情况

如图 7.17(b)所示，不要将保护接地，在与输入振幅相同的 R_s和 R_f的连接点，照图那样连接，形成自举。

为了降低保护的阻抗，完全发挥自举的效果，R_s和 R_f使用 OP 放大器范围允许的最低阻值。而且为了与信号源电阻 R_g配合、消除偏流带来的偏置，使用电阻 R_c时，放入图中表明的位置。如果是电压跟随器的话，这样就可以使 $R_s \to \infty$，$R_f \to 0$。

在正相放大器的情况下，使用保护自举的手法应该减少漏电流。要注意配置及其元件，但在数皮法以下则很难实现。然而如果使用被自举的保护，与漏电流减少同样道理，杂散电容也减少了。如果不是将可能成为这一块输入电容和所有密封类的因素都接地，而是与被自举的保护相连接，那么，与前面所述的从动密封一样，就可以防止杂散电容增加。

3. 驱动保护电路的阻抗

如图 7.17(b)所示，在阻抗比较高的地方连接保护的方法，必须注意由保护电极容量与 R_f所产生的极点。特别是当保护电极大、R_f大时容易发生问题。按图 7.18的思考方法，放入驱动保护的专用 OP 放大器也是方法之一。另外，如果保护的容量并不是很大，从它等价地与图 7.17 (b)的 R_s并联这一点入手，用与 R_f并联的小的 C 有控制地进行补充，可顺利地完成。

当正相放大器与电压跟随器需要高速时，在事实上输入成为决定性的因素。所以有效的方法是让之减少。然而这个方式没有图 7.11 所示那样，具有消除 OP 放大器内部电容的能力。但是，能够稳定实在地工作、没有副作用是它的优点。

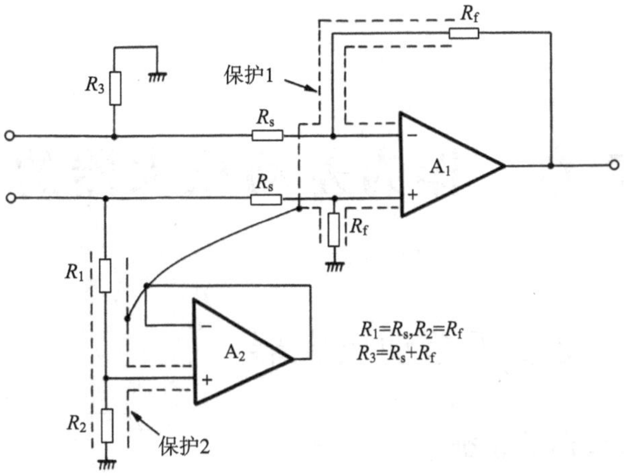

图 7.18 如何连接保护(差动放大器的情况)

4. *差动放大器的情况*

图 7.18 所示是在差动放大器中普遍使用被自举的保护实例。这里,A_2作为驱动保护的专用电压跟随器使用,与图 7.10 的从动密封类似。因为 A_1的反相输入端口是正相输入端口的电压和虚拟短路,所以最好用电压跟随器接受正相输入的电压,将其输出与保护连接。图例中,为了不破坏差动放大器的平衡和防止损坏 CMR,用另外的分压网络 R_1和 R_2得到向 A_2的输入,在相反侧的输入中接入 R_3,取得平衡。

第 8 章 作为差动放大器的应用

8.1 为什么要使用差动放大器

8.1.1 差动放大器的特征

作为差动放大器，使用 OP 放大器的最大目的就在于取两个信号的差值。从外观上看，具有正相、反相两个输入端口的就是差动放大器。在这里，重点并不在于放大，而在于信号的同相成分，即如何准确消除共同包含在两个输入信号双方里的成分。

正如第 1 章所述，差动放大器的着眼点在于所求的共模抑制比(CMR)有多大。由于目的不同，变化较大。以单方面为标准就可以去测量另外一个。根据 CMR 的大小来决定是否可以使用差动放大器时，存在各种各样的标准。因此，根据用途，CMR 的频率特性就成为差动放大器好坏的关键。因正、反相放大而显得重要的 OP 放大器的特性、放大倍数、频率特性以及零点的稳定性等，都要在 CMR 和同相输入允许的范围内。

8.1.2 简单的差动放大器

通过差动放大器使用 OP 放大器的时候，作为以一方输入为基准的简单操作方法的例子，我们在图 8.1 上放了晶体管温度计。在这里，平时让我们感到苦恼的是利用晶体管结的温度系数，作为温度传感器来使用。电路构造如图所示，电流从 R_1 流向 Tr_1，通过 OP 放大器 A 对在 Tr_1 处产生的结的正向电压、电阻 R_2 以及 R_3 分压电路的电压进行比较，放大其结果在输出取出。

从传感器上的信号来看，OP 放大器作为正相放大器在发挥作用。反相输入方面只是代替接地，为了与 Tr_1 进行比较连接到恒定电位。另外，调节测定范围的电流通过 R_4 进行供给。OP 放大器使用的元件一般用 741，301A 等为好，Tr_1 不仅仅限于此处标示的那种，小型的硅平面型晶体管离散偏差少，便于使用。如果是制造正确耐用的话，请在 R_1～R_3 上使用金属膜电阻，－12V 的固定电源使用恒定电压化的。

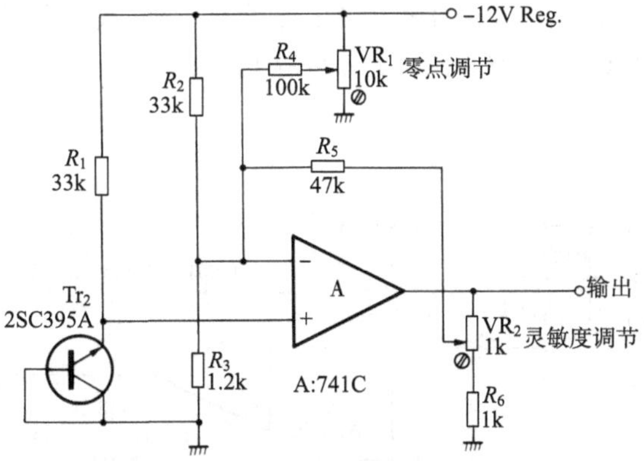

图 8.1 晶体管温度计

全标度的灵敏度在±100℃的条件下为±10V，也就是说如果预先用 VR_2 调节到 100mV/℃，非常方便。如果要使灵敏度提高，则增加 R_5。在电阻为 470kΩ、温度为 10℃以及电压为 10V 左右的条件下，使用它应该毫无问题。

要测定多大程度的温度用 VR_1 来设定。这样的常数可变范围非常大，再现性可能不太好。一旦确定测定的温度，就可以在固定电阻上调换 VR_1 的一部分，或者在 VR_1 上使用螺旋电位计之类的多旋转仪器。

作为 OP 放大器的应用来说，可能有点离题。不过对于这种温度计来说，使用方法也有变化。我们上面讲道，如果传感器的晶体管使用硅平面型晶体管，离散偏差就少。但在现在的电子线路中，这种结到处都有。因此在电路和 IC 中，把某个结直接作为传感器来替代图 8.1 中的 Tr_1，只要条件允许，可以直接测出操作过程中的 IC 晶片、功率晶体管的结温度。如果有必要非常精确，可以预先用这个电路测定此时的电压，直到最后得出相同的电压。在恒温槽中，可以通过外部加热等方法进行校正。

8.1.3 温度差计

差动放大器的应用实例如图 8.2 所示。这是把图 8.1 的电路发展成完全的桥式电路，Tr_1 和 Tr_2 就成为两个温度传感器。在笔者的实验中使用了旧金属壳的小型电力用硅平面型晶体管(2 SC 395A)。如果温度范围和耐久性不成问题，我们甚至可以使用便宜的环氧树脂外壳的晶体管。

这个电路的工作原理如下所述。两个传感器 Tr_1，Tr_2 和电阻 R_1，R_2 构成一种电桥。如果 Tr_1 和 Tr_2 的集电极电流完全相等，因 OP 放大器 A 的输入值为 0，V_o 也就为 0，因此，Tr_2 的基极电压也和 Tr_1 形成相同的接地电位。Tr_1 和 Tr_2 的特性被很好地集中在一起。而且，如果没有结温度差的话，就应该形成这样的状态。相反地，如果设 Tr_2 的温度高，Tr_2 的集电极电流就会增加，就会朝 A 的同相输入值下降的方向工作。在这里，因为 OP 放大器的输出值向负的方向发展，其结果，Tr_2 的基极与 Tr_1 相比就为负。

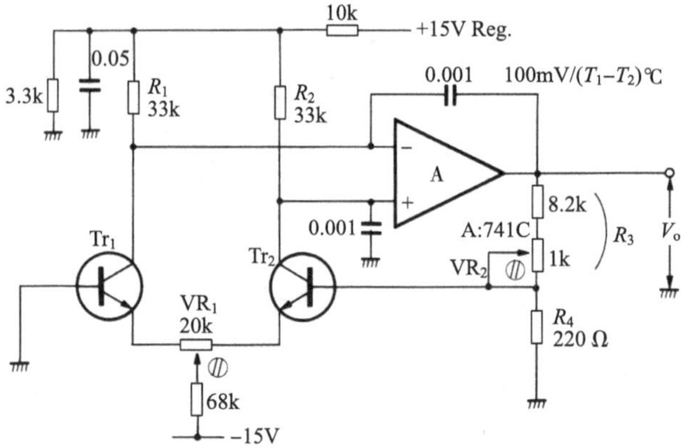

图 8.2　温度差计

OP 放大器的输入平衡取决于 Tr_2 的基极减少多大程度。也就是说，Tr_1 和 Tr_2 的集电极电流是否相等，表示两个结的温度差。这个电路的输出电压 V_o 和温度差的关系可以用下式表示：

$$V_o = (T_1 - T_2) \cdot \frac{R_4 + R_3}{R_4} \cdot V_{TC} \tag{8.1}$$

其中，V_{TC} 为传感器的基极-发射极结的温度系数

与前面的图 8.1 相比，这个电路的特征在于它不仅仅是电桥型，而且它的传感器本身被放入反馈电路中，通常情况下处于均衡状态。OP 放大器 A 在开环增益状态工作，所以其输出值几乎经常为 0。也就是说，Tr_1 和 Tr_2 的集电极电流完全保持均衡状态。因此，它不易受到电源变动的影响。这种方法能够广泛应用于进行直线性测定的情况。所使用的 OP 放大器取决于想测量温度差的大小。不管怎么说，在这个电路里，即使由于操作会引起 0.001℃的温度差，但至少可以对电气部分进行测量。

但是，在实际操作中还要受电气以外的其他条件的影响，比如被测物体的温度分布、测量用探测器接触之际的温度变化及热传导方式等。如果仅用于普通目的，不用说 0.001℃，就是 0.1℃也是非常敏感的。图 8.2 显示的常数就是在上述条件下得出的，其输出电压为 0.1V/℃，也就是 100℃的温度差得到了 10V 的输出电压。

8.2　发挥差动放大器的特性

8.2.1　清除噪声

差动放大器的特征在于除去同相成分的功能。也就是说，对于差动的输入成分有很大的增益。利用同相成分增益小的性质，非常有助于我们区别信号和噪声，进而控制并减少噪声。让我们举个实例加以说明。

图 8.3 是在传送信号过程中预防噪声的例子。如果从 X 地点向 Y 地点传送信号的时候，在两个接地点之间产生了像 V_n 这样的不需要的多余电压，比如由其他机器或者电路电流产生电压。以图 8.3(a)接地为基准收发信号的方式，从 Y 来看，X 的信号输出值 V_s 要加上 V_n。在此过程中，无法区别是哪个信号。

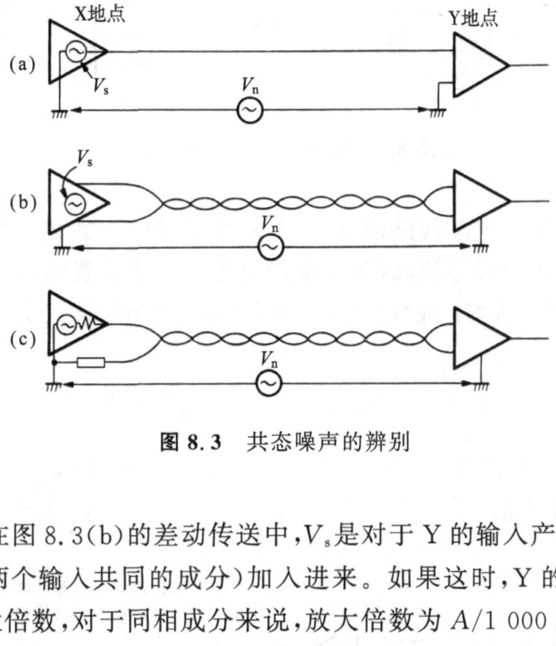

图 8.3　共态噪声的辨别

与此相对，在图 8.3(b)的差动传送中，V_s 是对于 Y 的输入产生的差的成分，V_n 作为同相成分(两个输入共同的成分)加入进来。如果这时，Y 的放大器对于差的成分有 A 个放大倍数，对于同相成分来说，放大倍数为 $A/1\ 000$ 的话，这与以接地方式为基准收发信号的方式相比，噪声 V_n 仅仅只有 1/1 000 的影响。

图中，标示了噪声 V_n 全部发生在 X、Y 和接地之间，但并不限于此。如果等效为同相成分，不管是在两根电缆上感应的噪声，还是 X 点的电源、输出的变化，同样可以减少影响。另外，在图上 X 的输出成为差动输出。但是，如果在中途，仅仅是电缆和 X、Y 点的接地电位差的问题，发出的一方就像图 8.3(c)那样，即使电缆使用同样的阻抗终端(terminate)也能达到目的。

在实际安装过程中最重要的一点，即两根电缆尽量在同一路线进行配线。如果两根电线在线杆的对面和这面通过，混入的噪声就会产生差的成分，即使使用再大 CMR 的差动放大器，也难以将其消除。对于长距离传输电缆，我们使用的是被称为双绞(twisted pair)电缆或三轴电缆(tri-axial cable)。如果重要之处都了解，就不仅限于敏感的模拟信号，普通的配线也可以应用。

图 8.4 是在数字电路的数据传输中应用差动放大器的实例。左边的两个门电路是发送信号的一侧。对于驱动长电缆的部分，有时称为线路激励器。线路激励器的输出正如看到的那样，在相反的方向上设定好一组信号，接收方的线路接收器使用拥有差动的 OP 放大器或者接近于比较放大器特性的专用 IC。$R_1 \sim R_4$ 起到为扩大同相输入范围的衰减器和线路终端电阻的作用。

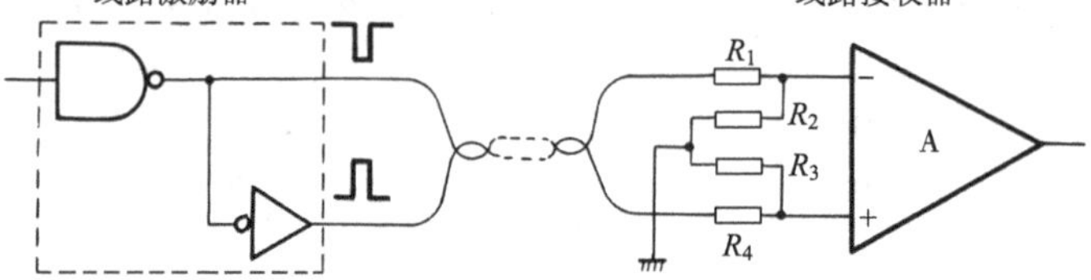

图 8.4 应用于差动数字传送

图 8.5 是完全使用差动线路激励器、差动线路接收器的数字数据总线的例子。各个站点之间由双绞电缆连接，因为电缆激励器在 3 个位置输出，除有源的激励以外，并没有将线路保持在"H"或"L"的水平上，所以可以和许多对象进行信号的收发。

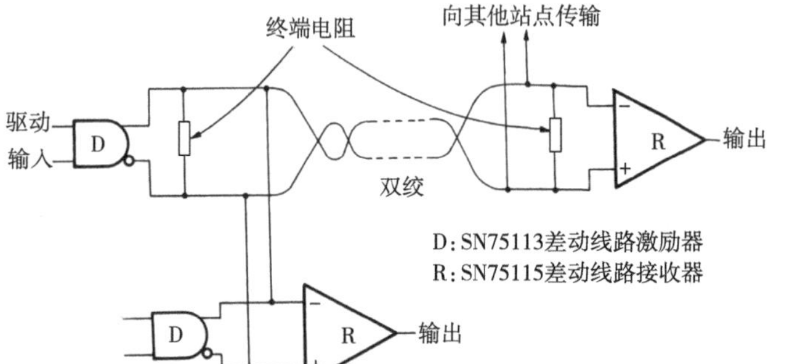

图 8.5 数据总线(合用线)形式的差动数字传输

电路接收器是差动输入型的比较放大器在 IC 内部与 TTL 接口的构造，与传输线连接的输入一侧成为差动 OP 放大器，通过输出 TTL 的逻辑来取出信息。

站点数量在图上有三个，但可以增加更多站点，可以通过差动接收器的 CMR 得到的优质的抗噪声效果，能够以 1Mbit/s 以上的速度进行 1kM 以上的传送。

8.2.2 同相输入的范围

要利用差动放大器的 CMR 去除同相成分的时候，往往还应该预先考虑两个问题。在前面的图 8.3 中，假如 V_n 达到 100V 会怎么样呢？另外，我们还要注意，在长距离的安装过程中，由于如打雷等外界干扰引起的噪声电压 V_n 能达到什么程度？发送方、接收方的接地电位差在什么样的范围内？确认同相成分不要超过放大器允许的输入范围等等都非常重要。

如果 X、Y 有一方不接地，在电源变压器的一次侧通过电容，连接交流电源，所以每次插入电源插头损坏差动放大器的概率为 50%。这是一个容易忽视的实际例子[24]。

同相成分超过差动放大器规定范围时的简单对策如图 8.6 所示，即加入衰减器（attenuator）。如果加入 1/10 的衰减器，OP 放大器的同相输入即使是 $10V_{max}$，甚至到 100V 也没有关系。加入衰减器后，信号当然也会跟着一起衰减。通常情况下 S/N 比较低，所以输出信号的电平要尽可能增大。

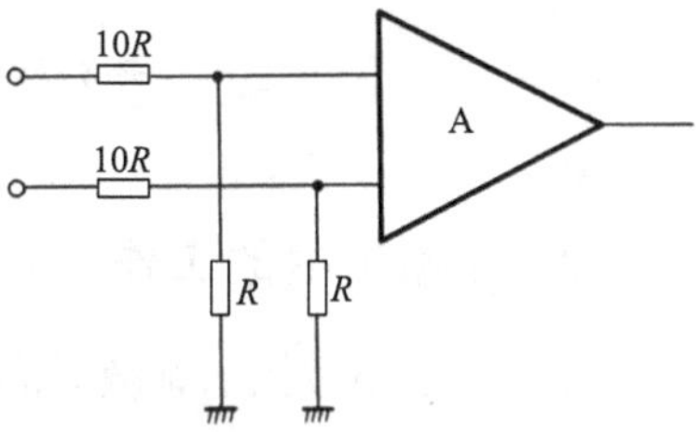

图 8.6 加入衰减器，增大同相输入范围

在有必要取大的同相范围内，图 8.7 的电路有助于此。它的特征是：正相放大器因为在输入端口上增加了电压，所以就会制约它的信号输入的范围，相反，反相放大器输入端口因为经常处于有效短路状态，只要输出振幅许可，在广泛的范围内，可以处理输入信号电压。从此处着眼，我们可以看出，不使用正相输入端口，而只使用反相端口构成差动放大器的正是如图所示的电路。图 8.7 作为一个例子，为了使同相输入的范围达到 120V 还能使用，我们选择了一个常数。

OP 放大器 A_1 是增益为 1/10 的反相放大器。因为随后输出 A_2 再次反相，所以从最终输出来看，输入 V_{s1} 为正相输入。接下来的 OP 放大器 A_2 为反相输入的信号 V_{s2} 和 A_1 输出相加，显示了作为加法器的操作。因此，与各种输入的关系通常可以用下式表示：

$$V_o = R_5 (R_2/R_3 \cdot V_{s1}/R_1 - V_{s2}/R_4) \tag{8.2}$$

若使之作为差动放大器发挥作用，则下面的条件成立。所以如果满足

$$R_1 = R_4 = R_s \quad R_2 = R_3 \tag{8.3}$$

则

$$V_o = R_5/R_s(V_{s1} - V_{s2}) \tag{8.4}$$

这个电路特征明显，在想使用以放大器为主的高级差动放大器的场所，有着广泛的应用。

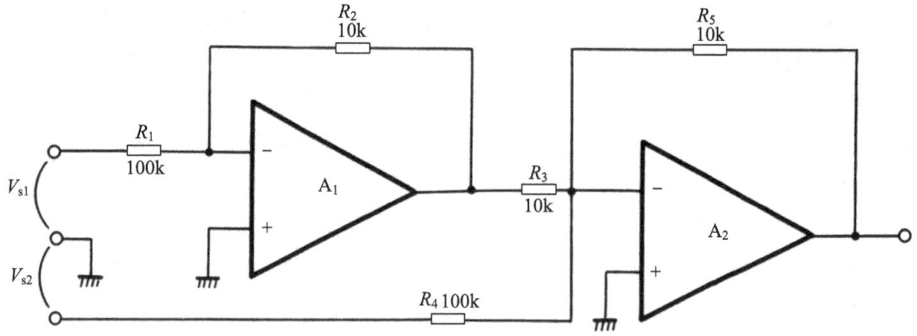

图 8.7　同相输入范围广的差动放大

8.2.3 在噪声中的工作

在图 8.7 中放入的常数，输入电压视为 120V，为了不使 A_1 和 A_2 饱和，我们把其最大输出视为 12V，对于各输入的增益选择为 1/10。所谓取大的同相范围，意味着“通过输入电平来确保 OP 放大器的直线性”。如果此电路是保护电路，只要不被破坏就可以。但是，要想除去同相成分，我们就不能不谈到在噪声中如何正常工作。这个地方与保护电路有很大的差异，OP 放大器，即使没被破坏，只要达到饱和，就不能通过计算公式求出 CMR。因此，作为目的的差动信号成分例如为 1V 左右，同相的噪声成分为 100V 左右的情况，我们要设计 A_1 的输入至少为 100V，以达到不饱和。图 8.7 的电路中，能允许的同相输入范围只取决于 A_1 的部分。在 A_2 的输入，对于来自反相输入端口的信号 V_{s2}，A_1 的输出在抵消它的同时也在增加。因此在此之后，只处理差动的信号成分，在动态范围的方面，就会很轻松。

这个电路还有一个特征，即这个差动放大器的 CMR 取决于式(8.3)示意的电阻值的匹配。只要这个匹配正确，就能得到很好的 CMR。因为 A_1 和 A_2 仅仅作为反相放大器被使用，岂止对 OP 放大器本身没有必要拥有很好的 CMR，就是差动输入型没有 CMR 也没关系。因此，作为差动输入型——难于制作的放大器来讲(例如，通过削波和可变电抗器发挥作用的参量放大器，由进行前馈补偿的元件等制作正相放大器、特性良好的差动放大器时)，良好的 CMR 会很有帮助。作为差动放大器的增益调整，只改变一个 R_5 即可。但一改变 R_5 以外的电阻，就会打破差动的平衡，而只改变 R_5 是没有关系的。还是举前面的例子，噪声成分为 100V，差动信号成分为 1V，若想把信号当作 10V 取出，可以将 R_5 设为 100kΩ。只是在这里获得放大的同时，A_1 的 OP 放大器本身的偏置、噪声在后一阶段也被成倍放大，然后在输出中出现。因此，如果没有必要扩大同相输入的范围，在不使 OP 放大器饱和的范围内，从一开始争取必要的放大度，在 S/N 方面非常有利。也就是说，只要使用同一个 OP 放大器，S/N 与同相输入的范围是违背的关系。

这种方式的缺点就是很难取得高的输入阻抗。尤其是如果要争取到某种程度的放大，作为 R_1 和 R_4 能够使用的电阻值的范围就被限定了。例如，将 R_1 和 R_4 设定为 100kΩ，如果想取 10 倍的放大，R_2 和 R_3 就必须是 1kΩ。关于这一点，我们在第 4 章有过叙述，除非使用非常高级的 OP 放大器或 FET OP 放大器，否则偏置会成问题。但是，关于这一点也有可能，因为随着 OP 放大器的不断进步，使用的范围也在不断地扩展。

另外，如图 8.7 或随后的图 8.14 所示，对于两个输入来说，在非对称的构成中存在着共同的问题。那就是在两个信号的滞后方面出现了差异。因此，频率一增高，就产生相位差使 CMR 低下。如果用图 8.7 来说明的话，在 A_1 方面的滞后，事实上决定了差动放大器的响应速度。这是用两个 OP 放大器构成的放大器的界限。使用两个放大器的方式与使用一个放大器相比，容易把输入阻抗、动态范围取大。但是，在后面所述使用 3 个或 3 个以上的差动放大器就解决了上述问题，可以获得更高的性能。

8.2.4 CMR 和频率的关系

下面的问题是关于 CMR 的频率特性。增大 CMR 的条件是使差动输入的双方输入尽可能处于同样的条件下，这是为了消除同相成分而做的。但是，即使把两个输入放在同一条件下，如果处理的信号为高频率，很少的分布电容、电感就开始发挥作用。另外，放大器本身的特性也是频率越高，一致性就越困难。

1. VMR 的频率特性

作为 OP 放大器的规格，在数据表中所列的 CMR 的值通常是在 100Hz 以下的低频率或者是用直流测定的。因此，对于在目录中所列的 80dB、90dB 这样非常好的 CMR，在工作频率的全域内，其 OP 放大器并非在任何地方都能得到。

已发表的关于 CMR 频率特性的例子并不多。但是，它是差动输入型 OP 放大器重要性质之一。在数据表上高频率下也能使用的 OP 放大器，对其频率下的 CMR 和噪声特性并没有表现。这可能说明这种产品还没有被开发出来。OP 放大器的初期产品都没有噪声等数据，现在的产品大都有明确的规格，这大概是根据用户的要求将 CMR 的数据进行了明文规定。

图 8.8 列举了 LM318 的例子。这个 OP 放大器输入灵敏度高、且带宽和转换速率都大，CMR 的频率特性也被公开发表了。即使这种情况（例如，对于 10MHz 的输入功率），我们看到，CMR 下降到了 20dB 以下。更晚一些规格没有公开发表的 OP 放大器，在高频率下的 CMR 应该比这个数据更低。所以在依靠差动放大器的 CMR 快速去除同相成分噪声等方法中，仅依靠 OP 放大器低频率下的数值就不会顺利进行下去。无论如何，都有必要了解 CMR 的频率特性。

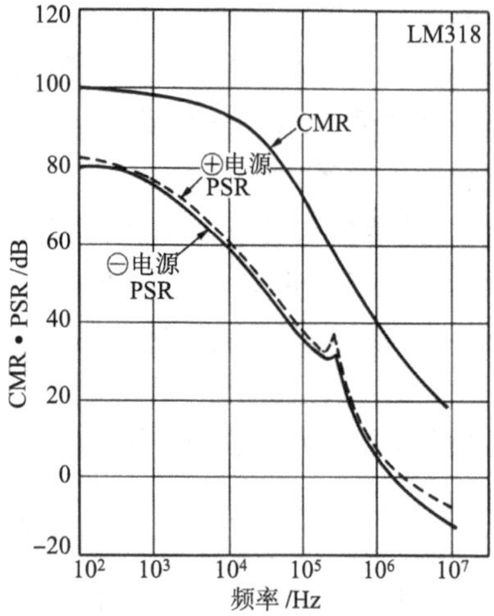

图 8.8　CMR 和电源抑制比[7]

2. 自我测试方法

在快速脉冲信号中使用较多的比较放大器方面，有的对其特性进行了特殊的规定。图 8.9显示的是最古老的比较放大器中的一种——μA710 的产品。正如您看到的那样，同相输入加上脉冲信号并没有在输出中体现。这是作为高压比较放大器、数字电路的线路接收器等在使用过程中不可缺少的特性。出于这个目的，使用快速 OP 放大器的时候，一旦统计好数字要集中购买，就可以向生产厂家提出仿照上述 710 测试 CMR 特性的要求。如果数量少的话，可通过图 8.9 中画出的试验电路自己进行测试，也并不麻烦。这对于选定 OP 放大器很有帮助。

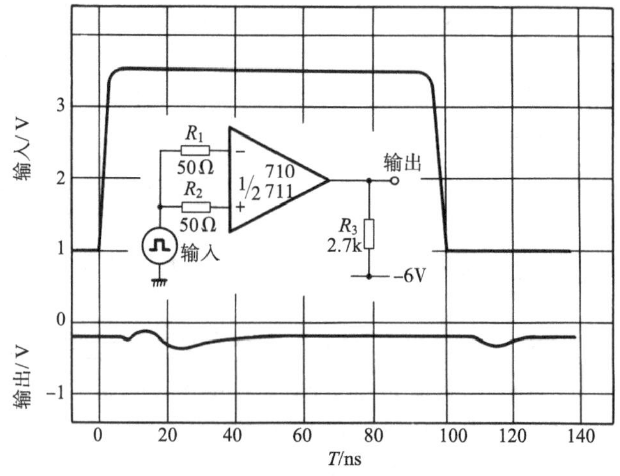

图 8.9　对于脉冲信号的 CMR

作为这些现象的对策之一，当然是使用频率特性良好，即使在高频率下，CMR也很大的OP放大器。更为实用的方法就是像图8.10所示加入 *CR*，在必要的地方切断电路的响应。这样做效果非常好。图8.10(a)就是在图8.7的 A_2 上加入 C_1，抑制高频率下的响应例子。图8.10(b)是A为比较放大器的情况。比较放大器信号一旦超过底线值就开始工作，用电容把输出圆满处理的情况并不妙。因此，用图8.10(a)所示的方法可使比较放大器本身工作滞后，或者如图8.10(b)所示，在信号线上加入利于同相成分的过滤器，可除去快速同相成分。只是，对于这种过滤器，若不能很好地利用它的特性，就会因同相成分而产生差动成分，所以是一把双刃剑。请仔细调查后再使用。

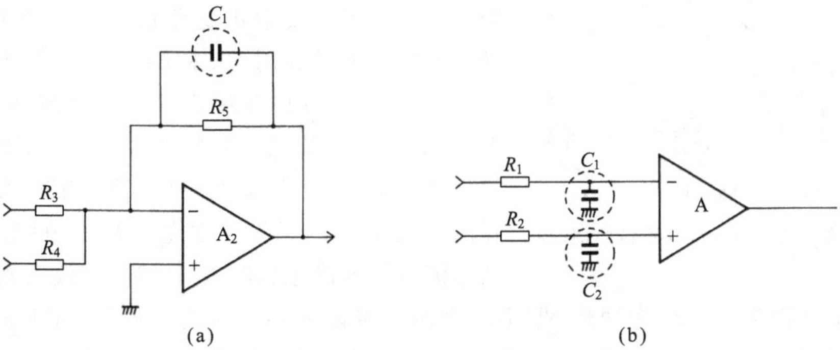

图 8.10 削减CMR低下的部分

总之，这种降低频率输出的方法，对CMR的数字本身并没有特别的改善。但是，实际应用中将不再受到夹杂的噪声影响。作为衰减高频带的方法，并不仅限于上述这一种。另外，还有使用线圈、铁氧体等各种各样的做法。

3. 电源抑制

图8.8中显示了电源抑制(PSR:Power Supple Rejection)的频率特性和CMR的频率特性。PSR排除了电源电压的影响。也就是说，添加在电源上的变动成分，对于输出施加了多大程度的影响这样一个系数，在本质上与CMR有相似的地方。CMR虽说只对输入信号的同相成分进行排除，但已足够。相反，PSR不仅对OP放大器的初级部分，而且对各个部分的电源都会产生影响。因此，不能简单地等同。相比之下，PSR普遍较差。

从数据上进行比较的话，我们也能看出电源抑制与CMR的特性也有相似的倾向。即使关于搭乘OP放大器电源线而来的变动和噪声，在差动放大级上，排除的性质发挥了作用，但在高频率的状态下，却表现出低下的倾向。

8.2.5 不依赖差动放大器的方法

稍稍有一点跑题，在拼命提高差动放大器性能的过程中，却举出不依赖差动放大器的方法。让大脑放松一下，或许能起到意想不到的作用。

为什么使用差动放大器？为什么要提高CMR？想不受电位变动影响，取出搭乘在变动的电位上的信号电压，这些都并不稀奇。因为只有做到了这些才行。所以，即使没有发明出另外了不起的差动放大器，也可以达到目的。

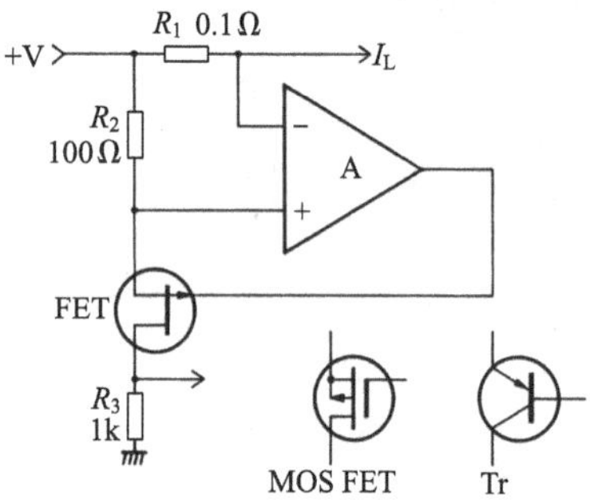

图 8.11 电流-电压转换器

请想像一下图 8.11 是数安培程度的负载电流 I_L在 5～10V 变动的电压线 $+V$ 上流动的情形。为了检测其电流，加入 R_1。R_1两端的电压降为数百毫伏。要取出这些信息一般是考虑差动放大器。如果利用 CMR 的话，即使同相成分在 5～10V 范围内，在相当精确的情况下，才能取出 100mV 的信息。但是，图 8.11 并不那么麻烦。如果把 R_2设定为 100Ω，控制 FET，使其两端的电压降与 R_1相等。这样一来，R_1的 1/1 000 的电流应该准确地流向 R_2。将 OP 放大器 A 的电源标准设为$+V$ 较为理想，但不这么做也可以使用。在这里使用 FET 的场合下，恒流输出的阻抗为理想值 10^{12}Ω。这个结果是即使使用相当高级的差动放大器也难以达到的。

如果想更简单制作，恒流特性要降低一点。也可以使用普通的双极性晶体管来代替 FET。另外，在图中使用的是 P 沟道 FET 和 PNP 晶体管。但如果把 OP 放大器的连接颠倒过来，我们也可以使用 N 沟道 FET 和 NPN 晶体管。这时候，在图的下方，把连接 R_3的地方作为源极或发射极。

在这个电路里，输出的极性都只在一个方向，也可以把 FET 部分安装两组为两级性。关于恒流电路的详细情况，我们将在第 9 章叙述。

图 8.12 是在实际情况中遇到的一个例子。如果去了现场的话，就像图 8.12(a)那样制造一个用于工业用记录计的 0～10mV 的信号，从检测部拉到控制盘。有一定距离，而且测定现场和控制盘之间要有接地电位差。即使测定值为零，记录计的指针也不会指向零。也许会有人这样嘲笑笔者，“如果是这个结果的话，说不定发生了地震”。解决的方法如图 8.12(b)所示。认为必定是性能良好的差动放大器的人可能会明显失望，也可能不太赞成。实际上，它几乎是免费的，而且也不要担心发生故障，噪声仅仅为 1/1 000。

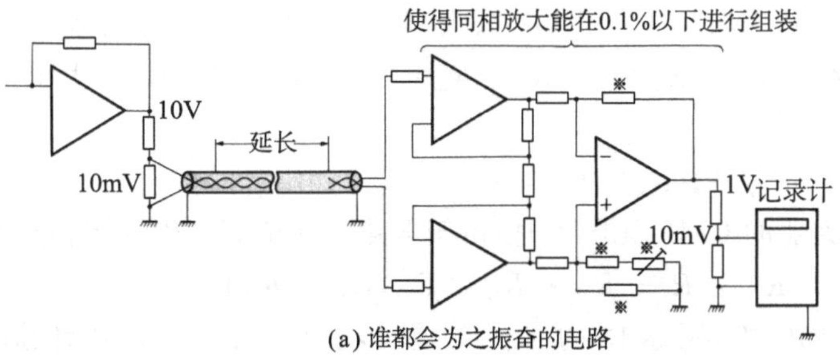

(a) 谁都会为之振奋的电路

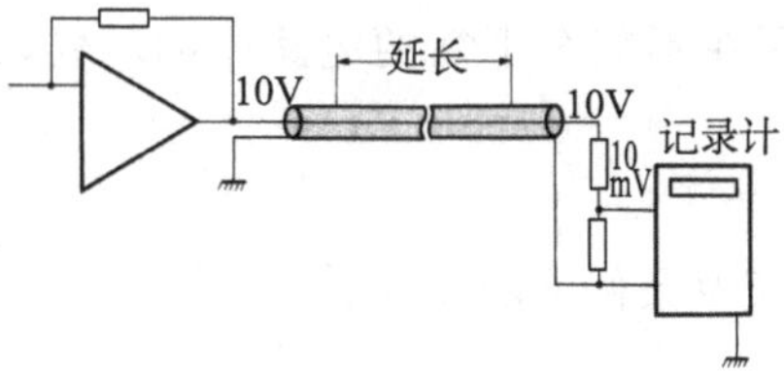

(b) 这个电路怎么样

图 8.12 放大信号

8.3 增大 CMR 使用的方法

8.3.1 信号源阻抗和 CMR

由 OP 放大器的规格可知，从 DC 到 100Hz 的 CMR 在 80～100dB 之间的有许多种。即使只在低频的条件下，在实际过程中发挥它的特性也需要下一番功夫。

作为 OP 放大器的差动放大器，在最基本的图 8.13 里，除了 OP 放大器本身的 CMR 以外，信号源的阻抗也成问题。CMR 的定义在本书中已经给出：

$$CMR = A_d / A_c$$

OP 放大器和电路的两端，包含了有限的 CMR、电阻值的误差和信号源的阻抗等，如果出现不平衡，怎么办呢？

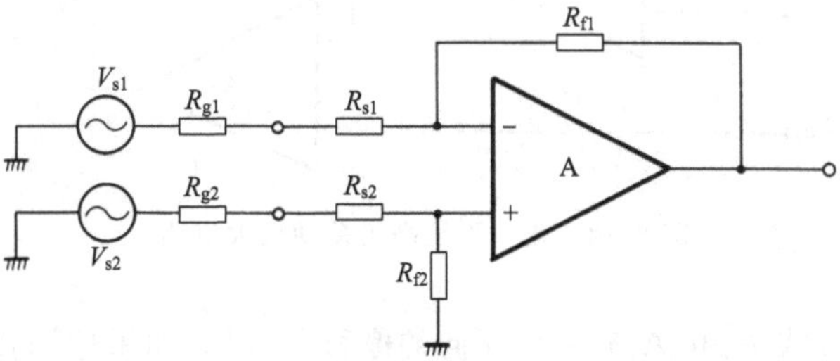

图 8.13 差动放大电路和信号源阻抗

下面我们用CMR_A来表示 OP 放大器本身的 CMR。若电路处在完全平衡的状态：$R_{s1}+R_{G1}=R_{s2}+R_{g2}=R_s$，$R_{f1}=R_{f2}=R_f$，那么在此处就产生了同相放大 A_{CA}为：

$$A_{CA}=R_f^2/R_s(R_s+R_f)\times 1/CMR_A \tag{8.5a}$$

另外，OP 放大器的 CMR 无限大时，由于电路不平衡而产生的同相放大 A_{cc}为：

$$A_{cc}=(R_{s1}\cdot R_{f2}-R_{s2}\cdot R_{f1})/R_{s1}(R_{s2}+R_{f2}) \tag{8.5b}$$

但是，在式(8.5b)中，图 8.13 的 R_{g1}、R_{g2}是分别包含在 R_{s1}、R_{s2}内计算的。

有限的 CMR 的 OP 放大器使用在不完全平衡的电路中的时候，CMR 可以通过式(8.5)计算：

$$CMR_T=A_d/(A_{CA}+A_{CC}) \tag{8.6}$$

这个 CMR_r为实际安装状态下的低频率条件下的 CMR。

8.3.2　提高输入阻抗

由于信号源阻抗的大小而使得差动放大器的 CMR 受到影响，我们当然会想到，可以调高放大器的输入阻抗，因为它是其原因。那么，首先最好选择较大的 R_s和 R_f。但是要商定 OP 放大器的偏置以及漂移。如果可以使用一个 OP 放大器，就像图 8.14 那样，在造成阻抗上不去的原因的反相输入一侧，加入一级正相放大，就会有效果。取下在以前 OP 放大器 A_1的反相输入地方加入的在 $R_f/(R_s+R_f)$上形成的分压电阻，代替它在 A_2获得相同的增益。

$$R_1/R_2=R_f/R_s \tag{8.7}$$

像这样，略为调整 R_1，就能得到输出：

$$V_o=(1+R_f/R_s)(V_{s1}-V_{s2}) \tag{8.8}$$

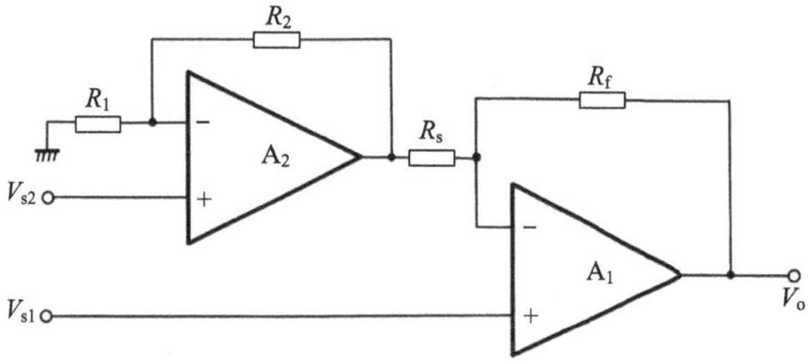

图 8.14　输入阻抗高的差动放大电路

还有，这种方式 A_1和 A_2有同样倾向的漂移。例如，如果使用在一个组合件中放入两个保障跟踪温度特性的 OP 放大器，在输出方面，就会出现互相抵消的特征。因为没有更好的办法，所以同相输入的范围和放大调整的难易度不及图 8.7。

另外，在图 8.7 中，还包含着两个输入滞后不对称的问题。

8.3.3 电阻的选择方法

对于差动放大器，还有一个重要问题，即在固定电阻上使用什么样的电阻。要真正发挥 OP 放大器的性能，就要考虑 OP 放大器以外的元件，特别要考虑电阻的特性。特别是在差动放大的场合，不用说，使用的是碳膜或固体的精度为 5%～10%的电阻。

在刚才的例子中，两个 R_s 出现 10%的偏差，其他的电阻都正确，即使拿来最精确的 OP 放大器，在 $A_{NF}=1$ 的条件下，也都会得出 CMR 为 1/20（也就是 26dB）的结果。在 $A_{NF}=1$ 的条件下，要得到 80dB 的 CMR，需要多少精度的电阻好呢？如果倒过来算，是 0.01%。我们既要根据这个数值定电阻，又要同时考虑到使用的 OP 放大器。这样一来，电阻的价格就相当昂贵了。

用这个绝对数值制作完全正确的电阻是非常困难的。实际上，我们需要的并不是电阻值本身，把两个电阻的值加起来即可。因此，我们制定两个电阻作为一组进行采购，购买许多这样同批量的电阻，再从中挑选。这是一种很好的方法。

如第 5 章中所述，如果使用薄膜集成电阻，内置的电阻相互之间的温度系数能达到数 ppm/℃。利用这一点，就可以得到极其良好的特性。

提高 CMR 的另一种方法是对 R_f 或者 R_s 的一部分进行半固定，实际安装结束时，放到一起就可以使用。用这种方法，电阻的精度即使不太好，也可以用。但是，良好的温度特性、良好的稳定度却是非常必要的。准备电阻值在 5%～1%的半固定的电阻，如图 8.15 所示，两个输入放在一起加上同相信号，一边观测在输出中表现的信号，一边调整 VR，使得其值达到最小。关于固定电阻的长时间的稳定度，也就是说电阻的时效变化，人们测定，金属膜电阻，在 10 年间大约仅变化 0.5%～1%。因此，碳膜电阻就更不用说了。即使我们使用金属膜电阻，只要在制作初期考虑它的精度，这样的半固定方法可能也非常不错。

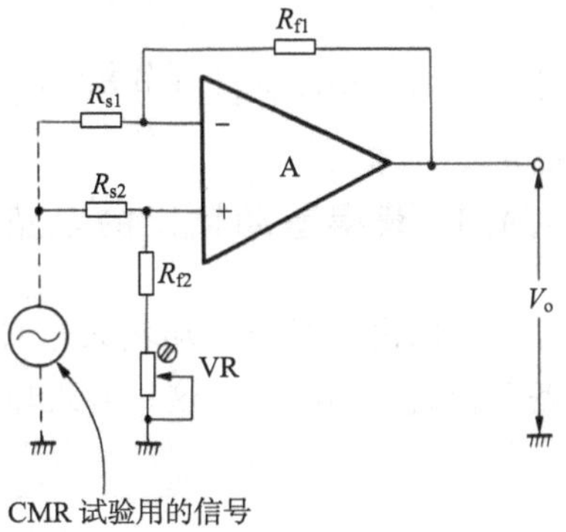

图 8.15 与 CMR 的最佳点相吻合

只是，可变电阻的稳定性与固定电阻相比明显太差。可变部分的比例在实际应用中要保留在最小范围，最后的调整应该在焙烧（baking）或者老化（aging）之后进行。

8.3.4 使放大倍数为可变

不使 CMR 降低而改变放大倍数，这在差动放大中是一件非常困难的事情。一般必须一起转换对于两个输入的放大倍数。所以必须要有相当于 R_s 或 R_f 的两组正确的电阻。如果像增大 CMR、缜密的调配电阻，就显得极为不经济了。其微调就更难办了。如果说在有限的范围（在约 10% 的）内进行调整的话，那么图 8.16 已经把这种方法表现出来了。但是，它需要 4 根匹配的电阻。关于这个问题，使用集成电阻就能解决。对于 VR 值来讲，因为放大倍数的变化比例不是线性，所以在大范围内进行变化是不适当的。

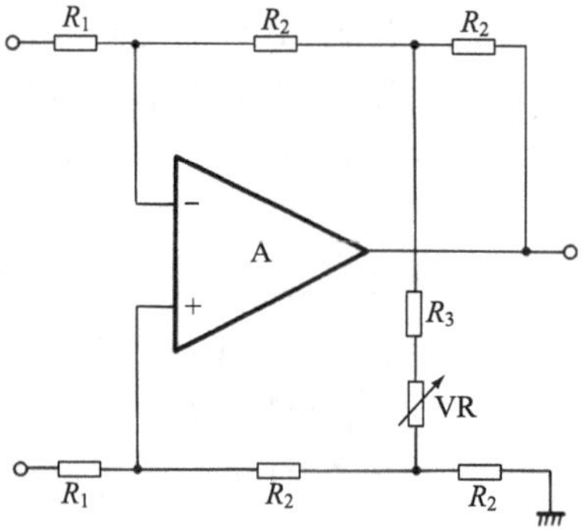

图 8.16　作为差动放大的增益调整法而发表的电路[18]

作为想在大范围内改变放大倍数的差动放大器的构成，图 8.7，还有下面要讲到的图 8.17 都是非常有效的。图 8.7 中的 R_1 和图 8.17 中的 R_1，因为都只能改变一个电阻，所以可以不破坏 CMR，而在 100 倍以上的范围内改变放大倍数。

8.4 差动输出的放大电路

8.4.1 获得差动输出的电路

要取出相对于差动输入信号的差动输出，需要两台 OP 放大器，可以分别准备。但是，图 8.17 的这种方式却完全不同，它的特性值得我们关注。

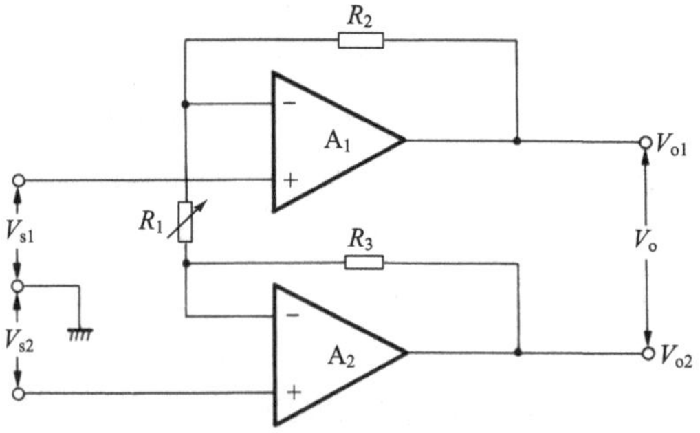

图 8.17　能用一个电阻调整放大倍数的差动输入和差动输出的电路

首先,求出对于各个输入的 A_1 和 A_2 的输出：

$$V_{o1}=(1+R_2/R_1)V_{s1}-V_{s2}(R_2/R_1) \tag{8.9}$$

$$V_{o2}=(1+R_3/R_1)V_{s2}-V_{s2}(R_3/R_1) \tag{8.10}$$

该式的第二项各对边的放大器输入级为有效短路,如果考虑是在跟踪它们的输入,大概就容易理解了。因为输出 V_o 是它们两个的差,所以就有：

$$V_o= V_{o1}-V_{o2}=(V_{s1}-V_{s2})[1+ (R_2+R_3)/R_1] \tag{8.11}$$

这一点是值得关注的特性之一。从上式上我们可以看出,在这个电路中,不管是 R_2、R_3 还是 R_1,为了改善 CMR,没有必要调整其中的任何一个。不管怎么说,因为都是同样的 OP 放大器,所以会考虑这样一个问题,即"如果在使用中错误地进行放大,后果会怎样呢?"如果 R_2 和 R_3 使用的是基本相同的值,那么稍稍出现偏差也无所谓。或者说,为了能改变放大倍数,甚至可以大幅度地改变 R_1,因为式(8.11)中的 V_{s1}、V_{s2} 各自之间没有任何关系,所以 CMR 也不会发生变化。

如果想将差动输出变换为单端型,只要在之后使用图 8.13 的方法即可。因为要使 A_1 和 A_2 的输出阻抗在数欧以下较为容易。如果使用三个 OP 放大器,就成为性能非常优良的差动放大器,也就成为所谓的仪器放大器(instrumentation amplifier)。

在图 8.18 中,我们给出了一个实例。A_1 和 A_2 同前图,在其后接入标准型的差动放大器。因为 CMR 取决于后级部分,所以对于 $R_4 \sim R_7$,使用 0.1%以内的金属膜或者就像在圆内那样,控制在 1%以内都可以。正如刚才叙述的那样,$R_1 \sim R_3$ 与 CMR 毫无关系,可以比较自由地选取。R_7 和 R_8 是用于输入过大时的输入级保护。

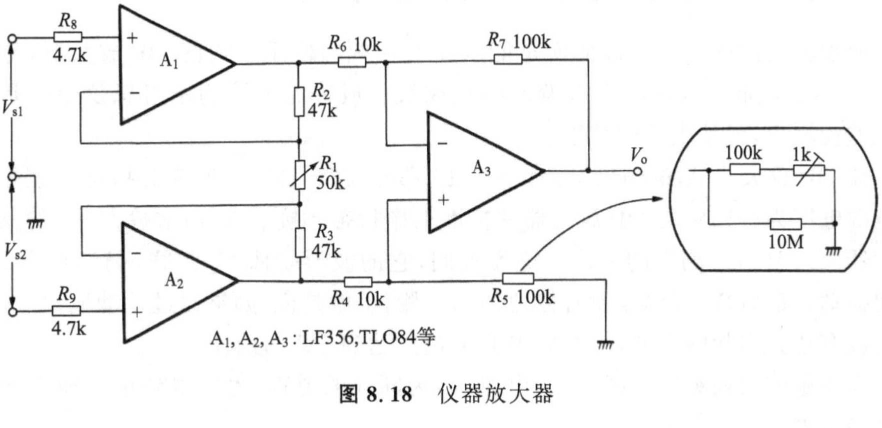

图 8.18 仪器放大器

但并不是说,像图 8.13 所示,一个 OP 放大器差动放大器电阻的精度、时效变化较弱,而像图 8.18 所示,使用几个 OP 放大器,就可作为常年稳定的装置。对于设计者来说,使用许多元件,自己可能会得到满足。但是,这却是故障增加的原因。因此,我们还是希望减少使用。包括使用许多元件的仪器放大器在内的几乎所有的差动放大器差动都为单端型,也就是说不是差动状态的部分使用图 8.13。不是这样情况的就是先前讲述的图 8.7 或图 8.14。它们都是为了维持 CMR 而依靠电阻的匹配。

那么,复杂电路有何存在价值呢?它的答案在于充分发挥电路的性能。有了必要的条件之后,执行起来就会很轻松。在图 8.13 的电路中,如果信号源的电阻偏差 10Ω,CMR 可能就会出现偏差。如果使用图 8.18,不用说 10Ω,即使改变 1kΩ,也能得到相同的 CMR。但是,两个信号源都是 OP 放大器的直接输出,是比 1Ω 还小的阻抗。如果在差动放大级没有调节放大的必要,图 8.13 与图 8.18 在性能上就没有差别。另外,如果需要很大的同相输入范围,图 8.7 比图 8.18 更适合(两个输入不通过同样数值的 OP 放大器)。图 8.7 所示电路的缺点就是,在图 8.13之前,也有像图 8.7 的 A_1 那样,把两个输入部分合并起来进行反相放大的。现在材料基本上都有,请根据用途冷静选择。

随着 OP 放大器的进步和普及,即使使用 FET OP 放大器来组合图 8.18 那样的电路,也不会花很多钱。例如,如果使用 TL 074(TI),用一个 DIP 组件就可以解决问题。因为不管是相位还是平衡都不错。今后最好的办法,与其节约 OP 放大器的数量,不如去重视电路的特性以及精密电阻的数量等等。随着 OP 放大器数量的增加,噪声往往也会增加。因此,要视效果而定,不要徒劳地增加 OP 放大器的数量。

8.4.2 以±15V 电源获取 $50V_{P-P}$的输出

差动输出的另外一个特征就是能取得大振幅。使用普通的 OP 放大器,电源为±15V,就能取得 $50V_{P-P}$没有偏差的正弦波。或许有人认为不可思议。但是如果是差动输出,就是当然的结果。

让 OP 放大器 A_1的输出 V_{o1}如图 8.19 那样,在±13V 之间充分振动。这是作为电源电压为±15V 的 OP 放大器的标准动作状态。接下来,向增益为−1 的反相放大器放入 V_{o1},观测它的输出。毫无疑问,它的波形就像 V_{o2}那样,仍然在±13V 之间振动。最后,V_{o1}和 V_{o2}没有接地的那一侧,也就是说,如果通过差动输出观测,即使没有达到实际的负载,±26V,P-P 值也能达到 52V 的输出。

即使是前面列举过的图 8.17 电路,因为同样的道理,也能得到单端输出两倍的动态范围。

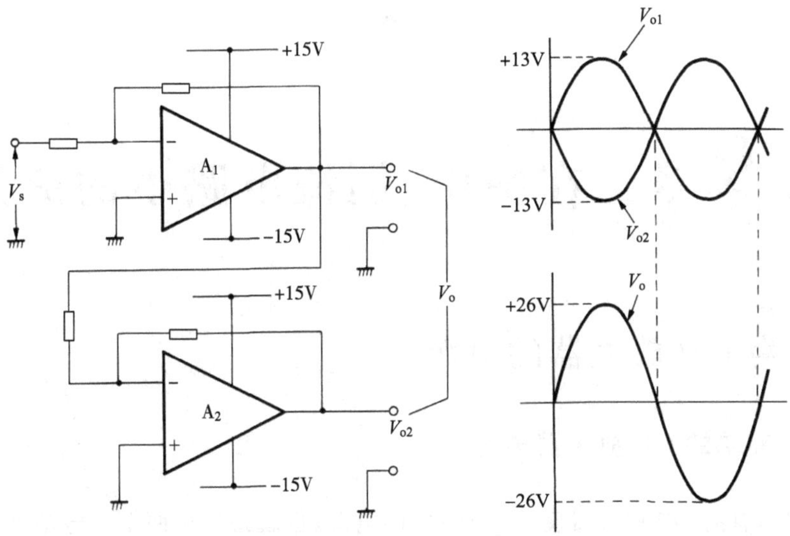

图 8.19 出现 2 倍的电源电压的信号

第 9 章 在恒压、恒流电路中的应用

9.1 为 OP 放大器的电源

9.1.1 简单的 OP 放大器电源

最近，有的 OP 放大器仅用一个 3V 的电源，也就是说用两个干电池就可以工作。因此，要说最简单的 OP 放大器的电源，就是两个干电池了。这里，我们就从作为标准需要±15V 的 OP 放大器简单的稳定电源开始讲起。

首先，请看一下图 9.1。取出正负两方面的电压，这大概是最简单的方法了。变压器 T 使用的是市场上卖的小型变压器。这个电路是倍压电路，没有中心抽头，具有能同时取出正负电压的特征。将 C_1 和 C_2 设为 470μF，变压器的无负载输出电压设为 $12V_{RMS}$，50Hz 变压器和整流器的内部电阻合计为 5Ω，负载电阻设为 750Ω，也就是说负载电流约为 20mA 的时候，这个整流电路的工作状态如下所示：

输出的脉动的低谷电压：$V_L=14.4V$

输出的脉动的高峰电压：$V_H=15.2V$

二极管流动的峰值电流：$I_P=0.24A$

二极管流动的 RMS 电流：$I_{RMS}=64mA$

电源开启时 1 周期浪涌：$I_{PP}=1.37A\sim2.8A$

电源开启时突然涌入的电流是在电源的正弦波的相位为 0 度和 90 度时接入电源的情况下得到的。V_2 若使用 6～12V 作为 OP 放大器，仅限于 741、301A 级或更高级的。要使用不易受电源影响的 OP 放大器，即使没有电源的稳定器，也能让 OP 放大器工作。

图 9.1 所显示的电路相位是错离半个周期的半波整流，所以，包含 $+V$、$-V$ 的各自输出的脉动仍旧出现 50Hz 或者 60Hz 的电源频率。如果可以使用带中心抽头的变压器，无论是脉动还是变动率，图 9.2 都是最有利的。这个脉动是电源频率的两倍，为 100 或 120Hz，与图 9.1 相同的负载电流相比，在使用相同数值的 C_1 和 C_2 的情况下，脉动的波高值将减半。

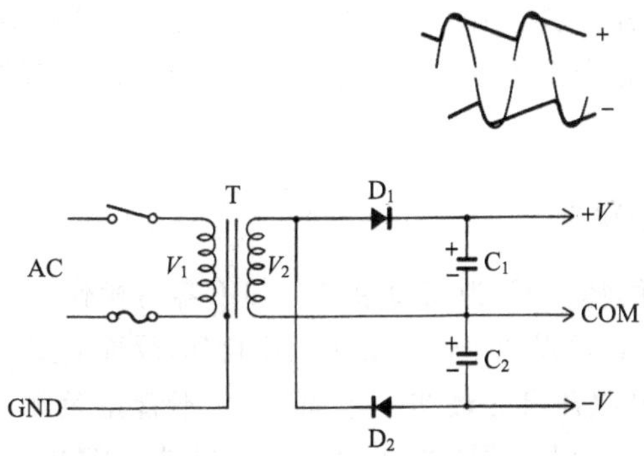

图 9.1 最简单的 OP 放大器所用的正负电源

在图 9.2 的电路中，设定 C_1 和 C_2 为 680μF，把变压器的无负载输出电压放入恒压电路中进行考虑，结果会相当高：16V_{RMS}，50Hz，变压器和整流器的内部电阻合计为 2Ω，负载电阻为 180Ω，也就是说负载电流若设定约为 100mA 的话，这个整流电路的工作状态应该如下所示：

输出的脉动低谷电压：V_L＝19.5V

输出的脉动高峰电压：V_H＝20.8V

二极管流动的峰值电流：I_P＝0.68A

二极管流动的 RMS 电流：I_{RMS}＝240mA

电源开启时的 1 周期浪涌：I_{PP}＝3.25A～8.50A

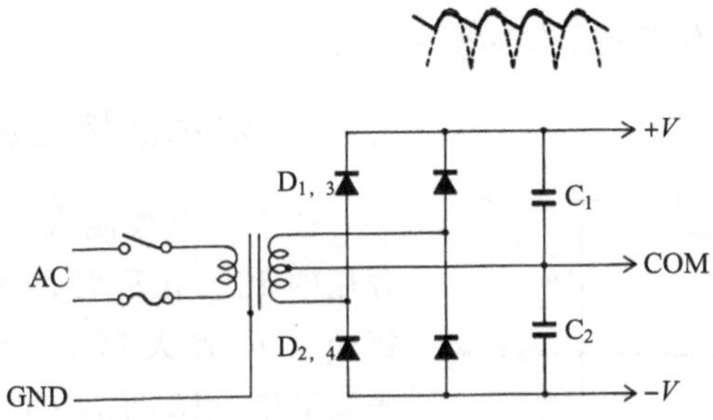

图 9.2 标准的 OP 放大器电源

对于这些没有恒压电路的电源电路来讲，作为 OP 放大器电源认真应用的例子并不多。但是，如果了解了它的性质，那么在许多情况下，即使 OP 放大器使用这样的电源也能工作。但是，使用这样简单的电源反而难以发挥 OP 放大器的性能。例如，从电源线开始，经过偏置调整的电路，一旦连接 OP 放大器的输入，电源的脉动就表现在 OP 放大器的输出上，逐渐地就会失去作用。如图 9.1 和图 9.2 所示，在无恒压电路使用的情况下，避开吃掉多余电流的 OP 放大器或泄放电阻，使负载电流变小。这样，用较小的 C_1 和 C_2 就能漂亮地完成任务。

要让简单的电路完全发挥其作用较为困难，因此，在没有把握的情况下，请使用下面的恒压电路。

9.1.2 简单电路的难点

我们大概有必要解释一下，为何简单电路却不容易操作。在简单电路中得到的特性不完全，常常包含着很强的个性。要想运用自如，反而需要高度理解和技术。

例如，图 9.1 在电源开启的最初一个周期中，不管正负哪一方在输出中出现，都肯定会引起不平衡的状态，而图 9.2 却不会。另外，OP 放大器虽然不使用恒压电源，但也能充分的工作，而对 OP 放大器和外部电路电源变动的影响却会显现出来。如果在对这样的影响进行定量调查之后再使用的话，刚才所说的"简单电路"就能发挥其作用了。

随着另一种设计水平的提高，就要考虑变压器的利用率。半波整流仅仅使用交流电的半个周期，变压器的利用率低，某些实际的输出功率却需要大的变压器。图 9.2的两倍波电压或在电桥式整流电路中，变压器的利用率很高，可以说是合理的电路。但是在极小电流的情况下，变压器的利用率低下，元件的件数也是越少越有利。

进而，我们还需要考虑能源的利用率。只使用半个周期的半波整流自不必说，即使在全波整流中，使用大容量电容的电容输入式整流电路，仅在给电容充电的一瞬间摄取来自电源的强大电流，这并不是我们期望的特性。从此处着手考虑，变压器及电源部分或者从发电站的容量出发，都会产生影响世界能源的效果。要想深入了解整流电路的详细情况，请参考专门文献。

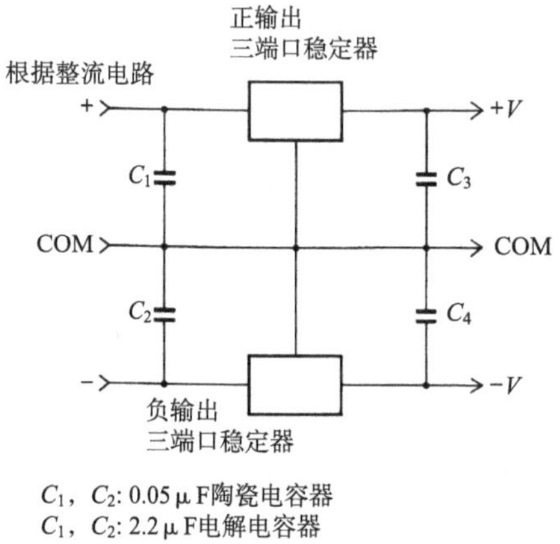

图 9.3 恒压电路的构成例子

9.1.3 简单的恒压源

在市场上很便宜就能买到三线恒压电源用的 IC。在通常的 OP 放大器电路中，每个 OP 放大器大约耗电 10mA，对于+15V和−15V的小型的固定输出的产品(例如正输出为 78 L 15，负输出为 79 L 15 等)，使用在图 9.3 所示的电路中非常合适。这些恒压 IC，诸如使用 100mA，输出 500mA 等产品在商品目录中经常出现。能取得输出电流，且在组件允许的范围内发热，都取决于耗电。请用下式计算：

输出电流＝组件的容许损耗/(输入电压－输出电压)

800mW 级的小型组件一般在 100mA 左右，重负载的 IC 温度上升过高的话，就自动地被电流限制，输出电压就降下来了。

这些电源专用 IC 将输入脉动衰减为 −60dB，1/1 000 左右，对于原来的电源即使有数伏的脉动也不会成为问题。值得注意的地方是原来的电源电压在脉动谷底是否会变得不足。利用电灯线进行操作的时候，交流电压下降到 90%，负载电流最大的时候，在脉动谷底能够确保在输出电压上加入 V_{of} 的值。V_{of} 为跌落电压(drop - off)或者叫做下降电压(drop - out)，是恒压 IC 工作需要的最低电压。它通过负载电流进行变化。如前面所例举过的元件，可以取 2V 左右。V_{of} 仅仅有一点损耗，我们正在开发这种低值恒压 IC，请参考正确的数据表。

另一个重点是在恒压电路的入口处，就像图中的 C_1 和 C_2 那样，把高频特性良好的电容短短地连接在三端口的稳定器上。虽然在说明文献中没有叙述，但是这与在 OP 放大器的电源上加入旁路电容是同样的原因，它对于外界噪声或尖峰信号增强情况具有重要的意义。

另外，在这个部分里，有写着加入 0.33μF 的文章[7]。我们有时看到过完全按照文章中写的那样，连着显得挺大的电容。如果在前级的整流输出里加入了较大的电解电容，使用再小一位数的、且高频特性良好的陶瓷电容就足够了。

即使没有输出方的 C_3 和 C_4 应该也能工作。当然在连接负载的 OP 放大器的电源端口上要加入旁路电容。恒压 IC 的输出阻抗与旁路电容的频率特性关系如图 9.4 所示。市场所卖的元件根据其性能不同也有差异，并非什么都要按照这种方式去做的，但应该显示与此相似的特性。

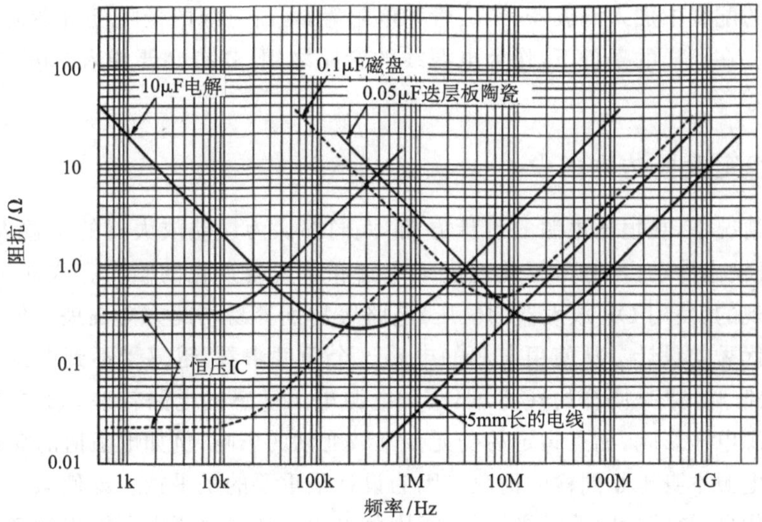

图 9.4 恒压电路和旁路电容的频率特性

从低频一侧来看,恒压IC的输出阻抗在0.2Ω以下,它的特性维持在10kHz左右(这是小容量的三端口稳定器的情况。若在大型的恒压电源方面,阻抗有时从1kHz左右就开始增加)。与此相比,更好的是使用旁路电容覆盖。简单地将一个高频特性良好的0.05μF的旁路电容连接在负载边上,像图那样长5mm的电线就能起到这样的效果。因此,不管在电源的输出上加入不加入,都不会产生任何影响。

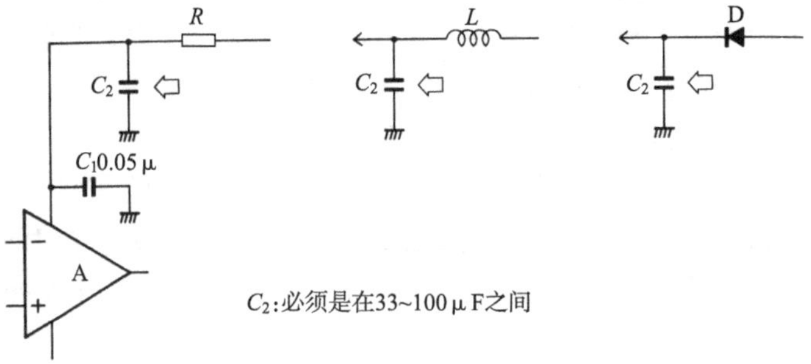

图9.5 加入滤波器时的旁路电容

旁路电容在低频下的阻抗,例如 $X_c=(2\pi fC)$,与频率成反比例的增大,0.05μF、100kHz的情况下就变为30Ω。如果小心地去做,恒压电路在非常低的阻抗达到10kHz之前,通过100μF左右的电解电容去补偿,就会像图9.4那样,经过频率自下而上这一整体过程获得低阻抗的电源。能得到数安培的大型恒压电源,输出阻抗在更低频下,例如,有从1kHz左右开始增加的倾向。另外,如图9.5所示,如果在电源的配线中加入滤波器、二极管和电阻等,恒压电源的低阻抗就会失去被断开的作用。在那样的条件下,作为电源线的旁路之用,就有必要加入30μF或者更大的电容 C_2。

9.1.4 稳定度要达到多少

一般情况下,在恒压电源的设计方面,人们都认为误差放大器的增益大、环路增益大、且输出脉动少的好,因此就出现电路和装置复杂化的倾向。这样一来,在此之后出现的(使用OP放大器的恒压)电路等特别容易朝此方向发展。但这未必能称得上优秀的设计。从使用电源的电路这个角度来看,越感受不到电压变化的越是好电路。如果是同样的性能,那么对电源电压敏感的电路较差。那样的电路不仅受电源电压影响,而且肯定易受元件常数变动的影响,例如电阻值的变化等。

对于电源本身也是同样的情况。因为设计最重要的是平衡。即使某个地方的特性格外优良,该特性除非是必要的,否则就没用。如果恒压电源输出的变动部分用 ΔV_o 来表示,众所周知,可用下面的近似式来表述:

$$\Delta V_o = \frac{\partial V_o}{\partial V_i}\Delta V_i + \frac{\partial V_o}{\partial I_l}\Delta I_l + \frac{\partial V_o}{\partial T}\Delta T \tag{9.1}$$

这是偏微分的公式，看起来似乎很难。如果把微分系数换成常数，则

$$\Delta V_o = F\Delta V_i - R_o\Delta I_l + K\Delta T \tag{9.2}$$

其中，F 表示对于输入变化的输出变化的比例。它乘上了 ΔV_i。所以 $F\Delta V_i$ 表示输入只变化 ΔV_i 时，输出电压就相应的怎样变动。也就是说，该式的第一项表示的是输入变动的成分。F 被称为恒压源的输入变动率或者压缩率。关于 $R_o\Delta I_l$，我们都明白此项是表示由于负载电流引起的输出电压的变动部分。由负载电流引起的变动部分可以用电阻来表示。把微分系数换成常数的时候，我们不用 H 或 M 之类的一般常数，而是换成 $-R_o$，负号是因为 I_L 增加的时候，输出电阻下降。为了与此适应，所以在其前面加上负号。因此，R_o 表示这个恒压源的内部电阻。$K\Delta T$ 表示由于温度引起的输出变动。这个系数 K 表示由于温度引起的输出变化，被称为温度系数。把这三项加起来就成为表示输出电压变动的式(9.1)，式(9.2)。

因此，在恒压电源设计的这些项目中，只有某一项特别好不行，必须是它们的合计结果要小。如果只是徒劳的提高环路增益，增加压缩率 F，温度特性或设定值再现性差的电源就成为无用的东西了。

通用的 OP 放大器电源没有必要那么浪费。由于输入变动、负载变动以及温度引起的输出变化和长时间的变动，另外包括输出电压的设定值的再现性只要放入 1%以下，对于一般用途来说，它的性能已经足够了。就像前面例举的 3 端口稳定器，几乎所有的产品都是在研究这一点，为了不让环路增益过大，能够取得平衡的设计。

出于别的目的，想使用于什么基准电压的话，有时候其稳定度决定着该装置的整体性能。类似这样的用途，稳定度在 1% 自不必说，还能制作出 10ppm 以内(0.001%)的电源。

9.1.5 整流电路的计算

OP 放大器使用交流电源时，需要整流电路。它也像图 9.1 那样，广泛使用电容输入型。但正确设计电容输入型电路却格外的困难。我们普遍采用的是国内外许多有关 OP 放大器以及电源相关文章中精度较差的近似计算经验公式，或者使用 1943 年 O. H. Shade 发表的计算图表[25]。这个图表相当的完美，但是需要反复地计算。这使得在设计过程中手续繁杂，很容易出错。

因此，在本书中决定提供由电脑设计的整流电路专用的电路模拟程序。并不仅限于此电路，如果使用 SPICE[26] 等电路模拟程序，也能得到同样的结果。但是，笔者曾经用几个软件尝试过，未必都能顺利地进行，如果使用计算机，并且能有效地利用，应该试着归纳成 BASIC 的程序。

程序实例如图9.6所示，程序清单在图9.7中给出。如果驱动程序，电脑就会让人输入电路常数。从一开始，我们什么也别输入，全部按return键，模拟电路就会按照事先在内部设定的常数进行工作。如图9.6所示，在布劳恩管(阴极射线管)上出现波形。

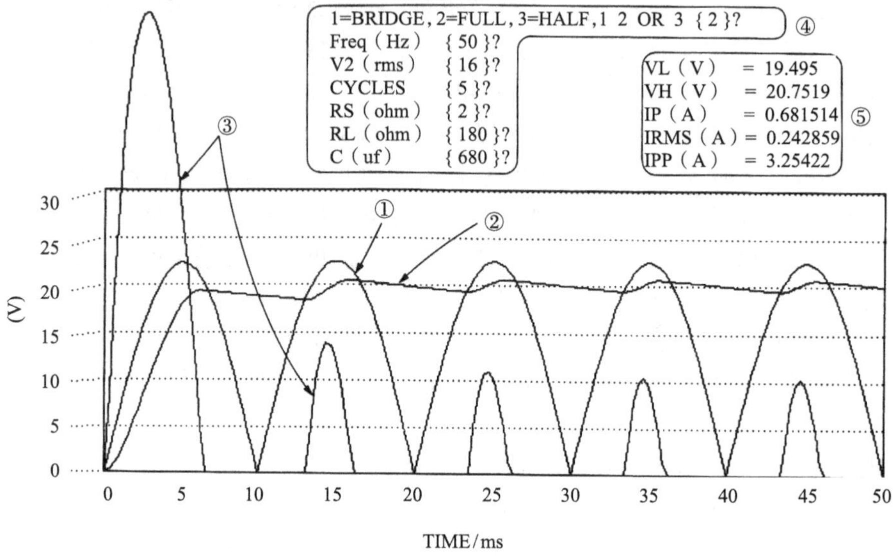

图9.6　电容输入型整流电路的设计方法

在图中，①为输入电压，②为输出电压，③整流二极管里流动的电流，会出现这三个波形。图中的纵轴为电压，适用于①和②；横轴为时间，在①～③中是共同的。RUN表示一启动程序，就会接连出现询问④的部分。只要按下return键就会在{ }中输入默认值。

1＝BRIDGE表示整流电路的选择。按下1～3键，按下return键。

Freq表示电源频率。能在10Hz～1kHz之间使用。

V_2表示电源变压器的无负载输出电压。

CYCLES表示分析的峰数，在半波方面，横轴的时间加倍。

R_S表示电源的等效内部电阻，通常是变压器和整流二极管的电阻。

R_L表示负载电阻。在必要时，请通过电流换算电阻。

C用μF来加入平滑电容的电容量。

程序除了用波形表示模拟的结果以外，还用⑤来表示设计上所必要的计算数据、结果。其内容同上面列举的电路例子。

波形在画面的右端完成了吗？在解析的过程中，在键盘上输入Q(大写字母)，

程序就会返回 R_S 输入的地方。在那里，指示器的标记在闪烁着。也就是说 R_S、R_L 和 C 三个常数不会在面前的画面上消失，可以重复写出。可以试着比较改变常数的影响。

模拟程序因为计算非常多，需要时间。在 PC－9801VX(10MHz)上带有数值信息处理机。像图中例子，大约需要 3 分钟。尽管如此，还是很方便，前面提到的通过查计算图表的办法无法与之相提并论。如果使用自动编码器的话，可以提速数十秒。还有，由于电桥还要花费一些时间，概算通过 2 个 FULL 就可以进行。常数在某种程度上固定下来之后，操作 1 就可以。

用 BASIC 编写的程序表记录在图 9.7 上。这个程序是遵从于文献[27]叙述的方法进行的。我们将其归纳为整流电路专用的程序。关于电路的模拟程序，在这里不便作详细地阐述。请参照包含以上内容的文献[28]，我们在程序表上在附加以简单说明。

在图 9.7 的程序表中，如果具备了模拟器的相关预备知识，就可以看出其中包含了子程序以及有关变量等名称。通过程序语言的表述和子程序的名称，可以判断出电路结构是随着 TSTEP＃时间的推进而形成的。主要电路通过转换测试(conversion test)后，由提前保存的标准值(save prior values)存储数据，然后进入下一个时间段。

有关程序的注释如下：＊SELECT 表示可改动的电路设定程序，＊DEFINE 表示一旦开始便不可以改动的参数的设定程序，＊PLOTINI 表示画面的初期设定程序。模拟的电路是由＊CIRCUITS 设定的。在这里读入节点和电阻、电容、二极管、信号源的数目及连接。＊FORMULATE 和＊SOLVE 使用文献[27]中的用法。

```
100 CONSOLE 0,25,0,1 :CLS 3:PRINT,"* RECTIFIER DESIGN for C-INPUT FILTER *"
101 DEFINT I,J,P :KS=2 :F=50 :VI=16 :CY=5 :LOCATE 0,2
102 PRINT,,"1=BRIDGE, 2=FULL, 3=HALF, 1 2 OR 3 {";KS;"}";:INPUT K$
103 IF K$<>"" THEN KS=VAL(K$)
104 PRINT,,"Freq(Hz) {";F;"}";:INPUT K$ :IF K$<>"" THEN F=VAL(K$)
105 PRINT,,"V2(rms)  {";VI;"}";:INPUT K$ :IF K$<>"" THEN VI=VAL(K$)
106 PRINT,,"CYCLES   {";CY;"}";:INPUT K$ :IF K$<>"" THEN CY=VAL(K$)
107 GOSUB *DEFINE
108 GOSUB *SELECT :GOSUB *PLOTINI :GOSUB *CIRCUITS
109 TIME#=-TSTEP#
110 WHILE ABS(TIME#-TMAX#)>=NEGL# :'    main loop
111   CONVD=FALSE
112   ITE=0
113   TIME#=TIME#+TSTEP#
114   WHILE NOT CONVD
115     ITE=ITE+1
116     K$=INKEY$
117     IF K$="Q" OR ITE>ITEMAX THEN 137
118     GOSUB *FORMULATE
119     GOSUB *SOLVE
120     CONVD=TRUE :'                   conversion test
121     FOR P=1 TO NEQA
122       IF ABS(V#(P)-VLAST#(P))>ERMAX# THEN CONVD=FALSE:GOTO 124
123     NEXT
124     FOR P=1 TO NEQA
125       VLAST#(P)=V#(P)
```

```
126     NEXT
127   WEND
128   FOR P=1 TO NEQA:' save prior values
129     VPRIOR#(P)=V#(P)
130   NEXT
131   GOSUB *PLOT
132   IF TIME#<T0# THEN GOSUB *CALCIPP
133   IF TIME#>TE# THEN GOSUB *CALCV
134 WEND
135 GOSUB *PRTRESULT
136 K$=INKEY$ :IF K$="" THEN 136
137 FOR I=1 TO NEQA :YLAST(I)=YOFFSET(I) :VPRIOR#(I)=0! :NEXT:'clear value
138 XLAST=XMIN
139 GOTO 108:'         end of main loop
140 *SELECT
141   LOCATE 0,6
142   PRINT,,"RS(ohm)  {";RS#;"}";:INPUT K$ :IF K$<>"" THEN RS#=VAL(K$)
143   PRINT,,"RL(ohm)  {";RL#;"}";:INPUT K$ :IF K$<>"" THEN RL#=VAL(K$)
144   PRINT,,"C(uf)    {";CI;"}";:INPUT K$ :IF K$<>"" THEN CI=VAL(K$)
145   TMAX#=CY/2/F :TSTEP#=TMAX#/32/CY :T0#=TMAX#/CY :TE#=TMAX#-T0#
146   IF KS=3 THEN TMAX#=CY/F :TSTEP#=TMAX#/64/CY :TE#=TMAX#-T0#*2
147   VH=0 :VL=99999! :IP!=0 :IPP!=0 :C#=CI*.000001 :IN=0 :IADD!=0
148 RETURN
149 *DEFINE:
150   ELEMAX=10 :EQUMAX =10 :ITEMAX=100
151   DIM RLEAD(ELEMAX,1),RVAL#(ELEMAX)
152   DIM CLEAD(ELEMAX,1),CVAL#(ELEMAX)
153   DIM DLEAD(ELEMAX,1),DSATCUR#(ELEMAX)
154   DIM SLEAD(ELEMAX,1),SVAL#(ELEMAX)
155   DIM B#(EQUMAX,EQUMAX),I#(EQUMAX),V#(EQUMAX)
156   DIM VPRIOR#(EQUMAX),VLAST#(EQUMAX)
157   DIM YLAST(10),Y(10),YOFFSET(10),SCALE#(10),PCOLOR(10)
158   XMAX=631 :XMIN=70 :XLAST=XMIN
159   FALSE=0 :TRUE=-1
160   ERMAX#=.001 :NEGL#=.00001
161   VT#=.026
162   YOFFSET=360
163   FOR P=1 TO 3
164     YOFFSET(P)=YOFFSET
165     YLAST(P)=YOFFSET(P)
166   NEXT
167   PCOLOR(1)=3 :PCOLOR(2)=2 :PCOLOR(3)=6 :PCOLOR(4)=7
168   W#=F*2*3.1415 :V2#=VI*SQR(2):RS#=2 :RL#=180 :CI=680
169   RETURN
170 *PLOTINI:
171   SCREEN 3 :XSCALE#=(XMAX-XMIN)/TMAX#
172   YMAX=360 :YMIN=160
173   LINE (XMIN,YMIN)-(XMAX,YMAX),5,B:' display box
174   FOR P=1 TO 2 :SCALE#(P)=-150/V2# :NEXT
175   VSCAL=V2#/3 :VDEC=0:              ' auto range
176   IF VSCAL>10 THEN VSCAL=VSCAL/10 :VDEC=VDEC+1 :GOTO 176
177   VSCAL=INT(VSCAL):IF VSCAL>7 THEN VSCAL=8 ELSE IF VSCAL>5 THEN VSCAL=5
178   VSCAL=VSCAL*10^VDEC
179   FOR P=0 TO 6                      :' vertical scale
180     YDOT=YOFFSET+SCALE#(1)*VSCAL*P
181     IF YDOT<YMIN THEN P=6 :GOTO 185
182     LOCATE 2,22-2*P :PRINT USING "###";VSCAL*P;
183     IF P<>0 THEN LINE(XMIN,YDOT)-(XMAX,YDOT),5,,&H8888
184     LINE(XMIN,YDOT)-(44,360-32*P),5,,&H8888
185   NEXT :LOCATE 0,17 :PRINT "(V)";
186   FOR P=0 TO 10
187     T#=TMAX#*P*100
188     LOCATE 7+P*7,23:PRINT USING "###";T#;
189   NEXT :LOCATE 30,24 :PRINT "TIME (ms)";
190 RETURN
191 *CIRCUITS:
192   NNODES=3 :NRES=3 :NCAP=1 :NDIODES=1 :NSOURCES=1 :NEQA=NNODES
193   RLEAD(1,0)=1 :RLEAD(1,1)=0 :RVAL#(1)=.1
194   RLEAD(3,0)=1 :RLEAD(3,1)=3 :RVAL#(3)= RS#
```

```
195   RLEAD(2,0)=2 :RLEAD(2,1)=0 :RVAL#(2)=RL#
196   CLEAD(1,0)=2 :CLEAD(1,1)=0 :CVAL#(1)=C#
197   DLEAD(1,0)=3 :DLEAD(1,1)=2 :DSATCUR#(1)=1E-14
198   SLEAD(1,0)=1 :SLEAD(1,1)=0 :SVAL#(1)=V2#*10!
199   IF KS=1 THEN NNODES=4 :NDIODES=2 :NEQA=NNODES :DLEAD(1,1)=4
      :DLEAD(2,0)=4:DLEAD(2,1)=2:DSATCUR#(2)=2E-14
200 RETURN
201 *FORMULATE:
202   FOR I=1 TO NEQA
203     I#(I)=0!
204     FOR J=1 TO NEQA
205       B#(I,J)=0!
206     NEXT
207   NEXT
208   FOR P=1 TO NRES
209     I=RLEAD(P,0) :J=RLEAD(P,1) :GEQ#=1/RVAL#(P)
210     GOSUB *LDBMAT
211   NEXT
212   FOR P=1 TO NCAP
213     I=CLEAD(P,0) :J=CLEAD(P,1) :GEQ#=CVAL#(P)/TSTEP#
214     IEQ#=GEQ#*(VPRIOR#(I)-VPRIOR#(J))
215     GOSUB *LDBMAT :GOSUB *LDIMAT
216   NEXT
217   FOR P=1 TO NDIODES
218     J=DLEAD(P,0) :I=DLEAD(P,1)
219     VD#=V#(J)-V#(I)
220     IF VD#>1! THEN VD#=1!:' Limit exponential overflow
221     EXPTERM#=EXP(VD#/(1*VT#))
222     IDIODE#=DSATCUR#(P)*(EXPTERM#-1!)
223     GEQ#=DSATCUR#(P)*EXPTERM#/VT#
224     IEQ#=IDIODE#-GEQ#*VD#
225     GOSUB *LDBMAT :GOSUB *LDIMAT
226   NEXT
227   FOR P=1 TO NSOURCES
228     I=SLEAD(P,0) :J=SLEAD(P,1)
229     IF KS<>3 THEN IEQ#=SVAL#(P)*ABS(SIN(W#*TIME#)) :GOTO 231
230     IEQ#=SVAL#(P)*SIN(W#*TIME#)
231     GOSUB *LDIMAT
232   NEXT
233 RETURN
234 *PLOT:
235   X=XMIN+TIME#*XSCALE#
236   FOR P=1 TO 3
237   IF P=3 THEN IS#=(V#(1)-V#(3))/RVAL#(3):Y(P)=YOFFSET(P)-100*IS#
      :GOTO 239
238     Y(P)=YOFFSET(P)+SCALE#(P)*V#(P)
239     LINE (XLAST,YLAST(P))-(X,Y(P)),PCOLOR(P)
240     YLAST(P)=Y(P)
241   NEXT
242   XLAST=X
243 RETURN
244 *CALCIPP:
245   IF IPP!<IS# THEN IPP!=IS#
246 RETURN
247 *CALCV:
248   IF IP!<IS# THEN IP!=IS#
249   IF VL>V#(2) THEN VL=V#(2)
250   IF VH<V#(2) THEN VH=V#(2)
251   IN=IN+1 :IADD!=IADD!+IS#*IS#
252 RETURN
253 *LDBMAT:
254   B#(I,J)=B#(I,J)-GEQ# :B#(J,I)=B#(J,I)-GEQ#
255   B#(I,I)=B#(I,I)+GEQ# :B#(J,J)=B#(J,J)+GEQ#
256 RETURN
257 *LDIMAT
258   I#(I)=I#(I)+IEQ# :I#(J)=I#(J)-IEQ#
259 RETURN
260 *SOLVE:
```

```
261   FOR W=1 TO NEQA-1
262     B1#=ABS(B#(W,W))
263     E=W
264     Z=W+1
265     FOR J=Z TO NEQA
266       IF ABS(B#(J,W))>=B1# THEN B1#=ABS(B#(J,W)):E=J
267     NEXT
268     IF E=W THEN GOTO 273
269       FOR J=1 TO NEQA
270         SWAP B#(E,J),B#(W,J)
271       NEXT
272       H1#=I#(E) :I#(E)=I#(W) :I#(W)=H1#
273     FOR J=Z TO NEQA
274       IF B#(J,W)=0 THEN GOTO 281
275         PIVOT#=B#(J,W)/B#(W,W)
276         FOR K=Z TO NEQA
277           IF B#(W,K)=0 THEN GOTO 279
278             B#(J,K)=B#(J,K)-PIVOT#*B#(W,K)
279         NEXT
280         I#(J)=I#(J)-PIVOT#*I#(W)
281     NEXT
282   NEXT
283   IF B#(NEQA,NEQA)=0 THEN B#(NEQA,NEQA)=.00000001#
284   V#(NEQA)=I#(NEQA)/B#(NEQA,NEQA)
285   FOR W=NEQA-1 TO 1 STEP-1
286     SUM#=0
287     FOR J=W+1 TO NEQA
288       IF B#(W,J)<>0 THEN SUM#=SUM#+B#(W,J)*V#(J)
289     NEXT
290     V#(W)=(I#(W)-SUM#)/B#(W,W)
291   NEXT
292 RETURN
293 *PRTRESULT:
294   LOCATE 58,4 :PRINT "VL(V)   =";VL
295   LOCATE 58,5 :PRINT "VH(V)   =";VH
296   LOCATE 58,6 :PRINT "IP(A)   =";IP!
297   LOCATE 58,7 :PRINT "IRMS(A)=";SQR(IADD!/IN)
298   LOCATE 58,8 :PRINT "IPP(A) =";IPP!
299 RETURN
```

图 9.7 整流电路设计程序表

9.2 基于OP放大器的恒压源

9.2.1 究竟有何特点

IC化的恒压电路如果像今天这样发展下去,可以说就不会将OP放大器电路的恒压电路应用于与它同样的目的。

这并不说明不需要用OP放大器制作恒压电路。要准确了解其原因,有必要通晓现在的IC化恒压电路和其特性、限界等。具体可以参考专门的资料,这里我们只给出结论。那就是,OP放大器电路主要应用于要求精密地控制电压、高压输出、尤其是高稳定性的电源电路中,它可以使误差放大器获得大的增益、小的偏置和漂移。

这些应用并不多，从数量上看，在数字电路或OP放大器电路中绝大多数都使用普通电源。正如前面例子中提到的使用三端口稳定器既经济又适用。但是，在有些情况下三端口稳定器不能满足要求，这时必须根据需要制作。应用像723或305那种使用外带晶体管方式的IC稳定器，便可以内置基准电压和保护电路，方便适用。不过，它的内置基准电压其稳定度是100ppm/℃。内置的误差放大器超过了这个值，所以它远不及OP放大器。因此，概括地说，普通的IC稳定器达不到要求，需要10ppm或10ppm以下的稳定度，80dB以上的误差放大器，就可以考虑使用OP放大器的恒压电路。

9.2.2 齐纳二极管的性质

首先，我们来看使用于基准电压的齐纳二极管(zener diode)的性质。齐纳二极管不仅仅出现在恒压电路中，而且在OP放大器电路中也频繁出现，所以有必要在这里做一下详细说明。

图9.8简单地表示出了齐纳二极管的实际使用状态。这里考虑串联放入R_Z这个内部电阻，使齐纳二极管成为一个理想二极管。现在，根据这一系统来研究一下恒压特性。要求出前面式(9.2)中的F、R_o和K的值，先计算输入变化的稳定率F值为：

$$F=\frac{1}{1+\dfrac{R_s(R_Z+R_L)}{R_ZR_L}} \tag{9.3}$$

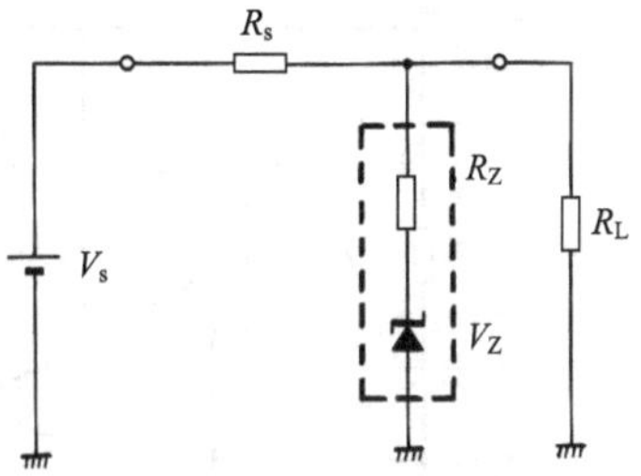

图9.8 齐纳二极管的恒压电路

如果R_Z(也就是齐纳二极管的工作电阻)远远小于负载电阻R_L和串联电阻R_s，则上式为：

$$F\approx\frac{R_Z}{R_s+R_Z}\approx\frac{R_Z}{R_s} \tag{9.4}$$

另外，如果把电源V_s的内部电阻包括到R_s里来考虑，那么这个恒压电路的输出电阻R_o为：

$$R_o=\frac{R_sR_Z}{R_s+R_Z}\approx R_Z \tag{9.5}$$

输出电压的温度系数直接反映出了齐纳二极管的特性。如果使用对于齐纳二极管温度特性较好的5.3V电压，比如02AZ5.6，$R_Z=30\Omega$，$R_s=3.3\text{k}\Omega$，那么F约为1/100。因此，当电源电压在30V±15%之间浮动时，V_Z在±0.15%之间变化。

后面要介绍的使用OP放大器的恒压电源中，齐纳的负载来自于OP放大器的正向输入端口，这儿的电流达到μA级。所以在计算中可以忽略齐纳的负载变动。一般在精确度要求较高的实际应用中，应该尽量减小流入基准电压部分的负载电流，以减小负载变动所造成的不必要的误差。

不同的齐纳二极管表现出截然不同的温度特性。02 Z 5.6A 的温度系数，最低值为 0.05%/℃，估计大概在 10℃时出现 0.5%的变动，而 50℃时变动为 2.5%。由此我们知道了普通齐纳二极管的最大弱点就是它的温度特性。这里例举的 02AZ5.6 型，作为一般用的齐纳二极管属于性能最好的型号之一。即便是这样，也会出现如此大幅的变动，因此作为使用 OP 放大器的基准电压源还必须再下点功夫。顺便说一下，A741C 的输入换算的偏置电压温度系数为 7V/℃，所以 7V 的基准电压就对应 0.0001%/℃，也就是说仅为 1ppm/℃。

9.2.3 电路的发展过程

单纯介绍一些简单的，既成的东西过于枯燥，下面让我们通过实例来完成一个电路的思考和形成过程。

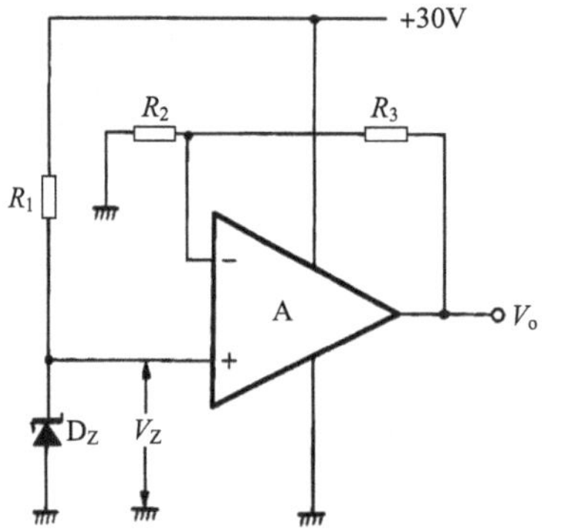

图 9.9 使用 OP 放大器恒压电源的讨论

选择图 9.9 的电路作为研究对象。直接使用 OP 放大器输出，5mA 左右的输出容量，电压为 10.000V，准确到 mV，按各种标准使用。把基准电压 V_Z 加到正向输入上，取出输出上的 $V_o = V_Z \cdot [(R_2 + R_3)/R_2]$。OP 放大器如果使用 741，则电源为 + 30V 的单一电源，即使有 ±15%左右的变化，也不会影响整个线路的正常运转。这一设计的问题点首先集中在基准电压上。如果是标准电池还可以(题外话，如果不是在 R_1 和 V_2 之间，而是在 A 的正向输入与地之间连接上标准电池，则可以形成一个好的标准电压源)，但如果使用的是齐纳二极管，重要的是它的稳定性。这一点前面已经讲到，图 9.8 的最大弱点在于温度特性，其次是输入变动。

为了改善这种状况，首先要在 V_Z 上使用温度补偿型齐纳。如使用 1S 2453 型，则 $I_2 = 10\text{mA} \pm 1\text{mA}$，温度系数为 0.005%/℃，也就是说可以实现 50ppm/℃以内的补偿。即使温度改变 50℃，变化也在 0.25%以内。如果加热之后使用的话，就会有 0.1%以内的稳定度。这样一来，输入变动就比较明显了。1S 2453 的 10mA 的电流流过时，R_2 值在 15Ω 以下。如果可以使用 R_1 上 15kΩ 的电阻，由式(9.3)就可以把输入变动压缩到 1/1 000。那么，电源电压需要计算为 150V 左右。这时候就要使用恒流电路。图 9.10(a)的场合，即使将 0～5℃的温度系数包括在内，输出电流的变动也可以很容易地控制在3%以内。恒流电路的等效输出电阻超过150kΩ。

图9.10(a)所示电路虽然还不算完善，但这里所示的恒流电路与基准电压所组合的部分已经作为单片IC生产制造了。比如，像AD580、581等就是使用的这种组件，并且还可以如图9.10(b)所示，与OP放大器组合而得到其他的电压。还有像齐纳那样汇集于2端口型的LM113，329，399等，329可以在输入电流0.5～15mA之间的较大范围下工作，399可以通过自动控制内部温度从而获得0.3ppm/℃(标准值)的稳定度。

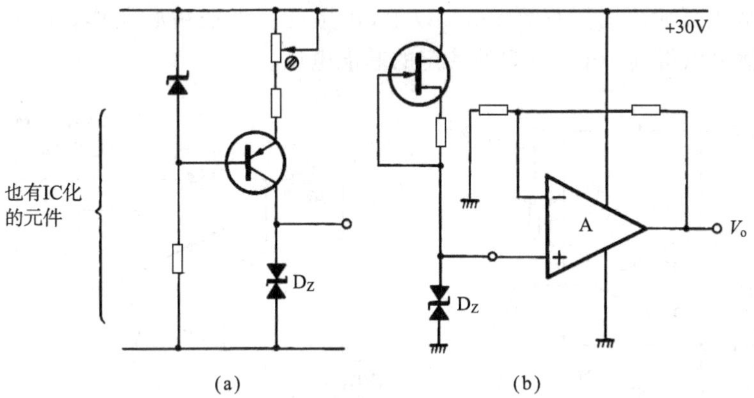

图9.10 使用恒流电源的情况

9.2.4 能否达到完善

观察图9.10形成的电路会注意到，由于输出电压V_o为10V，是一定的，如果作为齐纳二极管的电源来使用，就可以省去恒流电路。齐纳二极管虽然只有10mA，但也要消耗电流，OP放大器的输出全部被它吸收，这样就会导致温度特性有些恶化，为I_Z=5mA。如果增加一些成本也可以承受，还有1mA的温度补偿型齐纳。

图9.11所示看上去虽比较完善，但试验时却发现，按下电源按钮却没有输出电压。如果没有输出电压，齐纳二极管就没有电压产生，因此电路就没有输出，好像各方面都在较劲儿似的，导致电路没有输出。我们试着考虑几种起动方法。

① 从+30V起，把C和R串联与齐纳二极管连接。

② 运用电阻分割法制作5V的电压，通过二极管与齐纳二极管连接。

③ 为防止输出断开，从+30V开始连接电阻。

以上几种方法都可以起作用。但是还有没有更加清晰、完美的解决方案呢?

下面我们就来研究一下。

图 9.12 便是答案。R_1和 R_2使用的是温度系数为 20ppm/℃以下的金属膜电阻或薄膜集成电阻,矫正用的体电阻 VR 使用的是 100ppm/℃的微调电容。这样一来电路就变得非常简单。如果性能相同,那么越简单,就越是好的装置。这样的元件可以用于输出电压温度特性为 50ppm/℃的数字电压的校正。R_1由于齐纳电压的不同,必须调节在 3.3～6.8kΩ,这并联地加入到 R_1或 R_2校正电阻。如果对电路的精确度有更高的要求,价格就稍贵一些,但齐纳二极管上用温度系数更小的 1 S 2454。假设电源电压为 30V±15%,通过 3.3kΩ,流动+5mA,支援 OP 放大器。OP 放大器输出需要得到 5mA 以上,运用这一方法精心制作,在限定的温度范围内,就可以得到 10ppm/℃的稳定的基准电压。

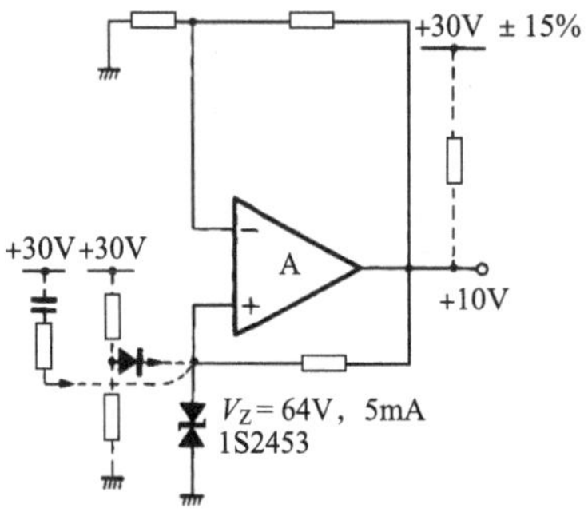

图 9.11　简单的电路,启动装置要研究

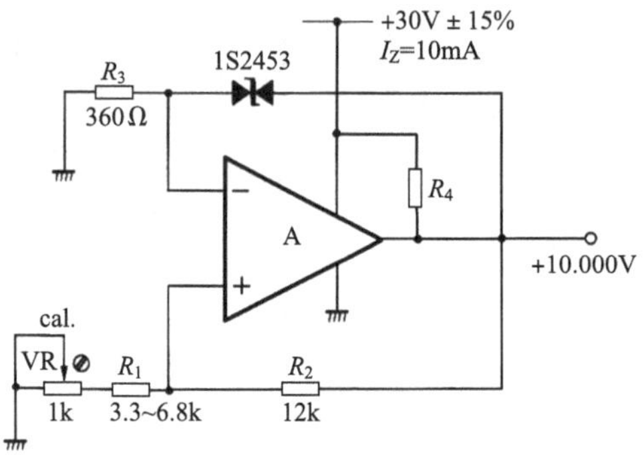

图 9.12　10000V 基准电压源的电路

9.3 扩大可能性

9.3.1 高电压的恒压电源

通过 OP 放大器和串联稳压器的组合也可以制作 100V 或 1 000V 的高输出电压,或者更高的恒压源。例如在图 9.13 中,电源设计输出电压为 0～1 000V,电流为 5mA。

在高电压电路中,比如基准电压为 5V,输出电压为 5 000V 的情况,增益为 1 000,也就是说消耗 60dB。所以,在此条件下,要想获得 40dB 的环路增益,至少需要可增益 100dB 的误差放大器。这个值如果电源专用 IC 是远远不够的,所以使用 OP 放大器有效。

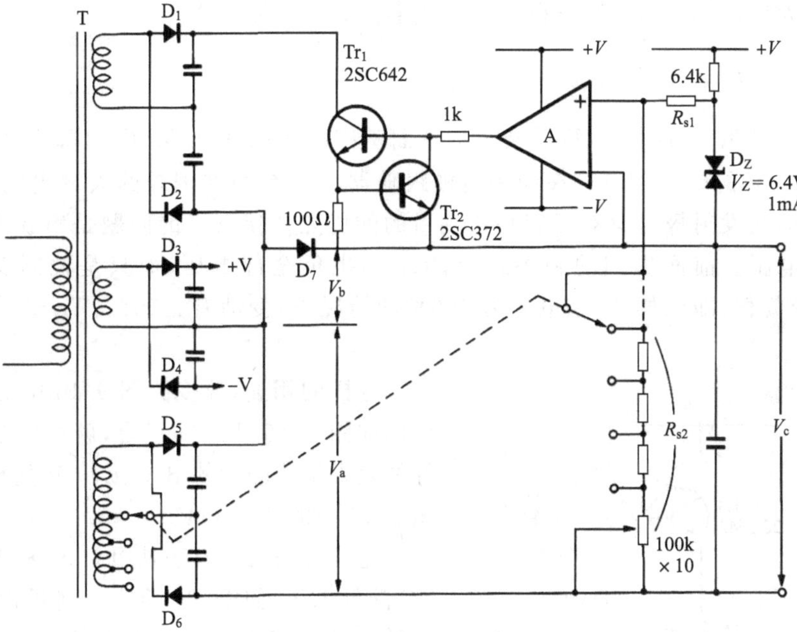

图 9.13 0～1 000V 的恒压源电路

控制高电压的部分一般可以使用高耐压晶体管或者功率 MOS FET。这里示意了下了一番功夫的如图 9.13 所示电路。工作原理如图 9.14 所示，在经过整流的高电压 V_a 之上，累加具有输出范围在 0～400V 的恒压电路的输出 V_b，然后连接以达到其合计为恒定电压 V_c。

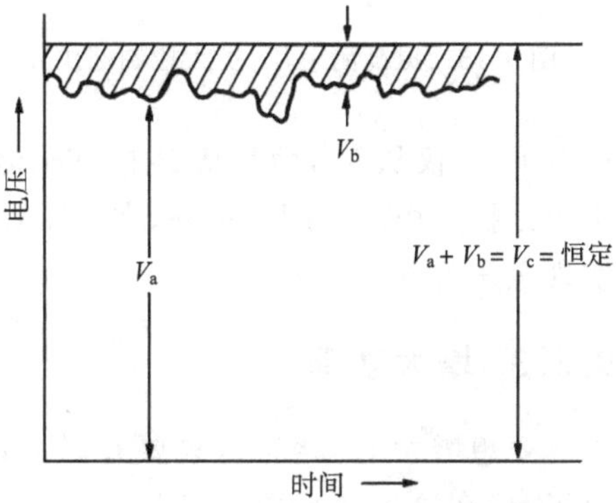

图 9.14 和差式恒压电源的原理

因此，恒压电路部分的实际负担电压为 400V，而输出有可以获得恒压为 1 000V的特征。笔者称之为和差式，这种和差式已经有十多年一直供给实际应用。Tr_1 在那个时候的使用中具有业绩，虽然现在成为了古老的晶体管，但名称依然保持不变。现在已经过了专利期限，可以自由使用了。

让我们来看看在 V_b 的可变范围内，可以覆盖的输出电压的情况。比如，100V 的改变，要通过改变检测电路的可变电阻进行；广范围的改变，则需要改变成为垫脚石的 V_a，所以就要改换变压器的抽头和分压电阻它们二者。超负载保护由通过恒压电路 Tr_2 获得的电流限制特性和二极管 D_7 实现，对于额定电流以上的负载，

V_b几乎为零，D_7导通，就和正在制作 V_a的普通整流电路一样。

9.3.2 扩大电压的范围

前面图 9.13 制作 V_b稳压器结构下面基础位置的部分，除了 V_a以外，可以作为 0～400V 的电源使用。在使用射极跟随器型具有稍许困难的大输出电路中，图9.13的共发射极型具有可容易达到目的的优点。接下来的问题是串联稳压器的负担电压。前面提到的和差式中，Tr_1 不担负全部电压，而只是控制变动部分，减少负载，即使如此，在电源为 300V 的情况下，变动有±20％，Tr_1 也会达到 1 200V。

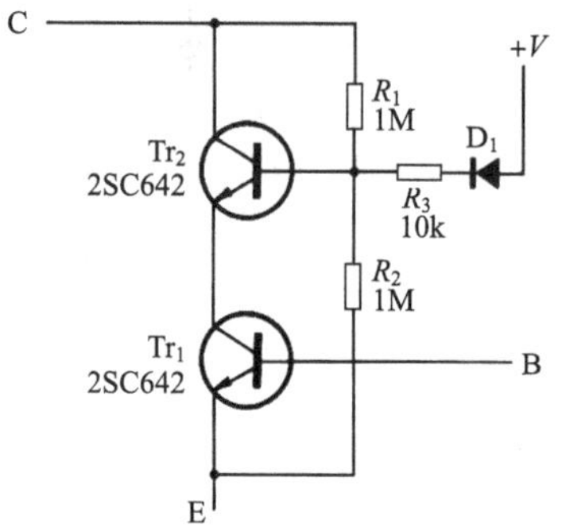

图 9.15 提高耐电压，扩大控制范围

这样的用途，改变为图 9.13 中的 Tr_1，使用如图 9.15 所示的组合，就可以达到较好的效果了。图中的 B、C、E、+V 均相当于图 9.13 中的 Tr_1、+V。

通常使用的好方法是用 R_1和 R_2分割 E－C 间的电压，使得 Tr_1 和 Tr_2 各承担一半。但是，这样做会导致负载电流增加，当 E－C 间的电压下降时，从 B 流出的基极电流增加，但只有 Tr_1 达到饱和，Tr_2 自己承担剩余的电压。因此，在 Tr_2 的基极通过 D_1，与 +V 相连接，当 Tr_1 的集电极电压下降到 +V 以下，不仅从 R_1，而且从 R_3向 Tr_2 流动基极电流。同样，串联三个或四个晶体管也可以扩大控制范围。另外，在这个地方使用功率 MOS FET 也可以不费力气地实现电压范围的扩大。

9.3.3 增大功率

要想增大电流容量，只要并联晶体管就可以了，但在这里还是要花点儿功夫。在图 9.16 中，Tr_2 和 Tr_3 不是单纯的并联，而是发生了一些变化。从 OP 放大器发出的信号从 B 进入，通过 Tr_1 的射极跟随器，加入到 Tr_2 和 Tr_3 的基极位置上。在此信号电流较小的时候，由于 R_1中的电压下降达不到晶体管 D 的限制值 0.6V，Tr_3 截止，只有 Tr_2 工作。Tr_2 的连接处有 R_2，所以当 Tr_2 从截止到饱和变化的时候，E－C 间从开路到 R_2之间的范围，内

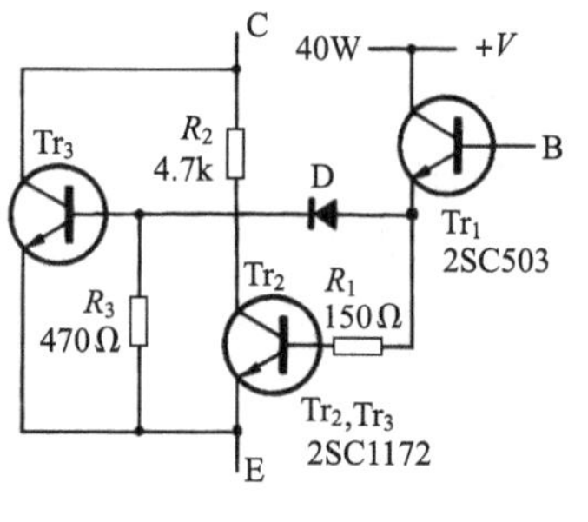

图 9.16 降低集电极损失的电路

部电阻发生变化。Tr_2 饱和后，更增加信号电流，这时通过D，电流开始流入 Tr_3 的基极位置。然后接着在 Tr_3 达到饱和之前，E－C之间的内部电阻由 R_2 开始变化直到基本为零。

虽然在这里我们把这一过程分成两个部分介绍，但是在实际应用中，这两个过程是不间断地、连续发生的。特点是在前一阶段中，R_2 串联加入到 Tr_2 中，Tr_3 开路。而在后一阶段中，Tr_2 始终经常截止，R_2 并联接入 Tr_3。

经过周密地计算发现，这一电路中损失的能量其中3/4都是 R_2 所消耗掉的热量，剩下的1/4则是 Tr_2 或者 Tr_3 消耗掉的。图9.16代替图9.13中的 Tr_1 使用，就可以制作得到输出为0～1 000V，负载最大为60～120mA左右的恒压源。当然，电源变压器和整流电路要预先增加到必要的容量（这一电路是作为专利编入本书里的）。

9.4 基于OP放大器的恒流电路

9.4.1 简单的恒流电路

在此篇以前本书中出现的电路图上，经常看到简单图形，如本书中频繁使用图9.17(a)所示的恒流电路，就是电路技术应用中不可缺少的部分。首先来分析一下其基本的例子。图9.17(b)是最典型的电路。在这个电路中，晶体管的发射极电流 I_E、基极的输入电压以及 V_Z 之间的关系式为：

$$I_E=\frac{V_Z-V_{BE}}{R_1} \tag{9.6}$$

输出电流 I_C 包含只在基极电流部分的误差，假设当 h_{ef} 为100的时候，误差仅为1%。如果看作 $I_E \approx I_C$，就可得到恒流输出。相反，在电源的负极一侧，要想在电流流入的一侧放入恒流电路，如图9.17(c)那样做。假设要制作约1mA的恒流电路，则由上式选择 $R_1=4.7\ k\Omega$，$V_Z=5.3V$ 等。基准电压不限于其他的齐纳二极管，如果代替 V_Z 加任意电压，用该电压控制的恒流电源，即负载电阻不受任何影响，能够以流动受 V_Z 控制的一定电流为目的使用。

通过前面的式(9.6)可以清楚地看到，V_{BE} 与恒流输出有关系，所以 V_{BE} 的温度系数约为－2.5mV/℃，对于恒流输出有影响。如果赋予 V_Z 同 V_{BE} 相当的负温度系数，便有可能抵消它所产生的影响。有这种必要的场合，这里组合温度补偿用的二极管或晶体管后使用。如果不使用齐纳二极管，而像图9.17(d)那样，在 Tr_2 中引入其他电路的一定电流 I_s，以发射极电路的电压降为基准，Tr_1 和 Tr_2 内部的发射极电阻 R_{e1} 与 R_{e2} 相等的话，Tr_1 侧可以作为输出电流 I_s 的恒流源利用。在IC内部也经常运用这个性质。

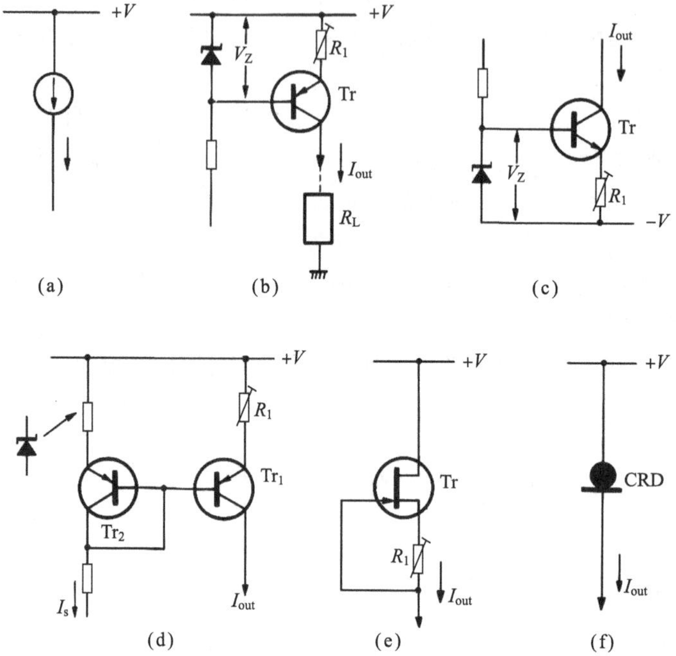

图 9.17 恒流电路校正

关于图 9.17(b)，为了让 Tr 正常工作，I_{out}上连接负载的正极一侧，V_Z至少需要从＋V线开始下降。否则，Tr 就不会作为晶体管工作，而无法形成恒流电路。因此，必要电压应该大致相当于 V_Z。如果在电源电压小的用途中，V_Z大，那么，可供剩余的重要负载使用的部分就没有了。必要电压较小的图 9.17(d)或图 9.17(e)中所采取的方法有效果。

利用 FET 的恒流特性，为了使齐纳产生恒定电压，发表了几种提供恒流的恒流元件。CRD(Current Regulator Diode，稳流器二极管)也是其中之一。这些简单的元件可以应用在大部分的恒流电路中。这里所得到的恒流特性取决于元件的选择方法和常量，连接允许范围内的各种负载的时候，恒流至少要在 1%左右。其温度特性一般也在百分之几到百分之一左右，可以暂且把它当作百分级的恒流电源。

9.4.2 基于 OP 放大器的恒流源

使用 OP 放大器就可以制作性能优良的恒流电路。图 9.18(a)列举出了恒定电流 I_L流入接地负载 R_L中而形成恒流源(constantcurrent source)型的电路。其工作原理为，为了使输入信号电压 V_s和 I_L流过电阻 R_1所产生的电压值相等，OP 放大器自动控制 P 沟道结型 FET 的内部电阻。图中，负载电阻 R_L的一端接地，

JFET 的耐电压可以加在许可范围内的负电源上。恒流输出为

$$I_L = V_s / R_1 \tag{9.7}$$

控制元件上使用了 JFET 的情况，输出电流的最大值为 FET 的 I_{DSS}，也就是说在门电路刚要导通之前，FET 可提供的电流达到最大值。超过它以后，即使 OP 放大器发出控制信号，FET 的内部电阻也不会再减少了。

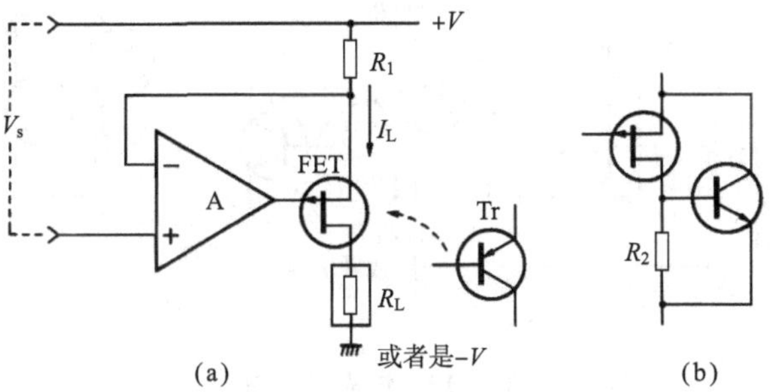

图 9.18 恒流源

如果把 PNP 晶体管使用在控制元件上如图所示的极性，就可以形成进行同样工作的恒流电路。由于可以把 PNP 晶体管控制在即将导通之前，所以就不存在像 FET 那样的最大电流的制约。但还有一个更大的缺点，那就是基极电流加给恒流输入，有误差。由 OP 放大器提供的基极电流在集电极流出，不经过电阻 R_1，所以产生了 Tr 的 h_{FE}分之一程度的误差。在实际应用过程中，如果对精确度要求不高，也可以在控制元件上使用晶体管。如果要求在较精密的状态下使用大电流的时候，就可以如图 9.18(b)所示，产生 P 沟道 FET 和 NPN 晶体管的达林顿接续效应。于是，晶体管的基极电流也全部通过 R_1，OP 放大器的控制信号只进入 FET 的门电路，因此便不会产生误差。选择电阻 R_2值，要使 FET 的最大电流能够让晶体管达到导通的状态。有公式可以计算出这一电路的输出电阻，在使用 FET 的情况下约为 $10^{12}\Omega$。并联电容因 FET 或者达林顿接续的晶体管不同而变化，变化程度在 2～20pF。

9.4.3 基于 OP 放大器的恒流接收器

和前面列举的例子相反，图 9.19 表示的是流入电流的恒流接收器(constant-current sink)。它的工作原理和前面的相同，在控制电流的元件中使用 N 沟道结型 FET，在接地一侧加入电流检测电阻，这样就形成了电流流入方向的恒流电路。虽然 R_1和 V_S的负极均接地，但当需要扩大电压振幅的时候，也有可能一起变成－V。

由于在控制元件中使用了 JFET，所以可以获得误差极小的恒流电路，其最大

电流可达到 I_{DSS}。在这里，使用 NPN 晶体管取消了最大电流的限制，而另一方面也增加了基极电流部分的误差，这一点与恒流源的情况是相同的。

使用 FET 和达林顿晶体管时的结构，源极的极性的改变不采取一致的方式，而是如图所示，这样更加有利于在晶体管上使用种类、功率丰富的 NPN。

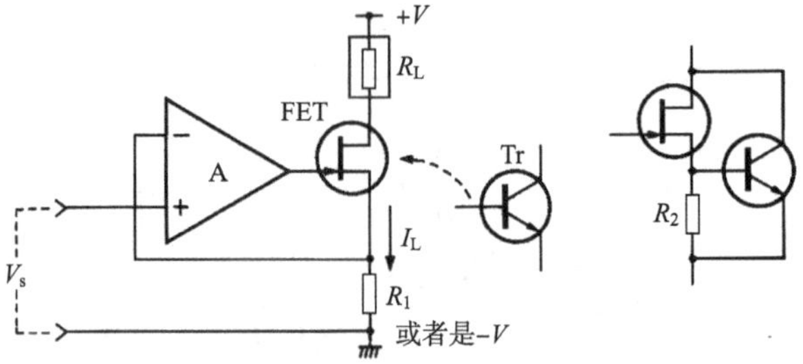

图 9.19 恒流接收器

9.4.4 变更基准电位的方法

若把精密的恒流电路当作电流信号源而不是电源来考虑的话，就可以构成超越电压问题的各种各样的电路。前面 6.2 节中讲到的将电压信号转变成电流信号的方法便是一个例子。这里列举一个简单的例子，如图 9.20 所示，将恒流接收器与源极组合，改造恒流源极，使信号输入把接地作为标准。

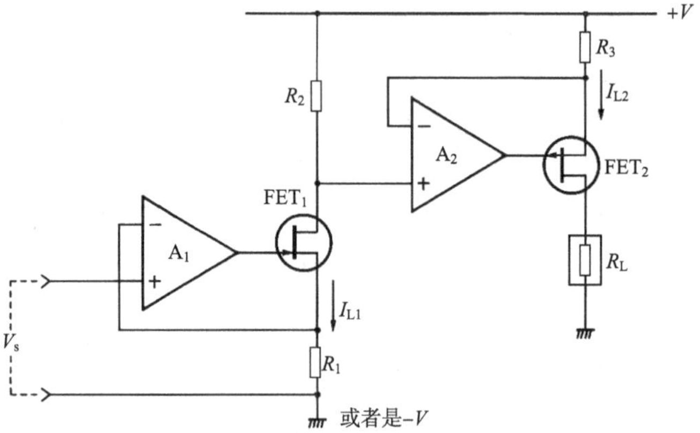

图 9.20 以接地为基准的恒流源极

电路的工作过程是以上两个的组合。信号输入 V_s 进入 A_1 恒流接收器，FET_1 的输出电阻约为 $10^{12}\Omega$，因此在 FET_1 的耐电压范围内，即使电压改变 10V，电流的变化也只有 0.01nA。由于电路本身具有此优良特性，与 V_s 成一定比例的电流流入 R_2，所以在 R_2 的两端就产生与 V_s 成一定比例的电压，于是就成为图 9.18 的工作电路。

9.4.5 双极性恒流电路

前面讲到了恒流源和接收器，下面想讲一下双极性恒流电路(bilateral constant-current source)的问题。这是一个较复杂的问题。各式各样的电路有许多种，但是并不像以上讲到的恒流源和接收器那样，元件简单，且性能优良。因此，如果单极性可以的话，我们推荐尽可能使用以上两种方法。

前面第 6 章所讲到的图 6.10 是双极性恒流电路中有名的例子。但是作为实际的电路，如果组装到产品中使用，几个月以后得到的特性就远不如前面所讲的恒流源特性。

究其原因在于，这个电路很强地依赖于电阻的平衡。因此，在模拟电路中使用没有误差的电阻进行试验的时候，工作顺利而且性能优良。但是，如今的实际使用过程中，高稳定性电阻比高性能的 OP 放大器发挥的作用更大。至少要使用精确度达到 1%的电阻。即使这样电路也只是进行一般性工作，达不到前面恒流源那样的输出电阻为 $10^{12}\Omega$ 的水平。

图 9.21(a)也是如此，在第 6 章所讲的电流反向器的信号一侧，把信号电压加到那里，代替反向输入与输出间的电阻所产生的电压，形成双极性恒流电路。这时输出电流为，$I_L=V_s/R_1$ 既简单明了，又无需涉及到电阻值的问题。这一电路在可以省出信号源 V_S 这一用途上非常适用。差动输入的图 9.21(b)在文献[17,18]中也有介绍。虽然方便，但与图 6.10 同样存在着由于依赖电阻平衡和 OP 放大器的 CMR 特性而造成的性能低下的问题。

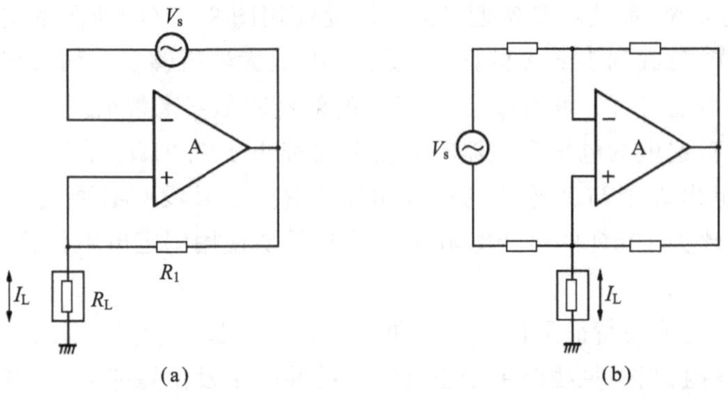

图 9.21 可以省出信号源时

图9.22中的例子是为了减少这方面的制约而使用多个OP放大器的实验方案。为了消除电阻R_3对R_2的影响，加入了电压跟随器A_2。还有，在信号源V_s的内部电阻不能忽视的场合，在标有×的地方也插入电压跟随器。

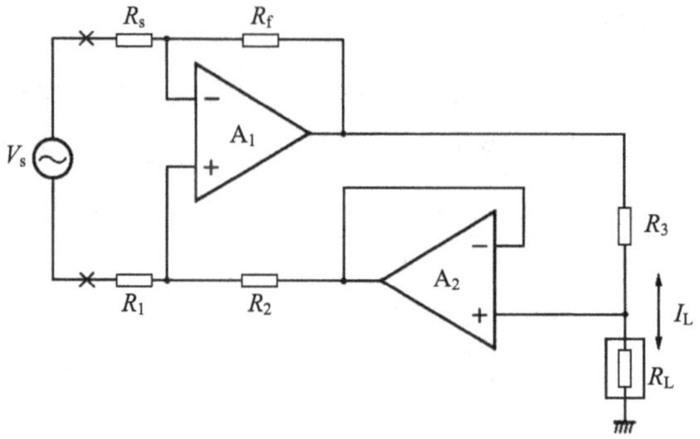

图9.22 为保持电阻的平衡所采取的方式

9.5 各种各样的电源电路

9.5.1 有源可变电阻器

有许多情况都要从一个电源中分出一半的电压，比如要用一台30V的电源供给OP放大器±15V的电压，如图9.23(a)所示将VR放在正中央，这样使R_1和R_2相等，看上去好像可以做到，其实并非如此。当电路负载很小、R_1和R_2比起R_{L1}和R_{L2}来小很多的时候，这样做是可以的。但当接入大量负载时，这样做只能单纯加大R_1和R_2的功率，而达不到预期目的。因此使用图9.23(b)所示的电路。电压跟随器发挥工作，负载到10mA的话，只要有OP放大器就够了。如果想使用更大的负载，那么可以通过Tr_1和Tr_2，让双极性的射极跟随器来帮忙。

不论如何，这里的电压跟随器的输出电阻都小于0.01Ω，可以认为图9.23(a)中的内部电阻出现了与其等值的可变电阻VR。如果没有必要使用可变电阻的话，即使分压比为10kΩ的可变电阻VR，也还是要使用固定电阻代替，这样电阻值就会稳定。

这种回路的另一特征是进入Tr_1和Tr_2的集电极的R_1和R_2的使用方法。如果没有这些电阻，当中央线路由于正负输出的某一个发生短路时，电源容量就会流向相反一侧的晶体管，使晶体管损坏。例如R_1和R_2的值，把30V的输入平均分为15V，按例子计算要想取出100mA的电流时的值，则为：$R_1=V_{L1}/I_{L1(MAX)}=15/0.1$。

R_1和 Tr_1 的最大功率 P_C在双方负担电压相等时为：$P_C = V_{L1} \cdot I_{L1(MAX)} / 4 = 15 \times 0.1/4 \approx 0.4(W)$，如果这样，就可以使晶体管的1.5W 的必要损失减少 3/4，并且可以起到超负载保护的作用。至于 OP 放大器的使用，741，301A，TL081 任何一种都可以。

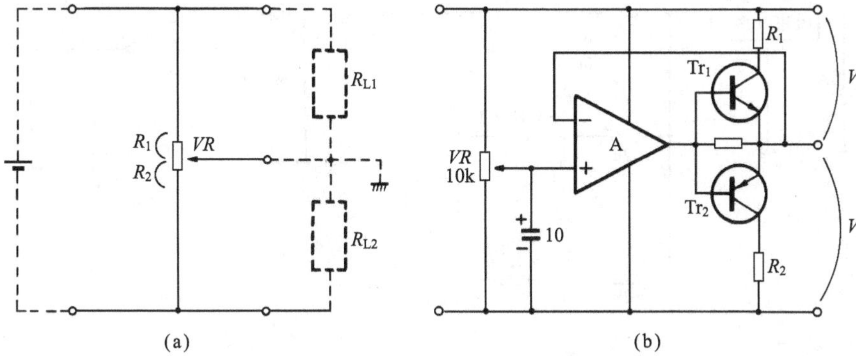

图 9.23 活性变阻器(有源可变电阻器)

9.5.2 校正用微小电流源

图 9.24 中所示的是用于电流-电压变换器等校正用的微小电流信号源。它与普通恒流电源稍有不同，应用的是电流输入型 OP 放大器。电源 V_S使用水银电池、干电池或者镍镉电池，最好不要连接交流电源。然后设计制作一个稳定度在 0.01～0.1%左右的恒压电路，取出 0～5.5V 的电压。将 0～0.05V 的输出电压平均分为 10 等份，使用旋转开关或用分压器螺旋分压器等)转动 10 圈可以调节电压。

这种电源最重要之处是，例子上最高灵敏度的范围就为 R_3 的稳定性。灵敏度还没有超过最好的。这种电阻价格比较昂贵。所以，定购误差在±5%以内，采用 R_1取±10%调整范围组合起来使用。所以电源恒压电路的输出是 5.5V 的零头值。

校正的时候，如果有皮安表或振动电容型的电流表，可以代替试验回路，连接皮安表或振动电容型的电流表调节 R_1。一旦能够得到厂家标准准确地测试 R_3，就可以根据数据来调节 P 点的电压，使恒压回路的刻度盘指针在 10.00 的时候，调整 R_1正好达到 1×10^{-11} A 的电流流动。而且，用这种方式校正一侧的高敏感度电流表，输入必须是虚接地的。如果有偏置，从电源流入的校正电流就会产生误差。这是因为改变了 0～5.5V 的基准电压，如果看刻度表的指示，当输入电压与指示值“零”不符的时候，就可以马上知道，也可以再经过计算进行修正。用于 R_3那样的高电阻，美国的 Victoreen 公司的产品比较有名。但为了保持这种超高电阻的精度，需要每三个月对其进行一次校正，这样就可以保持精度在1%左右。

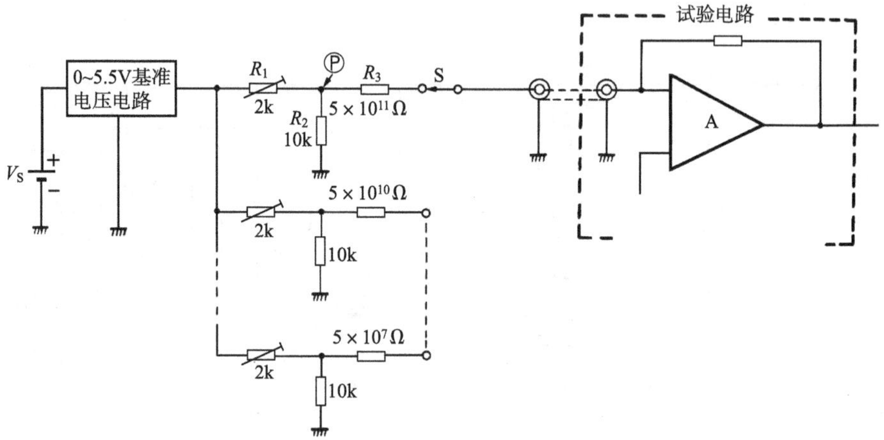

图 9.24 微小电流信号源的例子

第 10 章 微分电路、积分电路中的应用

10.1 微分电路、积分电路的要点

10.1.1 OP 放大器和积分电路

在 OP 放大器的反馈电路中，用电容来代替一部分电阻可以产生比较好的效果。图 10.1 所示的电路便是用 C_f 来代替反相放大器 R_f 的例子，称为积分器。这种电路是许多实际应用的基础，这里从理论上对其进行一些分析。

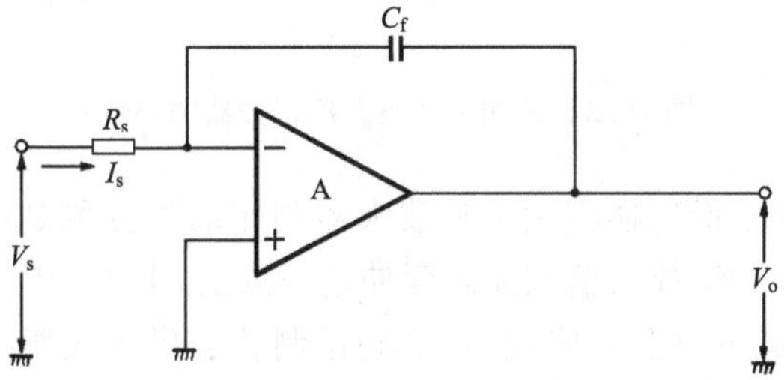

图 10.1 积分器的原理图

输入电压为 V_s，其他元件的参数如图所示，输出电压 V_o 为：

$$V_o = \frac{-1}{C_f}\int_0^t I_s \mathrm{d}t \tag{10.1}$$

也就是说，输出端是输入电流积分的结果。只要 OP 放大器正常工作，反相输入端口就为虚接地，因而 $I_s = V_s/R_s$ 的关系式成立。将其带入式(10.1)中，很明显得出：

$$V_o = \frac{-1}{C_f R_s}\int_0^t V_s \mathrm{d}t \tag{10.2}$$

此式表示的是输出电压与输入电压 V_s 的积分值成比例的关系。这是有关于积分器的理论，图 10.2 显示了积分器实际应用中的特性。

伯德图上的一条虚粗直线表示理想的积分器。积分参数同上式为 R_s，C_f，则其特性频率 f_α 为：

$$f_\alpha=\frac{1}{2\pi R_s C_f} \tag{10.3}$$

横穿过 0dB 直线的斜度为-6dB/oct($=20$dB/dec),其直线从左上到右下无限延伸。

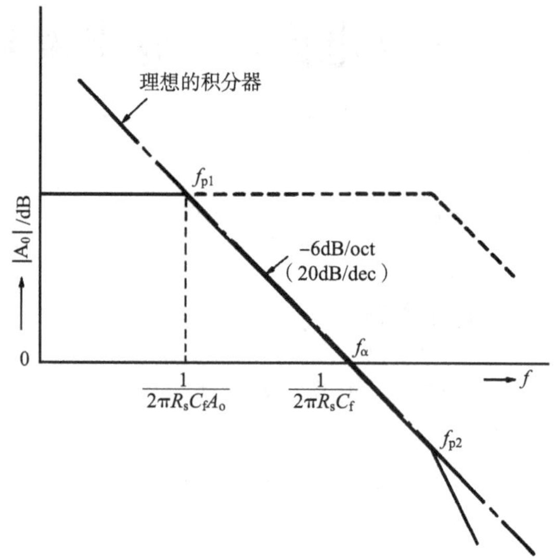

图 10.2 使用 OP 放大器积分器的特性

然而,实际应用中像这样利用 OP 放大器制作的积分器是不存在的。在图的左上方频率较低时,对于放大倍数无限延伸这一点上,由于 OP 放大器的低域的放大倍数 A_0最大,不能再向上延伸,所以受到限制。会像实线所标示的那样弯曲下来。因此,在这个电路中,频率在 f_P以下时,积分器并不像曲线图所显示的那样工作。但是,在实际应用过程中会注意到 f_p恰恰有其便利的地方。设放大倍数为 A_0,则有问题的 f_p为:

$$f_p=\frac{1}{2\pi R_s C_f A_0} \tag{10.4}$$

采用这种方法,低频率的也没有任何问题了。可将其看作是从 f_p开始向上,在准确的 6dB/oct 下降的高域屏蔽型的滤波器。

但是,当 OP 放大器的净放大倍数 A_0发生变化时,f_p也要发生变化,这就麻烦了。这时候就要并用电阻的负反馈。这样

$$f_p=\frac{1}{2\pi R_s C_f A_{NF}} \tag{10.5}$$

就可以稳定地使用。图 10.3 示意的是反相放大器的例子。这里把 $A_{NF}=-R_F/R_s$ 带入上式,得出:

$$f_p=\frac{1}{2\pi C_f R_f} \tag{10.6}$$

这个运算式是利用 R_f 和 C_f 给予负反馈放大器的带宽。平时我们见到的 OP 放大器电路中，在 R_f 中接入电容调节响应，就是运用了上述原理。

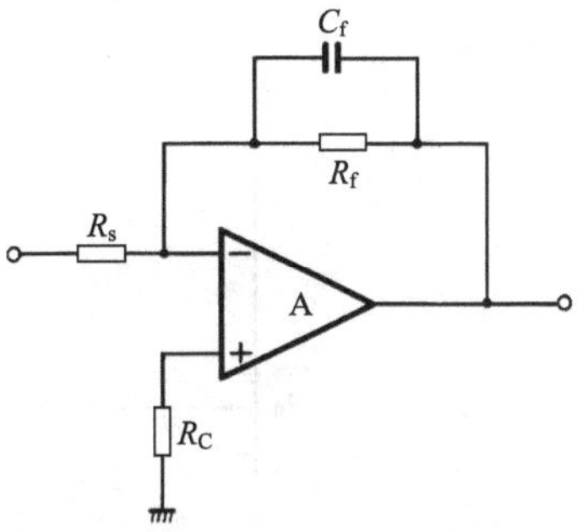

图 10.3 使用 OP 放大器的实用积分器

当频率高于 f_α 时，OP 放大器本身 f_{p2} 的极点上就出现问题。如图 10.2 所示，f_{p2} 之上又增加了一个极点，于是偏离 6dB/oct 这条线，而又出现了一条新的斜线 12dB/oct。如果这样的特性有必要，就可以看到 OP 放大器的极点具有更高的作用。即使积分器本身不成问题的场合，在 f_α 附近，也就是说 0dB 直线之上如果出现第二个极点，就会由于 A_{NF} 的大小不同而产生阻尼振荡或振荡。因此，f_{p2} 比 f_α 还是高一位数以上比较安全。

这样一来，形成的实际积分器如果处于图 10.2 中的 f_p 与 f_{p2} 之间的频率范围，就可以作为用式(10.2)表示的完全积分器进行处理。

还有一点很重要，就是电路并不是如图 10.1 所示的那样，先定形状然后形成积分。也就是说不能由电路形状来决定积分，而更要注重积分器的常量、频率和超出范围等因素。这一点在接下来要讲的微分电路中也很重要。

10.1.2 OP 放大器和微分电路

微分电路与积分电路相反，如图 10.4 所示，在 C_S 处连接到输入信号就可以了。但是，这种电路会出现振动，并没有实用价值。其原因在于，如果信号源 V_s 的电阻为零，经过 R_f 在 C_s 点形成连接返回的反馈电压，于是在 $1/(2\pi R_f C_s)$ 处产生极点，理想地满足了刚才在振荡一节中论述的在 OP 放大器外部低频范围产生极点的条件。

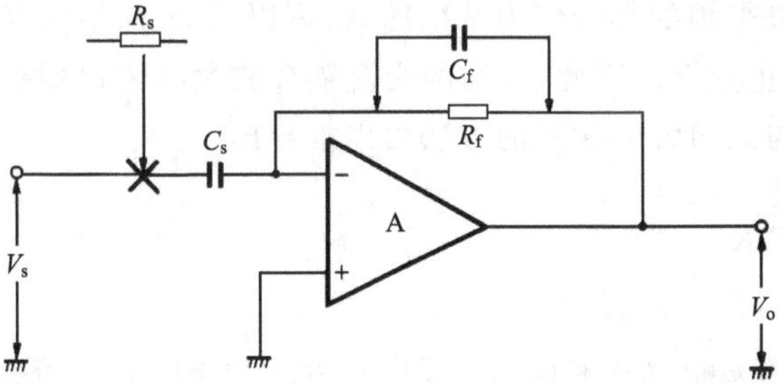

图 10.4 使用 OP 放大器的微分器

用伯德图画特性为图10.5(a)线，(a)直线如果保持不动就产生振荡，噪声大而无法使用[1)]。因此，要想解决这些问题，需要在实际应用的微分电路中加入 R_s 和 C_F 这两种元件。

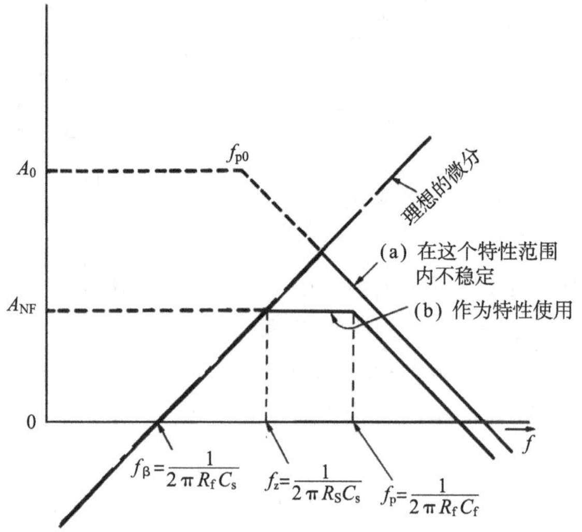

图10.5 使用OP放大器的微分器特性

如果串联接入 R_s 和 C_s，就形成频率特性如该图(b)曲线所示，上面为水平。如果 R_s 小，这样还不能达到稳定，需要补偿把 C_f 并联地放入到 R_f 上。以其效应加积分，形成的特性如该图(b)曲线所示。由于串联放入到 C_s 的 R_s 效应，放大倍数受到 A_{NF} 的限制，但实际工作稳定，反而更合适。

像图10.5的一条虚斜线那样，特性向高频率无限延伸的微分器在实际应用中是不存在的，从上面某处开始为微分特性。正如前面所讲到的积分电路的情况，f_p 点以上才能表现出积分器的性质，作为微分电路的特性，只有在 f_z 以下的频率范围，才能得到发挥。微分电路听上去很复杂，好像有什么特别之处，其实它的原理并不复杂。以中央平坦的部分作为基准的话，可以认为 f_p 是像高域的截止频率那样，f_z 是低域的截止频率。因此，普通的交流耦合放大器可以看作是微分电路的一种实际应用。用与式(10.6)相同的方法可以推导出：

$$f_Z=\frac{1}{2\pi C_s R_s} \tag{10.7}$$

---

1)易产生振动的原因是由于在 R_f 和 C_s 处产生了极点。噪声增加是因为在 C_s 处接地，如果在高频区考虑的话，$A_{NF}=-R_f/R_s$，R_s 几乎为零。因此输入换算噪声由于OP放大器的开环增益加倍，在输出上表现、且噪多的高频区被强调，所以信噪比(S/N)不理想。

10.1.3 微分、积分的计算

用计算式求微分和积分并不难。而使用图 10.6 的图表就可以更直观地了解其特性。首先让我们以积分器为例进行分析。图中右侧下降的斜线表示的是积分器的 R_s 和 C_f。比如，当 $R_s=100\mathrm{k\Omega}$，$C_f=100\mathrm{pF}$ 的时候，从右边数第四条线表示的就是它的特性。但并不是说所有的特性都表示在这一条直线上，当 OP 放大器的增益值足够大，R_f 达到 10MΩ 的时候，$|A_{NF}|=R_f/R_s=10\mathrm{M\Omega}/100\mathrm{k\Omega}=100$。频率特性表现在图中的粗虚线上。图中表示的是 C，R 组合常数的一例。为其他组合也可以。比如，用 10kΩ、0.001μF代替 100kΩ、100pF 在取大的 A_{NF} 值时有利。R_s 和 C_f 的乘积可以为这个值。

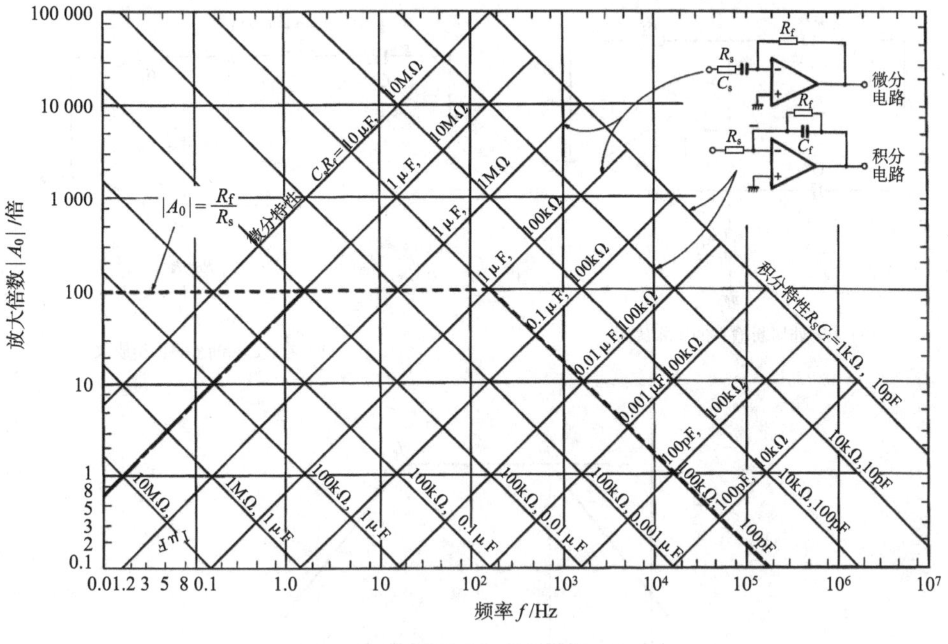

图 10.6 积分器、微分器的特性计算图

微分特性也是一样的，只不过这次是关于 C_s 和 R_f，用图上右上至左下最上面的斜线来表示。如果两者同时使用就是带通特性，例如，R_s 为 100kΩ，C_s 为 1μF，R_f 为 10MΩ，C_f 为 100pF。这个时候虚线的特性在低域像一条点划线那样下降。

10.2 使用交流耦合

10.2.1 正相型的交流放大器

如果一遇到直流的特性延伸情况就变得不好时(如图 10.7(a)所示,在电路的 C 处切断),就形成了交流放大器。比如,输入信号的频率范围超过 100Hz 的时候,减小工业用电源频率附近的敏感度,可以降低噪声以及交流信号的干扰。更普遍的情况是在不需要 DC 成分的时候,使用交流耦合或者如图 10.7(b)所示干脆减低直流领域的增益后使用。

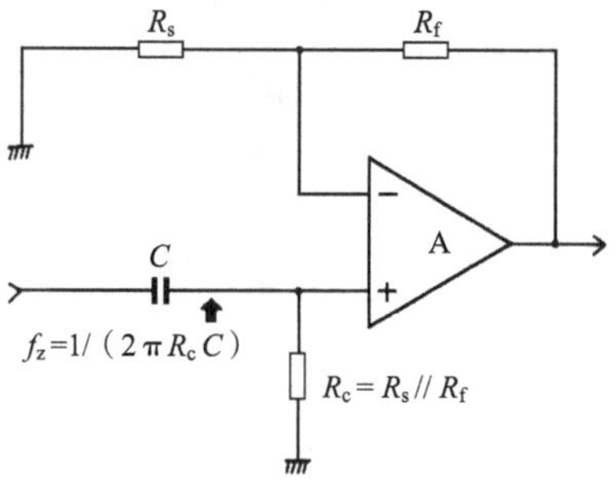

(a) 在C处切断输入的正相放大

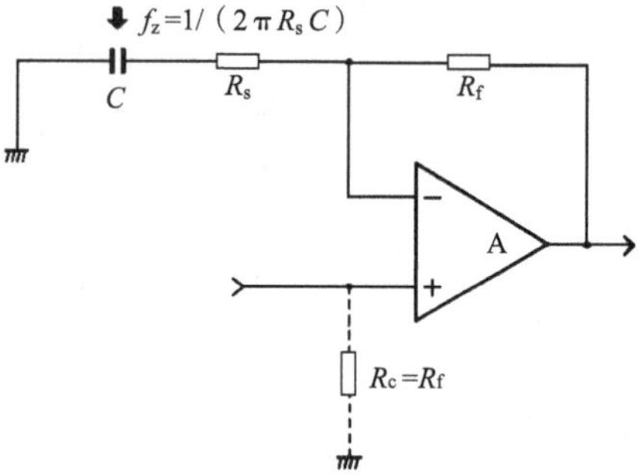

(b) 在C处切断R_s的正相放大

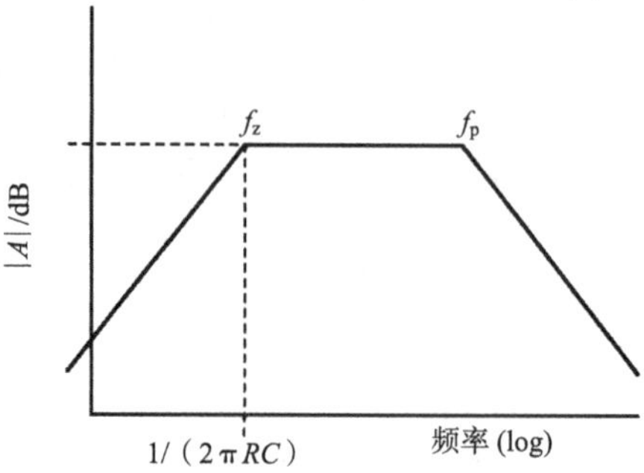

(c)

图 10.7 交流的正相放大

图 10.7(a)OP 放大器的偏置电压电流,正像放大器计算的那样表现在输出上。图 10.7(b)则相反,对于直流 $R_s=\infty$,即使有少量漏电流,也远远大于 R_f,为大的电阻。于是这一层电路的放大倍数接近 1,作为交流放大器的增益值再大,也不用担心偏置电压的问题。这种放大器的频率特性如图 10.7(c)所示,$f_z=1/$

$(2\pi RC)$，低域为 20dB/dec，是下降的图形。这样一来 R_c 就成为了输入电阻，而作为正相放大器特性的高输入电阻没有出现。第 7 章中讲述的在 R_c 上使用自举方法可以改善这一问题。

10.2.2 反相放大器

以同样的思考方法来思考交流反相放大器，如图 10.8 所示。在串联进入到 R_s 的 C_s 点切断输入，直流电路的放大倍数与前例相同为 1，这样就不用担心偏置的问题了。电路的输入电阻在 f_Z 以上为 R_s，这点反映出了放大器的特性，表示适合使用于低电阻的电路中。如果输入电阻取得很大，那么 R_s 也必须增大，而且由于使用 OP 放大器的不同，对 R_f 有最大值的限制。因此，希望输入电阻较高时，最好使用以前讲到的正相型电路。

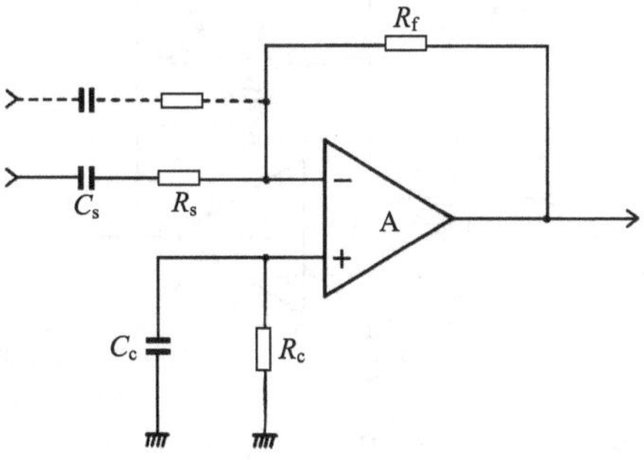

图 10.8 交流的反相放大

图 10.8 则相反，可以与前面的加法放大器一样，与各种时间常量和直流耦合的输入混合使用。极点的频率只要 CR 的常数正确，就会如同大部分计算的那样得到低频截止特性，输入相互间的干涉也很少，这是这种电路的一大优点。

当 R_f 使用接近 OP 放大器极限的最高电阻值时，经常在输出会出现放大器偏置的问题。解决方法就是插入和 R_f 大小相等的 R_c。如果 R_c 大于 100kΩ、甚至在 100MΩ 以上时，有时就会产生交流增益低下或发生振荡等问题。这时使用电容 C_c 制作旁路可以防止 R_c。如果合适的值，通过 R_c 的使用方法，和没有使用的情况相比，通用 OP 放大器的输出偏置改善了将近 10 倍。有些 OP 放大器内置有偏置消除电路，此装置用于这种放大器有可能不起作用，具体可以参考第 2 章所讲的内容。C_c 的值虽然不精确，但是为了使与 R_c 的乘积大于其他输入电路的参数，可以作为旁路电容来使用。

10.2.3 使用交流放大省去零点调节

前面的图 10.7(b)和图 10.8 的特征——交流的放大倍数与直流的放大倍数有很大的差异，这一使用方法非常值得注意。这一情况表示可以把 OP 放大器分为直流系与交流系两组电路来使用。

下面举一个例子。图 10.9(a)表示的是一个具有较大增益值的交流放大器。当 $R_s = 10\text{k}\Omega$ 时，要想得到 1 000 倍的放大倍数，那么 R_f 要为 10MΩ，如果是普通放大器，有可能会出现输出电压的 DC 电平不稳定。因为是交流放大器，并不需要输出完全以零为中心。但是如果偏颇太过严重，就会无法得到动态范围，而且输出不稳定的话，也会影响后面电路的设计。

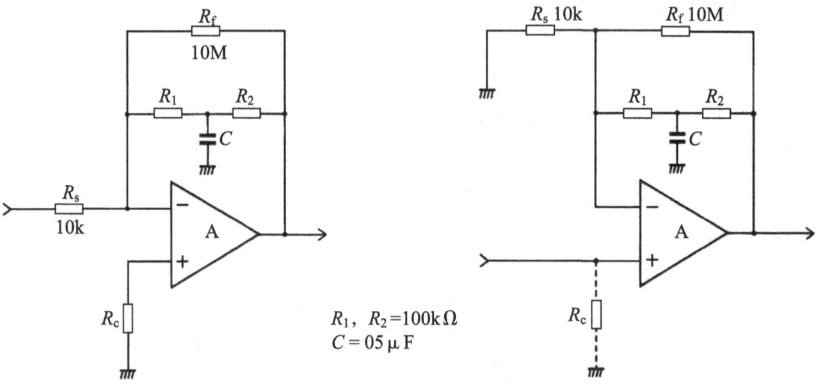

（a） 反相放大的例子　　（b） 正相放大的例子

图 10.9　使直流放大倍数变小的交流放大器

R_1 和 R_2 是为了防止以上情况的产生而专用于直流电路中的反馈电路。在中央 C 处将交流部分旁路，所以不会影响到交流的放大倍数。因此，直流的 R_f 这时候就变成了 R_1 与 R_2 两者的和，也就是说为 200 kΩ，因此就无需担心零点调节和偏置平衡等问题了。

顺便我们来介绍一下将相同的方法运用在正相电路中的例子，如图 10.9(b) 所示。在这个例子中，假设输入电压偏置值为 6mV，扩大 1 000 倍后输出偏置就变成了 6V，这时候就必须要进行偏置平衡了。如果像图中 R_1，R_2 和 C 处所表示的那样使用直流专用反馈，那么由于直流中的放大倍数为 20 倍，所以输出电压偏置约为0.1V。C 的容量取决于由与 R_2 的积而产生低频时的常数放到何处。

以上仅仅讲述了频率选择性多个反馈电路的一种应用实例，关于这种电路（或者说关于这种方法）的运用还有许多例子。

10.2.4　音频补偿器

首先看到“关于微分电路、积分电路的应用”这几个字会觉得它很深奥，以至于产生许多误解，认为在模拟计算机中都可以使用这种电路。然而，在搞懂了其中的原理、尤其看到图 10.5 所示的微分电路的特性以后又会产生很多疑问，如在这样的限制下，这种电路究竟应用在哪里呢？

那么，我们这样来考虑，即在希望降低 OP 放大器电路高频领域的时候使用积分电路，在想要降低低频领域的时候使用微分电路。这样一来，应用领域就变得非常宽广了。[1)]我们可以看到，现在使用的 OP 放大器电路中，有些这样的例子为了在低频域特别是在 DC 之前取得大幅增益值而使用高价 OP 放大器或者零点调节电路。如果考虑到在降低高频域和低频域的时候没有必要一定降到 0dB 以下，那么这种微分、积分电路的应用范围就更广泛了。

图 10.10 列举出了一个简单的应用实例，是资料再生用的 RIAA 特性的补偿器。图 10.10(b)中的曲线都是通过这一章所讲的微分电路、积分电路得来的。

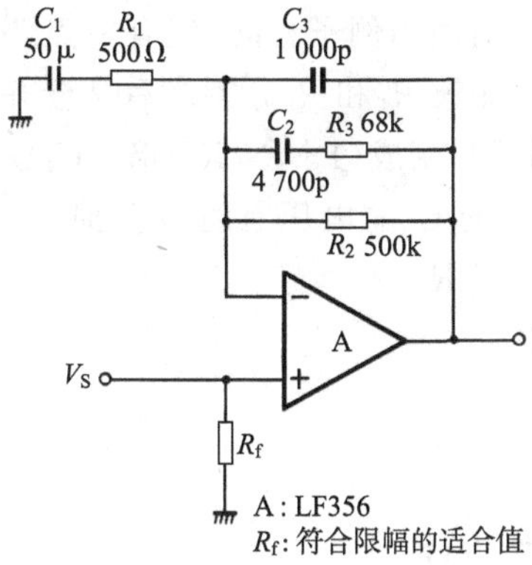

(a)

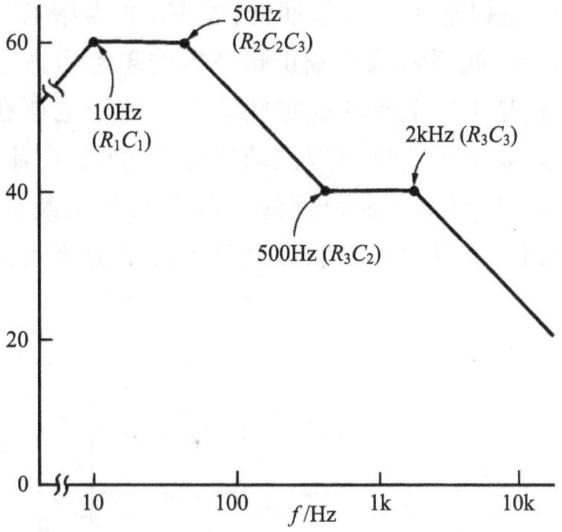

(b)

图 10.10 使用微分电路、积分电路的 RIAA 补偿器[29]

低频领域的下降是 10Hz，是由 C_1 和 R_1 的微分电路决定的。如果 C_1 的漏电流较小，则比较理想，即使漏电阻为 500 kΩ，由此在 DC 处的 A_{NF} 为 2，那么在 60dB 的高效放大器上就不需要零点调节。

与 R_f 并列设计的，C、R 的极点和零点在何处出现如图 10.10(b)所示。比如 50Hz 的极点 f_{p1} 是忽视 R_3 近似地求得：

$$f_{p1} \approx \frac{1}{2\pi R_2(C_2+C_3)} \tag{10.8}$$

增益是 60dB，也就是说 1 000 倍使用，所以需要 OP 放大器低噪声、净放大倍数为 200Hz，100dB 左右这样高质量的。

---

1)用于放射线测定的高性能脉冲放大器等要求具备高速度和低噪声。对于降低噪声的研究近年来有所发展和突破，在如何进行滤波的问题上也有着长达十年的研究和积累，也有实例说明。目的是放大，下一步就是研究这个课题。

10.2.5 单电源电路的工作

OP放大器作为交流放大器使用，和直流耦合的时候是相同的，都要使用正、负一组电源。但如果仅仅使用正或负的一个单电源，也可以工作。图10.11便是一个例子。OP放大器A可以是741，301A，308A或者是FET型OP放大器。要做到单电源工作，即使OP放大器不是从一开始就这样设计的也没关系。电路只是在电源电压$+V$的中间位置上，用R_1和R_2偏压正相输入端口。因此得到的输出电压V_o是以这个点为基准值，以$V_o/2$为中心（如图所示）形成振荡的交流波形。放大倍数、低频领域的截止频率等的思考方法全部和前面的例子相同，但有一点要注意，就是$+V$电源的稳定性问题。由于电压在正相侧被R_1和R_2分割之后又合并在一起，如果在这里出现波动或噪声，那么在输出端就会变成$(1+R_f/R_s)$倍。C_1就是为防止这种情况而设计的。但当电源切断后，剩余的C_1的电压有时也会损坏OP放大器，所以为了限制那个时候的电流流入而加入了R_3。

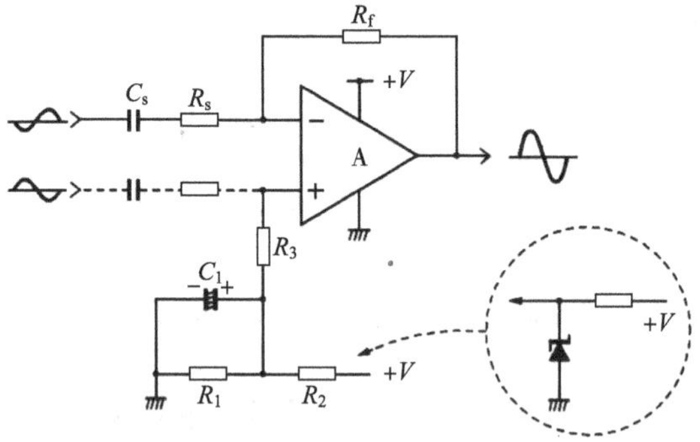

图10.11 使用单电源的交流放大器

在使用多个这样单电源的OP放大器的时候，可以先制作出一组像R_1，R_2以及C_1这样的偏压线路，然后通过各个OP放大器专用的R_3，供给偏压，这样比较方便。

10.3 有源滤波器与应用电路

10.3.1 滤波器的种类

根据滤波器的特性分类，有以下四种基本类型：

① 低通滤波器(lowpass filter)：低于截止频率f_c的频率可以通过，高频率成

分被滤掉。

② 高通滤波器(highpass filter):与①相反,高于 f_c 的频率成分可以通过,低频成分被滤掉。

③ 带通滤波器(bandpass filter):只有频率高于 f_1 低于 f_2 的可以通过,即 $f_1 < f < f_2$,其他成分均被滤掉。

④ 带阻滤波器(bandreject filter):与③相反,在 f_1 与 f_2 之间的频率被滤掉,其他成分频率均可以通过。只有 f_1 与 f_2 之间的狭小区域,即特定的频率成分可以通过的滤波器被特别称为陷波滤波器(notch filter)。

此外还有其他类型,如全通滤波器(allpass filter)具有与以上几种类型都不相同的特性。

10.3.2 次数和特性

下面是滤波器的特性。同是低通滤波器,截止频率 f_C 附近的快钝也有所不同。既有锐利的,也有倾斜度小而长的。滤波器的快钝,也就是说截止特性是由它本身的级数和各级常量的选择方法所决定的。而有源滤波器的情况,与 OP 放大器在哪一级放大的问题相比,即使是一个放大级那里也有几个时间常数的问题。因此,不以放大级数而以时间常数要素的数目来区分次的概念。如果有一组就叫做 1 次,如果有八组就称为 8 次。

我们举的例子是 4 次的低通滤波器,图 10.12 中所示的是它的特性。通过图示可以看出,即使使用同样时间常数要素四组的有源滤波器,特性也有所不同。它们三个的差别不是由于电路构成或者使用不同 OP 放大器的缘故而产生的,而是因为决定滤波器时间常数的 *CR* 值设定不同,才出现了如图所示的特性不同。如图所示,ⓐ不锋利,ⓒ在带域内的频率特性有所波动。也许有人会认为,如果将这两种做一番调整,都像ⓑ一样就完美了,其实不然。只有像现在这样,它们才各具特色。

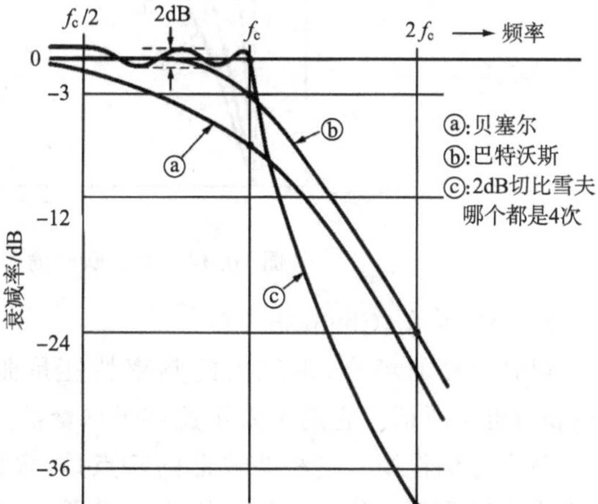

图 10.12　低通滤波器的截止特性比较

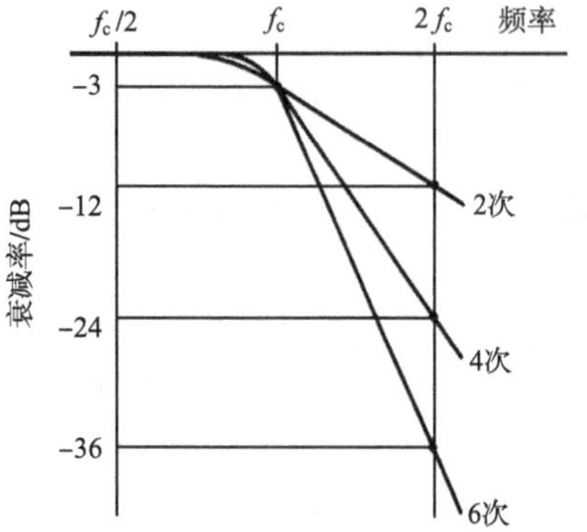

图 10.13　巴特沃斯滤波器的截止特性

1. 巴特沃斯(Butterworth)

巴特沃斯，也叫做最大平坦特性。从名称也可以看出来，滤波器的输出振幅与信号频率的关系就像图 10.13 所描述的那样，带宽内侧的频率特征是平坦无凸凹的，并且在允许条件下得到最大带宽。如果把它进行 2 次或 3 次累积的话，就如图中所绘截止频率为 f_c 以上那样锋利。

2. 贝塞尔(Bessel)

它在频率特性上比起巴特沃斯来稍差一些，但如果在输入处加上脉冲或者正弦波群波形，观察其输出就可以观察到这种滤波器的特性了。图 10.14 中表示的是输出波形的其中一例与巴特沃斯等情况的比较。

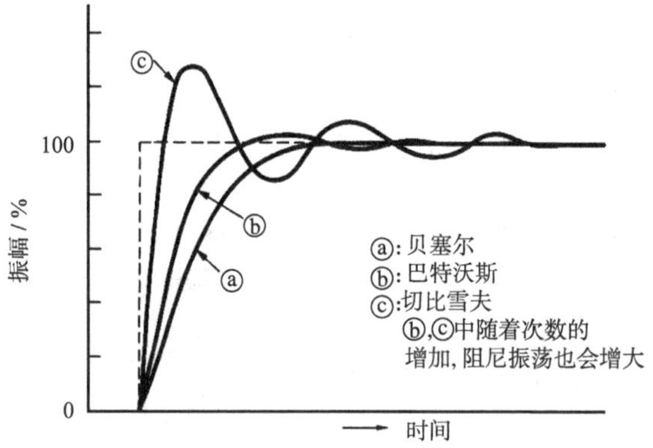

图 10.14　对于跃阶输入的响应倾向

3. 切比雪夫(Chebyshev)

巴特沃斯的场合，带域内的频率特性是曲线平坦。而在这里出现一些起伏(ripple)也无所谓。它的主要用途在于尽量扩大带宽，当想得到锐利的滤波时切比雪夫就会起到作用。这种滤波器的特点是，根据需要事先设计好带域内到底允许出现多大程度的起伏。而切比雪夫滤波器的过度应答相当剧烈，在观测中常常会听到较大的振鸣声。

将以上三种滤波器在相同次数上进行常数设定后比较，根据截止频率外锋利的情况依次排序为：切比雪夫、巴特沃斯、贝塞尔。按照过渡响应的特性，从优到劣排序为：贝塞尔、巴特沃斯、切比雪夫。

10.3.3 电路的结构

为了制作出以上论述的各种滤波器的特性，要使用带有 OP 放大器的反馈放大器。实际使用的有源滤波器是如图 10.15 所示，将它们全部组合在一起制作而成的。比如，应用 4 次巴特沃斯特性的状态变量电路的低通滤波器就属于这种类型。根据各自有代表性的要素，将它们分成四类。

电路构成方式	×	滤波器的种类	×	滤波器的特性	×	滤波器级数
单相反馈		高通滤波器		贝塞尔		1 次
并联反馈		低通滤波器		巴特沃斯		2 次
电压源		带通滤波器		XdB 切比雪夫		3 次
负导抗		⋮		⋮		4 次
状态变量						⋮
⋮						

图 10.15 有源滤波器的种类

（根据电路构成方式、滤波器的种类和特性及其级数的组合可以制作几种类型的有源滤波器）

1. 单相反馈型

如图 10.16(b)所示，组合 R 和 C 的电路代替了普通的 OP 放大器制成的反馈放大器中的 R_f 或 R_S。如果在 R_f 的部分只使用电容，这就形成了积分器。如果在这里加入更加复杂的电路网，就会得到更加复杂的特性。

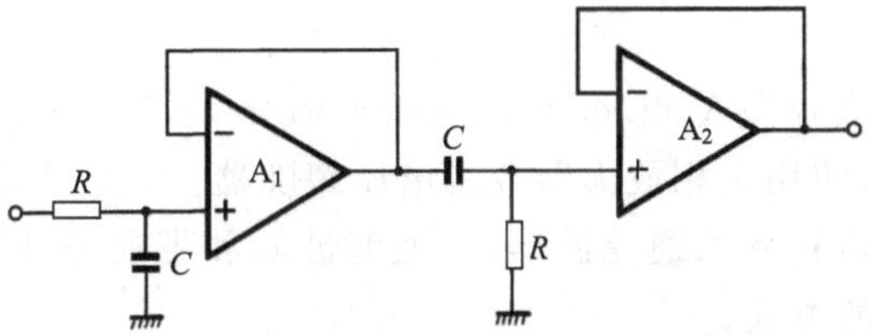

(a) *RC*滤波器+OP放大器——这种不叫有源滤波器

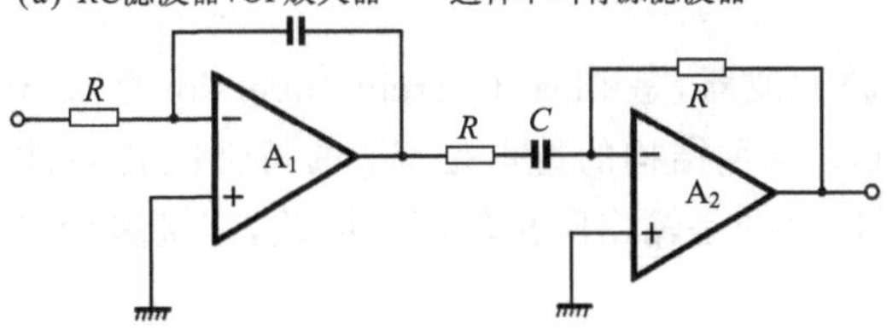

(b) 积分器+微分器

图 10.16 OP 放大器和滤波器

2. 多重反馈型

多重反馈型，也称为多重归还型（Infinite Gain Multiple Feedback）。图 10.17 所示就是这样的例子，把一个 OP 放大器作为反相放大器使用在有源放大器中，是最普遍使用的一种电路。可以根据选择的不同常数制作出低通滤波器、高通滤波器和带通滤波器等。

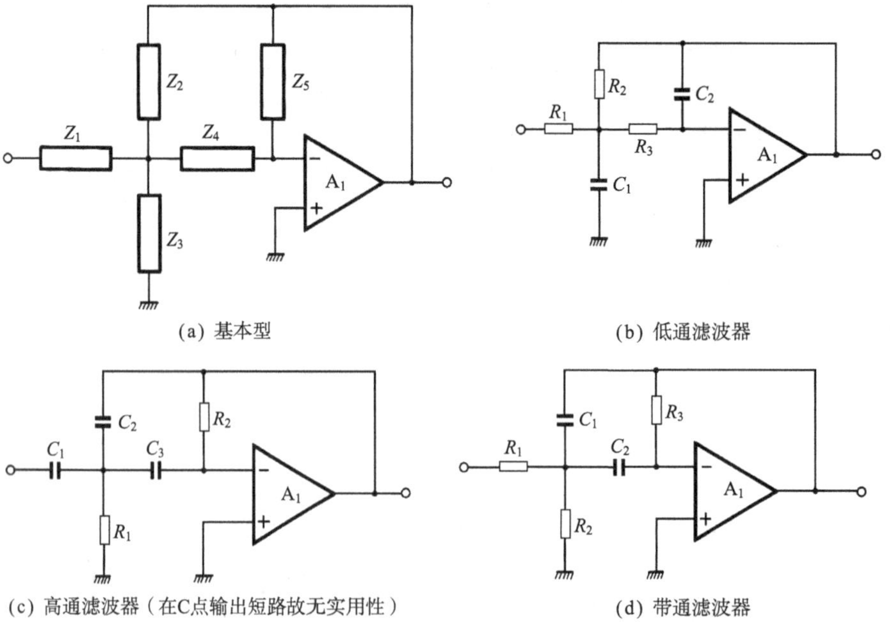

图 10.17 多重反馈型有源滤波器

3. 电压源型

准确的名字应该叫做 Voltage Controlled Voltage Source，简称为 VCVS。特征如图 10.18 所示，使用正相放大器或者电压跟随器。在各个阻抗枝 $Z_1 \sim Z_2$ 中适当的使用 *CR*，就可以得到低通滤波器、高通滤波器和带通滤波器等任何特性。这也是一种频繁使用的方式。

4. 负导抗型

使用 NIC 的有源滤波器，是 Ideal Current Inversion Negative Immitance 的简称，有时也称为 INIC。这种结构的特点是 *CR* 的特性变化对滤波器的影响比起其他结构要小，它的不足之处是输出阻抗较高。因此，连接多少级都需要在其间加入缓冲器。

5. 状态变量型

状态变量型（State Variable）是用 OP 放大器制作单独的微分器和积分器，然后用加法器进行合成，制作必要的滤波器特性的方式。模拟计算机中常常使用这种方式。在许多关于 OP 放大器电路的解释中都提到过状态变量型需要使用许多 OP 放大器,太不经济。但是,最近随着 OP 放大器的价格下降和性能的提高,电路中不再需要接入许多放大器,此外还有各种各样的特征结构,如果还可以优胜于多重反馈型和电压源型,就会起到很好的作用。

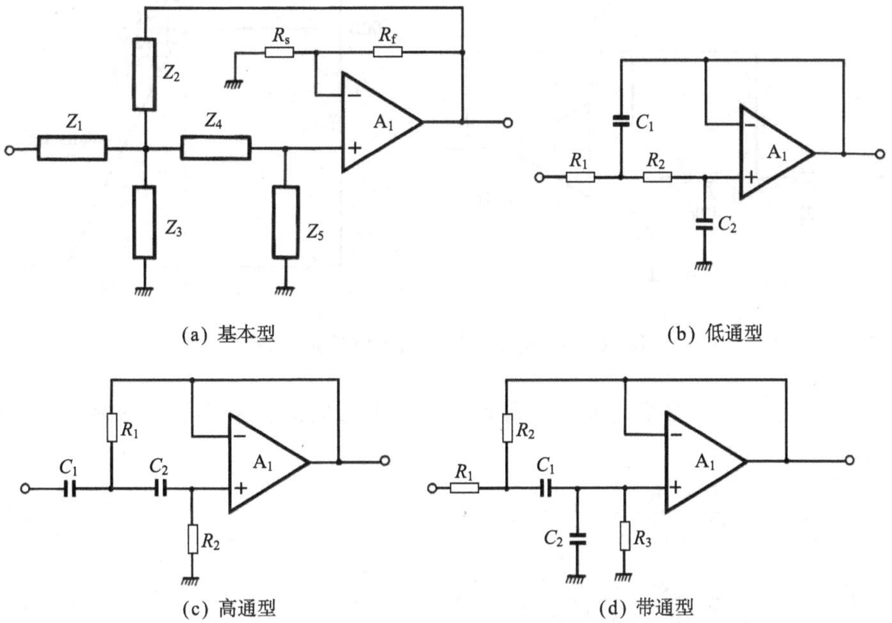

图 10.18 电压源极型有源滤波器

10.3.4 低通滤波器与高通滤波器的实例

图 10.19 表示的是通过截止频率为 20kHz 以下频率的低通滤波器。根据目的的不同,电路中各个参数的计算有两种不同的方法。在一般频率区域内给予频率特性波中最小条件的巴特沃斯滤波器的情况,

$$C_1=\frac{R_1+R_2}{2\sqrt{2}\pi f_0 R_1 R_2} \tag{10.9}$$

$$C_2=\frac{1}{\sqrt{2}\pi f_0(R_1+R_2)} \tag{10.10}$$

如果 $R_1=R_2=R$,那么

$$C_1=\frac{1}{\sqrt{2}\pi f_0 R} \tag{10.11}$$

$$C_2 = \frac{C_1}{2} \tag{10.12}$$

图中所示的参数按照该式计算出来得到 $f_0 = 20\text{kHz}$，滤波器的特性曲线在 $2f_0$、约 12dB 处下降，在这之前，在 40dB/dec 时衰减。

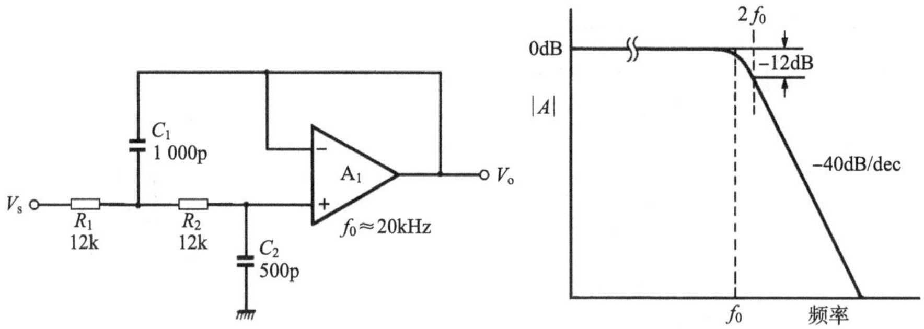

图 10.19　电压源型低通滤波器及其特性

另外，还有一种常数是使对于脉冲输入的调整时间为最小的贝塞耳，它们根据下式：

$$C_1 = \frac{R_1 + R_2}{2\sqrt{3}\pi f_0 R_1 R_2} \tag{10.13}$$

$$C_1 = \frac{\sqrt{3}}{2\pi f_0 (R_1 + R_2)} \tag{10.14}$$

虽然都属于 VCVS 型，但如果是构成 $f_0 = 50\text{Hz}$ 的高通滤波器，则如图 10.20 所示。这时得到的低频率区域截止特性仍可以获得 40dB/dec。

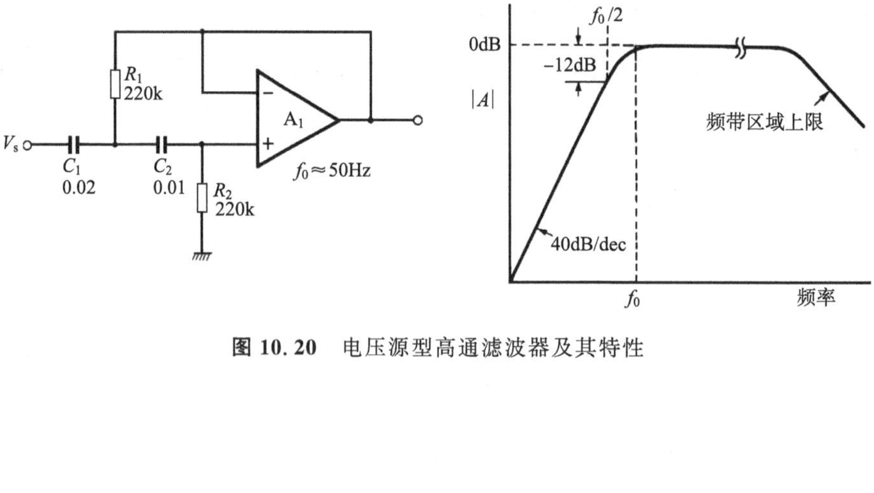

图 10.20　电压源型高通滤波器及其特性

10.3.5 带通滤波器

带通滤波器表示反相放大器多重反馈型电路的实例。用这种方式作实例，是因为它有一个优点：即使调整通过带宽的中心频率 f_c，对增益和带宽都没有影响。另外需要的元件也仅限于带通(低通和高通则相反，比 VCVS 也要少)。

电路的特性曲线可以通过下面的算式求出来：

$$-\frac{V_o}{V_3}=\frac{R_3(R_2/R_1+R_2)sC}{1+2R_1(R_2/R_1+R_2)sC+R_3[R_1R_2/(R_1+R_2)]s^2C^2} \tag{10.15}$$

$$f_c=1/2\pi C\sqrt{R_3[R_1R_2/(R_1+R_2)]} \tag{10.16}$$

其中，s 是演算中使用的变量。

f_c处的增益 A_c 为：

$$A_c=R_3/2R_1 \tag{10.17}$$

带宽 B 为：

$$B=1/(\pi R_3C) \tag{10.18}$$

$$Q=\frac{f_c}{B}=\frac{1}{2}\sqrt{\frac{R_3}{R_1R_2/(R_1+R_2)}} \tag{10.19}$$

当 $R_2 \gg R_1$ 的时候

$$Q\approx\frac{1}{2}\sqrt{\frac{R_3}{R_2}} \tag{10.20}$$

图 10.21 中引用了实际应用中当 $Q=10$，$f_c=1\text{Hz}$，$A_c=10$ 时的用例。在这种情况下，当由于电容的精度所造成的带宽和增益的误差在 10%以内而不影响电路效果的时候，只让 $R_{3A\pi}$ 可变，与 f_c 相配合就可以了。如果不仅要求 f_c 还要求 A_c 和 B 的话，那么按以下顺序调整三个半稳定电阻即可，它们之间几乎不会产生相互干涉。

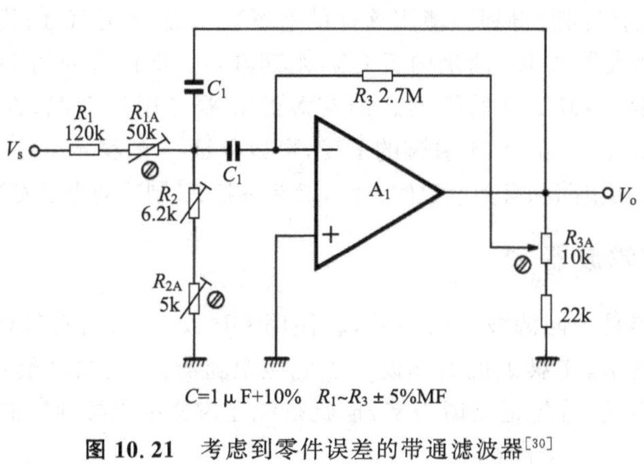

C=1μF+10%　R_1~R_3 ± 5%MF

图 10.21　考虑到零件误差的带通滤波器[30]

① 调节 R_{3A} 使带宽在 0.001Hz；

② 调节 R_{1A} 使增益值为 10.00；

③ 调节 R_{2A} 使中心频率为 1.000Hz。

10.3.6 状态变量型的例子

有源滤波器专用的 IC 很多是以使用状态变量(state variable)为前提制作的。图 10.22 表示的是其中一个例子。这种电路的结构是由 IC 的设计而决定的，应用法和参数的选择方法由于 IC 的设计不同最佳值也不同。因此，IC 设计者确实要参考发行的设计方案以及说明书等，选定外部元件的参数。

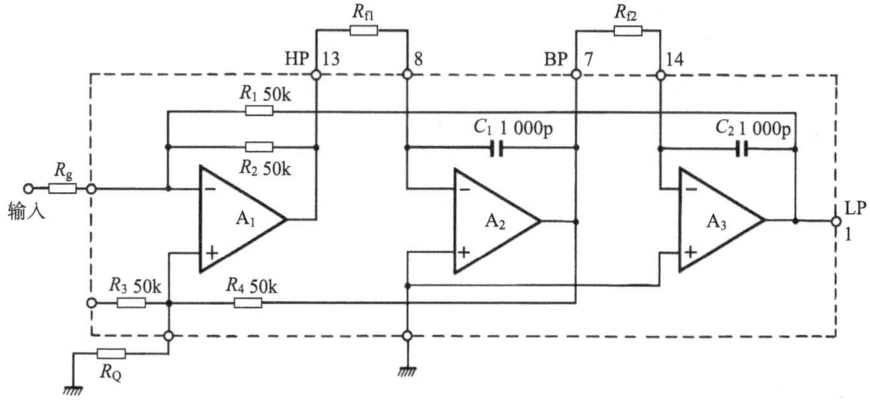

图 10.22 状态变量滤波器(专用 IC 的例子)[31]

图中所示的是其中的一个例子，把 UAF41(BB)应用到了反相输入。状态变量型的特性如图所示，带通滤波器、高通滤波器、低通滤波器各自的输出可以通过 BP，HP，LP 的端口同时得到。使用这样的有源滤波器专用 IC 的优点在于它不是加入多个 OP 放大器的 IC，而是内置 CR，尤其电容。即使普通的 OP 放大器 IC 也是制作了放入四个 QUAD 的类型。而有源滤波器专用的情况，在稳定的 C 和 R(图中 C_1，C_2，$R_{1\sim4}$)内置于 14 引脚的 DIP，可以保证 f_c 的稳定度在±0.002%/℃。

关于选择应用电路和有关参数的方法，请参考各 IC 制造商出版发行的有关资料。

10.3.7 陷波滤波器

陷波滤波器是带阻滤波器的一种，它使用 OP 放大器，具有较优良的性能。电路如图 10.23 所示，在双 T 的后面设计了电压跟随器，它的输出预先正返馈到双 T 的接地点。特性是，首先正反馈为零，也就是说在 VR 中点接地的时候，

$$\frac{V_o}{V_s}=\frac{1+s^2R^2C^2}{1+QsRC+s^2R^2C^2} \tag{10.21}$$

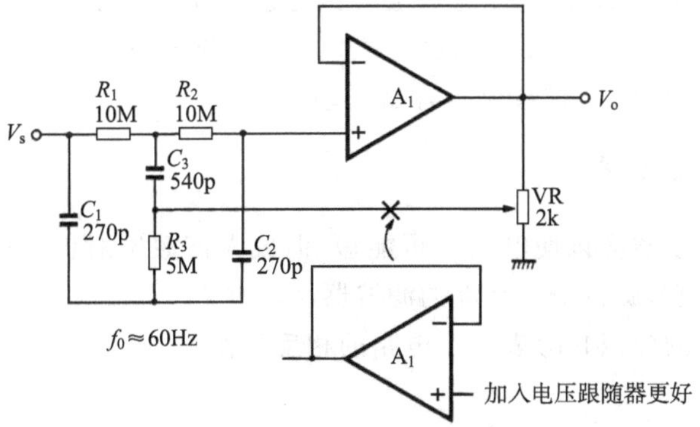

图 10.23　Q 可变的陷波滤波器

这时得到的 Q 为 0.3，中心频率为 $f_0=1/(2\pi RC)$。

而当设计 $R=R_1=R_2=2R_3$，$C_1=C_2=C_3/2$ 时，频率特性如图 10.24 中ⓐ所示。当 VR 上升达到正反馈为最大时，

$$\frac{V_o}{V_s}=\frac{1+s^2R^2C^2}{1+sRC/4(1-K)+s^2R^2C^2} \tag{10.22}$$

K 是电压跟随器的增益，当它为 0.9 时，Q 约为 3。当值为 0.9975 时，如图 10.24ⓑ所示，Q 几乎达到了 100。在中央的 Q，可以利用 VR 来设定，使图中的斜线部分成为可变范围。图中曲线的常数 $f_0=60$Hz。当频率更高和振幅很大而内部电阻 VR 不能忽略的时候，在×标记处反向（就如在双 T 处连接输出）接入电压跟随器，便可以使用高电阻的 VR。

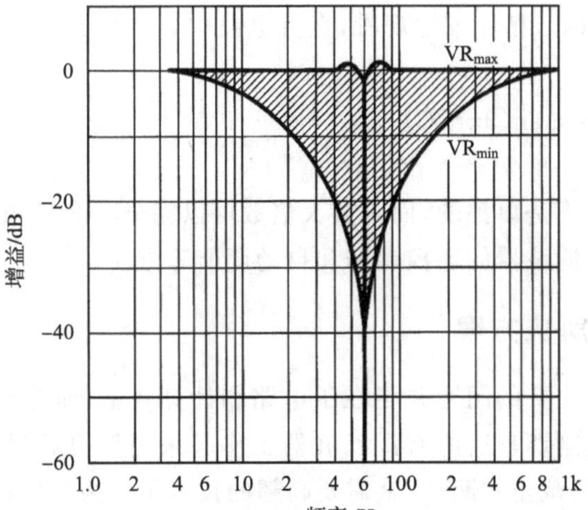

图 10.24　陷波滤波器的频率特性

笔者在实验中发现，过度提高 Q 会导致急速下降，不知道在哪里出现了拒斥频率，因找不到而不能使用。要想通过电源频率的交流声来寻找拒斥频率，可以先将 VR 降至 1/2～1/4 倍，这样会比较容易一些。

10.3.8 全通滤波器

制作全通滤波器应该使电路尽可能短，但放大倍数绝对值不变。它是以只有位相的频率为中心，旋转了 180 度的滤波器。

图 10.25 中的(a)和(b)表示了电路的相反工作。

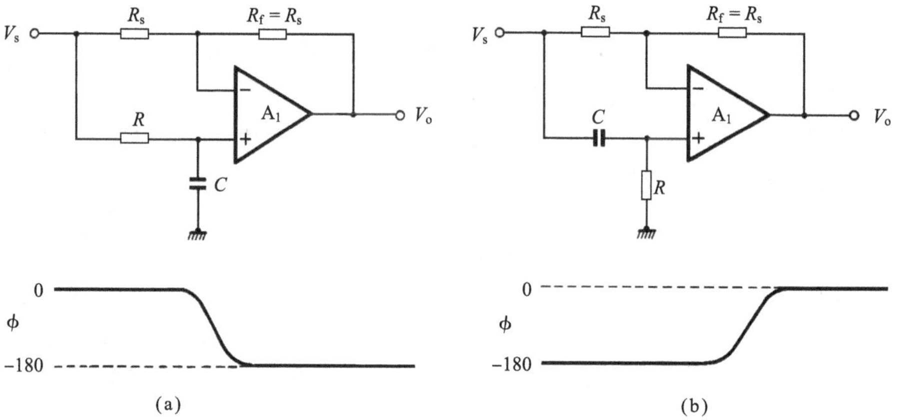

图 10.25 全通滤波器

关于图 10.25(a)，稍仔细地观看，直流电路中 $A=1$，f_0 之上 $A=-1$。位相的旋转点可以通过

$$\phi_0 = -2\arctan(2\pi fRC) \tag{10.23}$$

式求出。

这种电路具有不是单独的，而是放大倍数可以完全不变只调整位相的特点，所以可以运用在有源滤波器的遥控调谐和自动调谐等方面。

10.3.9 问题与解决方案

有源滤波器最主要的问题并不在于电路和计算式上，而在于保持长时间的稳定性这一点上。刚刚调整后的有源滤波器工作起来当然很顺利，但是随着级数的增加，要得到锐利的截止和凹口，就需要高超的技术了。为了保持有源滤波器的稳定性和优良性能，最有效的还是电容和电阻。在实际应用电路中，选择元件时要注意最严格的用途，并且根据用途进行选择。

1. 电容

① 镀银云母、苯乙烯电容、NPO 的陶瓷等温度常数为＋50ppm/ ℃以内的材质。

② 聚酯树脂、聚碳酸酯、聚四氟乙烯等温度常数在 150ppm/℃以内的材质。

③ 钽电解仅限于特别不得已、且不要求精度的情况下使用。不使用铝电解。

2. 电阻

① 金属膜电阻(class4)＋25ppm/ ℃以内。

② 金属膜电阻(class1)±150ppm/℃以内。

通常滤波器的调谐不使用电容,因为造价太高。一般通过固定电容,微调电阻来实现。

还有一点容易被忽略,那就是作为滤波器工作的有源滤波器的频率范围。以图 10.26 那种低通滤波器为例,高于 f_c＝23kHz 的频率成分应该无法通过。但是在实际工作中,那只是 A_1 带宽的情况,高于它的频率可以经过 C_1 通过。包括输入的脉冲波型在内的高频波部分,只要频率上 A_1 的输出电阻不是太低,就会在输出时出现,呈图中所示须状的穿行波形。

传统上,为了防止这种情况的出现而使用 A_1 的频带区域较宽的元件。但是不论元件的频带区域有多宽,总是会有比它更高速的信号成分穿过。解决方法是在穿行路线上,如图(圆内)所示,加入无源的 *RC* 或者 *LC* 滤波器。这一常数与有源滤波器的 f_0 无关,可以衰减 A_1 带域外的成分。所以 A_1 的带域越宽,小的 *RC* 就越有效。

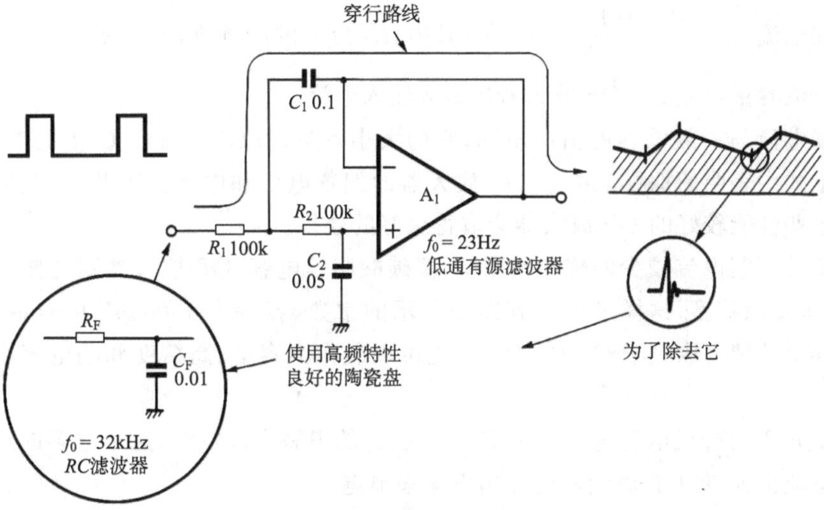

图 10.26 有源滤波器的穿行防止法

10.4 微分、积分的应用电路

10.4.1 放大电容

图10.27可以放大电容，合成电容的性质如图(b)所示的等效电路。

容量：$C_0=\frac{R_2}{R_3}C_1$

串联电阻成分：$R_s=R_3$

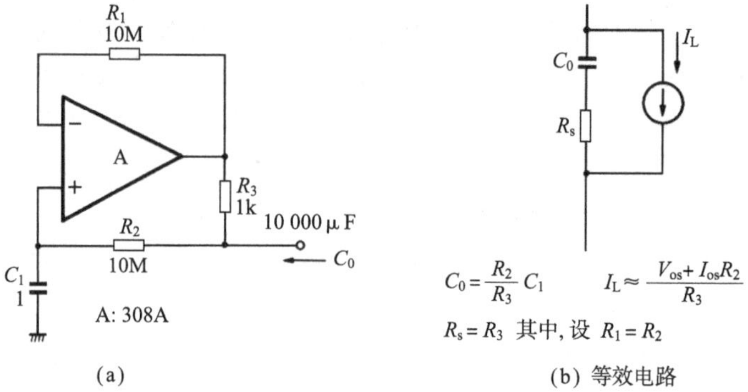

图10.27　C倍增器[7]

漏电流：$I_L=\frac{V_{os}+(I_{os}+I_{CL})R_2}{R_3}$(其中，$I_{CL}$为$I_1$的漏电流，$R_1=R_2$)

电流容量：$I_{s(max)}$=OP放大器的最大输入电流。

漏电流与一般电容的情况不同，它的大小不是仅取决于加在C_0上的电压，而且如上式中表明的那样取决于OP放大器的偏置电压和电流。因此，在此回路中使用这些性能较好的OP放大器会取得更好的效果。

C_1使用漏电流较少的聚酯树脂型、聚碳酸脂等电容，OP放大器则选择OP07、308A等低漂移型，这样可以得到图中所示的常数，容量为10000μF的合成电容。静电容量的精度取决于C_1，R_2，R_3，但也可以制作大容量、高精度和漏电流小的电路。

R_3可以对合成电容进行微调节。R_3为C_0的串联内部电阻，这个电容的最大充放电电流由R_3和OP放大器的输出电流来限定。

这种结构应用在有源滤波器和时间常数用等信号电路中是可以的。但若要用在要求像电源电路那样的功率部分，就会出现许多问题。比如使用晶体管的波纹滤波器很有效果，如果那里使用这种电路可能会更好。

但是问题之一就是电力从哪里来。合成制作的大容量放电时流出的电流不是由图中的 C 流出，而是全部由 OP 放大器电路的电源流出的。除了充电时流进电流中的极少一部分进入了 C 外，大部分通过 OP 放大器接地流失。因此就相当于 1 万微法的电容应用在滤波器上，从那里提取 OP 放大器的电源，这样一来，就会有与波纹波形相同波形的电流流入 OP 放大器中，两者互相抵消了。另一个问题是在于这种合成电容的串联电阻和电流容量。串联电阻由 R_3 直接表现出来，与普通电容相比，内部电阻 1k 或 100Ω 已经相当大了。虽然 R_3 取 0.1Ω 也工作，但 OP 放大器的输出电流可以取多少呢？

在 OP－07 上加入功率增强器后，用电路模拟进行实验，取得了很好的效果。暂且不论造价方面是否合理，只要准备好了适当的功率和电源，就可以制作出与实物相当的数万微法的电容。

10.4.2 合成电感

图 10.28 中的合成电感如果直接用电线绕制而成的话，体积会很大，机厢都放不进去了。当然它没有噪声，也不存在磁性排斥等问题。但是这种电感器与电线绕成的线圈相比缺点是电阻很大，很难得到较大的 Q 值。而且 R_0 变成合成电感的内部电阻，与电容的情况相同，它的输出受到 OP 放大器的输出电流和电压振幅的限制。

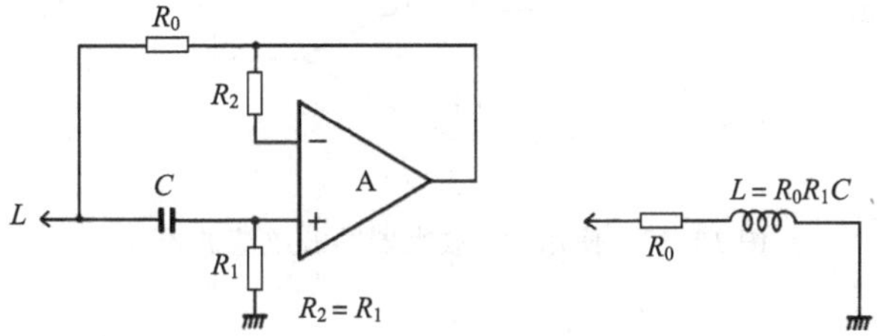

图 10.28 合成电感

还有很重要的一点就是随着电感器频率的升高，电阻也会不断增大，那么可以使用的频率就要依靠 OP 放大器的带宽。即使是在音频带上使用，带宽 $A_{NF}=1$，也需要使用 10MHz 的 OP 放大器。

实际应用中的线圈，它的两端都可以接入线路，而合成电感必须要有固定的一端接地。为了使 R_1 的接地一侧不论连接在电路的哪个地方，输出电流都从 OP 放大器的输出流出，然后接地（而从 R_1 的接地一侧流出是不可能的），所以电感的一端为接地。

10.4.3 放大时间常数

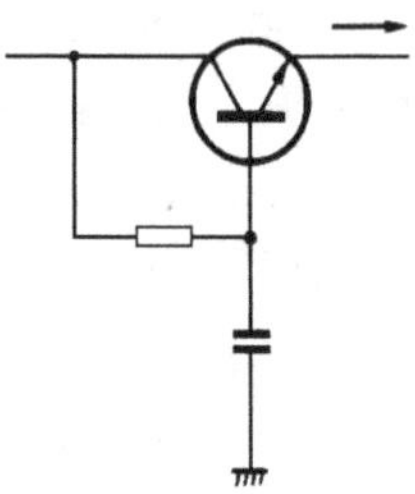

图 10.29 使用晶体管的电容放大电路

通过图 10.29 可以清楚地看到，在放大电容方面，使用电源滤波器可以产生很好的效果。如果使用 OP 放大器，精度会更高一些，比如用于去除高敏感装置中的噪声等，可以获得显著的效果。

图 10.30 表示了其中的一例。与其说它是一个电容放大电路，不如称它为一种有源滤波器更为贴切。通过 R_1 进入的波纹，经过 C_1，进入 OP 放大器的反相端口。放大后的输出为反相位，又经过 C_2 与原来的线路结合，然后发挥出强大的滤波器作用。

$$V_o = V_i/[R_1 R_f C_1 C_2 s^2 + R_1(C_1 + C_2)s + 1] \tag{10.24}$$

如果在 OP 放大器上加入适当的保护电路，那么也可以使用高压。不过，在实际应用过程中，可能会出现意料之外的低频率，比如有时引起 1Hz 以下的长周期不稳定振动，在这方面应该多加注意。

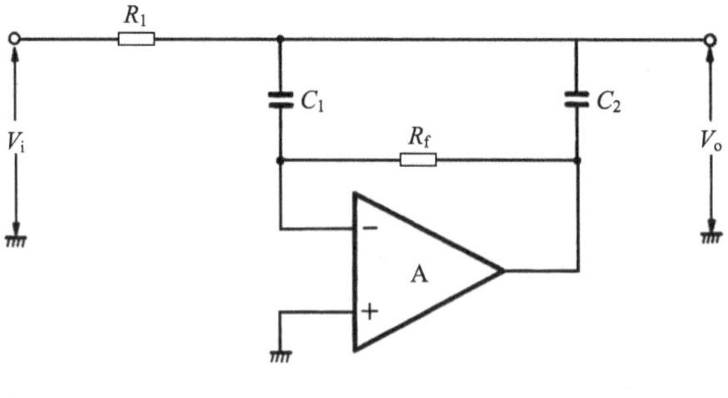

图 10.30 使用 OP 放大器的波纹滤波器

10.4.4 脉冲重复频率表

下面我们来介绍三种脉冲积分电路。采用的方法与以前介绍的积分电流不同，是使脉冲波形通过泵式电路给电容充电。

第一个例子见图 10.31，是取得与进入的脉冲率(以数秒几个的比例进入)成比例的电路。可以应用于模拟频率计、旋转计和放射线脉冲的计数率计等。另外，这也是一种将频率转换为电压的装置。如图如果在 C_P处加上波高值 V_S的脉冲，就会通过二极管 D_1，D_2的泵式电路向 C_f流入只有大小为 $Q=V_s C_P$的电荷。取大的 C_f/C_p，也使 R_f的值大，要设计一束一束的脉冲进入 M 的指针也不左右摆动。最好

认为由 C_P 和 R_1 来决定电路的敏感性，C_f 是用来调节时间常数的。

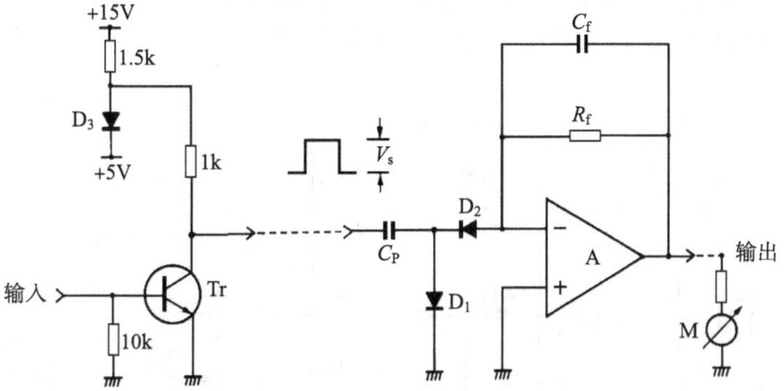

图 10.31 频率-电压(F－V)转换器

二极管 D_1、D_2 的温度特性对电路准确测试的影响比 OP 放大器的稳定性造成的影响更大。图左侧表示出了一种减小这类影响的方法。采用的方法是利用二极管 D_3 使输入脉冲高 V_S 具有反向温度特性。当然最理想的方式是 D_3 与 D_1、D_2 同样，都使用单块二极管。即使将两个相同类型的二极管恰当结合在一起，也可以改善温度系数的几分之一。

图 10.32 中介绍了一种方法，不使用二极管泵式回路，而是利用设置在 OP 放大器反馈电路中的晶体管开关来控制电流泵。使用这种方法可以使开关的性能随着回路的增益而得到改善。只要 OP 放大器的速度极限允许，可以依照前面的例子接通电阻和断开电阻完全清除温度特性的影响。

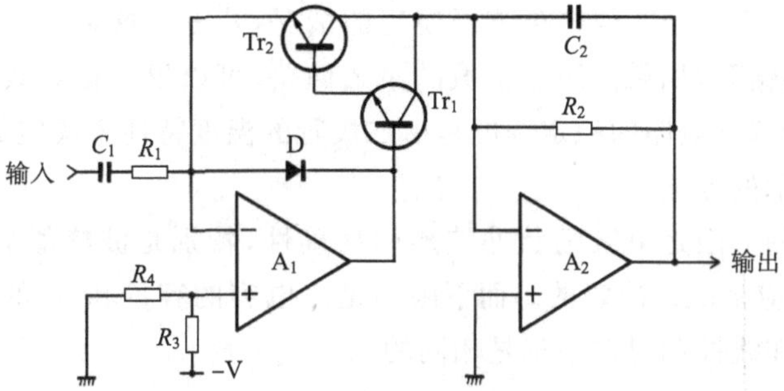

图 10.32 无温度系数的泵式回路[29]

图 10.33 是作为输出的仪表 M 成为对数刻度的电路。正如前面的例子所讲到的一样，只要较好地补偿了二极管的温度特性，就可以得到比较稳定的电路。另

外，这种电路还具有对数仪表精密、稳定性好以及经过几年变化小的优点。这个电路的另外一个特点是无论输入脉冲是否规则，都几乎不会产生误差，所以随着OP放大器性能的提高，这种电路的应用会越来越广泛。

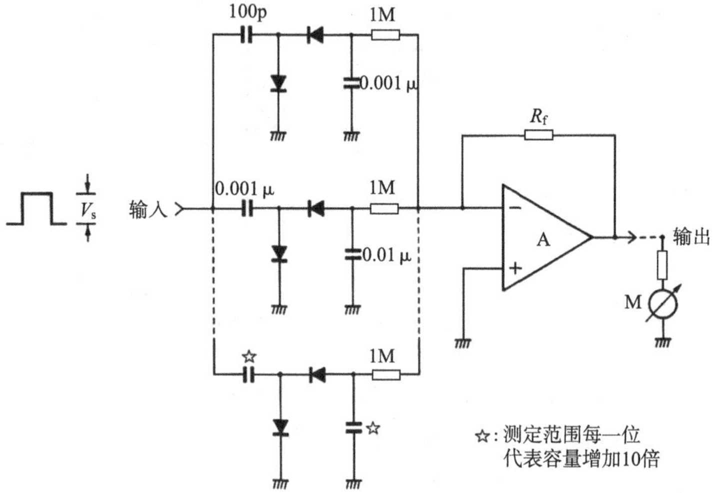

图10.33 对数型频率-电压(F-V)转换器

这种电路的基本工作原理与图10.31所示的直线性电路相同，只不过在这种多组二极管泵式回路中，每一组二极管接收一位频率。如果将只有一组二极管泵式回路的计数率特性看作对数特性的话，则值低无法升高，值高而产生饱和。但如果将泵式回路的时间常数一位一位地错开，就像图中表示的那样将5到7组累加，使梯度起伏在5%以内，这样就体现出了优良的对数特性。

如果是在只有2至3位窄小范围使用的情况，若需要这种比较精确的对数特性，可以每半层错开，如果使用2倍数的泵式回路，可以更加得到改善。正如前文所讲到的一样，这种电路的稳定程度是由二极管的温度特性来决定的，具体可以参考图10.31所示的方法。

响应频率的上限是由激励脉冲波形的精确性，特别是波峰值的精确性和OP放大器A的响应情况来决定的。而下限则是由电容的容量和M的指针滞后量决定的。这一点在线性和对数中都是相同的。

10.4.5 梯形波发生器

在输入位置加上脉冲波形，对瞬变上升电流积分，就可以得到如图10.34所示的梯形波电路了。如果在输入位置加上波峰值为V_s的脉冲电压，那么就有大小为$Q=V_sC_p$的电荷经过二极管D_1、D_2的泵式电路流向C_f，输出上可得到一层的阶梯

高度相当于 $V_o=\frac{C_p}{C_f}V_s$ 的直线性优良的梯形波。

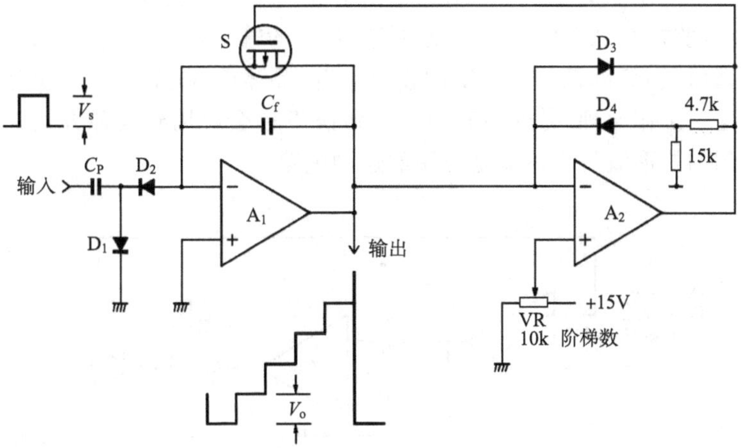

图 10.34 梯形波发生器

像这样一层一层地递增,如果有必要的话可以设置一个复位开关 S。复位开关部分是比较放大器应用的好的实例。OP 放大器 A_2就是如此。输入端口的电压一旦达到在可变电阻 VR 处设定的值,输出端就会产生脉冲,S 随即导通,使 C_f复位。从开始到复位之前的阶梯数目可以由 C_p和 C_f进行大致的调整,但是最终还是要由 VR 来调整,这样比较方便。

放入 A_2反馈电路中的二极管 D_3和 D_4是输出振幅的限幅器。然而由于在此电路中随着温度的升高,梯度也会升高,所以要在较大的温度变化范围内得到准确高度的阶梯波的情况下,就表现出了较大的正温度系数。其中责任不在于 OP 放大器电路,而是由于泵式电路的二极管 D_1和 D_2的正向下落值减小所造成的。这种倾向是二极管泵式电路共有的性质。解决方法可以使用图 10.31 所示的对输入脉冲高 V_s进行温度补偿的方式,或者不使用二极管泵式电路而使用图 10.32 所示的电路。

10.5 V/F 转换器,C/F 转换器

10.5.1 V/F 转换器的工作

所谓的 V/F 转换器是一种与输入电压成正比例的输出脉冲发生装置。它作为 OP 放大器的又一个应用实例,本身具有许多令人感兴趣的,并值得研究的地方。

这种装置作为一个电路研究的典型例子或者作为一个测定仪器来使用,自己

制作一台，就可以很好的发挥作用，接下来我们就举几个例子来详细讨论一下。

电路的工作如第一例中的图 10.35 所示。我们已经知道其中 A_1 是积分器，依靠输入的信号电流 I_s 为 C_f 充电，A_1 的输出下降。A_2 是比较放大器。其正相输入的电压为基准，监视着 A_1 的输入。但是要通过 A_1 的输出，A_2 的反相输入将正相输入上设定的阈值 −4V 降低，同时 A_2 的输出上升，晶体管 Tr 导通。在积分器复位时一般应用这一工作原理，另外在其他一些情况下也会应用到这种方式的电路。比如前面讲到的梯形波发生器就是应用的这种电路。

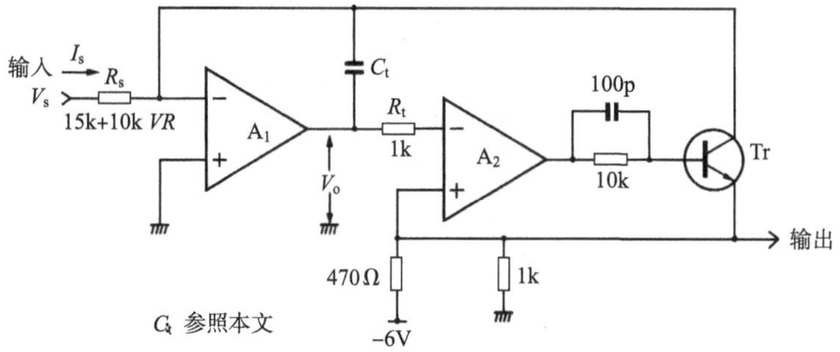

图 10.35　基本 V/F 转换器

C_t 的电荷放电，A_2 的输出就下降，Tr 断开，C_t 再次由输入信号电流开始充电。由于在充电过程中，A_1 的反向输入在接地端虚拟短路，所以如果把 R_s 作为固定电阻，那么流入的电流就可以与 V_s 成比例。如果 V_s 是恒电压，那么 A_1 和 A_2 的输出波形就如图 10.36 所示，输入电压是恒定的，从 A_1 输出的是一定周期的锯齿状波形，从 A_2 输出的是脉冲形，它每一复位就出现。

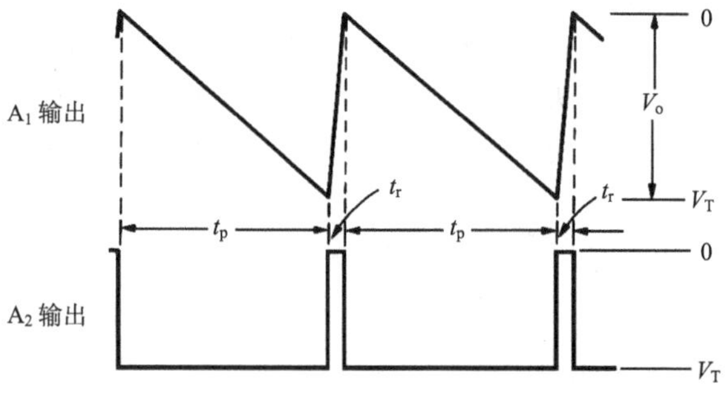

图 10.36　简单的 V/F 转换器的工作波形

设这个周期 t_p+t_r 为 T，当 $t_p \gg t_r$ 时，T 和积分电流的关系是：

$$T=\frac{V_oC_t}{I_s} \tag{10.25}$$

也可以写作：

$$f=\frac{1}{T}=\frac{I_s}{V_oC_t}=\frac{1}{V_o}\cdot\frac{V_s}{R_s}\cdot\frac{1}{C_t} \tag{10.26}$$

图中的常数 C_t和输出频率的关系大致如下：

C_t	输出频率/输入电压
1μF	10cps/V
0.1μF	100cps/V
0.01μF	1 000cps/V

10.5.2 V/F 转换器的应用

上面的 10.25 式体现了 V/F 转换器的多种可能性。其中 V_o是锯齿形波的振幅，大小是由转换器的基准电压决定的。如果 C_f具备一固定容量，计算输出脉冲的频率便可以知道 I_s的值。如果连接已知的 V_s的值、了解了 R_s（或者 R_s的值），也可以测定 V_s的大小。

在实际应用中，能最确实并且准确地测定地数据还是频率。即使对于不具备大规模的设备和专业仪器的业余爱好者，做到这点也不难。因为 3～4 位的频率计数器价格很便宜，而且自己动手制作也不难。只要用计数器来数 V/F 转换器的输出，就可以在实际应用中非常准确地测出电压及装置的常数。

以图 10.35 中的电路为例，实际进行这项工作的具体操作如下。测量电压作为 V_s首先连接我们了解的如第 9 章讲到的 10.000V 的基准电压，准确地记录这时候的输出脉冲频率。需要的话，为了使数值的读句更清晰，可以用 R_T来调整 R_s或 A_2的临界值。假设这时候的输出脉冲的计数器为每秒钟 1 000 个，那么每 10 秒钟统计一次就是 10 000 个。如果避开基准电压，连接未知电压时，同样在 10 秒内，计数器计数为 7 665 个，可知其电压为 7.665V。

要想通过以上方法得到准确值，各部分的精确度要保证在 5 位数。而若用下面这个方法认真做的话，那么即使使用家用计数器也可以达到 0.1％的精确度。实际上，在现实应用中并不那么讲究，精确度如果确实达到 1％就足够了。

用同样的 V/F 转换器，如果输入电压 V_s一定，下面就可以测定电阻。当 R_s上使用准确的 10.00kΩ、V_s为一定时，计数器值为 1 000/秒。那么，R_s与未知电阻交换时的值是：

$$R_x=\frac{1}{f}(1\ 000\text{cps}\cdot 10\text{k}\Omega) \tag{10.27}$$

如果 V_s 和 R_s 一定，C_t 变化，10pF 以下的所有静电电容这类的分布电容问题和有泄漏的电介质电容等除外，也可以用相同的方法求得电容的容量。

测定的范围可以像转换范围那样，转换扩大 R_s、C_t 和 V_s。从积分器和转换器的性能来看（以后面要讲到的理由），在 1～10Hz 之间使用为宜。

10.5.3 V/F 转换器的误差

在前文讲到的应用方法中，主要的误差不是来自于 V/F 转换器，而是来自于校正用的电容及电阻。在一般实验中使用的元件装置常数的测定等情况下，OP 放大器具有良好的稳定性以及很小的偏流（只要是在前项指定的频率范围内工作），就没有必要担心其误差问题。

但是上述方法的使用也不是在无限范围内。首先，在信号电流较小的时候，可以想像得出，OP 放大器的偏置电流就是个问题。如果从第 5 章的选择列表（表 5.2）中选择，比如，A_1 上即使使用 308A，（必须有精神准备）它也会有 1nA 的偏置电流。所以测量 100nA 的信号电流就会出现 1%的误差。这种微小电流延伸了工作范围，所以使用偏置电流较小的 OP 放大器是有可能的。

另一方面的限界在于输出脉冲频率高的一侧。实际上，图 10.36 的 V/F 转换器只在时间 t_p 内作为积分器工作，而在复位时间 t_r 内并没有工作。也可以说积分器一直在“努力”工作，只不过在 t_r 时间内，积分电容 C_t 在 Tr 短路，所以电荷一点也没有积存。如果复位速度很快，这段时间就不可以忽视。t_r 如果达到 t_p 的 X%，就会出现 X%的低下，所以就有相应的误差。

因此，在这种 V/F 转换器，A_2 应该使用应答迅速的比较放大器，设计尽量缩短的复位时间是扩大可使用频率范围的方法。另外，使用时转换 R_S 或者 C_t，t_r/t_s 小，并使其在优良的线性范围内工作，可以说是非常好的使用方法。

10.5.4 无间断的 C/F 转换器

在前面所讲的 V/F 转换器的构造中，输入端口经过 R_s 后在接地端虚拟短路。如果长时间保持这一状态，那么这种电路就不再是 V/F 转换器而变成一种更加普遍使用的电流/频率变换器（Current to Frequency Converter），即 C/F 转换器。下面我们就来研究一下这种虚拟短路破坏不存在恢复时间的 C/F 转换器，如图 10.37 所示。

A_1 在电路中作为积分器，这一点与前面的例子是相同的。但积分电容 C_1 没有复位电路。A_2 则成为直流电平触发的单稳态多谐振荡器。也就是说，当 A_1 的输出降低超过了设定值时，A_2 的单稳态多谐振荡器代替前面的比较放大器触发，脉冲幅度发出一定的脉冲到输出。输出问题解决了，那么留在 C_t 中的电荷 Q_p 该怎么办呢？R_4和 Tr 构成的恒流电源起到吸收这部分电荷的作用。设 V_P为 A_2的输出脉冲电压,脉冲幅度为 T_P,则有：

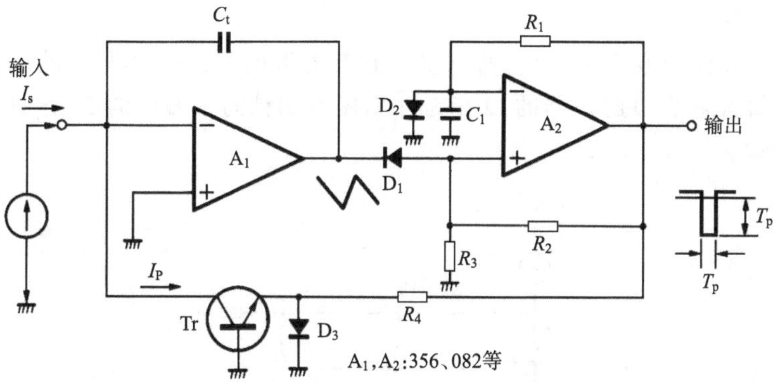

图 10.37 无间断的 C/F 转换器

$$Q_p = I_p T_p = \frac{V_p - V_{EB}}{R_4} \cdot T_p \tag{10.28}$$

的电荷从 C_t被吸出。

A_1的反相输入在这一过程中也同加法器一样工作。从 C_t中只吸出 $I_p \sim I_s$的部分,因此,经常保持虚拟短路状态,就不会产生如上面例子所述相当于 t_r的空载时间了。这种方式的上限受到 A_1转换速率的制约,下限受到 A_1偏置电流和 Tr 漏泄电流的制约。由于输入都是由电流的大小来控制的,所以只要考虑好选择哪种元件和电路,并认真制作,就可以由输入电流 10pA 开始工作了。频率范围也可以取 6 位的动态范围,所以可以用在高电阻或高绝缘的没有范围选择开关的皮安表和对数安培表上。在更普通的信号电平,除了动态范围担心少的 A/D 转换器之外,如果放入串联电阻 R_s,还可以应用于 V/F 转换器、数字电压表、容量计、电阻计等等。它与前面讲到的 V/F 变频器一样,具有多种用途。

另外,专门厂家还把几种型号的无间断型 C/F 转换器制成产品,不断开发它的用途。

10.5.5 覆盖 9 位的 C/F 转换器

图 10.38 是在一定程度上解决了上面提到的一些问题的电流/频率转换器(Current to Frequecy Converter)。这种电路是为了研究不使用范围转换开关和数字处理光电倍增管(Photo - multiplier)。但是,光电倍增管本身动态范围也在 6～7 位之间,受空载电流的制约,它们也要“动脑筋”设置栅极,以获得 8～9 位的实际

应用范围。在这里,我们只介绍常用的CFC(C/F转换器)部分。

I_P是相当于图10.37的Tr的复位用的恒流电源。使用第9章中讲到的OP放大器的恒流电源,例如预先设定为2.2mA,这个值比要测定信号电流最大值的两倍稍多一些。

图10.38信号电流I_s为负,所以复位电流I_p流向OP放大器A的反向输入方向。开始的状态是D触发器的Q变为"L",图右侧稍向负偏压的D_2导通,D_1断开,I_p在D_2流动。

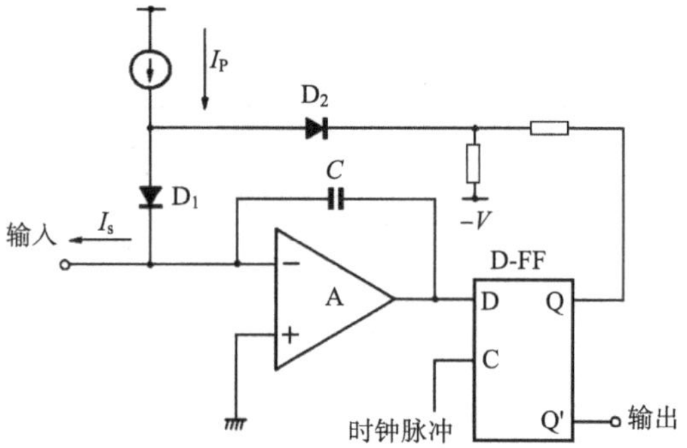

图10.38 覆盖9位的C/F转换器[33]

如果C由信号电流I_s负极充电,A的输出就上升,一旦达到了D触发器的临界值,使D输入变为"H"。FF在时钟的下一个周期读入此值,在时钟的一个周期期间中,把Q置位于"H"。如果设时钟的一个周期为T_p,那么同前一个例子一样,从C只吸出I_pT_p的电流。

工作极限是受到什么制约呢?微小信号侧的极限是受OP放大器的偏流和二极管D_1及D_2的漏电流所限。二极管使用JFET的连接。不过要挑选1pA稳定下降的产品。如图所示,Q在"H"状态时,D_2承载的电压过大,如果箝位于D_2断开的临界电压,那么D_2的漏电流就轻松了。

现在市场上出售的OP放大器在全温度范围内都低于1pA。电容C为数皮法,非常小,所以如果使用苯乙烯或云母,漏电流会比二极管和OP放大器小一些。

大信号侧受到OP放大器A的转换速率的制约。图10.39是OP放大器A的输出电压波形,信号电流小的地方像①那样频率低,甚至可以忽略其复位时间。一旦信号电流增大,渐渐地复位时间占的比例增大,但是在复位时间内输出信号继续积分,所以不会产生误差。信号电流更加增大,如果加快反复的周期,OP放大器的转换速率无法追上,那么锯齿形波的振幅就会像图中③一样减小。

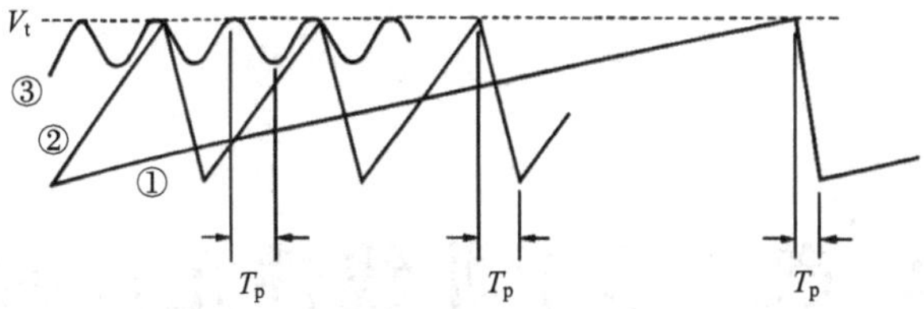

图 10.39 C/F 转换器的积分波形

即使这样,每当达到D触发器的临界值,来自恒电流电路的 $T_p I_p$ 的电荷从积分电容中撤出,继续响应。但是OP放大器的虚拟短路破坏的时间延长,从而导致信号电流增大,使电路的直线性渐渐受到损坏。

这种方式在文献[33]中表示,当时为 100μA－1Pa 的约 8 位的动态范围,后来由于设备的改进和OP放大器的进步,现在得到了覆盖 1mA～1pA 的约 9 位的动态范围。

第 11 章 基于非线性元件的应用

11.1 受电压影响内部电阻发生变化的元件

11.1.1 反馈型限幅器的工作

1. 可以利用的元件

在此前的各章中，对于 OP 放大器的电路，在相当于 R_s 及 R_f 的地方都使用了电阻和电容。而本章中所涉及内容与前面有所不同，例如，如果置入的电阻和电容是会随电压、电流或者是时间的流逝而发生变化，那么便可以应用于各种更为复杂和广泛的领域之中。

作为可以插入到 R_s 及 R_f 部位的元件，除了上述的电阻和电容以外，还有许多。例如，电感器、变阻器、热敏电阻、晶体管、FET、晶闸管、UJT、隧道二极管、反向二极管、氖管、霍尔元件、光电元件以及各种检测元件等。而且除了这些单一元器件之外，甚至于包含 OP 放大器和数字功能的电路也可以应用。作为受电压影响其内部电阻发生变化的元件，最为常见的有二极管和齐纳二极管。二极管的电压-电流特性为图 11.1 所示的形状。由于二极管两端加载的电压，适合内部电阻自动发生变化，进而改变自身的增益。

2. 齐纳二极管、限幅器

图 11.2 已经给出了一个简单的应用范例。例如，要以 OP 放大器的输出来驱动 TTL 和 CMOS 等数字 IC，这一输出的上限要控制在 +5V，下限控制在 −0.6V。

近来的齐纳二极管，其漏电流换算为电阻值，很容易就可以得到数兆欧以上的数值。因此，从振幅限制产生的上限和下限 10% 以上的范围内，只要不使用在 R_s 和 R_f 处单位达兆欧的电阻，就可忽视漏电流的效应，并将输出电压看作 $V_o = R_f / R_S$，如此一来就可得到理想的限幅器特性。

另外，如果二极管代替图 11.2 所示的 D_Z 插入，根据其插入方向，也可有效限制其输出振幅在 +0.6V 以上或 −0.6V 以下不振荡。

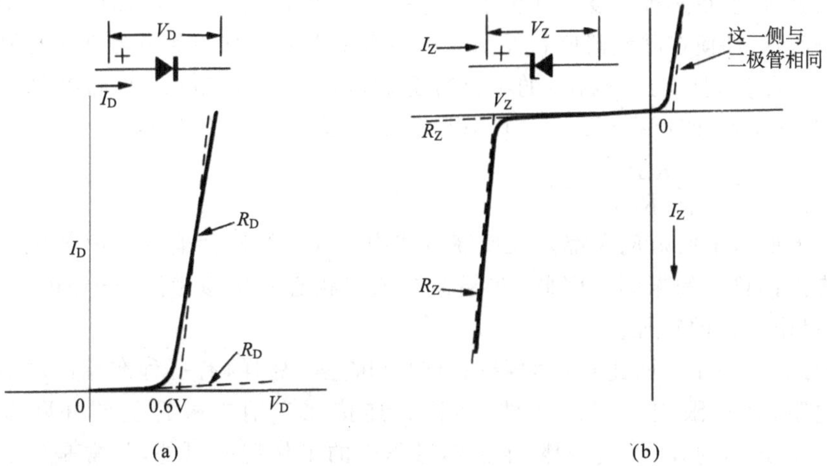

图 11.1 二极管和齐纳二极管的电压-电流特性

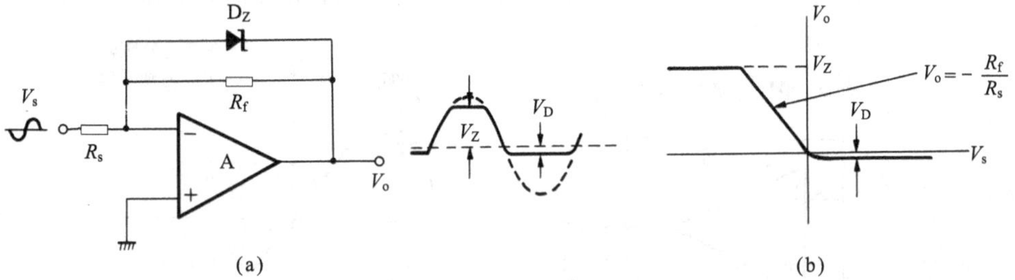

图 11.2 齐纳二极管组成的限幅器及其输入特性

3. 对接使用

在其他许多用途中，出于防止下一级的饱和以及改善超载特性的目的，往往要将输出的振幅控制在±5V这一固定的振幅范围之内。这就要将两个稳压二极管对上，很简单如图11.3所示的那样放入。此时的振幅限制电压为单只齐纳二极管电压与其正向电压之和[18]。

11.1.2 软限幅器与硬限幅器

齐纳二极管的内部电阻与R_S相比要小得多，如图11.3(b)的实线部分所示，即便输入再怎么增加，甚至超过限幅器产生的电压，输出也会停留在限幅器的电压限定数值上。称之为硬限幅器(hard limiter)。

但是，根据使用目的的不同，特别是在外侧对于输入有着灵敏度因素要求的情况下，则还有许多更为便利及有效的解决办法。例如，伺服放大器的中央部分有着很高的灵敏度，在某种程度以外要求保持一定比例性的情况下，如图 11.3(b)的虚线部分所示，即使在限幅器值的外侧对于输入也需要持有一些灵敏度。与刚才举出的例子相反，具有这种特性的电路称为软限幅器(soft limiter)，将齐纳二极管和 R_1 串连放入，即可得到。图 11.3(b)所示虚线部分的斜率为：

$$V_o = \frac{-R_f R_1}{(R_f + R_1) R_s} \cdot V_s \tag{11.1}$$

以上所举出的范例大都是在反馈电路中插入非线性元器件，OP 放大器在有源状态限制输出的振幅。因此，在限幅器工作状态中虚拟短路(virtual short)成立，也是限幅器的特征。

对此，正如在后面比较放大器一节中所讲述的那样，有一种在输出端口通过保护电阻，强行限制电压的元件，如称为连接在齐纳二极管上的并联限幅器(shunt limiter)的方法。它们除了工作过程中的工作切换以外，常常是处于饱和状态，因此电压输入的虚拟短路并不成立。因为很难轻易感到噪声，所以根据用途不同反而是有利的，可以用于比较放大器等。但其特性受硬限幅器的局限。

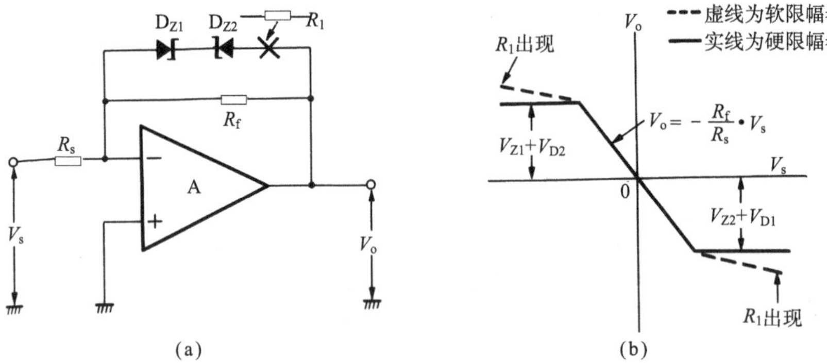

图 11.3 由两只齐纳二极管组成的对称型限幅器

11.1.3 速度和泄漏的对策

在要求速度不够快的情况下，一般来说是不会有什么问题的。可是当 OP 放大器高速运转后，前面所说的由齐纳二极管组成的限幅器的运动波形就无法达到预期状态了。虽然这是齐纳的响应速度和并联电容的原因，不过与其费力去寻找高频率特性良好的齐纳二极管，倒不如将小电容信号用的硅二极管进行串联后使用效果更好。这种硅二极管串联使用的方法，不论是在反馈型限幅器还是在并联限幅器中都是很有效果的。

高灵敏度的 OP 放大器，在 R_f 处也使用极端的高电阻，例如使用 10MΩ 以上用途的情况，如果无意中插入反馈限幅器，由于漏电流的影响，R_f 的精度就会产生较大误差。图 11.4 是把漏电流旁路的方法。当输出振幅无法达到 V_Z时，流向二极管内部电阻 R_1的电流就是基于泄漏所产生的这一部分电流。因此产生的电压降就只有低于 D_1与 D_2的 0.6V 阈值，从而来选择 R_1。当限幅器开始运转时，通过 D_1和 D_2与输入连接，就与前面列举出的各例一样工作。

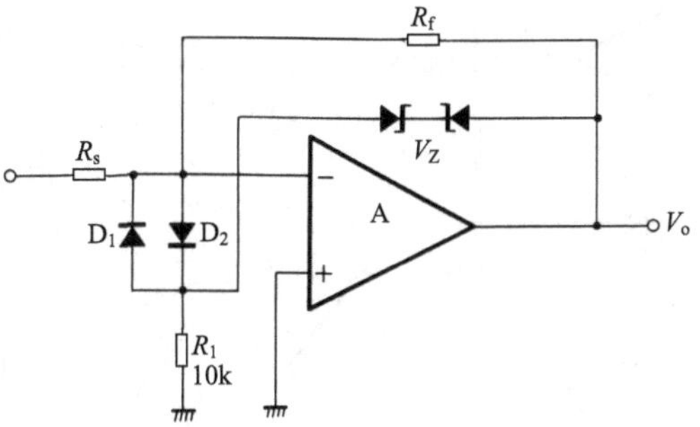

图 11.4 对泄漏进行电流旁路的方法

不过 D_1与 D_2使用的是符合此目的的漏电流较少的电阻。R_1因泄漏产生的电压比较低，相当于二极管没有导通，而 OP 放大器要选择较高的，达到便于驱动的程度。

图中显示的是齐纳二极管组成的对称型限幅器的示例。不过并不限于此，这个电路还可以用于改善各种限幅器的高频特性，而且也可以作为旁路漏电流的方法应用。

11.1.4 二极管限幅器

限幅器还可以使用二极管和外部电源制作来代替齐纳二极管。图 11.5 就是一个例子。具有如前图 11.3 相同的可以使 R_f无限大的特性。在限幅器没有发挥作用的范围内调节增益，也可以按照图中虚线部分所示方法插入 R_f。

这个电路的工作原理是，根据输入电流产生 OP 放大器的输出电压 V_o，例如向正极运动时 V_o为：

$$V_o = -V_B \cdot \frac{R_4}{R_3} \tag{11.2}$$

这个状态，二极管 D_2为导通。因为在这一状态下 R_4作为反馈电阻 R_f进行工作，所以对比 $R_f = \infty$时，其增益便会大幅下降，显示出图 11.5(b)这样的限幅器特性。

输出电压向负极移动的场合，负极方向的限幅器特性就以

$$V_o = -V_A \cdot \frac{R_2}{R_1} \tag{11.3}$$

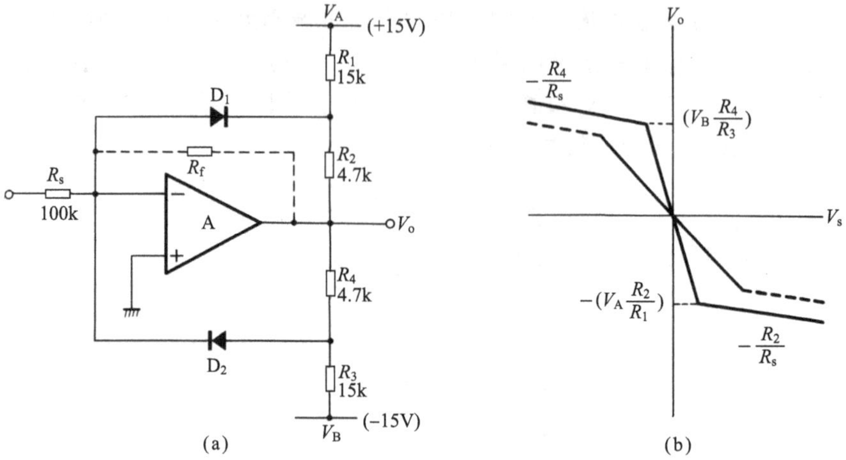

图 11.5　二极管限幅器

开始，其状态也如图中显示的那样。

这种方式的特征就在于，由于限幅器的起点并不依赖于齐纳电压，所以使得精细地设定变得更容易。如果电阻的精度和电源电压更为稳定，很容易就能得到均衡且良好的再现性，而且还有速度不受齐纳的静电电容制约的优点。相反，如果限幅器的工作起点如上面式(11.2)和式(11.3)所显示的那样，就应该想到正、负电源电压比例发生变化，很难制作极端的硬限幅器。

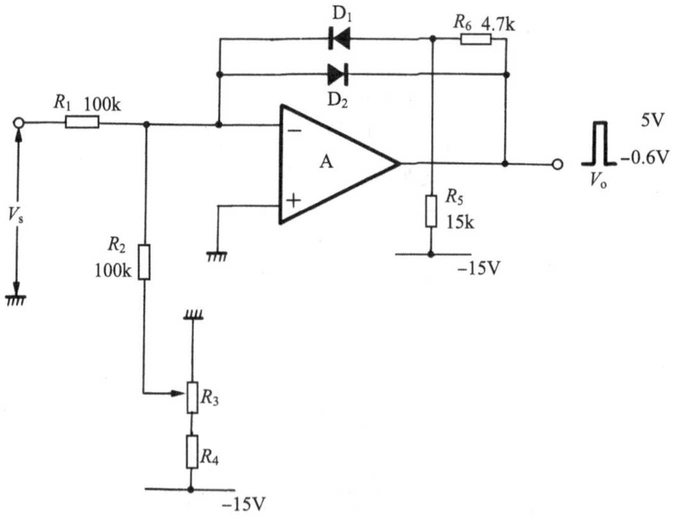

图 11.6　设置了二极管限幅器的比较放大器

图 11.6 是将图 11.5 的电路运用到比较放大器上的范例。OP 放大器的输出正极电压如果达到约 5V,那么二极管就为导通,如果约为 5kΩ 的 R_f连接到处于开路的放大器上,增益值便减少至 5kΩ/100kΩ,即 0.05。另外一个二极管 D_2在负极的输出侧工作,对于负极的振幅限制在-0.6V 以下,输出电压 V_o就可以直接连接到 TTL/CMOS 等数字 IC 上。

11.2 函数发生器

11.2.1 基于二极管的方法

如果使限制振幅与增益限幅器的思考方法进一步得到发展,前面所讲的二极管的开关作用就会使 OP 放大器的输入输出特性变得更为广泛,可以应用于计算函数的近似方面。

图 11.7 及图 11.8 示意了两个基本电路。图 11.7 通常被称为串联转换。它通常联结在二极管负极一侧的 OP 放大器上,形成虚拟接地。因此当加载于二极管 D 上的电压为

$$V_s = -\frac{R_1}{R_2} \cdot V_B \tag{11.4}$$

时,可以知道其值为零。

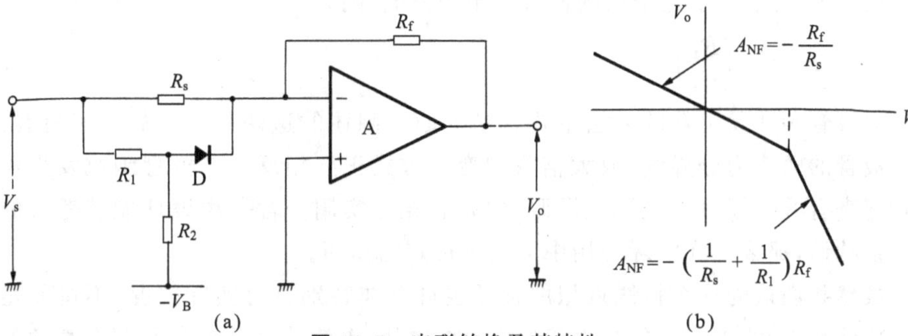

图 11.7 串联转换及其特性

若将二极管的正向电压忽略不计,如果有大于上面值的输入电压,二极管为导通,R_1则以并联方式接入 R_s,因此,放大倍数就以这一点为分界线产生变化。就是说在 $V_s \leqslant (R_1/R_2)V_B$的情况下,

$$A_{NF} = -\frac{R_f}{R_s} \tag{11.5}$$

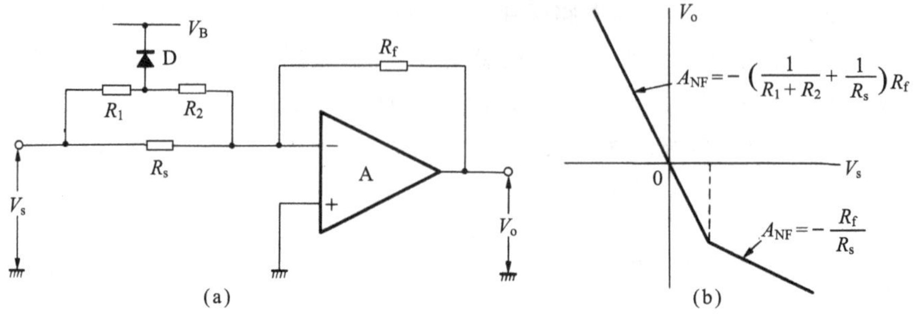

图 11.8 并联转换及其特性

另外，在 $V_s > -(R_1/R_2)V_B$ 的情况下，

$$\mathrm{A_{NF}}\left(\frac{1}{R_s}+\frac{1}{R_1}\right)\cdot \mathrm{R_f} \tag{11.6}$$

若将这两个公式作为图形，即为图 11.7。

另外一种方法是并联转换。在图 11.8 所示的电路中，求二极管 D 的电压由截止转变为导通的转变点时，用于温度补偿，以

$$V_s = \frac{(R_1+R_2)}{R_2}\cdot V_B \tag{11.7}$$

为分界，V_s 在小于这个值的范围内，则为

$$A_{NF} = -\left(\frac{1}{R_1+R_2}+\frac{1}{R_s}\right)\cdot R_f \tag{11.8}$$

而当 V_s 处于大于这个值的输入电压的情况，则为

$$A_{NF} = -\left(\frac{R_f}{R_s}\right) \tag{11.9}$$

二极管函数发生器的方法主要就是上面所阐述的这两种。正如大家所看到，以二极管的阈值为分界线，放大倍数的变化方式正好相反。二极管函数发生器也许看起来有些麻烦且不是那么顺眼，但是它相当实用。若一次设计能够考虑的较为完备的话，那么它在实际应用中会发挥很好的作用。

虽然我们认为这个折线近似的称呼也许并非特别符合实际情况，不过要是就实际特性来看，值得庆幸的是由于二极管的电压-电流特性并不是呈完全直角的上升态势，因而可以形成一个格外平滑且流畅的近似值。

11.2.2 温度特性的补偿

这里应当注意的地方是，二极管的特性是由于温度不同会发生变化。在室温情况下，二极管的正向电压约为 0.6V 时，有约为 −2.5mV/℃ 的温度系数，50℃ 的温度变也会随之发生 0.1V 的变化。因此在二极管用于一些微妙精细的用途之中

时，就有必要考虑温度补偿的问题了。最简单的补偿对策就是OP放大器的输出在许可的范围内，尽可能取大信号的振幅。这样的话，二极管的温度特性也就会相应的减小。如果在某种程度下不能符合上述条件，那么还有另外两个办法，即：

① 想方设法在电路之中消除二极管的温度系数。

② 将二极管置入OP放大器的反馈环路中，使之成为一个理想二极管。

关于②的设想，我们在后面的章节中还会做详细论述。在这里，我们先讨论一下有关①的示例。请看图11.9。

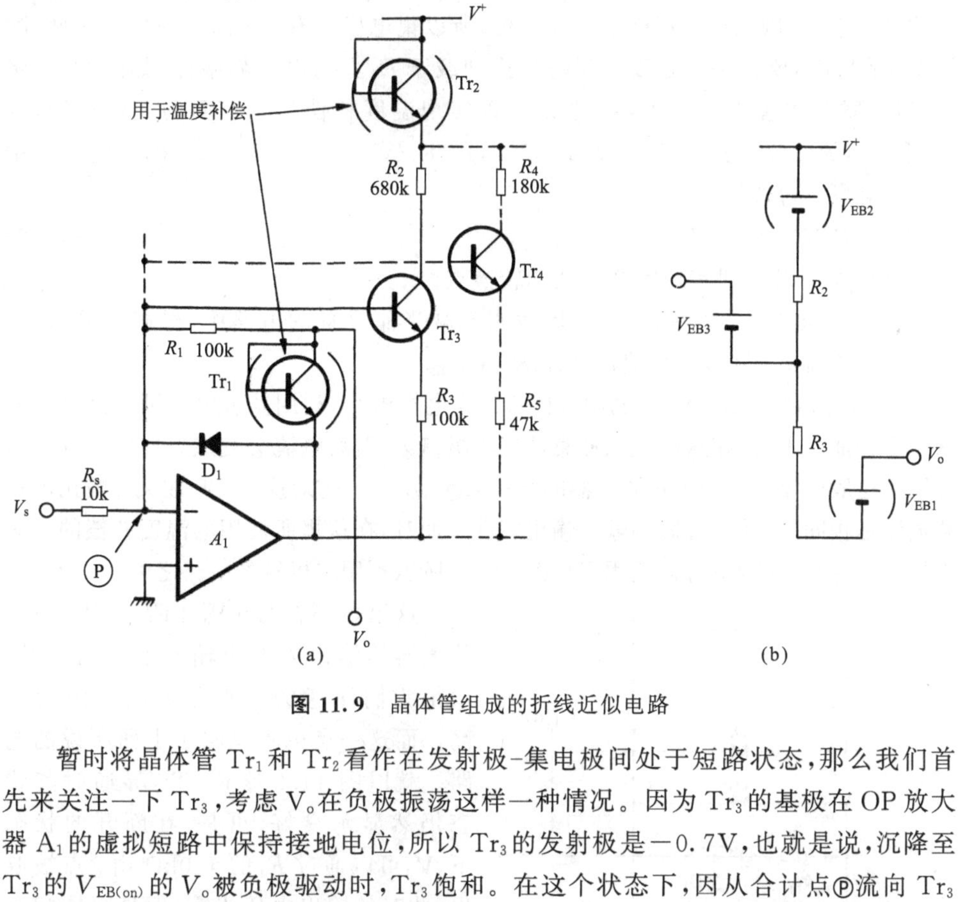

图11.9 晶体管组成的折线近似电路

暂时将晶体管Tr_1和Tr_2看作在发射极-集电极间处于短路状态，那么我们首先来关注一下Tr_3，考虑V_o在负极振荡这样一种情况。因为Tr_3的基极在OP放大器A_1的虚拟短路中保持接地电位，所以Tr_3的发射极是−0.7V，也就是说，沉降至Tr_3的$V_{EB(on)}$的V_o被负极驱动时，Tr_3饱和。在这个状态下，因从合计点Ⓟ流向Tr_3的电流，从基极穿向发射极，在R_3流动，所以会呈现与R_3和R_1并联连接的相同效果。

如果使OP放大器A_1的输出电压为V_0，无视Tr_3的饱和电压，图11.9(b)的等效电路中，V_{EB1}和V_{EB2}都不存在，Tr_3为导通，则

$$R_3(V^+ + V_{EB3}) + R_2(V_o + V_{EB3}) = 0 \tag{11.10}$$

然后再仔细观察一下，用于温度补偿而设置的Tr_1和Tr_2的工作情况。

首先看一下式(11.10)，Tr_3为导通的电压中包含V_{EB3}。这只是要在其值中体现出V_{EB}的温度系数。它没有直接从OP放大器中提出输出电压，而是插入利用晶体管的基极-发射极连接的二极管Tr_1，从电压相抵处取输出电压V_o。这样做的话，式(11.11)的第二项(V_o+V_{EB3})处就变为

$$V_o+V_{EB3}-V_{EB1} \tag{11.11}$$

假如Tr_1和Tr_3的$V_{EB(on)}$相匹配，这一部分的V_{EB}项就可以取消了。

在Tr_3导通的状态，Tr_3的$V_{XE(sat)}$是0.1V以下，理想状态下几乎接近零。于是在这种状态下，因Tr_3的基极是接地电位，所以集电极只有V_{EB}部分为负。因此，除了V_{EB}的影响，要在一定程度上保持转换加载于R_2上的电压界限值(如图所示，将Tr_2以串联方式置于电源V^+)，也是可以实现温度补偿的。上面的式(11.10)因Tr_1和Tr_2的效应，为$R_3(V^++V_{EB3}-V_{EB2})+R_2(V_o+V_{EB3}-V_{EB1})=0$，若这个式中各$V_{EB}$相等的话，则为

$$R_3V^+=-R_2V_o \tag{11.12}$$

这样便可以得到实现完全补偿的转换点。

输出电压处于4V左右，在使增益实现减半而设置的电路中，根据需要，还可以按照图中虚线那样，相继追加Tr_4、R_4或R_5。

在Tr_3为导通的状态，不利用晶体管的集电极电流，利用基极电流则是这种方式的一个特征。不过，在这时应该注意从集电极流入R_3的电流会变成怎样的状况。但是因为这股电流不经过OP放大器的合计点Ⓟ，所以它与对应于OP放大器输出的负载电流是相同的，并不会影响输入输出特性。而且，在这里所使用的温度补偿的方法不只限于这个电路，也可以适用于如图11.10所示利用二极管的电路之中。

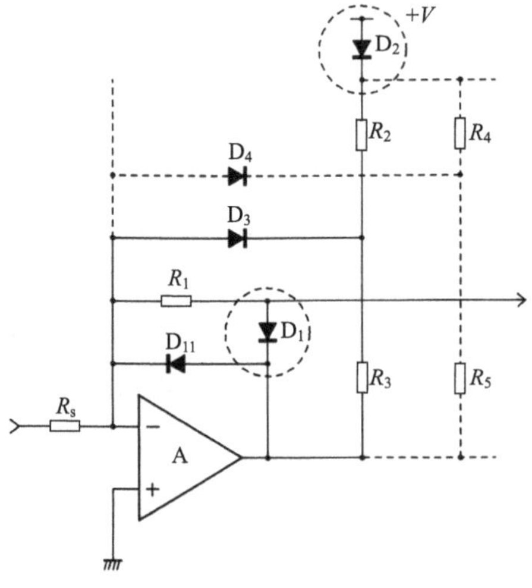

图11.10　二极管函数发生器的温度补偿

这里再补充两句题外话，在从非OP放大器的输出处取出输出电压的时候，值得我们注意的一点是输出电阻会增高。而这一点也不只限于上面所说的电路。就以图11.9来说，Tr_1导通时其状态仍然显示良好，可是，在断开的状态下，V_0可以通过R_1的100kΩ由Ⓟ点被取出，此时的输出电压为零，但是阻抗却有100kΩ。因此，要驱动持有接收器和源极电流的负载，则有必要在输出处设置缓冲器。

11.2.3　制作反函数的方法

前面列举出的图11.7及图11.8在

制作函数发生器时，尽管只在一处发生了转折，不过只要能够严格按照折点与斜率进行设计，即便把线路设计得复杂一些也没关系。比如可以使正负区域对称、相反，或者是几层重叠，多转折等。

另外一个重要的应用是在前面所列举的例子中，将函数发生器设置于反相放大器的 R_s 部分处。而将相同的方法适用于 R_f 之上时，则可以得到反函数。在反相放大器的增益为 $A=-R_f/R_s$ 时，用依靠输入电流像 $f(s)$ 那样变化的函数发生器替换 R_s 或 R_f。若替换 R_s，则得出

$$A_{NF}=-\frac{R_f}{f(s)}=k_1\cdot\frac{1}{f(s)} \tag{11.13}$$

若替换 R_f 的话，则可得出

$$A_{NF}=-\frac{f(s)}{R_s}=k_2 f(s) \tag{11.14}$$

因此，假定式(11.13)为输入信号的二次方函数，式(11.14)即为输入信号的平方根。

即便是简单的折线近似，其相互关系也是相同的。图 11.11 使用了串联转换开关，示意了改变 R_s 与 R_f 的实例。在图 11.11(b)中，如大家看到的那样，正因为设置了使用相同电源 V_B 的二极管组成的串联转换开关，所以可以得出以 $V_o=V_s$ 的线段为对称轴的对称特性。

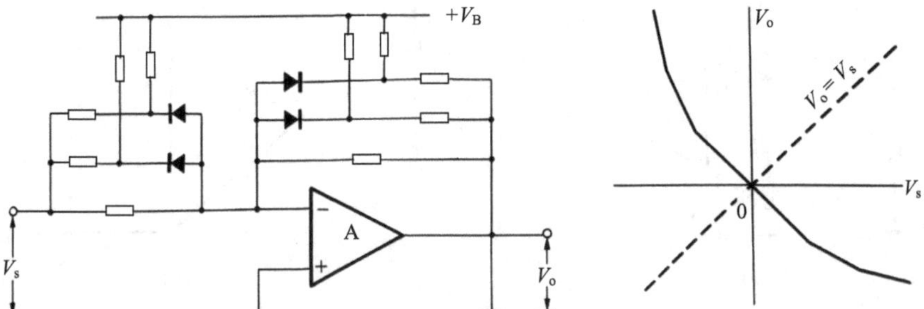

图 11.11 四个折点的函数发生器

11.3 合成二极管

11.3.1 理想的二极管

仔细观察实物二极管的特性后可以发现，正如在本章开头的图 11.1 所示，它

并非单纯以 $V_D=0$ 为界限导通和断开，且它的特性也不是严格以直角的方式发生转折。

一个范例，图中的输出并非是从放大器的输出端口而是从图中所标识的位置取出的。其输入输出特性就如图 11.12(b)所示，$A_{NF}=0$ 与 $A_{NF}=-(R_f/R_s)$ 的转换点是图 11.1 中出现转换附近的电压-电流特性的圆弧形，二极管的温度特性也大致得到电路环路增益分之一的改善。

在 $A_{NF}=5$ 的情况下，如果使用净放大倍数 $A_0=50\ 000$ 的 OP 放大器，那么上述的非理想特性就被压缩至 1/10 000，其正向电压为 70μV，温度系数则大致是 −2.5μV/℃。如果是这样的话，那么基本上可以说这就是一个理想二极管，或者说它是一个理想半波整流电路或负限幅器。

不过，这个理想二极管的频率特性却不是特别理想。图 11.12 的理想二极管的应用范围虽然很广，可是其频率特性与普通的 OP 放大器相比却在很大的程度上受到了制约。究其原因在于输出 D_1 与 D_2 的顺方向电压约 1.4V 的振荡时间相当短促，在实用中往往可以忽略不计。因此，作为应对方式，在这一部分上使用速度更快的 OP 放大器，会有更好的效果。另外，关于这一点还可以参照这一章节结束处的加速方法。

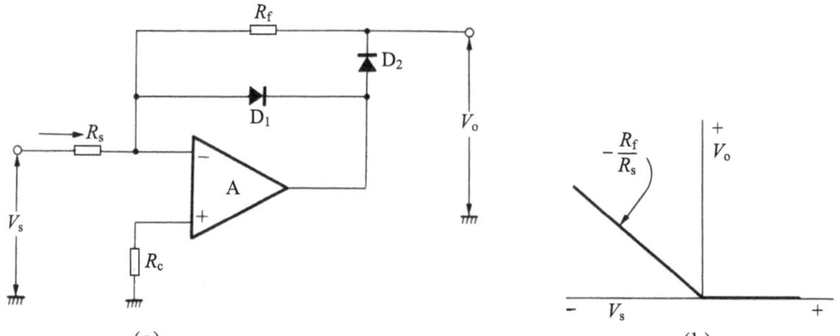

图 11.12 理想二极管(半波整流器)

11.3.2 精密函数发生器

通过上面的讲述，我们可以得到理想二极管，使用它就可以制出性能更为出色的精密函数发生器。

图 11.13 是精密函数发生器的一个应用范例。使用了断点数为 $n+1$ 个的 OP 放大器，这在很早以前是非常不适用的的替代品，但现在由于有了单片 OP 放大器，其稳定性将发挥作用。

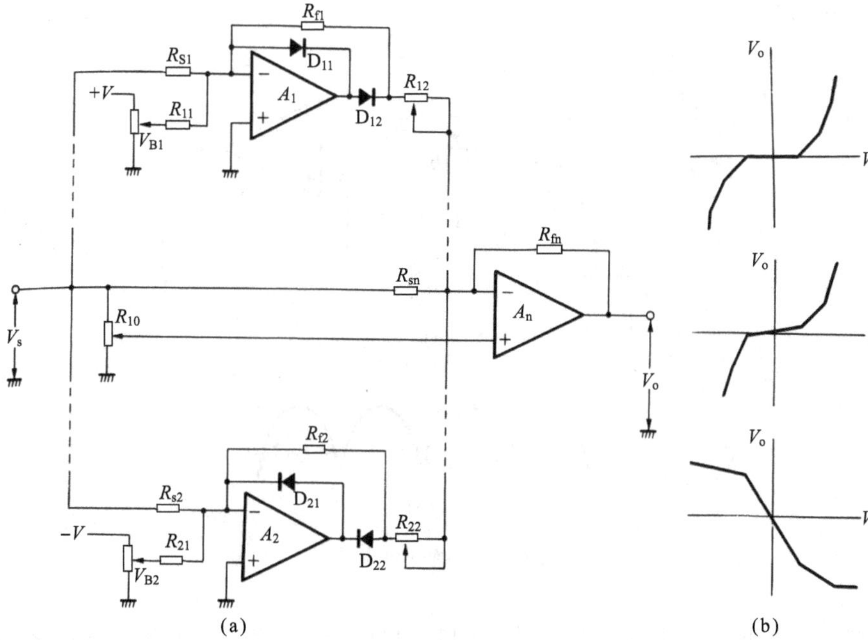

图 11.13　精密函数发生器

如果 OP 放大器和固定电阻也比较出众的话，即便温度发生改变，转折点与斜率也会表现得十分稳定。因此理论上转折分界线也会比较清晰。不过，在某种程度上也会成为一种缺点。

因图示过于复杂，图 11.13 中只标识了＋极侧、－极侧以及和频放大器三个部分，实际上还可以连接几组必要的折点数。假如想折向反方向，在 R_{fn} 处，将在 V_o 侧的输入和虚拟短路侧的输出出现的方向设置与 A_1 和 A_2 相同。

把正弦波的振荡器连接到 V_s，用 X-Y 示波器观测 V_s 和 V_o 的话，就可以容易地调整这个电路。调整由内侧原点附近开始，首先是中央的斜率 R_{10}，接下来是最初的断点 V_{B1}，V_{B2} 外侧的斜率 R_{12}，R_{22}，…的顺序进行，没有干扰，易于调整。而且，这个电路的断点不管是以什么顺序进行，基本上都不会发生相互干扰。

11.3.3　绝对值电路

在反相放大器上加载刚才提到的半波整流电路后，便形成了一个理想全波整流电路。因这个电路的输入输出关系为 $V_o = |V_s|$，所以其别名也称为绝对值电路，其用途广泛。

图 11.14 中所示电路的要点就在于 OP 放大器零点的稳定性，而且依赖于固定电阻的精度和稳定度。

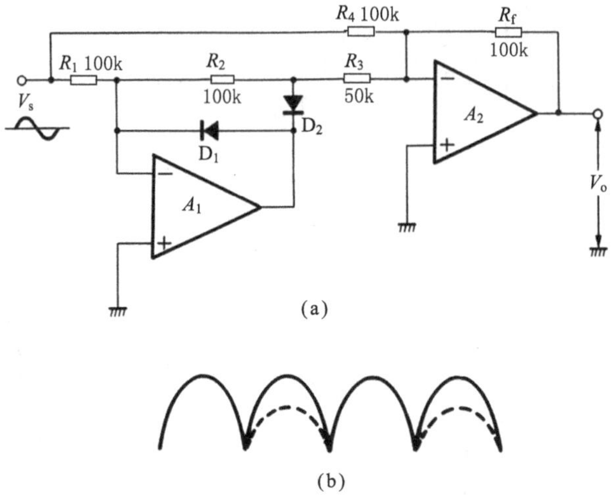

图 11.14 绝对值电路

如果这个电路与其名称不符，如图 11.14(b)所示，就会发出各个波峰之间高度不尽相同的输出电压，其原因在于，这个电路不能够准确地满足关系等式：

$$\frac{R_2}{R_1}=\frac{R_4}{2R_3} \tag{11.15}$$

若固定阻抗选用了长期稳定性比较出色的产品，那么绝对值的精密性便显得不是特别重要。在不容易将全部电阻的精度控制在 1%以内的时候，为了确保上述公式的关系，可以制作一个电阻对，例如将 R_3替换为一个 47kΩ 的固定电阻和一个 5kΩ 可变电阻的组合。

想在这个电路的输出中再加载、积分其他信号，或是要将其接载于比较放大器上时，就要在其后重新连接另外一个 OP 放大器。但是，如果 A_2在输入侧为虚拟短路的情况下状态良好，那么则可以毫无顾虑的使用 A_2。例如 V_s是交流输入，整流之后，若想得到积分输出的话，就要将电容以并联方式接至 R_f。因此若想取其和或差，则可以将其连接至 A_2的反相或正相的任何一个输入端口。而且，如果想让它进入比较放大器，选择虚拟短路方式的比较放大器，就可以使用 A_2。

第 2 章里虽然已经叙述过，不过图中直接接地的正相侧的端口，由于电阻侧的选择方式和 OP 放大器的性质不同，或者由于所求性能的缜密性的影响，若插入与反相输入侧大致相当的电阻，则可以减少由偏流所引起的输出偏置。

11.3.4 设法缩减精密元件

在 OP 放大器中所使用的精密无源元件，如电阻和电容会对电路的长期稳定性或成本产生很大的影响。而且若要合成电阻的话还要花费大量人力和费用。如增加少量 OP 放大器和少量高精度而又必要的元件就可以完成工作，那么，无疑在实用上是十分有利的。

对于使用部件相对较多的图 11.14 的绝对值电路，到现在为止已经有了十余种改进方案。比如在信号源为恒定电流，或者有由接地浮动着等特别条件的情况，都可以画出与之对应的电路。但是，能够作为一个在任何情况下都可适用的绝对值电路的代表示例，还是图 11.14。

下面就给大家讲一讲在评价精密元件较少的电路或者自己思考电路时，应该注意的地方。

在讨论绝对值电路的时候，首先要考虑的就是偏斜度和精度这两个因素。例如，在从输入至由电阻转换二极管的情况等，每当极性发生转换时，输入阻抗就会发生变化。因此，在少元件的电路中，也有必要在前级加载电压输出器。同样，这个原理也适用于输出一侧。那些若负载阻抗不是恒定值就无法得出特性的电路，即便看上去电路简单也是无法与其相提并论的。

绝对值电路与理想二极管的另一个弱点则是速度。即使是使用同样的 OP 放大器，也要比其他电路快出一位数。因此，在组装到装置时，这里往往会成为一个瓶颈。所以希望靠节省元件以求减慢速度的改进方式也就变得没有多大的意义了。不过，在实际应用中，也有很多人会在组装电路时，在电路中增加一些元件而让速度增加一些。对此我们将会在后面的章节里说明。

基于上述这些条件，图 11.15 中又列举了另外一个绝对值电路。想必是原始文献[29]。不过，因与前面的图进行比较，设增益为 1，则在那个图中可以得出 n 倍的增益。输入阻抗高，A_2 虽不能像前面的示例那样使用于积分器或加法器上，但是输出阻抗还是会降低。在这里，只要阻抗设置正确，即 $R_1=R_2$，那么即使 R_3 胡乱设置，也不会对电路产生任何影响。

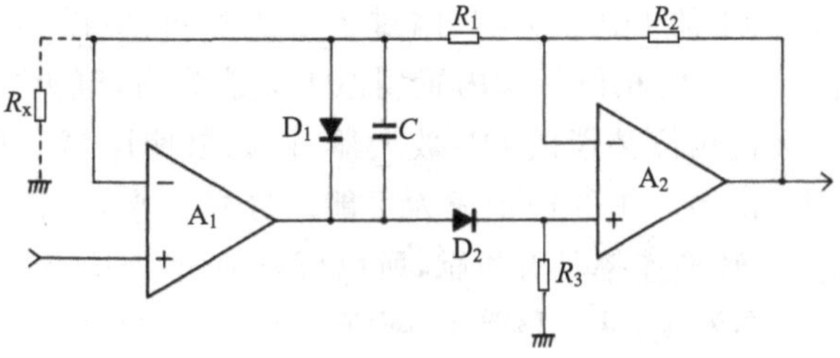

图 11.15 固定电阻少的绝对值电路

让我们试着在输入为正的情况下分析工作状态。D_1 断开，D_2 导通，那么通过

A_1及A_2则形成一个大的电压输出器。此时，因为OP放大器的关系，有时会有一些不稳定的现象产生，因此应该将C以10～20pF并联接入D_1来解决此问题。相反，在输入为负的情况下，D_1导通，D_2断开，则会形成一个A_1为电压输出器、A_2为增益$-R_2/R_1$的反相放大器。

11.3.5 加速的方法

若打算将理想二极管也做得简化一些，那么用OP放大器和一只二极管就可实现。不过若要有效使用OP放大器，并最大限度的得到可以使用的频率范围，则要注意以下几个要点。

首先，就是要尽可能的维持OP放大器的虚拟短路。使其挣脱开至最大输出，用以齐纳二极管箝位的硬限幅器控制，于是便可使其恢复原先状态。不过所需的时间却要比普通的工作时间长。特别是高速OP放大器，因保护电路的作用可以使其避免损坏，相应的发热量也会增加。

在考虑理想二极管为什么常会在速度方面出现问题时，可以发现在图11.12中，OP放大器的输出由负到正时，由D_1断开至D_2导通这一段时间便成为了决定性因素。若一只二极管的顺方向电压设为7V，则这段时间的电压变化合计为1.4V。

也就是说，若OP放大器的输出通过这1.4V的时间很短的话，则不会显现出二极管的转换波形，而其他方面则表现为频率中的环路增益大幅上升。此时如也可得到驱动振幅的话，则在环路增益的压缩作用下，在输出中可显示出理想的半波整流波形。

速度需要达到多快才算理想？应该求出多大精度的波形？还有1.4V的输出电压要被压缩到什么程度才可满足需求呢？

以绝对值电路为例，在理想二极管A_1部分以使用10倍左右的高速OP放大器为目标即可。而在实用中即使这样甚至还是不能满足需求。

相位补偿至$A_{NF}=1$的OP放大器，因过于浪费时间，所以不使用。外置型进行相位补偿至$A_{NF}=-1$，而相位补偿内置型似乎无能为力，毫无办法。不过，在使用$A_{NF}>10$和按高增益相位补偿的OP放大器时，如果使用第4章叙述的电极零点调节，那么即可使$A_{NF}=-1$的校正成为可能。这样一来，与普通做法相比最差也可以实现两倍，更对转换速率具有贡献，所以可以加速4～5倍。

再仔细观察一下会发现，从二极管D_1断开至D_2导通的时间内，反馈电路形成开放。如此一来，若只在这段时间内摘除相位补偿用电容的话，情况又将如何呢？关于这一伟大的设想在文献[29]中已经做过解释了。以图11.16中的常数，把它用于LM301A的话，则速度提升一位，如该图11.16(c)所示更加明显。

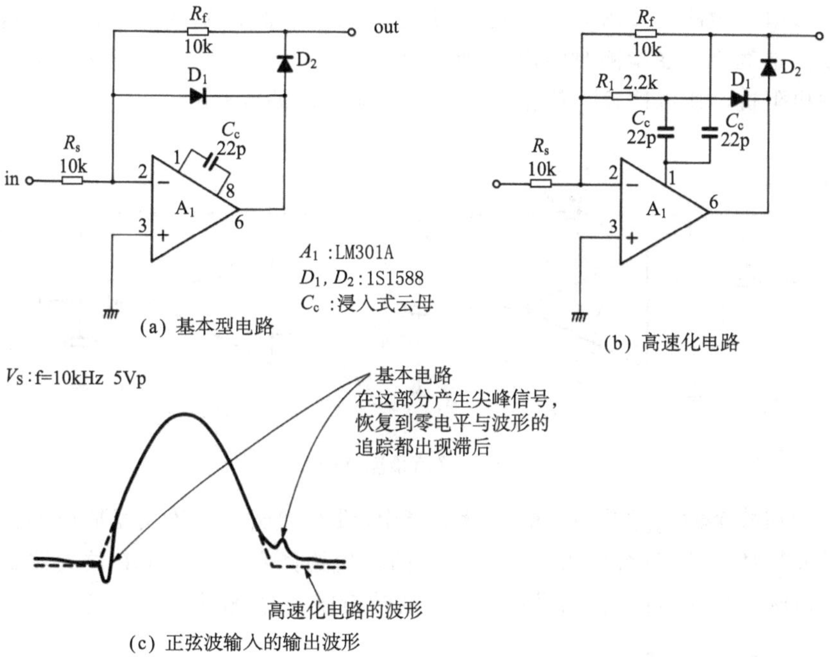

图 11.16　理想二极管(半波整流)电路

利用这种方法的 OP 放大器相位补偿端口被引出，即使靠使用米勒电容的元件从输出端口取得单线后仍可以正常工作的方式。大概 TL 080，TL 070，BB 3551，3554 等型号等也可以适用于此种方法。

另外(在文献[29]中)，还有一些其他的如追加高速的输出层或在二极管上加载偏压等手段。

11.4　峰值检测，采样与保持

11.4.1　峰值检测的原理

使细窄的输入脉冲幅度更宽(也就是说想要常时间保持)用于这种目的的装置就是峰值检测器，也称为峰值检波器或脉冲展宽器。

图 11.17 示意了峰值检测器的原理图。图 11.17(a)是反相型的示例。其构造正如大家所看到的那样，为了实现峰值检测的目的，从刚才讲的半波整流电路中取下一个不需要的二极管，在输出侧增添了一个保持用的电容。而该图 11.17(b)是一个正相型的示例。虽然图中任意一点的增益都设置为 1，但是却可以使其兼顾

放大。峰值检测器所要求的性能是，受到输入的信号脉冲幅宽到底有多大这一情况左右。这就要求在检测时间内，无阻尼振荡、无过渡特性的上冲，必须用放大器的低输出阻抗迅速以同输入值相当的电压对电容 C 进行充电。

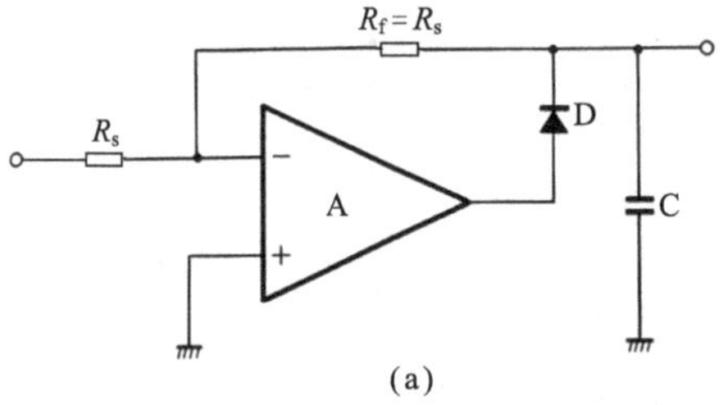

图 11.17　峰值检测器的原理

假如在截至输入脉冲中止的这段空当中，没有切断 OP 放大器输出的持续上升或过渡特性上冲，就会成为一个不正确的峰值检测器。因此 OP 放大器上很需要一个以吻合作为目的的、信号输入宽度的转换速率的、输出电流大的元件。

11.4.2 P-P 检测器

如果峰值检测器进一步发展，就可以使电容存储正峰值至负峰值的值。

图 11.18 为此种应用的一个范例。输入信号的正峰值，连接在 OP 放大器输出上的 D_1 作为一个理想二极管的例子进行工作，C_1 的右侧保持接地，所以 C_1 可以对信号的正峰值充电。接下来，如果信号发生衰减，D_1 就断开，信号的负峰值在电容 C_1 右侧位置上出现正负峰值电压的合计值。其后的工作与峰值检测器相同。

这个电路的输入阻抗与前面所述的峰值检测器不同，因在给 C_1 充电的时候，输入阻抗大幅降低，所以就有必要以低阻抗、高转换速率的信号源进行驱动。

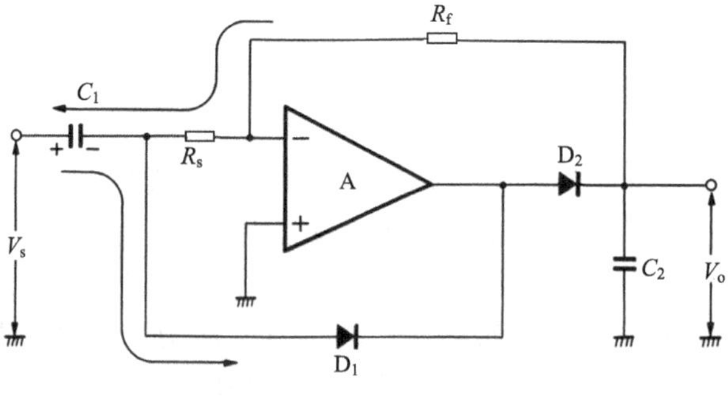

图 11.18　P-P 检测器

若有意使用两个 OP 放大器的话，可通过图 11.17(a)的输出电阻，加上另外一台如图 11.17(a)或 11.17(b)的峰值检测器，如果把后面的峰值检测器兼顾为合频放大器，就形成 P-P 检测器。

装入两个和装入四个 OP 放大器，越来越容易做到而且价格便宜。因此在上述此类用途中，与其因电路复杂节省 OP 放大器的数量，倒不如多用一个 OP 放大器反而更为上策。

11.4.3 峰值检测器与实用中的问题

看起来原理图电路似乎简单(这个电路和 A/D 转换器组和，以数字计算机的各种应用为代表，还涉及气相色普仪、波形分析仪和脉冲幅度分解器等重要分析仪器的应用领域)，然而试着实际制作这些电路时，却会感到相当难。

其中的一个原因是由于电路后续部分像上面例子那样规模很大，也许会对性能提出相当高的要求。但是，最大的问题点是，在无阻尼振荡、无过渡特性上冲的条件下，要在短时间内完成对极端容性负载的充电。现实当中的产品大都在这一部分上想尽了各种办法加以完善，换言之，这里是一个技能落后的地方。

仔细观察图 11.17 的结构，我们可以发现这里与在前面的第 3 章中所讲的振荡条件那一部分有着惊人的相似之处。OP 放大器 A 的输出阻抗 R_o与二极管 D 的内部阻抗 R_D以及在负载 C 处产生的 $\tau_o=(R_o+R\ C_D)C$ 这些时间常数，到例子上 f_T的跟前时，即便没有产生振荡也成为阻尼振荡的原因，从而形成一个根本没有精度可言的峰值检波器。

图 11.19 示意了一个克服了上述缺点的实用性峰值检测器的范例。在这个电路中，用于保持峰值的电容 C_2的后面设置了一个由 FET 控制的源输出器，这样就从源极取出了输出。OP 放大器 A 形成比较输入信号和 Tr_1 源极的接续，当它们同值的时候，C_2通过 D_1被充电。A 的负载虽与图 11.17 一样具有容性，但是依靠 R_2与 C_1补偿高频域的反馈，确保了稳定性。关于这种方法在第 3 章中虽已做过说明，不过对于加速容性负载以及无振荡驱动这两方面来说，这仍是一个很好的实例。

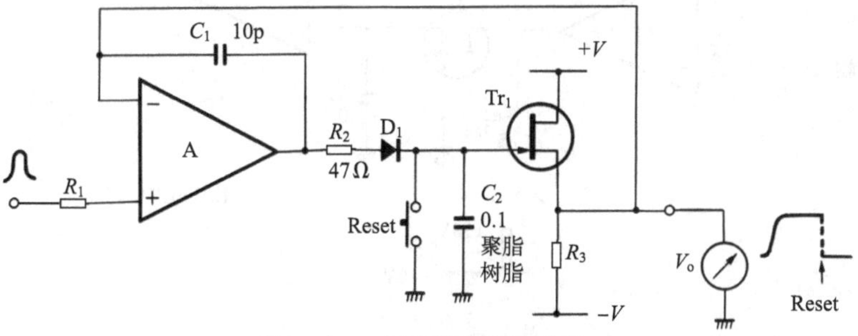

图 11.19 实用的峰值检测器

根据峰值检测器的用途不同，对于保持电压的持续时间也有着不同的要求。而且需要检测峰值的细密程度根据目的的不同也有区别，因此就需要与此相对应的 OP 放大器和各种常数的选择。图中所标识的常数是应用于在数十秒内吸收数 10μs 的峰值保持型电压计上的示例。它在 A 的输入处安置了适当的波段开关，用于测量噪声的波高值。

正确地保持高速、细窄的脉冲是难度最大的技术之一。通常来说，追求速度，往往就无法保证较高的正确性。作为 A 如果使用 760 那样的高速比较放大器，就可以捕捉到幅宽约为 50～40ns 左右的脉冲。

在需长时间保持的场合，问题在于 C_2 与 D_1、Tr_1 的漏电。若使 C_2 增大，那么保持就变得容易了。但是如此一来充电问题却又变得困难。因而，想要使 C_2 保持数微法这样的大，最好把 D_1 设置成为晶体管的射极输出器。

11.4.4 采样与保持

在 A/D 转换器的输入部分常常使用采样与保持电路，这一电路可以由与刚才提到的峰值检测器很相似的结构制成。图 11.20 就是一个示例。也许看起来它与峰值检测器电路有些出入。但是如果将 Tr_1 作为二极管，A_2 作为 FET，那么就与图 11.19 相同了。

峰值检测器要充电至 A_1 输出的最高电压。相反，采样与保持电路，当采样的信号如图 11.21 所示加载于 FET 的门电路上时，保持电容 C_2 的内容也就随之得到更新。而且，图 11.20 还采用了前面图中所没有使用过的技术。A_1 的相位补偿为校正因 A_1 的输出阻抗和 C_2 形成的频率响应下降，而采用了将 R_2 以串联地插入 C_1，通过产生零点来抵消的方法。这种方法与前面所举的依靠 C_1 和 C_2 校正高频域反馈的方式相比，不会影响 C_2 的充电速度，请参考第 4 章 4.4 节。

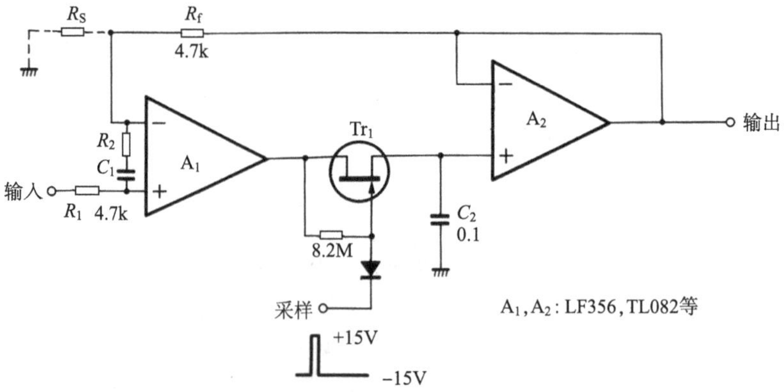

图 11.20　采样与保持电路的应用

为代替 FET(场效应晶体管)的源极输出器,A_2成为 OP 放大器的电压输出器。它的输入阻抗比前面示例低得多。

设置于反馈环路中的 R_s和 R_f表明根据需要可以取得增益。在图 11.21 为了便于了解,将输入输出以 1∶1 的方式标注出来。不过若 R_s和 R_f分别设为 4.7kΩ 的话,输出电压则是图 11.21 的两倍。

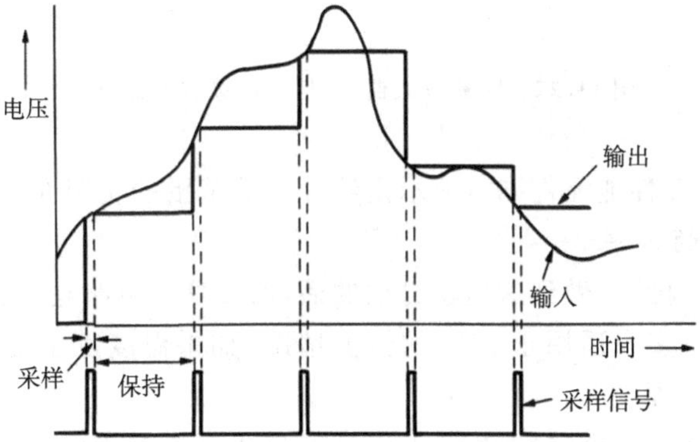

图 11.21 采样/保持的工作

11.5 二极管,晶体管的混用

11.5.1 对数放大器

1. 对数化的原理

利用二极管除了可以做到折线近似之外,还是一种利用元件本来的特性来作的方式,可以成为实用的有 1/X、RMS(遥控器操作系统)和对数(log)等。在本节中,我们讲一下一般对数放大器。

原理上讲,半导体 PN 结的电压-电流特性在正向电流开始流动的领域中,可以显示出非常优良的对数特性。因而若如图 11.22 所示,作为 OP 放大器的反馈或 R_f、R_s使用它的话,就形成了对数或反对数特性的放大器。虽然图中没有使用二极管而是使用了晶体管,不过对于 NPN 晶体管发射极-基极间的电压比误差两大原因的内部阻抗与漏电流影响的二极管少。可以得到更加优良的对数特性。

在选择用于发挥对数特性的晶体管时,也有一些需要注意的地方。一般来说,应该选择那些漏电流较少,杂音较小的高性能晶体管。使用普通元件显示出

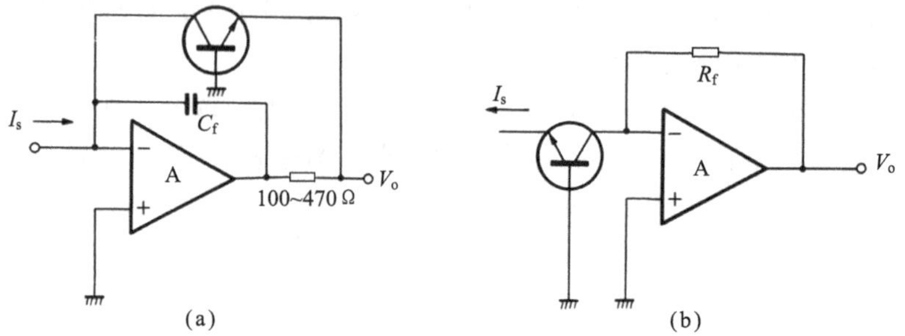

图 11.22 对数放大器(a)与反对数放大器(b)

约 6 位数，而使用高性能元件则可显示出约 8 位数范围的实用性的对数特性。

2. 温度补偿的必要

不过，若上述电路只做到这里就打住的话，那么这一电路是不具备多大实用性的。这样的电路大多只适用于 25℃ 的恒温情况，如果温度发生变化，那么其特性便也会随之产生大幅变动。

为了让大家领会这个定量关系，下面就以公式表述对于图 11.22(a)的输入电流 I_s 的输出电压 V_o：

$$V_o = -\frac{k\mathrm{T}}{q(\ln I_s - \ln I_e)} \tag{11.16}$$

其中，k 为玻尔兹曼常量(1.38×10^{-23} J/K)，q 为电子电荷(1.6×10^{-19} C)，T 为绝对温度(K)，I_e 为对数晶体管的发射极饱和电流，ln 为自然对数。

在这个公式中含有两个温度相关项，一个是含于系数之中的 T，它指的是温度本身。若设温度为 27℃ 即 300K，那么当其温度为 10℃ 左右，发生 3% 左右的变化。另一个是 I_e，它的值因各个晶体管的不同而有差异，而且，温度每上升 10℃ 时，其值会增加一倍。

因此，根据式(11.16)，在图 11.22(a)所示的简单对数放大器的基本电路中，若将输入输出关系以图表形式表示的话可知，其斜率与位置由于温度变化而移动。在实用温度范围内的这种影响如果在 10^{-9} A 靠下部分可以达到约一位数，那些认为若可实现近似于对数会使效果更好的想法自然无可厚非，不过若想得到某种程度的精度，就需要认真考虑寻找一些解决对策。

利用小型恒温槽或 μA726 那样的控温元件来保持温度也是一种方法。但是如果将其置于一个温度高达 70～90℃ 的地方，重要元件的对数特性会从微小电流侧发生恶化。因此要找到一个在 10^{-10} A 以下的范围内仍可使用的元件就显得困难一些。

即使使用电子冷冻，如果有比室温还低、使一个 IC 集成电路保持恒定温度、且体积尽可能小的装置,那么这种方法也是行得通的。然而在现实中,这种电子冷冻装置却都是一些大型设备。所以无奈之下,也就只好通过温度补偿的方式来解决问题了。其补偿方法如图 11.23 所示是一个定式。如果必须补偿,就存在两点要素,所以有些麻烦。

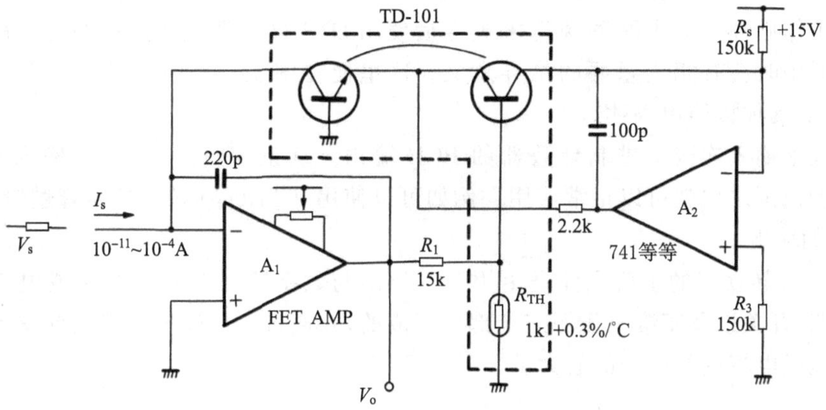

图 11.23 实用性对数放大器的范例

如果是限定的电流范围,使用把图中虚线围起来的对数晶体管和温度补偿电阻放在一起模制的产品,也是一个方法。这种产品市场上有售。

OP 放大器 A_1 中使用了可以测试 nA～pA 的元件。R_2 依靠那种提供不论在输入信号电流为何值时,都可使 V_o 为零的偏压的定电流,在图中常数处显示为 100μA。R_3 当然设为与 R_2 同值。只要使 A_2 为可使电流稳定输出的 OP 放大器即可[35～37]。

3. 在负输入信号的情况下

在显示出对数特性的晶体管中使用 PNP 组,这一点虽看似简单,但事实上却比较麻烦。PNP 上可使用的范围最好可以达到 5 位数,但受晶体管所限,其最多只能达到 3～4 位数。MAT-03(PMI)因其目录的对数特性比较好,也许可以使用。不过直到目前为止,笔者还没有找到这种型号的部件,因此也无法作出权威考证。那么,若将 NPN 的发射极一侧连接到反向输入会怎么样呢? 这样一来,就可使之与二极管相同,因其内部电阻与漏电流的作用,使之可用范围达到要求的 5 位数左右。

笔者认为最有效的方法,应该是使用第 6 章中提及的宽带域电流转换器。这种方法虽然受限于转换器的自身性能,但是却基本上可以覆盖 NPN 对数放大器并联的波段量程。

11.5.2 D/A 转换器

使用 OP 放大器也可制作出将数字信号转化为模拟信号的 D/A 转换器。在实用领域中出现了 LSI 化(大规模集成电路化)的产品,使用这些产品就可以使制作工序变得更为简单,而且廉价。不过理解 OP 放大器的一个要点,即 D/A 转换器的工作原理与工作程序,对于我们今后使用 D/A 转换器或将这一原理应用于其他领域中时会有相当重要的指导意义。这里便在图 11.24 中显示了一个简单示例,并对其加以简单阐述。

数字输入连接十进制计数器的 BCD 输出。从正逻辑上来讲,若输入在 3～12V 的范围之内就可以正常使用。例如可以使用 TTL(晶体管-晶体管逻辑电路)7490 的输出。

D/A 转换器的主要元件是由用于引导出与数字输入相对应电压或电流的电阻电路、开关以及基准电压源三个部分组成的,并通过 OP 放大器将由此得到的输出电压或电流进行适当的放大。

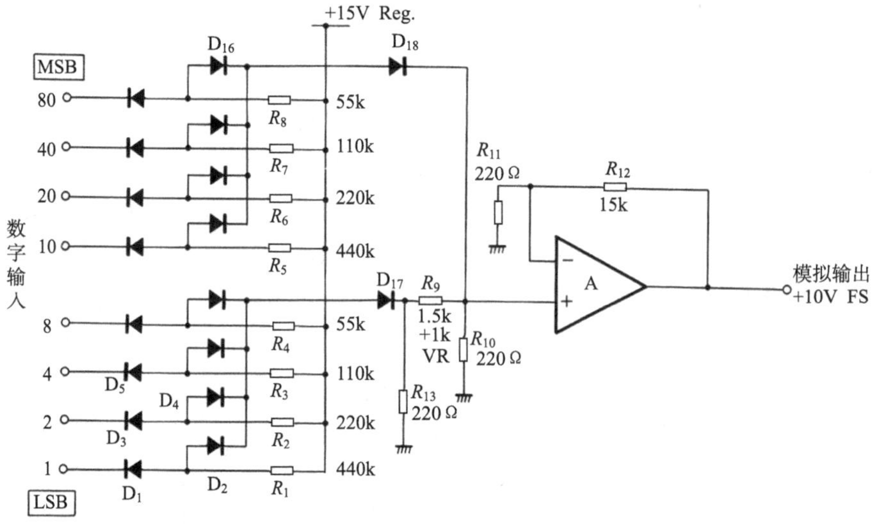

图 11.24 8 位(bit)D/A 转换器

D_1～D_{16}就相当于上面所说的开关。若数字输入 1 是接地电位的话,那么经由 R_1的电流通过 D_1流动,不会流向 OP 放大器的输入。这样一来,相当于形成各数字输入的高电平的电流总和就会流至 R_{10},它在 A 处被放大后表现在输出。D_{17},D_{18}是为了在数字输入完全没有形成接地电位(即使剩有数 100mV 也会正常工作)时制作阈值的。如果从速度上看,OP 放大器在很大程度上左右了 D/A 转换器的性能;而若从精度上来看,D/A 转换器的性能则在很大程度上由阻抗来决定。在图 11.24 的示例中所示两位数的情况下,如果至多不过有 0.5%的精度,那就达到了目的。但是若想得到更高的精密位数的话,那么专门的厂家就有必要好好考虑一下,应该如何设定阻抗精度才能保证转换器精度。

D/A 转换器的精度中,还涉及到绝对值问题。例如,全标度为 10 000V 时,若通过 R_{11} 调节 OP 放大器的增益便可满足要求。但是各位数(bit)相对的大小,即 $R_1 \sim R_8$ 的精度在很大程度上都无法与电阻数量简单吻合。

有一种解决方法是在符合必要电阻值的前提下,花钱购买精度较高的元件。但是在 50～4kΩ 的范围里,若位数(bit)增多的话,就会要求在更广的范围内具有相同倾向的温度特性。这样的话,越想利用高性能的元件制作出符合要求的元件就越困难。

图 11.24 中所显示的是利用普通计量器用的金属膜电阻制作 DAC 电阻电路的方法。图中的电阻值都是 220kΩ,R_8 为 4 只,R_7 为 2 只并联,R_5 为 2 只串联,R_6 仅为一只直接使用。

规定要求 220kΩ 的电阻平均一位需要 9 只。但是需要都是相同的电阻和要从购入的众多电阻中仔细筛选,收集到带有相同温度系数的电阻,并在可以放到 MSB(Most Significant bit,最高有效位)点,发挥出其特有的功效。

如果数字输入是二进制的话,则可以更清晰的体现出使用相同阻抗的好处,如图 11.25(b)中所示的是 R-$2R$ 网络(R two-R network)的范例。

图 11.25(a)是为了便于同其他电路相比较而例举的普通二进制电阻网络的实例。对于 V_R 这个基准电压,根据各数字输入,进行开合的开关 S,在前面的图 11.24 中二极管 $D_1 \sim D_{16}$ 起到这种作用。而它是控制通向 OP 放大器的电流的,其电流值由 $R, 2R, \cdots 2^{n-1}R$ 所决定,所以需要大范围的电阻值。

图 11.25(b)使用了 R-$2R$ 网络,R-$2R$ 电路不仅仅只限用于 DAC,它还可以用于衰减器特征的电路。只要大家将注意力放在关键部位Ⓟ点,那么就可以很快理解这一电路的工作原理。Ⓟ点直接连接在 OP 放大器的反向输入端口上,形成一个虚拟短路,通过 R 流入的电流通过 $2R$,从图左侧形成以 V_R 为信号源流入的电流的一半。

然后我们考虑一点一点的将Ⓟ提起,这样一来每次提升后,Ⓟ点以下的信号便会被减半加载,因此可以得出被二进制加重负载的结果。

R-$2R$ 电路的缺点是电阻数量需要增加两倍。不过,只用两种电阻值即可解决问题,这一特点与只要保证其电阻值的比例正确即可保证电路性能相比具有优势。正因为它具有这些优点,所以除了应用在 DAC 上,今后还将广泛地应用在其他领域。

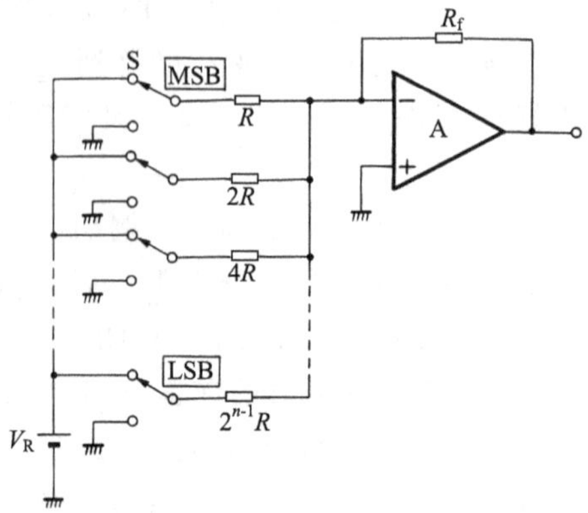

(a) DAC(数字模拟转换器)与电阻网络

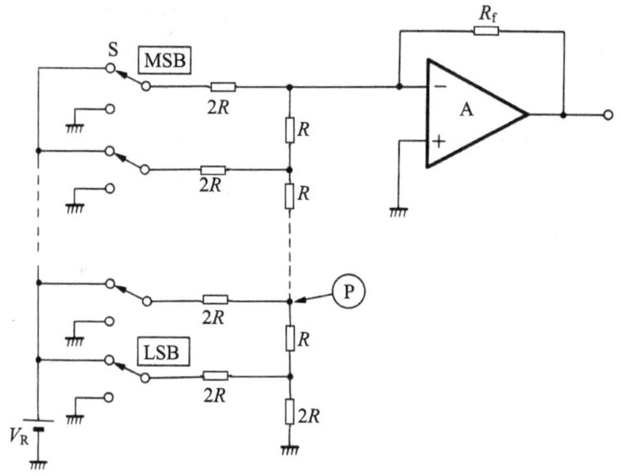

(b) $R-2R$ 电路

图 11.25

第 12 章　比较放大器中的应用

12.1　比较放大器的基本技术

12.1.1　比较放大器与 OP 放大器

现在制作了很多比较放大器专用的 OP 放大器。一般来说，将 OP 放大器用于比较放大器时，以下两点是特别的要求：

① 在开环中工作稳定、响应迅速；

② 输出电平便于连接到数字电路上。

当然这两点都是 OP 放大器应该必备的基本特性。这就如同输入换算的偏置和漂移，这一条件与其他应用同样必要一样。但是作为比较放大器特别要求以上两点。为此，在那些大量应用比较放大器（比如数字发送的线路接受器或以解决速度问题为主要目的的用途里，如在 A/D 转换器（模拟数字转换器））中，就绝对少不了要使用比较放大器专用的 OP 放大器。在速度问题并不是很严重的情况，只要注意后面提到的几点，那么一般来说也可以使用普通的 OP 放大器。不过在这里我们首先还是来关注一下具有这种性质的代表性元件。

请看表 12.1。310A 是外置相位补偿的代表性 OP 放大器。在本书中，也曾多次提及到它。下面我们就将它作为比较放大器，在不安装外置相位补偿电容使用的情况下，就其性能与其他专用比较放大器做一比较。

710C 是从很早以前就作为比较放大器开始使用的放大器之一。它与 310A 相比，在响应时间上保持着 6μs 比 40ns 的高额差值。输出电平如图 12.1(a)中所示，形成用一只电阻可与 TTL 和 CMOS 相连接的电平为特征。但是因为其输出只占用 TTL 门一个端口，因此若需要扇出，那么就需要谋求如图 13.17（后面将会讲到）那样的补救措施。

即使现在，710 也是具有作为高速型通用的速度。不过似乎 710 之后，被作为比较放大器使用的 OP 放大器开始向着两个方向发展。其中一种是像 301A 那样，速度虽慢但偏置电流小，增益高。

表 12.1　代表性的比较放大器的特性

	301A	710C	LM339 MC3302P	734C	311	Am685	760C	711C
偏置电压/mv	7.5	5	10	7.5	7.5	2.0	6	5
偏置温度系数/(μV/℃)	6	5	7	3.5		10	3	5
偏置电流/nA	50	7 500	100	45	50	1.000	7 500	25 000
偏置温度系数/(nA/℃)	0.6	15～24	0.035	0.02～0.05		—	2.0～7.0	—
偏流/nA	250	40 000	500	150	250	10 000	60 000	150 000
增幅倍数/倍	25k	0.8k	30k	35k	200k* typ	1.6k	5k* typ	0.5
响应时间/ns	6 000	40	2 000	200	200	7.5	16	40
输入电压范围	±15(±V_{cc})	±5.0	−0.3～+V_{cc}	±V_s−2.0	±15	±4.0	±4	±5
差动输入范围/V	±30	±5.0	±V_{cc}	±10	±30	±5.0	±V_{cc}	±5
输出电压振幅/V	约(±V_{cc}−2)	−0.5～+3.2	0.4～+V_{cc}^{oc}	0～+8.0 oc	0.4～+V_{cc}^{oc}	适合的 ECL	0～±3	−0.5～+3.2
电源电压范围/V	±3～±18	+12～−6	+2～+28	±5～±15	±15or+5	(+6　+7 −5.2−7	±4.5～±6.5	±12～−6
	普通 OP 放大器，可以不设置相位补偿电容而直接使用，响应速度虽慢但输入电阻高	响应速度快，偏移较大，输入电阻低，增益值小	四组封装在 DIP 中，5V 低电压下即可使用，开路集电极输出	偏置电流少，漂移小，输入电阻高，输出是上拉电阻内置的开路集电极	高增益，高输入电阻，不过速度快，利用 5V 单电源，即可使用，输出为开路集电极	速度更快，输出可以直接驱动 ECL	符合 TTL 及 DTL 输出电平，响应速度快，输出是 TTL 型为互为补充的 1 对	两组输入，一组输出。除了可使用于传感放大器之外还可以使用其他

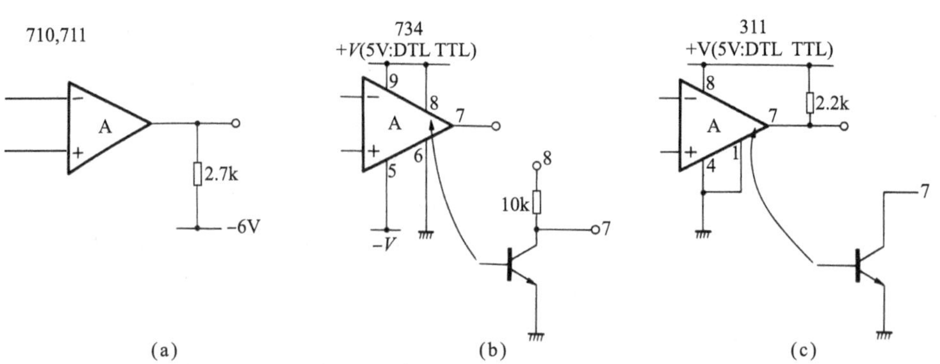

图 12.1　制作 TTL 电平信号的方法

734 与 311 是这种类型的代表。如大家在表 12.1 中所看到的，上述两种型号的偏置电压及偏置电流都与 301A 一样小，放大倍数却比 301A 高。而且从响应时间上来看，它们的 200ns 的响应时间要比 310A 快出一位数以上。因此作为比较放大器使用的领域中，310A 都要比它们略逊一筹。而且，734 与 311 还有一个比较放大器特有的部分。那就是它形成了输出电压几乎降至 0V 的开路集电极。因此若输出如图 12.1(b)、(c)所示，把上拉电阻连接到与 TTL 的开路集电极相同耐电压许可的任意电源上，则可取出必要的振幅输出。这个上拉电阻内置于 734 中，311 共用数字 IC 和电源，它仅以＋5V 的单低电源驱动即可正常工作。

而另一种方向是，追求比 710 速度更快的比较放大器。例如 760，它在输入一侧的特性虽与 710 相似。但放大倍数却比 710 型高出近一位数。其 16ns 的响应时间在输出与 TTL，DTL 相一致的比较放大器中，属于最快的。其输入电路与 TTL 相同，都有两组有源上拉型互补连接着。所以可以取出反相输出。能够形成大量扇出这一点也可以说是一大特色。

685 作为比较放大器，是现在可以得到的响应最快的比较放大器之一。输出已经可以直接连接在 ECL 上。

MC 3302 P，LM 339 与数字 IC 相同，4 组比较放大器同时置入 14 引脚的 DIP(双列封装)标准件之中。若使接地电压沉降至负电源范围内的话，那么它就可以使用正负两种电源。但是它却仍然是那种以单电源驱动工作为前提而设计出来的普及型比较放大器。它可以使用 5V 的 TTL 电源，或是稍高一些的 CMOS 或 HTL 电源。而且表 12.1 也清楚的表明在此种情况下，其性能也还是说得过去的。它们也可以应用于数字电路与线性电路的接口。

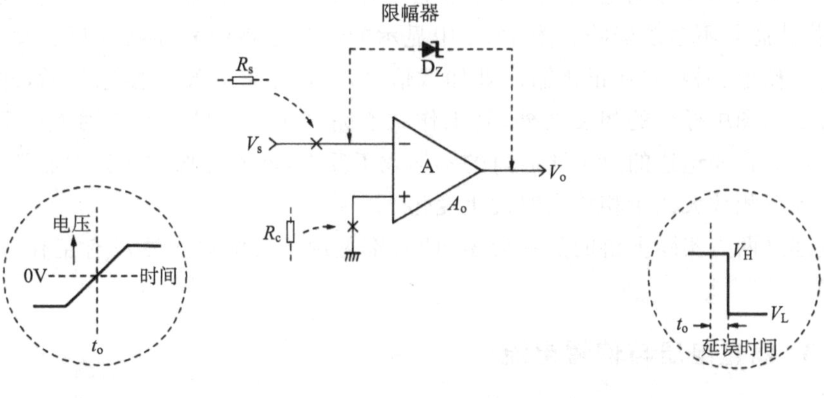

图 12.2 比较放大器的基本原理，零交叉检测器

12.1.2 零交叉检测器

图 12.2 中给出了使用比较放大器的一种最简单的电路。对于这个图示，我们来考虑一下比较放大器的基本工作原理。这个电路中并没有设置反馈，因此 OP 放大器是依靠净增益 A_0 来工作的。例如输出达到 5V，假设 OP 放大器的 A_0 为 5 000，那么必要的输入电压就是 $V_o/A_0=5/5\ 000=1(\text{mV})$ 也就是说，若要利用数字 IC 或晶体管来监测联结至电路中的输出电压是否达到了 5V 或输入信号 V_S 是否通过了零点，则通过这 1mV 的精度就可以判断。普通 OP 放大器的 A_0 为 50 000～100 000，但是比较放大器专用 OP 放大器中的放大倍数却较小，相反速度被设置的比较快。

于是这就可以形成 OP 放大器的反相输入端口与正相输入端口的电压比较。如果 OP 放大器的净增益是无穷大的话，那么正相输入的电压 V_S 在比反相输入的电压高出一些时，使输出 V_o 在正向最大输入电压 V_H 处达到饱和。相反，在负向最大输出电压 V_L 处，V_o 也应达到饱和。这就是比较放大器的基本工作原理。

图 12.2 中作为比较基准的正相输入被接地，成为 0V。这意味检测出横穿零点的波线，特别称为零交叉检测器(zero crossing detector)。后面出现的所有比较放大器基本上都是以此作为基本工作原理的。

下面特别列举出 OP 放大器使用时的两个变化之处。首先值得注意的是，因为这种电路没有加载反馈，所以“不会出现虚拟短路的情况”。除了在后面所讲的在 NPN 振幅限幅器上使用 NF 型的情况外，在比较放大器中成为 OP 放大器工作基本的两个输入端口都不会产生虚拟短路。它不作为反馈放大器使用，清楚这一点对于我们理解电路自身的工作原理还是有很大帮助的。

另一个应当注意的地方就是，此电路不论使用哪一个输入端口，它只改变极性，工作状态是不会改变的。图 12.2 中显示的情况是将信号加载到反相输入，将正相输入接地。相反，在正相输入处加载信号，而反相输入端口接地的话，除了输出极性是与图中标识的相反之外，其工作状态完全相同。只要不使用 NF 型的限幅器或后面将要论述的出于滞后目的不加载正反馈，就不会像 OP 放大器那样，输入阻抗在反相放大或正相放大时发生变化。

上述这两点实际上讲的是一码事，两者都是由于反馈放大器没有工作才发生的现象。

12.1.3 偏置电压与偏置电流

不论是比较放大器还是 OP 放大器，它们的输入换算的偏置电压和偏流误差都是相同的。但是比较放大器，偏置电压并不是按照放大度倍增的方式换算为输出的。如果偏置电压是 5mV 的话,那么这样往往会使判定变得不太准确。

很简单,偏置电压直接使用偏置电压值。而偏流要分析电流流经的阻抗换算为电压使用。往往高速比较放大器的偏流大,偏流流经信号源阻抗出乎意料会产生相当大的误差。如图 12.2 所示,在电路中插入 R_c使两个输入端口偏流的经路的电阻值相等的方法(此方法第 2 章中已经叙述),对于高速比较放大器尤其奏效。

12.1.4 比较放大器与相位补偿

在比较放大器专用的 IC 并没有用于相位补偿的端口。通用的 OP 放大器用于比较放大器时,基本取掉相位补偿。一般来说,比较放大器要求尽可能提高速度。如果是转换速率相同的 OP 放大器,越是在相位补偿装入大的电容,它的速度就越慢。

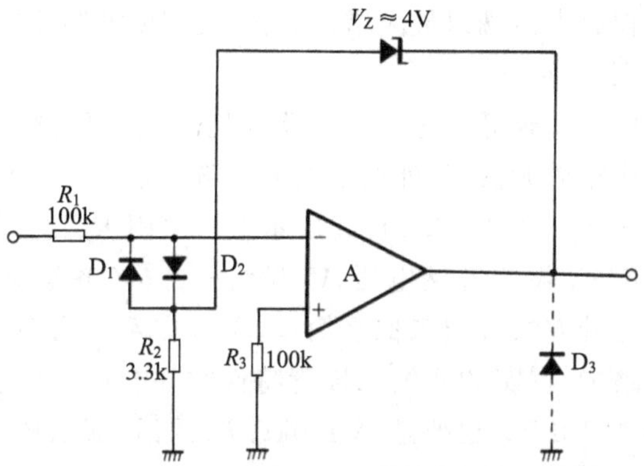

图 12.3 不减少比较放大器增益的方法

在比较放大器的有源领域,如前面也提到的那样,比较放大器大多依靠 OP 放大器的净放大倍数本身工作。所以除了杂散结合,只要没有意料之外的反馈,大部分的 OP 放大器即使不进行相位补偿,也不会产生振荡。如果在比较放大器工作时大家要是发现它出现低幅振荡的话,就是杂散结合产生的。一般只进行标准低于普通 OP 放大器使用时的小电容相位补偿即可让它重新恢复稳定。

产生不稳定的原因大致可以分为以下两点:

① 由于输入搀杂进的噪声,多次超过阈值。

② 由于分布电容的影响产生多余的反馈,所以导致了振荡征兆。

为防止上述原因的产生,进行相位补偿,但随之就降低了响应速度,损坏了比较放大器的性能。所以真正解决问题的正确方法是元件自身性能的改善、旁路或是采纳快动(迟滞)等方式。但是,如果比较放大器对速度没有特殊要求的话,那么响应速度即便是慢一点也无所谓。

在将普通 OP 放大器使用于比较放大器时，比起相位补偿电容 C 内置型的 OP 放大器相比，外置型 OP 放大器在调整响应速度方面会更加灵活一些，既可以快也可以慢。

12.1.5 抑制输出振幅

若决定比较放大器输出连接数字 IC，就应当使用专用比较放大器 IC，按照指定的图 12.1 那样的连接方法处理好。但是使用比较放大器的场合并不仅限于与数字的组合。例如在后面第 14 章中出现的正弦波、三角波的振荡器，在达到一定的电平时剪断正弦波和三角波。比较放大器用于制作方波。

在这样的用途上，比较放大器的输出振幅不论出现多大的振荡都是不应当的现象。如果为了限制振幅，添加 NF 就会减低增益，导致比较放大器性能降低。所以折中的方法是比较放大器既以最大增益运转，又需要抑制输出振幅。

1. 利用 NF 抑制振幅

在将通用的 OP 放大器用于比较放大器的场合，利用反馈方式抑制振幅的方法较为便利。作为比较放大器，例外的是虚拟短路成立的使用方法。

限制振幅的方法之一如图 12.2 虚线所示置入电阻 R_S和齐纳二极管。若按图中所示极性输入电压 V_H设为齐纳电压，V_L设为－0.6V 齐纳顺方向电压，即可实现对振幅的限制。这种方法看起来似乎简单，不过在希望增高输入阻抗的情况和响应速度迅速的电路中，现实的齐纳二极管特性往往会产生许多问题。假如即使齐纳管断开时电阻为 10MΩ，也要选择 100kΩ R_S的话，那么比较放大器的增益则不是 A_0，而对于 R_f＝10MΩ 反相放大器，增益也只有 100 倍。而且普通齐纳二极管因带有 5～40pF 的静电容量，这是作为积分电容工作，响应速度也减慢。

将前一章图 11.4 中提及的限幅器漏电流的防止方法像图 12.3 那样应用，就可解决上述问题。齐纳二极管断开状态下，D_1 与 D_2 也都断开，齐纳管的泄漏电流在 R_2旁通，同时要防止因齐纳二极管容量产生的响应过慢的问题。如果齐纳二极管导通限制振幅，D_1或 D_2导通，就按照通常那样限制振幅。

另外，关于比较放大器经常出现过量输入，通过导通 D_1或者 D_2来保护 OP 放大器。因为负极一侧的输出最高可到－1.2V，若想使输出截止在－0.6V 时，就要设置一个 D_3。也可以将 D_3放入反馈一侧。

如果可以依靠电源电压的话，也有使用二极管限幅器的图 12.4 的方法。通向正极侧的输出振幅可以通过 R_1与 R_2的值，像下面这样计算出来，而负极侧的振幅由图示电路中 D_2的顺方向特性决定。$V_o=(-V)R_1/R_2$，这种方法的特征在于，只要是在 OP 放大器覆盖的范围之内，输出振幅可以随意设定。

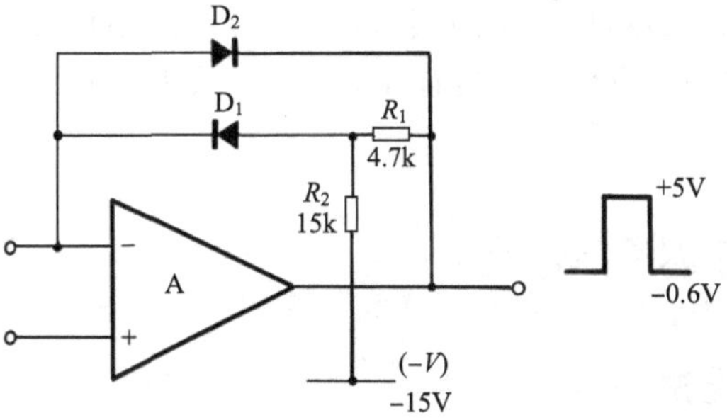

图 12.4 二极管限幅器的比较放大器

2. 利用输出限幅器抑制振幅

这种方式就是指利用二极管或齐纳限幅器强行抑制输出电压上升的方法。这种方法可在损坏虚拟短路的情况下照常使用。图 12.5 是这种方法的一个示例。若逻辑 IC 接受比较放大器输出的话，那么也就不必过于受限于振幅的稳定性。

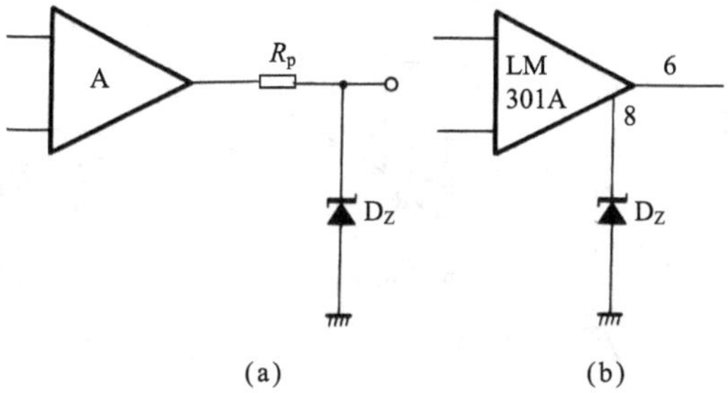

图 12.5 箝位输出型的限幅器

但是，若是在需要考虑高速应用的情况时，齐纳二级管的容量也往往会出现一些问题。在这种情况下最好还是如图 12.6 所示用二极管取代齐纳二极管。

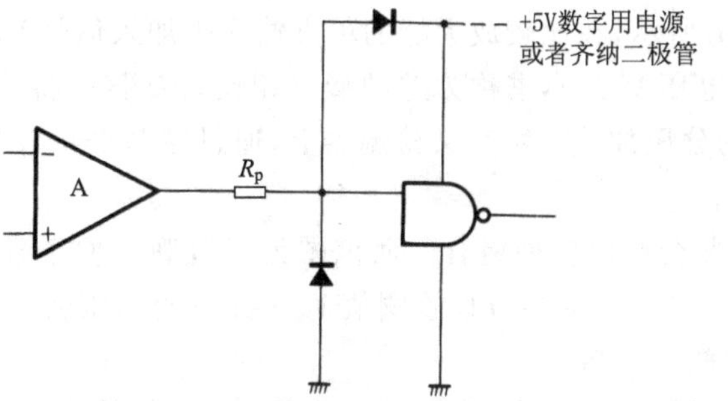

图 12.6 不担心齐纳管速度的限幅器

有一部分 OP 放大器,使用中间端口,可以顺利限制振幅。图 12.5(b)是 LM 301 A 的例子,现在经常有做工精良且高效的 OP 放大器和比较放大器。请参照数据表。

12.2 阈值与迟滞现象

12.2.1 阈值设定法

进一步观察比较放大器的使用方法就会发现,不仅要了解信号是否横穿零点,还有要与任意电压进行多种情况的比较。通常被称为的脉冲鉴别器,用于鉴别脉冲波高的也是属于这一类。如果应用于直流信号,用于判定电平警报和是否进入某规格值的识别仪器也属于这一类。从零交叉检测器角度出发,若想使阈值为可变值,那么如图 12.7 所示大致可以考虑两种方法。

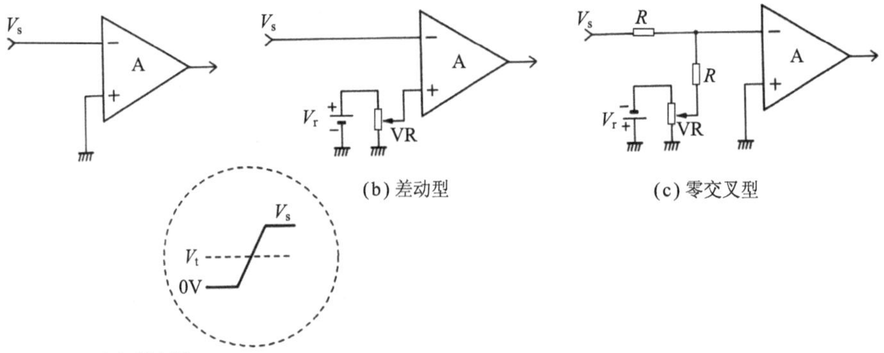

(a) 基本型 (b) 差动型 (c) 零交叉型

图 12.7 阈值的设定法

如图 12.7(b)所示,在比较放大器的单方输入中加入信号 V_S,另一个输入中加载作为比较基准电压 V_r。本书称为差动型。相反,该图(c)将信号 V_S 与基准电压 V_r 依靠 R_1 产生的分压加载于零交叉检测器上,通过零基准比较分压点的电压。本书称为零交叉型。

根据实际情况会产生各种组合。而该图为了直观上便于理解,描述了对于输入信号 V_S,在稍上升一点的地方设置阈值 V_t 情况下的电压极性。

1. *差动型比较放大器*

下面我们通过图 12.8 来仔细观察一下差动型比较放大器。我们先来比较一下加载于正相输入侧的基准电压与加载于反相输入侧信号之间的大小。当然信号电压与基准电压的顺序相反也没关系。这时只是输出的符号与图示相反。利用这种方式的好处在于方法直接,所以可容易实现设定精度和良好的再现性。

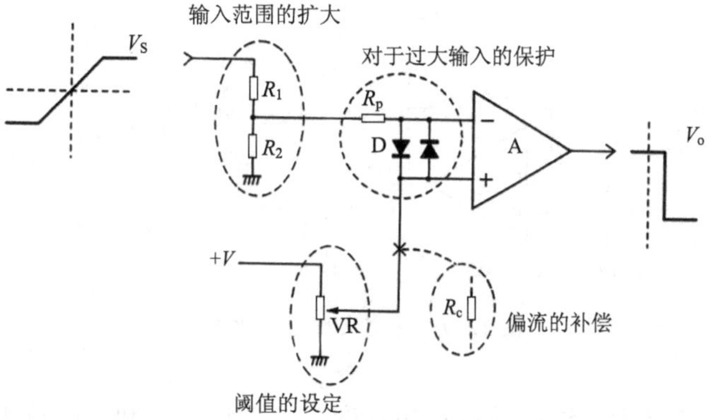

图 12.8 差动型比较放大器

如在设定用 VR 处使用多旋转型电位器,若$+V$电压输入无误,电位器性能突出,则阈值可依图示常数控制在 0～5V 的任意一点上,且误差可设定在数毫伏之内。产生误差的因素是设定用 VR 的精度,还有比较放大器的偏置电压和偏流。

这种方法的优点是阈值设定简便且产生误差小。缺点在于输入范围被限制在所用 OP 放大器允许的范围内。比较放大器越是用于高速,这一允许输入范围就越小,如在与 TTL 基本相同的 20ns 左右的比较放大器中所要求的输入范围是±5V。在V_s变化范围比它更广的情况,要按照图的R_1与R_2那样置入衰减器。置入衰减器后,允许的输入信号电压的范围就会变宽。但是像后面叙述的那样,比较放大器的偏置和漂移通过输入换算所得到的衰减比率的倒数却会成倍增加。

扩大输入范围的另一个方法是利用保护电路。图上的电阻R_p和二极管 D 就是保护电路。设定电压的范围在允许范围(例如是在 5V)之内,预想输入电压V_s稍大于设定范围时,因为精度还不比衰减器低,所以是有利的。

2. 零交叉型比较放大器

零交叉型比较放大器是图 12.9。设R_1与R_2相等,通过R_1及R_2将输入信号V_S引向负电源V_r,用零交叉检测器检测中点电压的方法。输入与V_r同样大小、极性相反时,波线应正好穿过零点。这种方式的特征是如果在电路中接入保护二极管 D,可以在比较放大器性能的整个范围内使用大范围的输入信号和阈值。

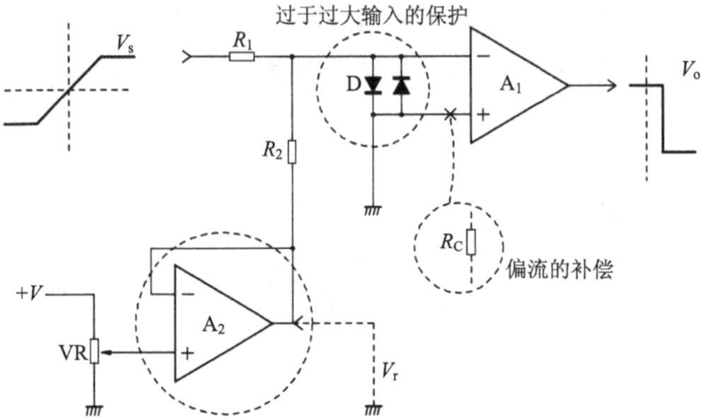

图 12.9 零交叉型比较放大器

值得注意的是 R_1、R_2 以及设定用可变阻抗 VR 的值和比较放大器 A_1 的选择方式。若有必要留意正确的刻度设定值或其直线性，就应使用电压输出器 A_2 或必须使 VR 值小于 R_2。R_1 和 R_2 可以使用到多大的值，要根据比较放大器的偏流决定。

参数的例子如高速的 810 的情况，设 R_1 与 R_2 为 10kΩ，R_C 为 4.7kΩ，在希望能够充分发挥 VR 直线性的条件下可将其设为 100kΩ，因此在这种条件下，精密性的用途上有必要加载 A_2。而在对速度要求不高的用途中，与其使用高速元件，还不如使用 311 和 339 这类，可以在 R_1 和 R_2 处使用 100kΩ 左右的高值电阻，省去 A_2。

在零交叉型比较器中，使用了 R_1 与 R_2 相同电阻值的场合，输入信号为加入了 1/2 衰减器的状态。因此要想在比较放大器性能的最大范围内使用设定精度和稳定性，差动型是最优秀的。相反，如果调大 R_1，自然就为衰减器，再大的输入信号都可以处理，这就是零交叉型的优越性。

如果将偏流补偿用的 R_C 置于 D 与接地之间，输入信号极大时，比较放大器的两个输入端口就会一同产生振荡，因此最安全的方式是如图所示那样进行接入。

12.2.2 迟滞现象的意义与效应[24]

在这一部分，我们来讲述一下比较放大器与迟滞现象(hysteresis，snap action)的关系。

从真空管及晶体管时代就被广泛应用的施密特触发器(Schmitt trigger)是具有迟滞现象的典型代表电路。它利用由这种电路构成而自然产生的适度迟滞现象，有清除线路中的波形整形与噪声的功能。所以从很早以前就被广泛应用。不过，在成为 OP 放大器的 IC 比较放大器后就失去了自然的迟滞现象，所以其高性能化反而会产生噪声或导致一些错误操作，会一些遇到难以解决的例子。

请看图 12.10，假设 R_2 为断开状态，这就形成了前面所讲述的比较放大器基本型的零交叉检测器。若比较放大器的增益是 5 000 倍，输入信号如图 12.10(a)中所示那样含有数毫伏的噪声，那么，在横穿阈值的瞬间，比较放大器的输出就会如图中所示那样，产生多次上下波动。在阈值的附近，若设比较放大器的输出振幅为 5V，那么在 5/5 000V 即 1mV 的变动下，输出由最高跌至最低敏感转换，也是相当自然的事情。

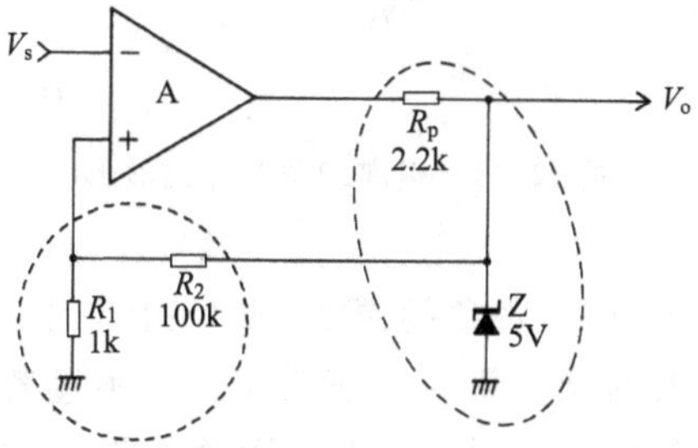

图 12.10 制作迟滞的电路

不过根据使用目的的要求，这种情况的出现显然是很不理想的。这样的话，若减小比较放大器的增益，假设将其设定为 10 倍，那么输出不论高低都只限定在 0.5V 的波动范围之内，这时比较放大器也就起不到什么作用了。

要快速且有序的工作，就要使之产生迟滞现象，发挥效应。如图 12.10 若通过 R_1 和 R_2 在正向输入处加载正向馈，那么比较放大器则可以产生迟滞现象。当输入信号 V_s 经由零点由下向上上升时，比较放大器的输出是正的最大振幅。但其值却被由电流控制电阻 R_P 与齐纳管 Z 形成的齐纳电压 V_Z 所限制。因而在这种状态下，比较放大器正向输入端口的电压 UTP 为：

$$\mathrm{UTP}=V_2\cdot\frac{R_1}{R_1+R_2} \tag{12.1}$$

其次我们考虑输入由很高电压降低时的情况。比较放大器的输出形成了最小值，但是如果这是要求反向电压 LTP，因为这之前由齐纳正向电压 $-V_D$ 箝位，所以 LTP 为

$$\mathrm{LTP}=-V_D\cdot\frac{R_1}{R_1+R_2} \tag{12.2}$$

这里 UTP(Upper Trip Point)是意味着阈值从下向上上升时的阈值，而 LTP (Lower Trip Point)意味着从上向下降低时的阈值。

图 12.11 中例示的参数为 UTP＝50mV，LTP＝－6mV，对于有噪声的信号输入，则像该图 12.11(b)那样工作。在这种情况下，输入电压开始是由下向上上升，

在超过LTP时突然下跌。这时输入信号虽然立即跌出UTP，不过因为还没有低于LTP，因此输出还是可以得到一个没有振荡的较为平滑的波形。

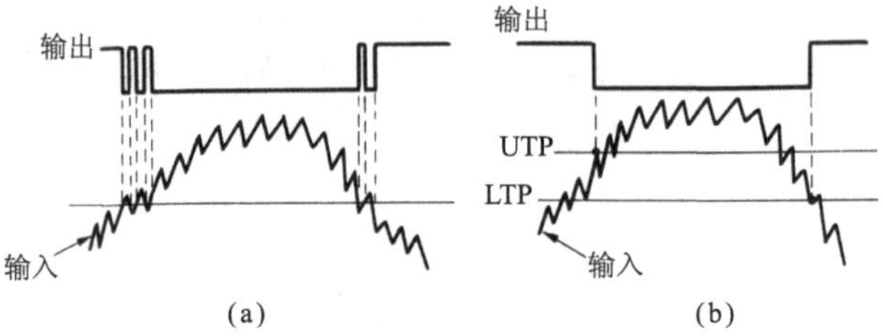

图 12.11 迟滞现象与输出波形

在上面讲述的例子中，迟滞现象的幅度，即UTP与LTP的差值为56mV。这个差值越大越可以在更大的噪声影响下正常工作。不过若是差值范围过大的话，那么操作起来就显得有些不好控制了。不过话说回来，原则上来讲，能够使之在比预定噪声最大值稍大一些的范围内进行正常工作还是最为理想的。

迟滞现象别名称为快动(snap action)。在实际应用中，它的性能也是相当出色的。您会感觉到迟滞现象与速断开关的工作原理也相当类似。

12.2.3 放大与衰减的效应

在比较放大器的前后放置放大器和衰减器时引起的效应是值得我们好好关注一下的。简单来说，若在比较放大器的前面放置放大器，那么包括比较放大器的阈值、迟滞现象、漂移、甚至工作范围，不论是好是坏都是放大倍数分之一。当然，这是换算成放大器的输入的情况，是理所当然的事情。但在实际应用中，如果了解了这些会对你有很大的帮助。

如果是高速通电的隧道二极管，往往在比较放大器前面放置放大器。但如果是OP放大器的比较放大器，则相反要放入衰减器。放好衰减器之后，换算成输出，若衰减器的衰减率为$1/N$，那么工作范围为N倍，漂移为N倍，迟滞现象也为N倍。

若在阈值为V_{to}的比较放大器的前级放置一个衰减率为$1/N$的衰减器，例如放入了电阻的分压器，则从其前面看到的比较放大器的阈值V_t为：

$$V_t = N \cdot V_{to} \tag{12.3}$$

若前级放置的是A倍的放大器，那么

$$V_t = V_{to}/A \tag{12.4}$$

迟滞幅度或阈值的变动也会随着设置放大器或衰减器而产生相应的变化。不过，若能妥善利用它话，则可以做成阈值、特性、动态范围以及灵敏度。

12.2.4 窗比较电路的基准电压

窗比较电路(Window comparator)是一种只取出放入两个比较放大器阈值之间信号的比较放大器。决定窗比较电路阈值的基准电压的加入方法如图 12.12 所示共有两种。该图(a)显示的是两个比较放大器 ULD(Upper Level Discriminator，高级鉴别器)，LLD(Lower Level Discriminator，低级鉴别器)独立设定的方式。这种场合与单独两个鉴别器的设定是相同的。

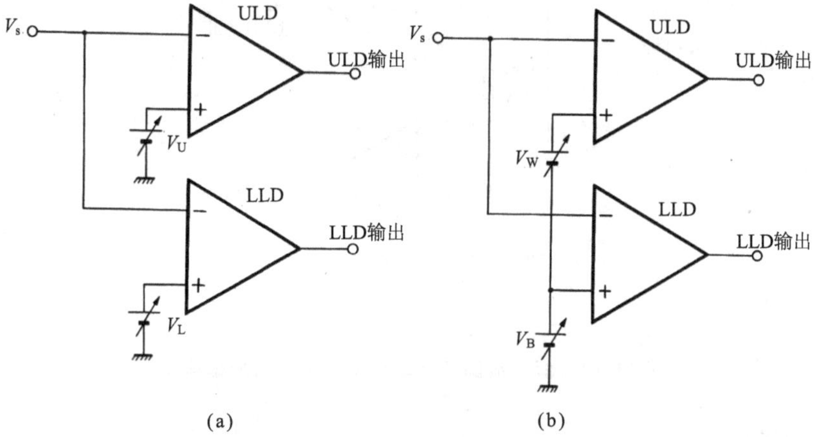

图 12.12 窗比较电路的基准电压设定法

窗比较电路如该图(b)所示，窗的幅宽和基线能够被独立设定的方式，相对来说更为便利。采用这种方法，ULD 的设定点在 LLD 之上只形成 V_W，若移动 LLD 的设定点的话，则与 ULD 的设定点相同只有电压产生相应变化。如此一来，在窗幅宽固定的情况下，只改变 LLD 就可以按一定幅度内区分任意信号电平的输入。

作为出于此目的电路构成，如图 12.12(b)所示的原理图在文献当中经常可以见到。但是，若要使电路作为精密比较放大器实现高度精确度则是较为困难的。

用于决定窗幅宽的电源 V_W 必须负载于基线的基准电压 V_B 之上。要制作浮游的恒电压可以使用恒电流电源。使用了恒电流电源的例子是图 12.13。

这种场合值得注意的是，除了恒电流电路的稳定性之外，还有负载电压产生变化场合的恒电流值以及比较放大器偏流的变化。

假定恒电流电路的特性为理想特性。尽管如此，若比较放大器的偏流发生变动，则会引起 V_B 与 V_W 处的变化。比较放大器的偏流就如同 OP 放大器那样，输入端口并非随时都保持在虚拟短路的状态，是在输入端口间加入各种电压的状态下工作。由于电压的不同流动的偏流也发生变动。图 12.14 示意了小范围及大范围内的例子。这种现象产生在图例中所列举出的比较放大器中，任何一个比较放大器都由于输入电压的不同，偏流产生变化。

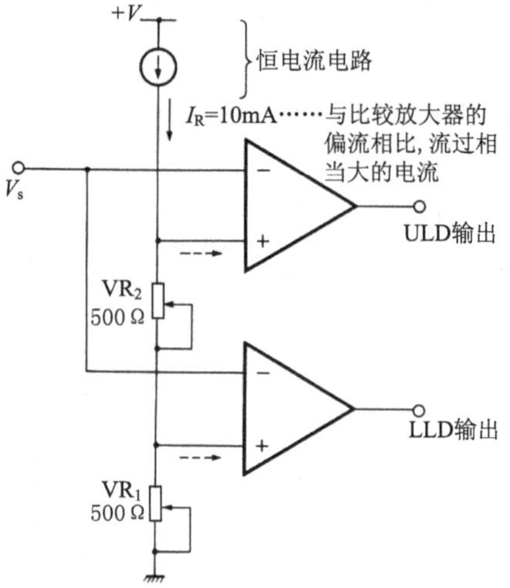

图 12.13 恒电流源的差动型窗比较电路的偏流法

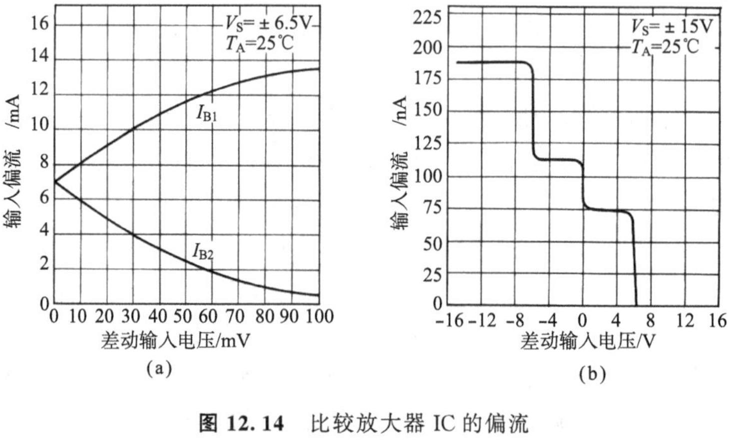

图 12.14 比较放大器 IC 的偏流

只有这一部分发生了变化，即制作基准电压电路的电流发生了变化，会成为 V_B 和 V_w 的误差。比较低速的比较放大器因为偏流的绝对值可以控制在小范围之内，因此这种变动不成问题，容易取基准用的恒电流值。然而，如果是偏流较大的高速用比较放大器,却不能无视这部分变化,否则会降低窗比较电路的精确度。

图 12.15 示意了窗比较电路的另一个偏流法。而这一电路的优点在于,它可以在不调节基准电压的情况下设定视窗与基线。

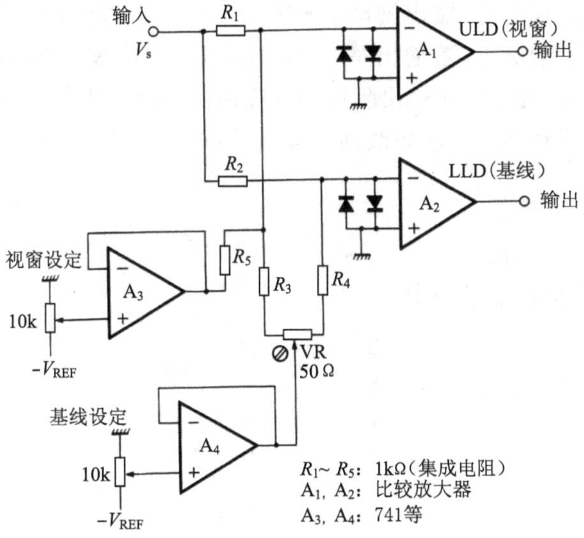

图 12.15 零交叉型窗比较电路的偏流法

两个比较放大器都连接到零交叉型上,加给输入信号,然后从 A_4 处将引起电平移动的偏流加到了 LLD 上。将基线用 A_4 与视窗用 A_3 合并加载于 ULD 上。若信号源 V_S 的阻抗较大,则可以确认限幅器中使用的仅为 2×0.7V 的二极管阈值的电压变化会绕过 R_1 与 R_2,对相反一侧的比较放大器产生影响。但是若 V_S 的信号源阻抗低于 R_1 与 R_2 很多的话,则不会产生这一影响。

这个电路最大的问题是比较放大器的设定值与精度,并且有好几只与线性相关的固定电阻。对此若将所有电阻设计为同样的值就可以解决,如果使用第 5 章中论及的集成电阻,则可以得到较为理想的特性。在图示的电路中只用一个 VR 将固定电阻的离散偏差与比较放大器偏置都结合在一起。

12.2.5 关于偏置放大器的思考方法

对于放大信号,利用鉴别器进行区分的用途中,并不需要全部信号,大多都是只想测定其中的特定范围。对此,称之为偏置放大器("窗"放大器,window amplifier;频带伸展放大器,expander amplifier)。只有比阈值高、放大的那种,可以使用附有阈值的放大器。与其说这是一种比较放大器,倒不如说它就是放大器。不过出于方便理解的目的，暂且可以将其看作比较放大器来讨论。

图 11.16 说明了其工作原理。V_B是决定阈值的基准电压，当其为零时，是众所周知的负斩波器(负限幅器)。在这个电路中，输入振幅在正的情况形成开环增益 $A_{NF}=R_f/R_s$，输出在向负极的时候箝位在 0.7V(输出电平)。若像理想二极管电路那样使用两只二极管的话，输出则准确地在 0V 以上负方向(为了达到不振荡)箝位。在脉冲放大等情况下，若输出是 0.7V 左右，负方向发生振荡，在很多场合反倒比较方便。另外，为了防止输出阻抗和响应速度方面产生的不利影响，直接就这样使用还有很多便利之处。若想改动偏置电平，只需加载 V_B即可，很简单。

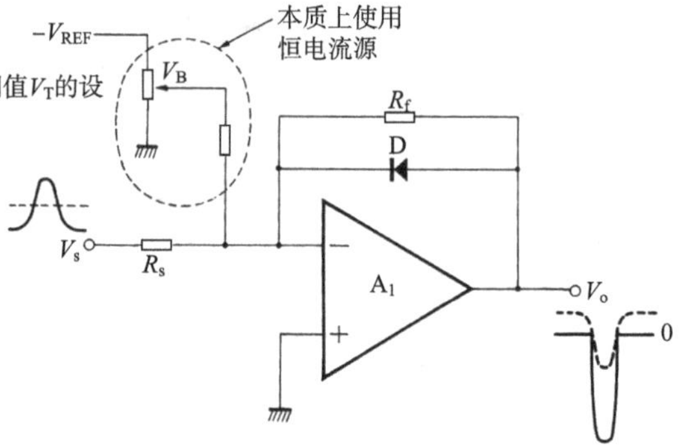

图 12.16 偏置放大器的原理

如此一来，无论是脉冲放大，还是直流信号，都可以用电平移动，实现部分放大。而这一理念进一步发展也可做成限幅放大器。

12.3 错误工作的原因与对策

12.3.1 比较放大器为什么会出现错误工作

比较放大器的功能之一是可以通过数字 IC 和模拟电路，但也最容易产生错误工作。如果说单稳态多谐或输入阻抗较高的模拟电路很容易产生噪声的话，那么，上述的情况与单稳态多谐或输入阻抗高的模拟电路相比则是有过之而无不及。不过实际上，比较放大器比它们更容易产生错误工作是有理由的。

为了进行比较，我们就来试着思考一下，置于 TTL 那一类的数字 IC 中的 810 和 760 类的比较放大器。

普通的 TTL，噪声容限最小即如图 12.17(a)中所示，上一级输出电平 L_{max}为

0.4V，下一层的V_T为0.8V时，有相当于其差的400mV的容限。相反，比较放大器，在要检测的信号与阈值之间并不存在最小为多少伏的明确条件，这是电路设计者必须要决定的一个问题。不过设计者在使用比较放大器时往往不会考虑最小的检测信号的设定，于是比较放大器便要依靠其元件的最高灵敏度进行工作。

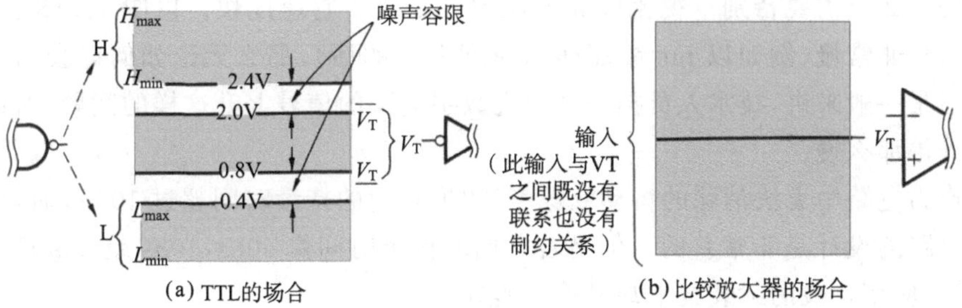

图 12.17 数字IC与比较放大器的噪声容限

先看一下760，输入输出之间的增益约为4 000。要使输出由"L"振荡至"H"或者是由"H"振荡至"L"，则所需的输入电压约为1mV。我们假定认为输出电压将近阈值，那么在这种情况下输出则如图12.18(b)所示那样产生紊乱，一个脉冲看上去好像有好几个的现象。如果有1mV的噪声进入就会产生这样的现象。

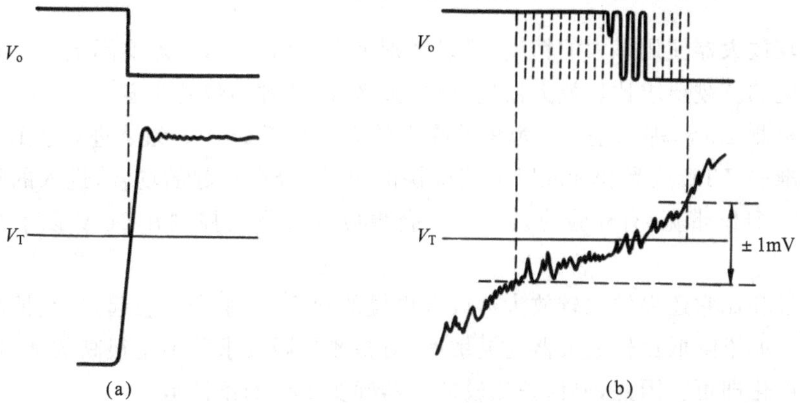

图 12.18 比较放大器的速度与信号的上升

如果有约10mV，100mV的噪声进入，那么即便输入离阈值更远，也还是会产生同样的错误的工作。不管什么样的输入信号，它并非是从0V一下子就能跃升至阈值，而是需要一段时间上升，因此在这个上升过程中，与阈值的差为100mV以下、10mV 以下和 1mV 以下的时间一定存在。这段时间越长，出现错误工作的可能性就越大。

与数字 IC 相比，比较放大器的增益大，输入灵敏度高，阈值与信号电压之差小，所以容易出现错误工作。但是增益大的并非只有比较放大器。普通的 OP 放大器放大倍数都更大，比比较放大器专用的 760 等公认增益小的好像很少。即使这样为什么还需要特别重视比较放大器呢？是由于它速度快。以图 12.18 为例，如果信号非常慢(例如以 ms 级那样的速度上升的话)，那么无论如何都会出现问题。但是一般来讲，技术人员担心会出现数字电路的信号上升这样的问题，所以并不设计得那么慢。

作为电路中无法消除的抖动或噪声，如果它们的持续时间超过 100ns 时，那么这个电路的设计是非常差的。但是若它们的持续时间像 50ns，10ns 或 2ns 这么小时，那么应用一般的封装技术却又难以实现。

不过高速比较放大器标准值为 16ns，有时以更快的速度进行运转。通用的 OP 放大器增益大是低频时的情况。可是高速比较放大器，TTL 兼容的 760 却可以以 2mV 的输入、20ns 以内的响应时间进行运转。

速度有快有慢，但理论上讲，主要就是通过比较放大器作用区的信号上升速度 t_r 和比较放大器的响应速度 t_S 之间的问题。如果 $t_r < t_S$，那么就很难引起多重触发，所以可以考虑为理想的工作。

12.3.2 为了避免错误工作，提高灵敏度

比较放大器使用多大的精度、可以区别多大的信号，这一点实际上是由封装技术所决定的。越要求比较放大器速度快、灵敏高，这种趋势越明显。

要检测 1mV，那么进入到那里的噪声就必须小于 1mV。组装进数字 IC 里，尤其是标准的 TTL 或是和标准以上速度快的 IC 组合在一起的场合，进入的噪声遍布在 100MHz 带宽，有经验的人马上就会想像到要将之控制在 1mV 以下是多么困难。

不过和比它还慢的比较放大器或者更慢的数字 IC 组合在一起，那么情况就会好多了。如果降低比较放大器的灵敏度，对检测界限要求并不是很高的话，那么把技术简单化即可。因此，要保证比较放大器确实工作的条件是：

① 数字 IC 和比较放大器都要选择在必要的最低限度内尽可能速度慢的元件；

② 比较放大器的灵敏度根据使用目的的要求，降低到只要可以使用即可的范围。

正如大家在前面看到的比较放大器特性表(参见表 12.1)中显示的那样，比较

放大器元件速度越低,速度以外的特性就越好,越便于使用。因此关于①自然用不着多加解释了。关于②如何降低灵敏度的方法,会在后面详细讲述。

即使这样,在应用中也会遇到一些无论如何都需要以高速度、高灵敏度工作的情况。因此,这种情况就必须特别仔细研究封装技术。下面所列出的四条就是以760系列为范例,以最大限度的特性使用比较放大器的情况为标准。

① 仅比较放大器的周边接地面。

② 把专用旁路电容从比较放大器的引脚移至接地面。

③ 不将输入信号、基准电压线与其他IC信号拉在一起。

④ 在模型配置时,要优先考虑这部分,将其置于最为有利的位置。

条件①如果将整个基板都接地面,那么封装密度就下降,不利于实际应用,另外也没有这个必要。只有比较放大器部分因为前面提到的理由,噪声必须比其他电路低100倍以上,于是才要考虑这种仅将比较仪周边接地面的方法。其例示意在图12.19。在这种情况下,要先将一部分区域设定为比较仪专用,使其他的数字信号不进入这一区域,否则即使好不容易才将接地平面设好,却因为普通TTL的"H","L"转换线横穿设定区域以下的部分而导致信号混乱。

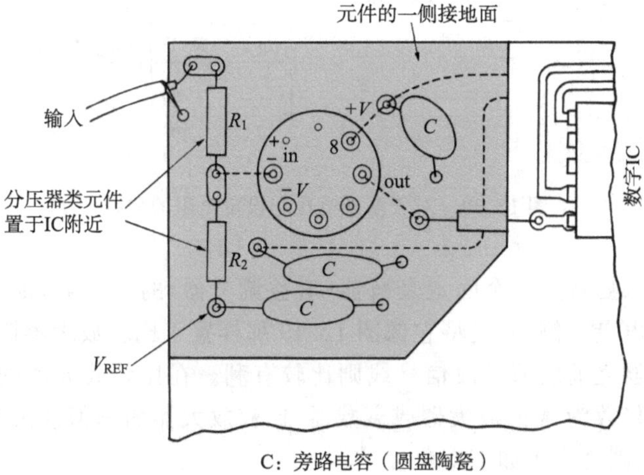

C：旁路电容（圆盘陶瓷）

图 12.19 仅比较放大器的周围接地面

所谓先决定最精细的部分就是在模型设计时一直要做的方法。在这里,也就是考虑比较放大器的区域要比其他电路敏感100倍的问题,进而做出有利的决定。所谓有利的场合在这里就是通向输入信号、基准电压电路的电线不要长,装到不横穿其他数字信号的位置。

不过即便是用心配置,做到了其他数字信号不进入干扰,还要注意输入连接器和基准电压的设定用电阻等不能接入地。如果电线要穿过模型到配电盘，通过印刷电路板的插口出来的话，那么前面所费的苦心就全都白费了。

在基准电压方面，如图 12.20 所示，有一种设置旁路电路的方式。使用 OP 放大器的电压输出器(也称电压跟随器)时，因为其迟缓的反应速度的有利性，即便如该图(b)中虚线部分所示那样进行设置，也不会产生什么不良影响。所以在这种情况下，越是那种响应速度慢，转换速率特别小的 OP 放大器就越是有利。而且也不用特别费心去四处寻找性能突出的放大器，只要在输入端放入一个滤波器，就已经足以应付性能方面的需求了。而且由静电结合产生的峰尖状意外进入物，在没进入 OP 放大器的非线性领域就直接进行积分的话，那么其直流成分就一定为零。信号输入方面则不是这样。如图所示，若无法从接地平面直接焊接在输入端口上的话，那么要用专用同轴电缆或优质密封线从基板连接到输入端口。

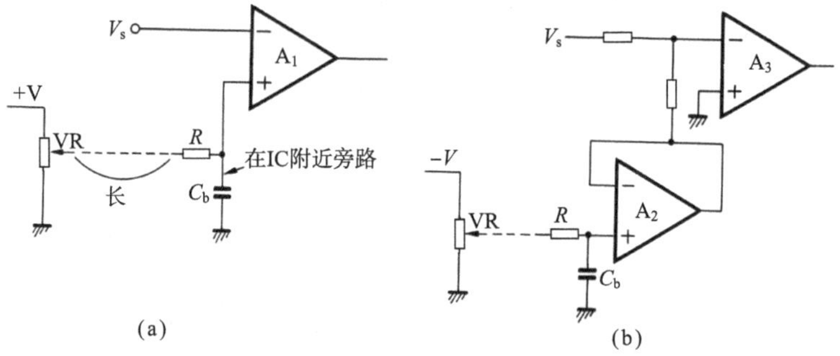

图 12.20　对于基准电压和设定电阻的配线

假如在输入处置入一个固定衰减器(增益调节器)的情况下，则应注意不要将衰减器置于配电盘一侧，而是将它像图 12.19 那样置于比较放大器附近，延长输入信号进入衰减器之前的那一段信号线则比较有利。在比较放大器的输入处，如果放置一个放大倍数为 A 的放大器或衰减器，比较放大器的阈值或灵敏度换算至 A 的输入侧，那么则会产生如下变化。

$$V_T = \frac{V_{TO}}{A} + B \tag{12.5}$$

其中，V_{TO} 为比较放大器的阈值，A 为放大倍数(1/10 衰减器为 A=0.1)，B 为加载于 A 的前一层的偏压值

因此假如 A 设定为 1/10 的衰减器，输入的阈值则增大十倍，同时对噪声的灵敏度为 1/10。

12.3.3 多重触发的原因

降低比较放大器过高的灵敏度，防止对于噪声的错误工作和多重触发（对一次输入产生多次回应的现象）最为有效的电路技术之一就是利用迟滞的方式。

使比较放大器具有迟滞特性的方法和其工作原理，本章 12.2 节已经详细论述了。请大家参考一下。下面要讲述高灵敏度的比较放大器应用技术。

首先对于辨别例子脉冲波高的鉴别器，我们思考一下多重触发的问题。加入了如图 12.21 所示的输入信号时，若(a)的位置处有比较放大器阈值的话，那么就会正确地检测出一束脉冲。不过阈值若像图(b)那样几乎接近最高点时情况又会怎样呢？信号波形这一部分若有 1mV 以上的高低起伏，如果是高速的比较放大器，每一个高峰就会工作一次，最后便会如图所示那样产生多重触发。

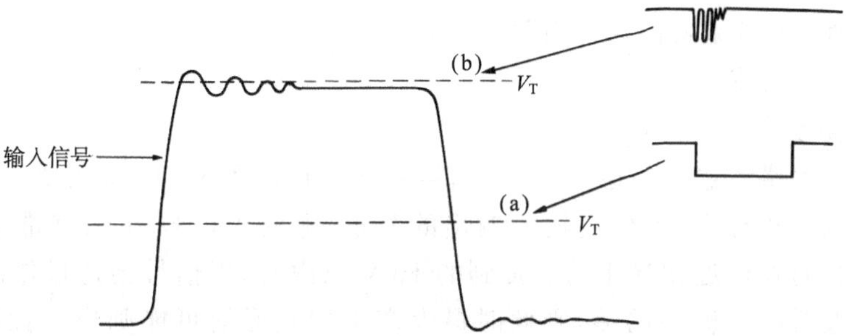

图 12.21 多重触发的产生

这个所谓的 1mV 的值，与阈值 V_T本身的高低基本没有关系。即使想降低灵敏度，一下子提高阈值，紧接着那里的输入来到的话仍然会产生同样的现象。

这里 1mV 为例的值是比较放大器的输入进行“H”，“L”转换所必需的输入电压。输入信号横穿比较放大器的作用区，输出会产生混乱。如果增益除以比较放大器的输出振幅，就可以推断出这个值。因此不管阈值如何上下调整，只要比较放大器增益不变，这个值就不变。与依靠交流耦合产生的图 12.22 所示的固定偏差较大的相比，这种现象相对于那种经常形成的直流耦合的标准脉冲波形则更加容易发生。

同样的现象即便是对于 DC 输入，在接近设定值的水平也会发生。比较放大器产生振荡等现象也大多是以此为起因的。

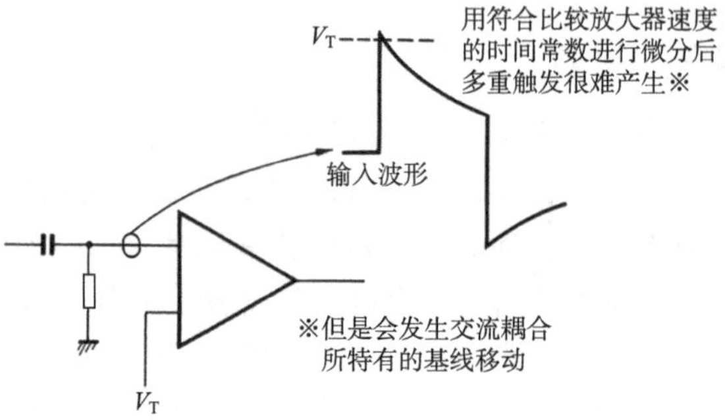

图 12.22 交流耦合的效果[24]

12.3.4 比较放大器是否振荡

一般来说,高速比较放大器尤其容易产生振荡。不管怎么说,都是宽频带且完全没有进行相位补偿的 OP 放大器,容易产生振荡。但是实际情况果真是这样吗?下面就分两个部分来考虑这个问题。

① 自身的振荡;

② 多重触发。

比较放大器的输出在通常情况下,停止在"H"电平或"L"电平处,从而达到饱和。在这一状态下,若仅看输入输出的关系,则放大倍数为 0,基准电压与输入信号之间的差接近相当于前面提到的 1mV 以内时,则信号会通过作用区。如果比较放大器产生振荡的话,则此时最大产生的波形的可能则应当如图 12.23(a)所示。

(a) 切换时产生振荡

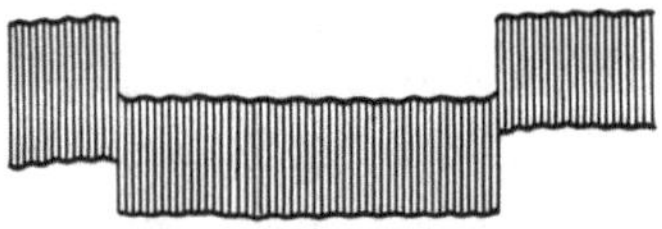

(b) 全部振荡

图 12.23 比较放大器的振荡波形

只看这个波形的话,在高速情况下,很难区别究竟是比较放大器产生振荡,还是多重触发。但是对策就是要全部区别,所以无论如何也必须进行区别。其中有如图 12.23(b)所示的那种在整个区域输出产生混乱的方式。图 12.23(a)的示例所示情况很多都是多重触发情况下所产生的波形。不过图 12.23(b)所示的情况则是比较放大器自身振荡所特有的显示波形,这也正是比较放大器在饱和阶段形成的独特波形。

电源的旁路电容设置不当或在输入和输出杂散容量耦合的这种状态下,一般来说是不会达到先前作用区那种振荡程度的。例如,忘记旁路电容或希望取消响应、而依靠电容形成一个由输出反馈到比较放大器输入或是在输入输出处有一个大的共通阻抗时,都可形成图 12.23(b)所示的波形状态。

检测并不这么严重,错误认为是前面讲述的多重触发的振荡,实际上非常简单。说是检测电源线的旁路是否完全或是检测由于杂散耦合而产生的输入输出间的反馈,但实际上只需“用手摸一下”便可轻易解决问题。若以图 12.19 为例。注意避开输入也就是 R_1 的两端,一面注意观测比较放大器的输出波形,一面用手指试着摸 IC 部分、输入输出电线、元件附近和电源线等。

输入输出或基准电压等另当别论,试着碰触除它们以外的信号和与比较放大器工作无关的部分、电源线及 IC 部分(大多连接于－V 处)。这时要注意,只有当指尖触及 IC 附近、输出波形的频数与波形发生变化时才是振荡,完全没有关系的是多重触发。使用这种方法时,触摸确实发生一次振荡的比较放大器会有微微振荡的感觉。采用杂散电容使比较放大器产生振荡的方法,而想要使它产生振荡比制造一个不发生振荡的比较放大器还要困难。

以上说明看起来有点不科学的。很多读者想必都会认为这样的方法是难登大雅之堂的。因此,笔者在下面写出一段较为正式的说法“要区别上述两种现象,最好还是要检测一下电流线的旁路设置是否完整、杂散耦合引起的输出输入间是否有反馈。”

12.3.5 迟滞现象与检测界限

除了改善封装以外,防止多重触发至少还有两种方法。但这两种方法都带有很大的副作用。因此,应该根据用途的不同来选择分别使用还是一同使用。一种方法是微分输入信号,另一种方法是使比较放大器也具有迟滞特性。

微分输入信号结束后,就会产生如图 12.22 所示的波形,即开头尖起,这样就很难引起多重触发。从比较放大器的一侧来讲,微分时常数若可像比较放大器的工作时间那样低的话,就是理想的。不过,在输入信号不是快速上升,而是以快速时间常数进行微分时,会使重要信号变小。另外在精密的用途中,由于微分电路引起基线的偏移和表面上所看到的阈值的偏差便会成为问题。这些细微的问题常出现在一些不常用的地方。比如,所谓的应用了简单 RC 微分方式的“AC 组合”便具有这一特征。

若不使用AC组合而采取直流结合的方式,必然会增加产生多重触发的危险。如果加载本章开头所提到的迟滞特性(瞬间动作),就可解决这个问题。关键在于如何选择其大小。

请看图12.24,想要将输入信号为0～5V的脉冲应用于区分识别器之中。由于无法消除0.2或0.3V噪声而感到困扰,则可假设将迟滞的幅度选定为0.5V。这样一来,这个比较放大器的检测界限势必要低于0.5V。因为这个比较放大器的迟滞幅度为0.5V,即为UTP(Upper Trip Point)与LTP(Lower Trip Point)之差。

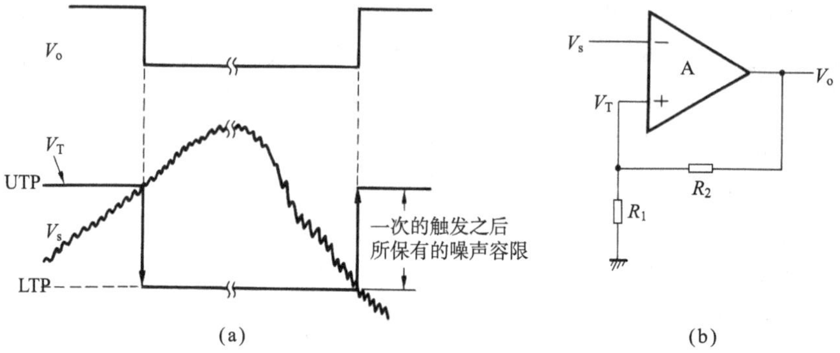

图12.24　具有迟滞现象的比较放大器及其工作

顺便说一下,如果比较放大器的"H","L"电平的输出电压V_o分别设为V_{oH}、V_{oL},那么将前面提到的公式(12.1),(12.2)的进行一般化,则可得出:

$$UTP=V_{oH}\frac{R_1}{R_1+R_2} \tag{12.6}$$

$$LTP=V_{oL}\frac{R_1}{R_1+R_2} \tag{12.7}$$

LTP即比较放大器使复位电压沉降至0点以下的话,只要没有负的输入,就会停止在这种状态,成为只工作一次的装置。所以LTP最低为0V,因此UTP为0.5V,也就是说作为识别器的阈值最低限为0.5V。

使用可以辨别出1mV的比较放大器,输入值为最大输入的10%,那么它的灵敏度为什么只可上升至500mV呢?这是因为它是在我们假设带入信号中的噪声约为0.5V左右的情况下得出的。

在这里我们再次试想一下使用比较放大器最多能够区别多大的信号。多重触发实际上并不是错误工作。若从比较仪的本身来看,只要有输入信号的话,那么比较放大器就势必会产生相应的工作。

具有迟滞特性的比较放大器,如图 12.24(a)所示。比较放大器每进行一次工作,则在阈值中就会产生相当于迟滞幅度的(UTP－LTP)噪声容限。纵然对象是输入信号,也不会接收小于所产生的噪声容限值的信号。因此"最多可以区别多大的信号"的关键可以说是取决于可以将噪声减小到何种程度。例如,想要作出最低检测能力在 10mV 以上的比较放大器的情况,那里可以具有的迟滞的幅度若采用一般的方法[1],最多不会超过 10mV 以上,如果在比较仪中加载入 10mV 以上的有起伏的信号,这个起伏又恰好在比较放大器的响应速度之内,则比较放大器势必会产生多重触发。

因此,作为实际应用中的设计工序,尽可能的抑制输入噪声是比较放大器高速化、高灵敏度的关键所在。为了能够顺利消除所加载噪声的最大值,还要规定迟滞幅度。这就成为以最高灵敏度并确保正常工作的比较放大器的实用手段。

12.4 比较放大器的应用电路

12.4.1 降低偏流

在要求速度的用途中使用高速比较放大器,往往会被偏流过大的问题所困扰。如果期望速度达到数十纳秒,必须有思想准备几乎大部分比较放大器的偏流都数十微安。偏流 100μA、阻抗值 1kΩ,比较放大器的误差就为 100mV。因此需要偏压电路里尽可能使用小的电阻。在信号源为高阻抗的情况下,如果那里流动比较放大器的偏流,就会成为造成误差的一个原因。

关于解决的方法,第一是对信号进行交流耦合,这样问题便可迎刃而解。但是,在使用高级比较放大器的情况下,仅用交流耦合的方法就不可能解决所有问题了。

第二种解决方法如图 12.25 所示,可以通过电压输出器接纳受信号。但是需要注意正因为比较放大器速度快,不要因为电压输出器的应用而抹煞了比较放大器的性能。工作时间在 20ns 左右的比较放大器有很多,而上升时间在 20ns 左右的电压输出器就不多,而且价格不菲。晶体管的射极跟随器的直流误差大,不能应用于这种目的。

---

1) 更复杂的方法有在应用中加入时间因素、使用选通脉冲、辨别波形等。另外还有由于元件的时间滞后产生的迟滞现象。

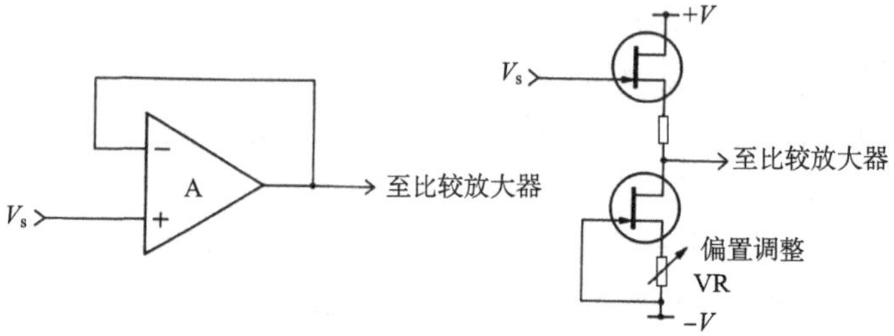

(a) 高速电压输出器　　(b) 偏置小的源输出器

图 12.25 提高比较放大器的输入阻抗

第三种解决方法如图 12.25(b)中所示，使用两个 JFET，从而形成一个直流误差较小的耦合。现在 JFET 大多比较便宜，又容易买到，因此，它们可以用于替代晶体管的射极跟随器的电路。输入输出电压的偏差用 VR 调节。但是如果 FET 是结对的，则可能实现高达数 10μV/℃的温度特性。

12.4.2 自动转换式的分压电阻

在输入电压与设定值相差较大的情况下，误差可以大一些。利用分压阻抗使信号得到衰减，如果输入电压接近设定值，分压阻抗会自动短路，这种方法已经被发表。[29]

图 12.26 是基于上述想法的一个应用电路。输入电压 V_S 是该图(b)所示的 FET 的夹断电压 V_{PP}，假如该电压超过 3V，则 FET 为断开。在这种状态下 R_2 被由于分压电阻影响被分压至 $R_2/2R_1$，假如 R_1 和 R_2 分别选择为 1MΩ 与 10kΩ 的话，则比较放大器中加入了 1/100 的信号电压。但是输入电压若小于 V_{PP} 的话，FET 导通，分压阻抗 R_1 短路，比较放大器中则加入了几乎 1∶1 的信号电压。

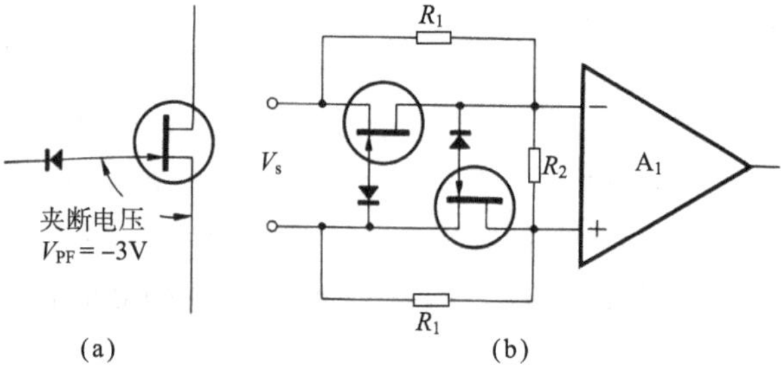

(a)　　(b)

图 12.26 由输入信号进行转换的分压器

这种方法为了达到不需要的绝对值，如果预先设置像前面提到的零交叉型那样的构造,就会制出大的动态范围控制信号,非常具有实用性。

12.4.3 选通脉冲

比较放大器的输出一直处于引出状态,若它与逻辑电路相联的话,往往有一些不良影响产生。例如,应检测的信号不是处于上升,也不是下降,而是处于中间部分,那么,则可以应用于对设定值进行上下调节的用途上。在进行调节时,如图12.27所示,从外部加入显示应当比较的时间信号"选通(strobe)脉冲",读出在这个时间里比较放大器的输出。

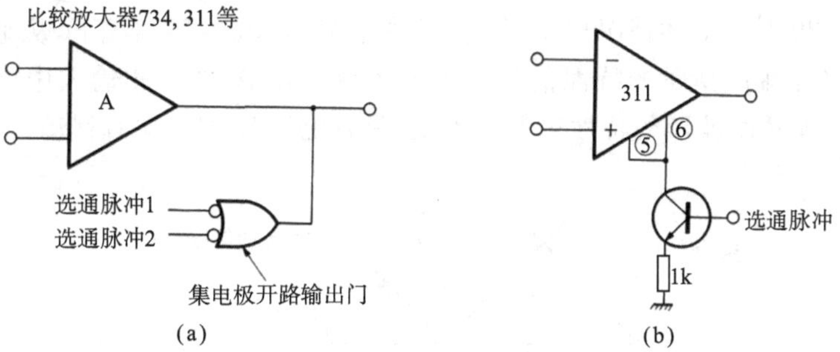

图 12.27 选通脉冲输入的加载方式

此种操作在数字电路中的应用可谓屡见不鲜,该图(a)是其例。在具有TTL与CMOS兼容的0～5V输出的比较放大器中,因为开路集电极输出较多,所以按照图示进行联结还是相当简便的。

在比较仪专用IC中,有具有特别的选通脉冲用输入端口的元件,此外的时间通过停电来节约耗电。我们可以看到想方设法制作出来的产品,请参考一下个别数据表。

12.4.4 万能型窗比较电路

本章使用的如同OP放大器电路样本那样技巧的窗比较电路将放在应用示例的最后进行讲述。

图12.28就是万能型窗比较电路。输入信号V_S是由OP放大器A_1组成的半波整流电路。A_1的输出和从输入直接进入的电流分别通过电阻$R/2$及R,然后进入比较放大器A_2的反向输入端口。这一部分的工作流程即形成了一个绝对值电路。基准电压$-V_r$对于正的输入信号V_S是负的电压,并作为零交叉型决定设定值的中心。

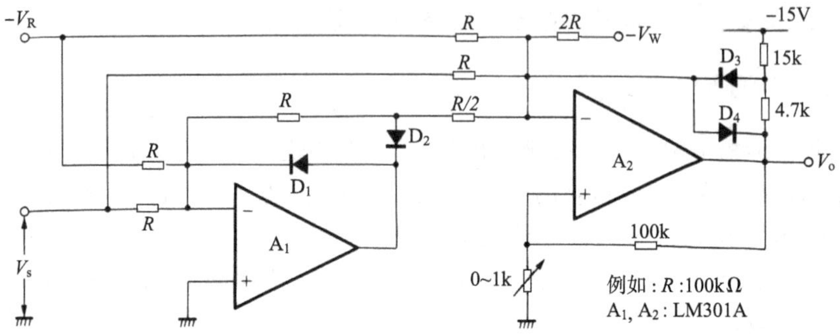

图 12.28　万能型窗比较电路

图 12.29 对于上述情况作出了图例分析。V_r与V_W在零情况下，从绝对值电路得到的如图中虚线所示的特性信号进入比较放大器 A_2的反相输入中。若在这里加载$-V_r$，则 V 字波形的特性仍保持不变，只有电压 V_r部分向右移动。

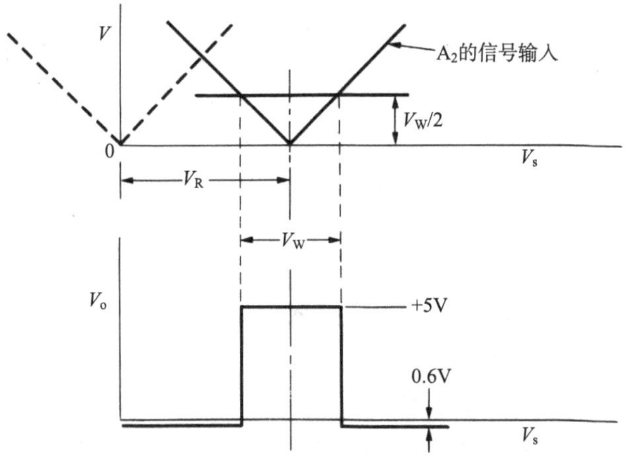

图 12.29　万能型窗比较电路的输入输出关系

另一方面，决定比较放大器 A_2阈值的要素是电压 V_W。在该图的上面，V_W如图所示，以一个水平切断 V 字波形特性的高度进行工作，电路常数 V_W的输入直接形成像视窗的幅度那样将串联电阻选定为 2 R。

比较放大器 A_2的正相输入侧是为作成迟滞现象的电路。输出的限幅器为由二极管组成的反馈型。由于认为这种情况下不会产生虚拟短路和电流合成计算或许不正确，限幅器可以如此例所示那样位于 0～5V 之间。与那种为±5V 的对称型相比，这种类型所需元件有时较少。不过，在迟滞为可变状态时，因为不进行单方变化反而便于使用。

第 13 章 振荡器,定时电路中的应用

13.1 方波振荡器

13.1.1 简单稳定的振荡器

应用 OP 放大器可以制成特性优良的各种振荡器或时间常数电路。图 13.1 是最简单的一个示例,它是一个利用一个 OP 放大器便可任意改变振荡频率的方波振荡器。对其振荡的原理,将在下面进行详细介绍,不过这里应该注意的是它与后面讲到的发出正弦波的振荡器有所不同,一般我们将它的振荡方式称为弛张振荡(relaxation oscillator)。这种振荡器比较简单,只要抓住其制作要领,就可以得到一个较宽的频率范围和达到数十 ppm/℃优良的频率稳定性。这是第一个例子,下面较详细地对其要点进行说明。

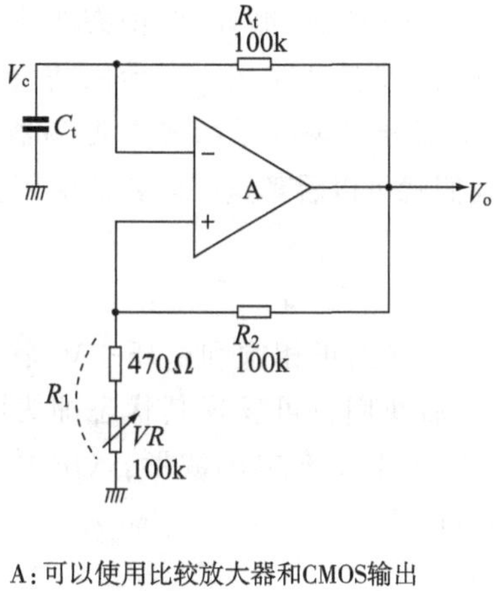

(a) 基本电路

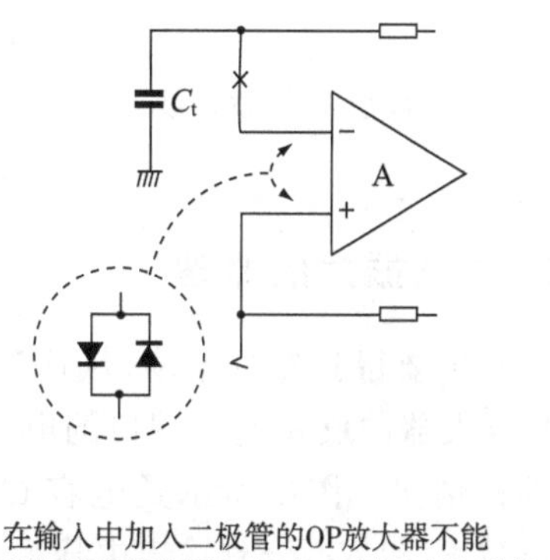

(b) 有输入保护装置的OP放大器

图 13.1 可在大范围内变化的方波振荡器

这种振荡器可以利用的频率范围是这样的，一般频率较高的受 OP 放大器的转换速率制约，频率较低的以 OP 放大器的偏流和噪声来控制。图中所示常数 C_t 如果使用 1μF～100pF，频率就是数十赫至 100kHz，如果使用频率更快的 OP 放大器或比较放大器，所有的电阻全部降低一位数，那么这一振荡器则可最大运转振荡至 1MHz。

虽然任何 OP 放大器都可以使用，不过还是使用比较放大器和输出级为 CMOS 的，且输出振幅在整个电源充分振荡的 OP 放大器为好。输出为开路集电极的 OP 放大器电源要追加上拉电阻。另外根据所使用的 OP 放大器的自身特性，例如使用 LM318 那一类的放大器，如该图(b)所示的，输入用二极管箝位形式，如果只是那样是无法正常工作的，必须在图中标有×标记的部分插入 OP 放大器许可范围内的高电阻，才可以使用。

在时间常数用的电容 C_t 中，加载图 13.2 的 V_c 电压。想以极低频率产生振荡，C_t 往往变大。若以无极性连接方式使用两只电解电容器，会正常的运转。但即使使用钽电解电容，精度和稳定性也都会特别不好。因此最好选用偏流小的 OP 放大器，使 R_t 增大，就能获得良好的效果。如果是偏流 10pA 的 OP 放大器，即使 R_t 为 100MΩ，也可以良好的运行。

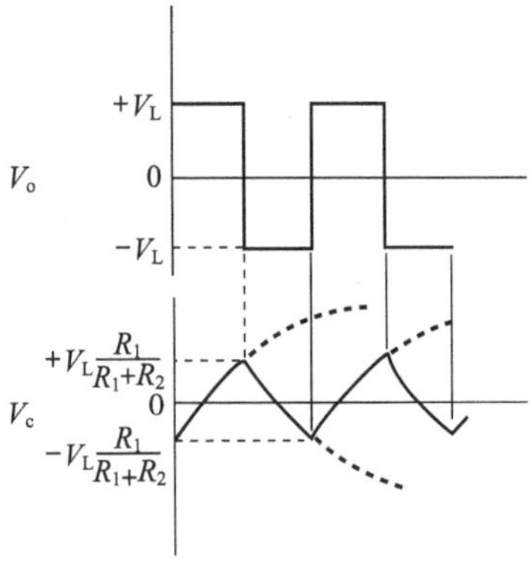

图 13.2　输出波形 V_o 与输入波形 V_c

总之，利用这个电路可以实现诸如可变频率，可变工作(负载)循环、单稳态多谐振荡器以及定时器等多种应用。在后面将会讲到的定时电路部分出现的单稳多谐振荡器或晶振器中，我们就可以看到这一电路的应用。

13.1.2　弛张振荡的原理

首先输出要得到充分振荡，从达到 OP 放大器的正相饱和电压 $+V_L$ 状态开始查看 OP 放大器的反相输入端口的电压 V_c，然后我们就可发现其状态即为图 13.2 所示的那种情况。图中所示是电容 C_t 由 $+V_L$ 通过 R_t 充电的波形。OP 放大器的正相端口被 R_1 和 R_2，分割输出电压后加载，所以为

$$V_c=\frac{R_1}{R_1+R_2}\cdot V_L \tag{13.1}$$

并且持续保持这种状态。如果定时电容 C_t 的电压 V_c 达到上述式(13.1)的值，则 OP 放大器的输出可以切换至负向饱和值 $-V_L$。因此被充电至上述值的 C_t，这一次达到

$$V_c=\frac{-R_1}{R_1+R_2}\cdot V_L \tag{13.2}$$

时，则开始反极性充电。

振荡频率 f 为：

$$f=1/\{2R_tC\ \ln[(R_2/2\ R_2)+1]\} \tag{13.3}$$

在这一振荡器中，OP 放大器与其说是放大器，倒不如说是作为比较放大器工作更为恰当。因此，以此为目的选择 OP 放大器时，也就没有必要进行 OP 放大器的相位补偿。实际上反倒可以使用那种相位补偿外置，如果取消相位补偿，转换速率增大的 OP 放大器更合适。特别是在频率延伸至高频范围时，使用第 12 章中提到的比较放大器专用 IC 则会得到更好的效果。

将 R_1的一部分作为可变阻抗，可以改变决定 C_t充电振幅的比较放大器的设定值。若使设定值降低的话，那会减少 V_c的振幅。因此，与 C_t同样，即使 R_t，也会加快振荡周期。若 R_1取值过大，则会形成图 13.2 的充电曲线，因此波形的正负对称性不好，定时产生误差。图中的常数即波形如理论所示 VR 值处于 0～50kΩ 左右的范围之内。对此，改变 C_t的容量可使充电的时间常数发生变化，可以使振荡的频率增大。在 OP 放大器偏流的许可范围之内，即使改变 R_t也可以取得同样效果。

13.1.3 温度特性的改善

这种振荡器与普通的晶体管和数字 IC 做成的振荡器相比，具有频率更加稳定的特点。

试着在图 13.1 中制成的电路中实地观察一下后可以发现，频率稳定性是由电源电压与外部 CR 的温度特性决定的。即使 OP 放大器加热到手不能摸的程度，频率也不会发生太大的变化。若有必要的话，实际上此方法还可以进一步改善其自身性能。一般来说，OP 放大器输出的最大振幅也就是饱和电压并不这么稳定。另外，在比较放大器专用的 OP 放大器中，其输入振幅的电源电压几乎是在毫无影响的情况下输出的。这种振荡器如果输出振幅发生变化，则式(13.1)，式(13.2)中的 V_L就会发生变化，振荡频率也会产生变化。所以，如果可使输出振幅稳定下来的话，则频率也会稳定。

使输出振幅稳定的第一种方法是在电源电压十分稳定的场合，在 OP 放大器 A 上使用比较放大器专用 IC，如 LM311，或者输出层使用由 CMOS 设置的 OP 放大器，如 3160 等。在普通 OP 放大器后面设置 CMOS 缓冲的方式也是一种解决方法。这样一来，因为输出振幅可以充分振荡至正负电源电压，所以如果电源稳定，自然可以维持输出振幅的稳定性。

第二种方法是在 OP 放大器上安装电压限幅器，是限制输出振幅的做法。作为限幅器，在比较放大器处已经论述了二极管限幅器方便作用。但是，考虑到精度与温度特性，二极管的温度特性与电源电压会造成一定程度的不良影响。因此在这种时候，就不宜再使用二极管限幅器了。

图 13.3(a)示意了改善二极管限幅器温度特性的方法。D_3对 D_1的导通电压温度特性进行补偿。尽可能把特性相同的元件靠近安装。而对相反一侧的 D_4和 D_2也同样这样做。

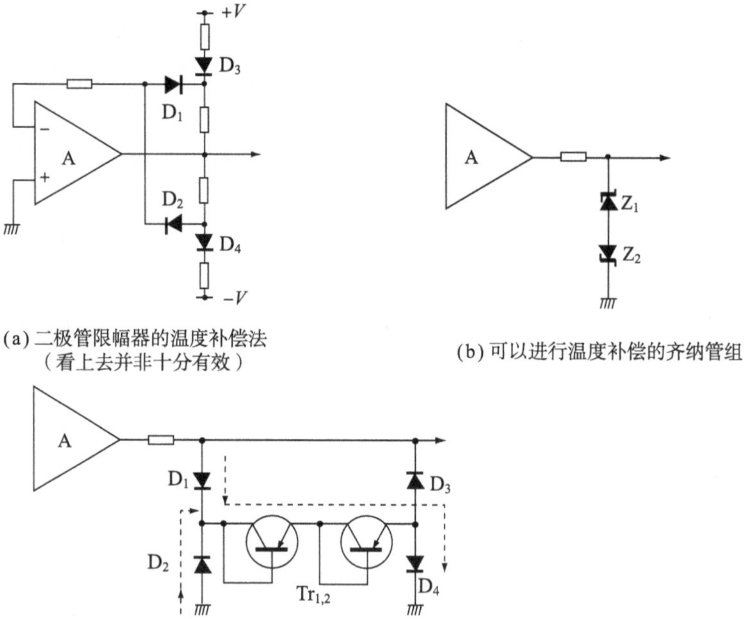

(a) 二极管限幅器的温度补偿法（看上去并非十分有效）

(b) 可以进行温度补偿的齐纳管组

(c) 用晶体三极管制成实施温度补偿的限幅器

图 13.3 稳定输出振幅的方法

如果能找到两只温度补偿特性相同的齐纳二极管，如图 13.3(b)所示使用就很简单。可以和生产厂家进行交涉，批量生产的种类减少一些不必要的元件件数，此种方式也是有利的。没有进行温度补偿的普通电源用齐纳管有温度系数大、正负极限值不同以及在高速状态下响应速度慢等缺点，不适用图(b)与图(c)的方式。

若以手工方式仔细筛选元件，那么图 13.3(c)就可以获得良好的特性。这里是利用 PNP 晶体管的齐纳特性。使用一个晶体管 Tr 就可以，但是串联二极管要放入两个，这种情况温度特性为负。所以，只要使基极-集电极之间的联结处短路，那么串联两个二极管就会得到改善。晶体管 Tr_1，Tr_2以前在 2N 3638 中显示出良好的温度特性。不仅如此，即使在小电力用的 PNP 中，依然可以使其温度特性得到充分的发挥。

在正弦波或函数生成器中，限幅器的对称性是不可缺少的因素。高速性使用的频率如果高马上就会出现问题。不过，图 13.3(c)对于正弦波和函数发生器都有效果。

像这里举出的例子那样，通过组合元件的特性进行补偿的方法，要注意的是元件的选择方法和物理配置都会在很大程度上左右着使用效果。使补偿用元件紧靠在一起混合似的集结方法很有效。但是，组合的效果并非十分明显。如果可以提高一位数，便可以算是很成功的例子了。理论上讲，在不是单片 IC 的手工条件下，使用有限的元件进行组合，不管怎样进行改善，提高一位数都是相当困难的。部分利用已经 IC 化的元件，对于在元件的特性和温度均匀这点往往是非常有利的。

在本书的旧版本[1~3]中还涉及到了另外一个问题，即把对 C_t 进行充电的 R_t 改造成使用晶体管的恒电流电路，谋求提高稳定性。但是在这一版本中笔者将它省略掉了，而是改为推荐另外的方法，即在需要的情况下，使用两个 OP 放大器来解决问题。关于这种方法，将在后面论述。使用这一方法的初衷在于现在 OP 放大器便宜，把几只高性能的 OP 放大器封装在一起，经济实用，能够适应的这种变化。

13.1.4 电路的发展与应用

例举几个从图 13.1 的电路进行扩展引申出的应用例子。图 13.4 是从外部增

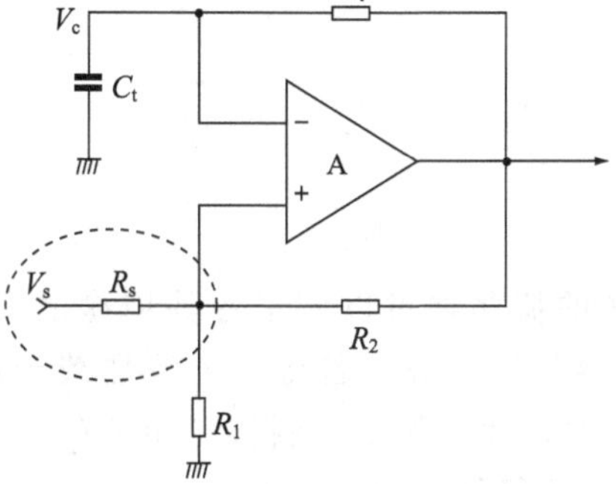

(a) 加控制电压

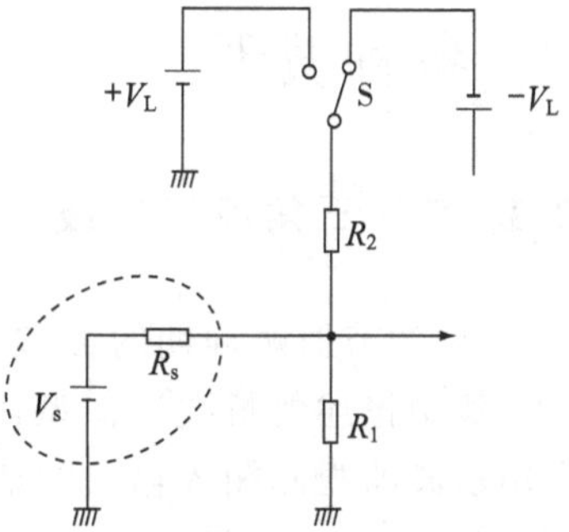

(b) 阈值的计算

图 13.4 利用电压控制频率

设电压输入的,会受到一些限制。不过,可以实现以输入信号V_S控制输出波形的VCO(Voltage Controlled Oscillator,电压控制振荡器)。

也有使整个电源电压产生振荡的方法。但要输出振幅也一起发生改变,所以如图13.4(a)所示使相当于振荡阈值的电压发生变化。这种设想按图(b)中所示,若输出电压V_L依靠开关S进行切换,那可以进行计算。如果R_S与V_S的选择方法,组合加固定偏压等,形成周期与脉冲的"H"和"L"的时间比,就有可能控制工作循环(duty cycle)等。

图13.5中例举出了两个关于改变波形工作循环的方法。①是错开前面曾出现的阈值的方法。如图所示,若可以使偏压电流向决定阈值的正相输入端口流动的话,就可以使工作循环发生变化。但如果在变动幅度过大如100：1的情况下,就无法实现了。其最大更改幅度大致也就是在10：1的比例范围之内。取而代之的是,这种方式的另外一个特性。若将二极管的温度特性等条件考虑在内,只要使用于偏压的电源电压稳定,就没有变动的必要。②把二极管放入R_t处,利用电流的方向改变电阻值的方法。这种方法适合于变动幅度较大的情况,不过在R_t处置入二极管随之带来的影响是温度特性恶化。

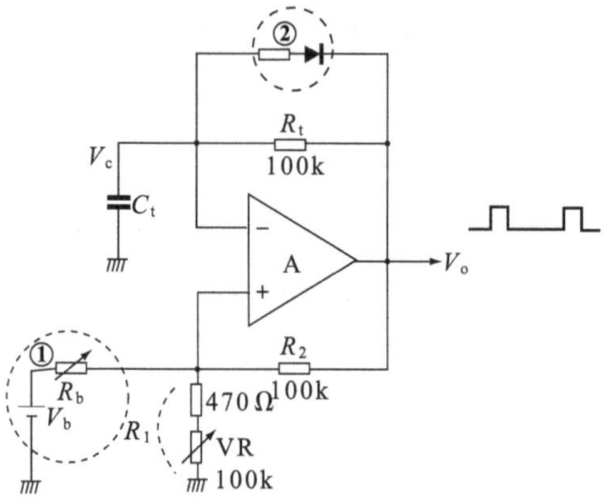

图13.5　改变工作循环

13.2 各种波形

13.2.1 制作三角波与方波

可调节振幅周期的方波和三角波的振荡器可以用于各种用途之中,例如第11章中论述的折线近似型函数发生器的调整等。若将三角波加载于输入中,利用示波器观测输入输出的话,其特性便显而易见了。制作三角波的一种方法是利用方波积分取得。图13.6示意了这种积分方式的实用示例。

OP放大器A_1是在输出处具有前面讲过的温度补偿齐纳管限幅器的比较放大器。通过R_1,VR_1以及R_2将限制电压V_1与A_2的输出电压相连接,将R_1与R_2的接

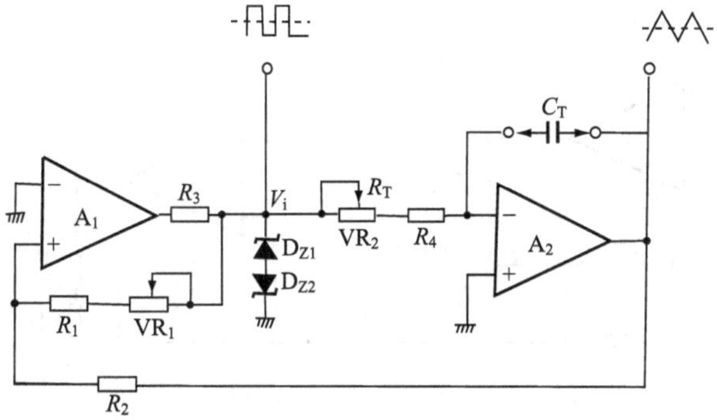

图 13.6 三角波、方波发生器

续点电压与 A_1的正相输入端口接地进行对比。因此，A_1输出发生反相的条件是将 A_2的输出，(即三角波的单方面峰值电压)设为 V_P，则

$$V_p=\frac{R_2}{R_1+VR_1}\cdot V_1 \tag{13.4}$$

这样就可以利用 VR_1控制三角波的振幅。接下来，在周期方面，因为可以从 V_1的电压通过 R_T对 C_T进行线性充电，所以可利用 R_T(即 VR_2)进行调节。

在实际应用中，这一电路的特性与其说是由 OP 放大器的优劣来决定的，倒不如说是受到限幅器部分的齐纳二极管的温度特性和可变电阻 VR_1及 VR_2电阻值的稳定性制约。特别是在追求优良频率稳定性和顺畅调节、从刻度盘上直接取读以及设定值再现性(Resettabilty)的目的中，如图 13.7 所示的那样，进行改造也是很新颖的。只要在可变阻抗中使用螺旋分压器等多旋转型阻抗，在电阻值为零处安装为 1 000 的刻度盘，那可以在实用中实现从刻度上直接读取。波段的切换改变 R_T，C_T。

在高频范围内一般并不需要这种函数发生器，可以使用普通的 OP 放大器。如果频率延伸到 10kHz 以上，就需要注意 OP 放大器、限幅器和可变电阻的选定。请考虑选择 A_1是高速比较放大器，A_2是高速积分器。

在图示例子中，方波的输出振幅由 V_1固定，若想改变振幅或是驱动低阻抗负载的话，则可以设置一级附有衰减器的电压输出器。

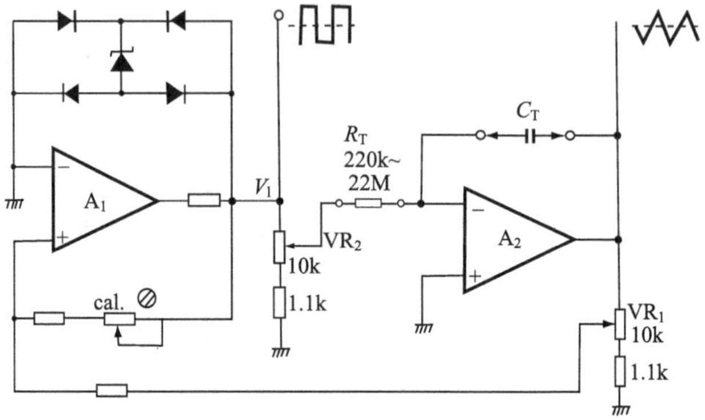

图 13.7 具有准确设定精度的三角波、方波发生器

13.2.2 锯齿波发生器

三角波发生器的充电电阻，例如将图 13.7 按照图 13.8 所示的形式改变一部分，如设 R_T为 V_1正和负时不同的值，那么，就可形成输出直线性良好的锯齿波。这里 T_r与 T_f的关系由公式

$$T_r/T_f = R_4/(R_4 /\!/ R_5) \tag{13.5}$$

决定。如果要想使 T_f比 T_r短很多，在 R_5处使用 10kΩ 以下的值时，图 13.7 的 V_1电阻较高，因此就有必要在 V_1与图示电路之间设置电压输出器。另外，由于置入二极管 D_1、二极管顺方向电压的温度系数以及 T_f处约为 −2.5mV/V_L/℃ 的温度发生变化，而出现了变动。V_L是方波的振幅。补偿方法请参照图 11.10。

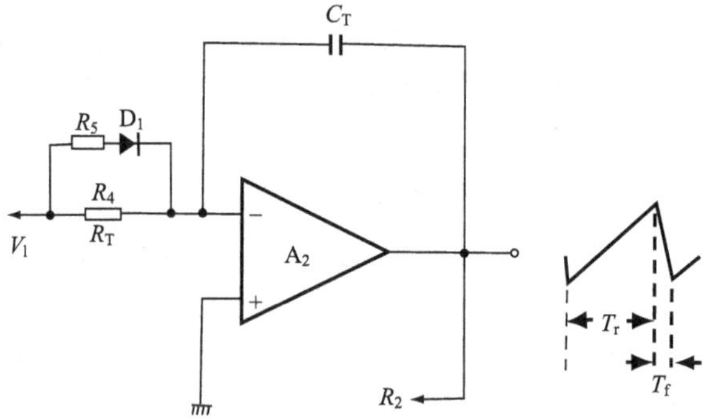

图 13.8 锯齿波发生器

13.2.3 用电压控制

图 13.9 中举例说明了可以利用输入电压控制周期的三角波与方波发生器。A_1是 FET OP 放大器，A_2是可使电源电压充分振荡的比较放大器。

下面就讲一下它的工作原理。首先利用积分器 A_1将从信号电压 V_S流入的电流积分至电容 C_t，而在输出 V_{o1}处输出积分结果。利用比较放大器 A_2监视输出电压，达到一定电压时使积分器的极性反相。极性转换开关在图中为晶体管 Tr，在理想状态下与 R_4相比，若使用导通电阻很低的 FET 或线性门 IC 的话，就可以减少误差。电阻 R_6与 R_7给 A_2很大的迟滞，从而就会以零点为中心，使比较放大器的阈值在正负向振荡，转换成对应 A_1输出电压的极性。设输出电压为$\pm V_L$，那么比较放大器的阈值为$\pm V_L \cdot R_6/(R_6+R_7)$。

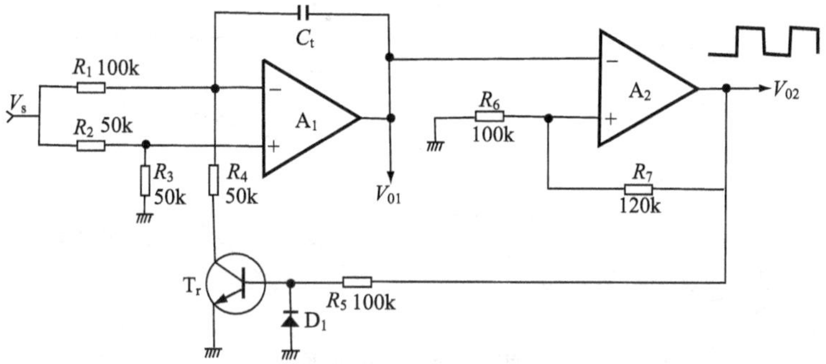

图 13.9 通过电压控制的三角波、方波发生器

13.2.4 各种波形

这里将会对本书中出现的各种波形，也就是所谓函数发生器的各种做法做一个简单的归纳。如大家在图 13.10 中依次所见到的那样，首先，①中显示的工作循环为 50％的正确方波是图 13.1 的基本波形。若要使基准电平从 0V 开始上升，则要由图 13.18 的单项电源实现，如果有必要进一步得到正确频率的话，就要有图 13.22 的晶振器。如果形成基准的波形，且可以使用电源频率的话，那么图 13.20 所示的零交叉检测器就能发挥作用了。要按照②中显示波形对脉冲波形与工作循环进行整理使用，可以利用图 13.5 的方式整理阈值，或者在 R_t处置入二极管，也可以实现这样的波形。③是标准的准确的三角波。图 13.6、图 13.7 以及图 13.9 就是对应此波形而设置的电路。若将积分器 A_2连接如图 13.8 所示进行设置，就可得到④中显示的锯齿波。⑤中显示的正弦波简单来说就是图 13.12 和图 13.14 的

波形。如果有必要使斜率特别小,那么以图13.13所示电路进行设置就可得到理想的效果。尤其是图13.13的特点在于,它可以同时得出如⑥中所示的sin和cos的不同90°的输出波形。阶梯波形⑦是按照图10.34所示电路,将①或②的输出加载于积分器电路中所得到的。⑧的单稳态多谐振荡器波形可使用图13.15或图13.21。后者为0～5V的脉冲振幅。相同波形,作为特别长时间的模拟计时器图13.16有其例子。⑨是积分器的应用。此类示例在第10章有很多。⑩中所示的那种可以根据输入信号改变积分时间,或者可以利用C/F或V/F转换器来实现对波形的控制。

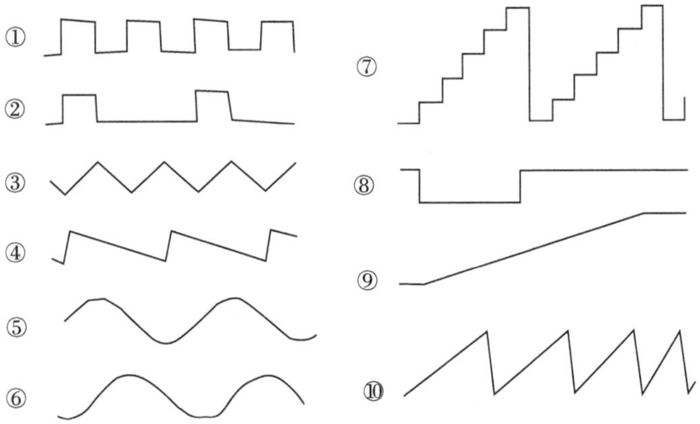

图13.10　各种波形

13.3　正弦波振荡器

13.3.1　振荡器的应用并不简单

下面将要涉及的振荡器并非前面讲过的弛张型振荡器,而是通过在放大器上加载反馈而使其产生振荡的老式振荡器。不过,在进行放大时,由于此类振荡器很容易产生振荡,一旦想要使其振荡产生正弦波形时,它却往往会出现一些麻烦。

理论上,对于振荡器来说,那种不管振荡得出的是何种波形,只要能够振荡就满足的想法是不正确的。但是,想要同时满足以下条件如:小斜率、频率和振幅都稳定振荡以及如果设置了开关在任意时候都能正常启动,这种正弦波振荡器是很难实现的。

图13.11中显示的是那种常被引用于各种用途中的著名电路,即使用了维恩

电桥的 RC 振荡器。只要这个振荡器采用的元件质量过硬，它就的确可以形成理想的振荡波形，同时符合上面提到的所有条件。

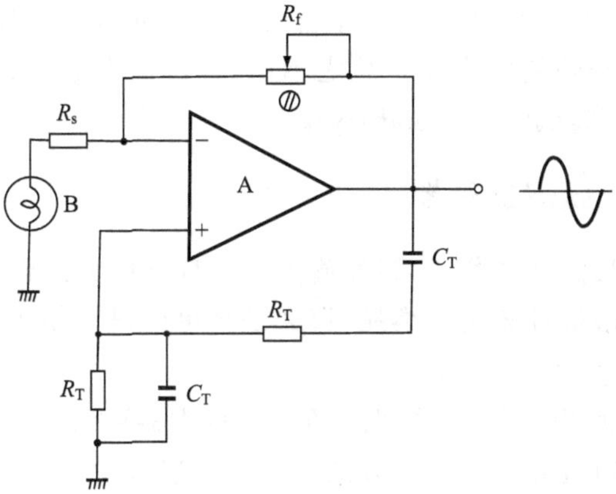

图 13.11 维恩电桥振荡器

振荡器频率是由 R_T 和 C_T 决定的，不容易受到 OP 放大器的性能与电源变动的影响。因此，只要 R_T 与 C_T 的性能比较优秀，即便是在温度变化的情况下，振荡频率也会表现得相当稳定。振荡频率 f 为：

$$f=\frac{1}{2\pi R_T C_T} \tag{13.6}$$

不过这里应该注意的问题是电灯泡 B 的性质。在各种电路例子中都有这样的记载，即便是连接手电筒也不会正常工作。这种电灯泡当然是作为输出振幅自动控制用的。工作原理是输出振幅小期间，流到电灯泡的电流就小，电灯泡的电阻低，基本上不产生负反馈。因此，R_T 与 C_T 侧的正反馈可充分工作，开始振荡。当输出振荡增大时，便会导致流向 R_f 与 R_S 侧的电流也增强，有着微红的灯亮，灯丝的电阻值随之增大。这就意味着负反馈增加。因此，若可以适当决定好 R_S 与 R_f 比值的话，那么输出振幅在放大器未达饱和的情况下，即可实现自动控制。

理论上来讲其原理是这样，但实际上，电灯泡的选择方法却是相当困难的。不管怎么说，应用中涉及到了电灯泡的热惯性与基于电流制约的电阻值的变化。因此，不管怎样，利用电灯泡产生的自动控制效果并非很容易就能实现。

不过总的来说，电流量较小的电灯泡效果会更好一些。因为 OP 放大器的输出电流充其量只有 10mA，所以那种消耗规格为 100mA 的手电筒小灯泡是无法起到作用的。不过有人认为，也许可以使用发光二极管来代替。那么这里就要请大家考虑一下，使用放光二极管是出于一种什么样的考虑。

如果希望在电流为2～5mA时，电灯泡可以产生较大的电阻变化，使用标准规格为10～12V、10～15mA的电灯泡则是最为适宜的。从手头上可以查到的资料来看，可以使用GE的1869 D或者希尔巴尼亚的10 ASB等规格的。另外，在日本也有很多同类规格的产品。总之不论如何，在决定了R_f与R_S使用电灯泡之后，就有必要引入尝试法(cut and try)。

13.3.2 简易型正弦波振荡器

从上面的表述我们可以发现，那种输入小电灯泡的方式似乎相当麻烦。同时又因为国产的高规格材料又比较难找，那么是否可以设法使用特殊电灯泡？试试以下几种方法。

第一种方法是使用普通小电灯泡。在OP放大器后面增设一个由发射极输出器(也称射极跟随器)组成的升压器方法。但是一般来说，如果加载电流不能达到30～50mA的强度，就无法使其在最佳状态下进行运转。因此这种解决方式夸张地讲不经济。

第二种方法是将玻璃封装的热敏电阻置入与电灯泡相反方向的R_f处。这种方法是使用市场上有售的低频振荡器中的方法，自然可以使其工作在高效状态下。但是这种热敏电阻的价格约为10个OP放大器那么贵，它的不经济程度并不亚于刚才提到的小电灯泡。所以这种方法也很难实现。

鉴于上述两种结果，可以再试用一下性质比较相似的压敏电阻。不过效果同样不理想。比起因输入振幅增大而造成的自身增温，这种方法往往受到外界的影响会更大。如果说的夸张一些，它就像高灵敏度的防盗器，甚至达到"大家都别动，现在正在振荡"的地步。出现那种人一走动就会产生的风，振幅就会变动的效果。

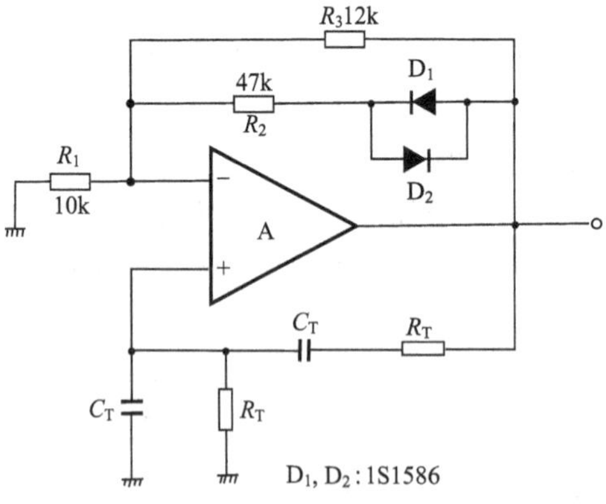

图13.12　简单的正弦波发生器

利用随手可得的元件即可轻易求得稳定正弦波的输出，有图13.12所示的设置方式。虽然这个电路不论是从振幅的稳定性与斜率、还是从确切启动点上来看都无法与可调电灯泡式电路相比，但是其最大的优势在于成本较低，便于使用，可以随时组装。若将10kΩ的R_1以半固定方式进行试验的话，它在启动后的确可以得到好的波形。它的另一个优势在于其临界值最适合范围小。维恩电桥振荡器的输出阻抗高,要启动低负载电阻作为缓冲最好预先准备好电压输出器。

13.3.3 积分振荡器

使用维恩电桥振荡器,如果需要缓冲,从一开始使用两个 OP 放大器,就可以始终形成一个确实的正弦波振荡器。前面我们提过的振荡启动与波形最优的调整都很精细。除此之外,还有利用 FET 调节增益的方式。而在实际应用,笔者还是比较倾向于推荐下面这个电路。

所谓积分振荡器(quadrature oscillator)实际上就是相位差为 90°的振荡器。图 13.13 是其示例。输出处除 sin 之外还有 cos 波形,也就是说这种振荡器可以同时取得相差为 90°的不同波形。正如大家所看到的那样,其电路工作原理是一目了然的。环状连接由两个 OP 放大器组成的积分器,在其中一处放置限幅器。在这个电路中,输出振幅大体上取决于由限幅器。在图中还使用了软性二极管限幅器。

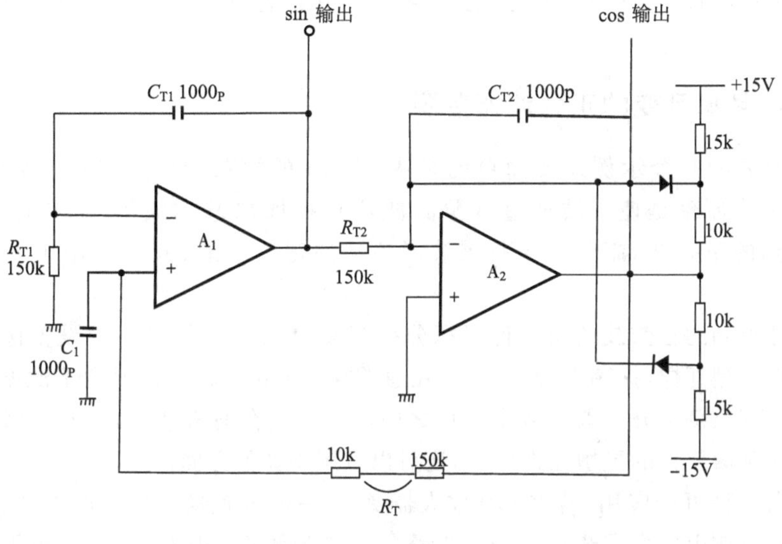

图 13.13 积分振荡器

如果打算让 cos 输出的斜度尽可能小一些,则应在电路中使用限幅器上下分为 10kΩ 及 15kΩ 的电阻、或是在电源误差较小的元件、或者其中一部分作为可变电阻进行调整,使上下准确对称,就可以得出一个较为理想的结果。斜率很容易为 1%以下。与此相比,sin 输出可以形成小于两位以上的 0.01%程度的斜率。因为由这种电路可以得到的是斜率最小的波形。因此,没有必要在 sin 与 cos 的两方面同时进行,只要使用其中一个,这个电路就已经很有利用价值了。

在振荡情况良好的状态下启动时,基本上 $R_{T1}=R_1$,$C_{T1}=C_1$,在 10%以下的范围内,若能提高 R_1,效果则会更好。这时的振荡频率 f_o为:

$$f_o=\frac{1}{2\pi\sqrt{R_{T1}C_{T1}R_{T2}C_{T2}}} \tag{13.7}$$

若 $R_{T1}=R_{T2}=R_T$,$C_{T1}=C_{T2}=C_T$,那么

$$f_o=\frac{1}{2\pi R_T C_T}$$

就与维恩电桥电路相当。在制作此这种电路时,利用低频选择电容就显得尤为重要。大容量的漏电流少,而且电容温度系数小的电容器很难找得到。若在 OP 放大器中使用偏流小的优质电容的话,就可在 R_T处使用高值阻抗,可将 C_T设为小容量电容。例如,相比于使用 1μF 与 10kΩ,倒不如使用 0.01μF 与 1MΩ 的设置方式则更容易实现使用便宜且稳定的电容。不过反过来说,这种设置会导致整体阻抗增大,更容易进入噪声。因此,请一定注意,在设置过程中不要使封装体积过于庞大。

13.3.4 频率可变的正弦波振荡器

比前面的几个示例还要简单的是图 13.14 的振荡频率可变的正弦波振荡器。其工作原理是使方波通过有源滤波器只提取出基本波形,利用限幅器箝位所得到的正弦波,制作一个打破波形顶端的正弦波形,并将其用于下面的输入中。

虽然得到的正弦波的斜率低于积分振荡器约 0.5%,但是这种设置像维恩电桥型或积分型那样,振荡上升缓慢,与在通常状态下达到稳定需要数千次循环的方式不同。其振荡上升一般在数个循环之内就可稳定在通常状态,而且它所需要的作为时间常数要素的灵敏元件较少,还可以应用于其他方面。

作为一种可变应用,若将 OP 放大器 A_1的一部分置换为外部的方波,则也可以在输入方波上发生同步正弦波。电路的工作为图中 OP 放大器 A_1被限幅器限制输出电平的反相放大器。其输出经由 VR_2导向可调节中心频率的有源滤波器 A_2。VR_1是用于调整驱动电平,最终为调整限幅器的电平工作。在 A_1与 A_2中便于使用 FET OP 放大器。

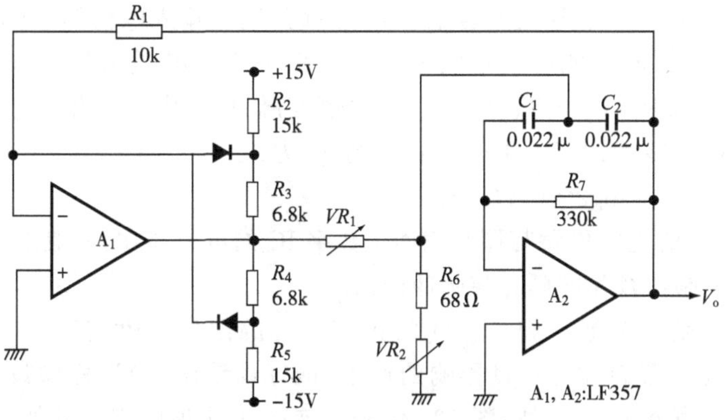

图 13.14 频率可变的正弦波振荡器

13.4 定时电路

13.4.1 单稳态多谐振荡器

若将前面在图 13.1 中提到的方波振荡器中的 C_T 利用二极管 D_1 进行箝位，根据二极管的方向，在图 13.15 的情况下，OP 放大器的输出就会停止在正的最大值 $+V_L$ 的状态。没有 D_1 和 C_T 可以从输出 $+V_L$ 开始，通过 R_T 进入充电的循环。但是，C_T 的电压，因被 D_1 的顺方向电压约 0.6V 所箝位，而不会超过 0.6V。另一方面，正相输入端口比它高，偏压于 $+V_L \cdot R_1/(R_1+R_2)$，因而停止在此状态。

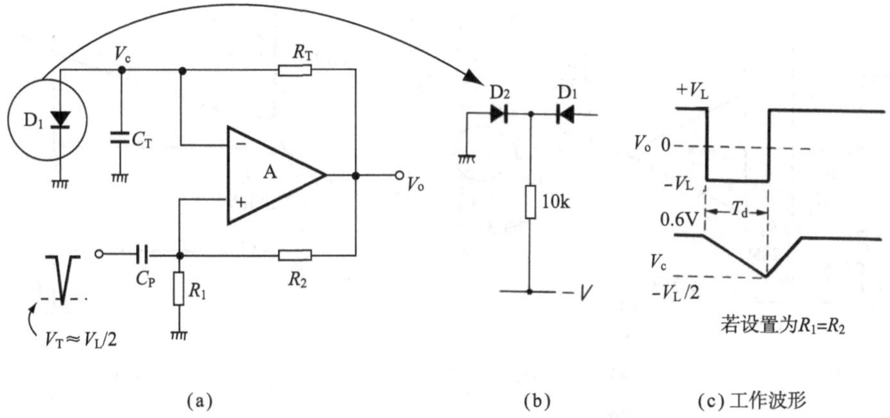

图 13.15 单稳态多重振荡器及其工作波形

若要打破这种平衡,通过整合电容C_P加载其正相输入电位低于反相输入的触发脉冲的话,那么输出就可反相成为$-V_L$。C_T达到OP放大器正输入端口电压$-V_L \cdot R_1/(R_1+R_2)$,此时只有时间T_d的幅度脉冲表现在输出。这时的脉冲幅度,为$R_1=R_2$,如果无视D_1的正相电压,则T_D为:

$$T_d=C_TR_T\log 2\approx 0.7C_TR_T \tag{13.8}$$

OP放大器的定时电路与那些使用了数字IC的电路相比,一般来说稳定性好,而且适于用来制作较长的延时与脉冲振幅。

这个例子是一个基本例子。D_1的正相电压的温度特性有对脉冲振幅T_d产生影响的倾向。若想弥补不良影响的产生,最好像该图(b)那样增设一只二极管D_2来抵消其正相电压。另外,图13.21中还有关于此种应用的其他示例。

13.4.2 长时间计时器

下面列举一个使用较小电容器制作长时间计时器的例子。水晶振器与预置计数器相结合的数字计时器也无法实现在很长时间内稳定地测试时间。而这里举出的例子作为模拟计时器来讲,属于性能优良的一种。

电路如图13.16(a)所示。请大家将其工作原理与图(b)的波形图进行一下对照。按下复位按钮S,C_T就放电。因OP放大器A的反相输入在这时通过R_5和D_1,C_T与A的输出相连接,所以形成电压输出器的形式,OP放大器的输出一直下降到正相输入的电压约-12.5V。

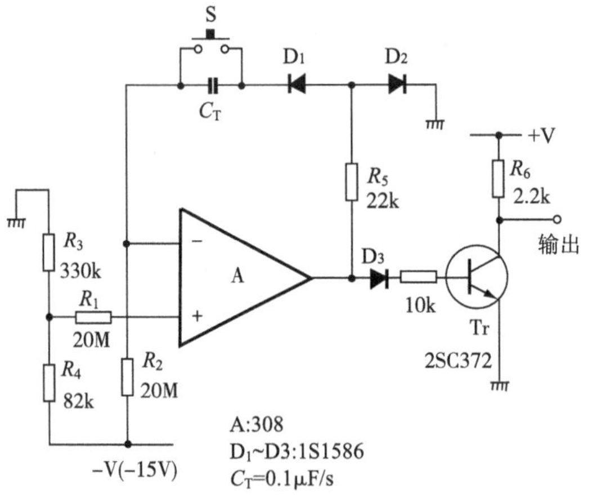

(a) 电路

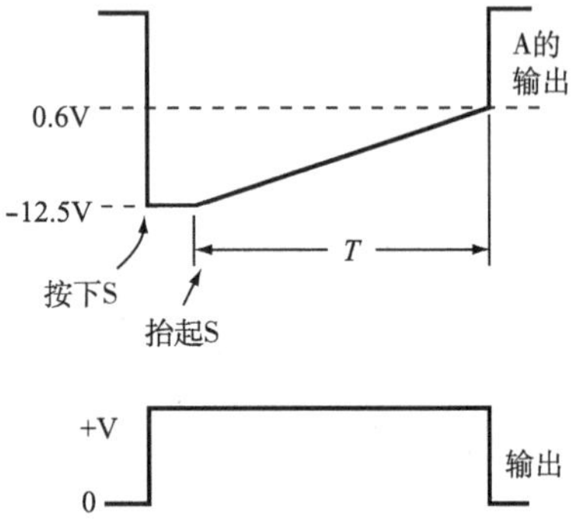

(b) 波形

图13.16 长时间计时器

若抬起复位按钮，依靠流经 R_2 的电流，则 C_T 充电，并作为积分器开始工作。因为 R_2 两端的电位差是通过 R_3 与 R_4 分压了电源电压 $-V$（在这里分压 $-15V$ 后的值为 2.5V），所以在 R_2 为 20MΩ 时，积分电流为 125nA，这作为偏置电流为 1nA 的 308 太大了。C_T 通过此电流直线性充电，A 的输出也因此而随之上升。A 的输出如果达到 +0.6V，使至此为止一直为断开的 D_2 导通，控制环路电压的上升。

因此当更多的电流流入 C_T 时，就会压低 A 的反相输入，破坏虚拟短路。如此 A 的输出迅速上升到正的饱和电压。在 D_3 作为积分器的工作过程中，将 A 从负载断开。因为此时才开始对负载供给输出，而且加载于 Tr 的基极-发射极间的正相电压在 A 的输出约为 1.2V 时为止，并不会形成 A 的负载。如果需要相反极的输出，那么请使用图 13.17 论述的界面接口。若只是数毫安的轻负载的话，那么可使用 D_3 的输出直接驱动。

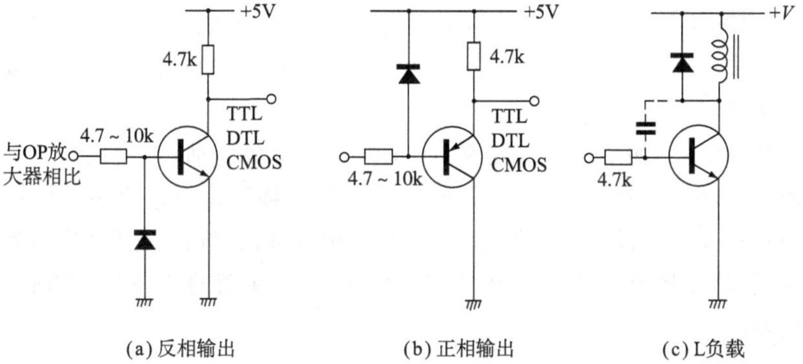

图 13.17 接到数字电路的接口

这一电路的特征并非那种在较长时间里常数作为指数函数式的曲线充放电，而是在 12.5V 的广域电压范围内进行的直线式充电。因此，即便是长时间内将电路作为定时器来使用，其充电曲线横穿设定值的角度都是一定的，有可能实现精度比较理想的工作状态。决定这一电路精度的因素有 C_T 的泄漏电流、D_1 与 D_2 的匹配和 A 的偏置电流等等。除此之外还有 $R_2 \sim R_4$ 的值与电源电压的影响。可得出的时间延迟与 C_T 之间的关系若按照图示中的参数来设置的话，则大致可为如下所示：

当 $R_1 = R_2 = R_T = 10M\Omega$ 时，$C_T = 0.02\mu F/s$

当 $R_T = 20M\Omega$ 时，$C_T = 0.01\mu F/s$

即若 R_T：20MΩ，C_T：1μF，则可形成 100 秒的计时器。如果 OP 放大器使用偏流为

10pA大小的CMOS型,就有可能使充电电流达到上面例子中充电电流1/100的程度。

13.4.3 数字电路中的接口

在电路的实际应用中,没有理由区别哪儿是线性的,哪儿开始是数字的。无论哪一种都行,因为两种特性对于电路运用而言都有自己的优势。因此,只要按照电路的使用目的,适合哪种就决定使用那种。规范的比较仪、精度高的时间延迟、脉冲发生器或稳定的振荡器等,大多使用的都是线性IC。尤其OP放大器是线性IC最为突出的特性所在。但OP放大器与数字IC的连接往往会产生一些问题,下面就来论述有关接口的几种方法。

第一种方法是让OP放大器在适合它的电源电压下工作,在输出中添加图13.17所示电路的方法。图(a)可以取出反相输出,图(b)可以取出正相输出。电压与参数应按照接续至DTL、TTL或是5V CMOS的场合为对象。在TTL的情况下,一般可以连接约10个选通脉冲的负载。运用于其他电压电平的数字电路也可使用这个示例。如按照图(c)那样进行设置的话,则可驱动类似于继电器或螺线管那样的重负载。

第二种方法是,如果决定以数字IC作为设定对象的话,就使用在OP放大器从一开始考虑制作与数字IC连接的比较放大器。特别是像单稳态自由脉冲发生器和施密特触发器以及晶振器等,决定不进行相位补偿,将输入直接连接到数字电路的装置,若将比较放大器专用IC当作OP放大器使用的话,则可得到一个干净利落的电路。

13.4.4 单电源振荡器与定时电路

作为数字IC,以TTL和高速CMOS为例,数字IC与它们使用共通电源,OP放大器或比较放大器只以+5V便可工作,有时是很方便的。

在OP放大器或比较放大器中,如由表5.2和表12.1中就可以知道,有考虑其用途而设计出来的元件。这些元件,为了在整个电源电压上基本都取得输出电压的振幅,尤其在低侧基本上振荡直至0V,制作了可以直接连接到数字IC的元件。本质上与前面论述的情况相同。下面列出在依靠单电源工作的情况下应当注意的几个要点。

1. 弛张型振荡器

图13.18把前面在图13.1列举出的自由运转的振荡器当作单项电源的振荡器。有变化的地方是R_3。由于把R_3设为与R_1是相同的值,所以图13.2中的V_c与V_0就不是以零为中心,而是以$+V/2$为中心进行振荡的。这里使用的OP放大器是

DIP 封装中装入了四个比较放大器的 LM 319，输出为开路集电极，所以安装了上拉电阻 R_4。输出振幅具有可以从 $+V$ 振荡至 0V 的充分振荡的特性。MC 3302 P 和 LM 311 也可采用这种使用方法。

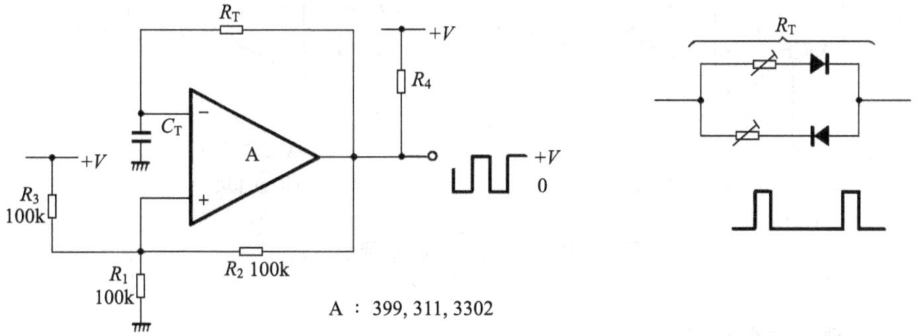

(a) 方波振荡器　　(b) 改变负载循环

图 13.18　单电源振荡器

输出波形对称性因负载的轻重不同会有一定的改变。如果负载轻，输出电压就上升至 $+V$，因此输出波形是标准的正弦波，负载循环可以准确接近 50%。但如果负载重，相应地 R_4 中的电压就会下降，就会偏移 50% 的负载循环。对此，如果情况不好，可以仔细调节 R_3，或者在输出处放入一个缓冲器。

若想使工负载循环变更至 50% 以外，可改变 R_3 与 R_1 的比，或者像图 13.18(b) 那样，将 R_T 用二极管分开。根据电流的流向，将二极管 R_T 设为不同值，很简单。输出若使用开路集电极的比较放大器 IC，那么电源电压 +V 的本身就形成输出振幅，也就不需要输出限幅器了。

2. 施密特触发器

图 13.19 是施密特触发器。这就是一个纯粹的比较放大器。或许它应当放在前面的第 12 章讲述，但是从单相电源这个条件的角度放在了本章。图 13.19(a) 是将正相输入端口作为基准电压的方式，R_1 与 R_2 决定迟滞的正反馈电路，R_3 是上拉电阻。使用不是开路集电极型的比较放大器和 OP 放大器时，就不需要 R_3。

在该图(a)中，若输入信号超过设定值，那么输出就下降到"L"电平。图(b)则与(a)相反，在输入信号低时输出是"L"电平，若超过设定值，输出则上升到"H"电平。而且图(b)中信号源阻抗被假想为很低。若不是这样，V_S 内部如果有高值电阻，即便是将 R_2 设置得再高，其迟滞现象也会变得很大。关于迟滞现象的计算方法请参看第 12 章。

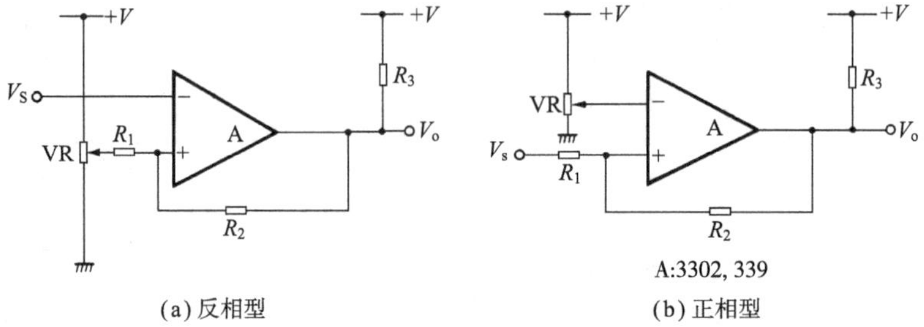

图 13.19 单电源的施密特触发器

3. 处理负的信号的方法

在图 13.19 示意的电路中,如果以 VR 调节已经完成的施密特触发器的设定值 V_T的话,那么其范围是 $0<V_T<+V$。如果恰好有人让你做一个以 0V 工作的比较放大器,因为电源中没有低于 0V 的电压,就又会产生一些问题。解决它的对策是可以如图 13.20 中显示的那样,使＋V 少数电流流至信号输入侧。如果添加电流就简单了,岂止是零甚至可以在负向具有设定点。

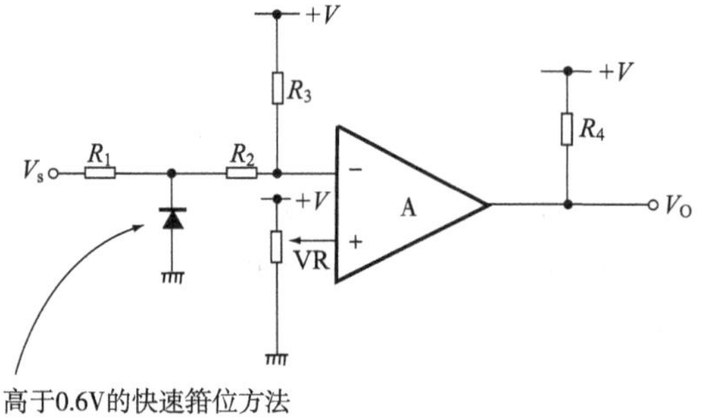

图 13.20 由单电源处理 0V 或 0V 以下输入的比较放大器

如果了解这种思考方法,在利用单相电源设计电路时对于设计电路非常有帮助。若将其做一般化处理考虑,也就是说“在反相输入中若上拉至正的话,则等同于输出信号以等价方式上拉至负”。如果利用反相放大器,则意味着可以在等价条件下处理负的信号。

二极管 D_1是为使振荡不向负极过度振荡而设置的保护装置。但是通过在中途插入的电阻,利用与刚才相同的原理,在比较放大器的输入箝位小于二极管的

0.6V 正相电压。

这里值得注意的是连接在这个电路的信号源的电阻必须要远远小于 $R_1 \sim R_3$。

4. 单稳态多谐振荡器

单稳多谐振荡器如图 13.21 所示。在单相电源的情况下，即使像在前面的图 13.15 中加上偏压也可做成这种电路。不过还是这种方法使用的元件少，要方便一些。下面我们可根据图 13.21(b)中的各部分波形来探讨一下它的工作原理。

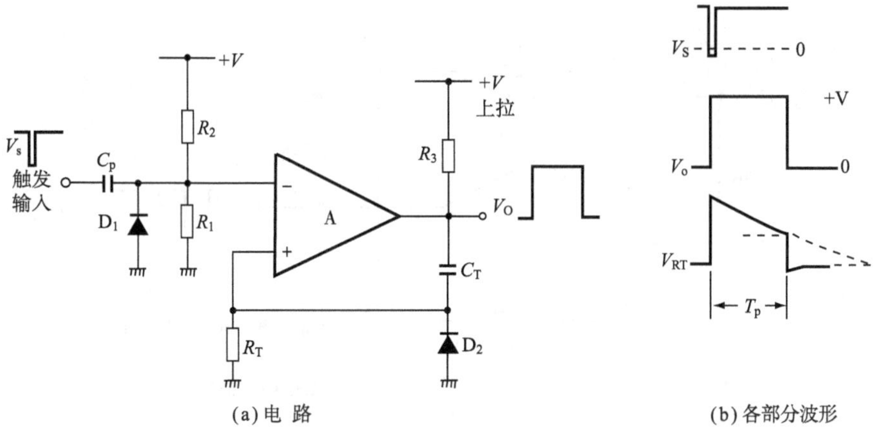

图 13.21 单电源的单稳多谐振荡器

在开始的稳定状态下，正相输入端口为零，假设 $R_1=R_2$，反相输入端口是 $+V/2$，偏压，所以输出为“L”电平。这里触发脉冲通过 C_P 被加载，若反相输入电压循环下降正相侧的话，输入电压 V_o 则上升至 $+V$。CT 的相反一侧，即 OP 放大器的正相输入也随之上升，在 R_T 的两端则会加载如图(b)中所示的电压。在这一电压的作用下，由流经 R_T 的电流使 C_T 被充电，R_T 的电压则如图中所示与时间一同下降。

因为刚才假设 $R_1=R_2$，所以当 R_T 的电压正好为刚开始的一半时，OP 放大器的正相输入电压循环下降反相输入，因此输出再次归零。二极管 D_2 此时将残存在 C_T 中的电荷迅速释放，若这种情况没有发生，A 的正相输入则会由因此形成的负的峰值保护起来。而为了反相输入，D_1 则会相对于触发脉冲出于相同目的被置入。

以这种方式形成的脉冲振幅 T_P，正好在放电至电源电压的一半时将脉冲振幅确定下来，因此

$$T_P = 0.7C_T \cdot R_T \tag{13.9}$$

若电源电压、C_T、R_T、R_1 和 R_2 都处于稳定状态的话，脉冲幅也会非常稳定，包括温度特性和长时间稳定性在内，更不必说晶体管和数字 IC，甚至可以制作成与其他单稳态装置相媲美的数百 ppm/℃以内的振荡器。

5. 晶振器

图 13.22 显示的是晶振器的图例。对于数字电路中的晶振器，若只是要求它产生振荡自然不难，不过若想让它将稳定性保持在几位数之内，组合选通脉冲等是比较难以实现的。特别是频率在较低的情况下，很难取得稳定振荡。

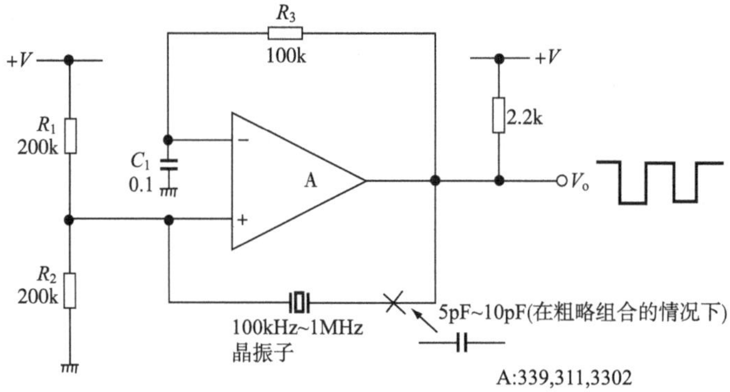

图 13.22　单相电源 OP 放大器组成的晶振器

若想使用比较放大器图示电路的环路增益很大、且通向晶振子的负载较小，则可制成一个具有良好稳定性的振荡器。其运转原理是将晶振子插入正反馈环路，从而通过晶振子反馈环路的反馈以最大频率进行振荡工作。R_1 是为单电源驱动的偏压电阻。R_3 与 C_1 的负反馈环路一起决定振荡输出的 DC 电平。时间常数 R_3 与 C_1 请选择达到正常振荡频率的数倍至 20 倍。如此一来，得出的振荡频率在一定程度上取决于比较放大器 A 的响应速度。不过，一般来说，要响应速度达到 5MHz 还是比较容易实现的。若是在数字 IC 中，也可以以一般难以达到的 100kHz 的振荡频率进行运转，输出为方波。

第 14 章　OP 放大器与开关的结合

14.1　开关可以起到何种作用

14.1.1　开关的用途

若将开关组装在 OP 放大器上，则可使 OP 放大器具有多种用途。比如，积分器或峰值检波器的复位，变更放大电路的增益与极性，转换这种电路的工作。除此之外，还在采样与保持和线性门方面被应用于切断或投入输入信号。

说到开关，像旋转开关和舌簧继电器等有以机械运动方式运转、在接点开合的开关，根据其用途的不同，机械开关一般都具有比较优秀的特性。不过，这里主要介绍半导体开关和 OP 放大器组合而形成的应用技术。

图 14.1 是一个将复位开关装在积分器上的示例。图(a)中显示的是这一组合的设置原理。图中积分器的运转原理是，将输入信号电流 I_S存储到 C_t中。如此一来，这个积分器将 C_t充电至 OP 放大器的饱和电压，并在此停止。如果只做一次积分就结束，这样就可以了。但是下次使用的话，就需要一个将 C_t中的充电电荷释放掉的放电电路。因此，就要如图中虚线部分所示设置一个复位开关 S。这个开关有很多用途。而要选择无损于积分器性能的元件，又使其能够正常运转的开关却格外困难。

图(b)中举出了一个使用 JFET 与 MOS FET 时接续方式与驱动方法的例子。要求的精度即要在±10V 全刻度的 0.1%左右，又必须选择性能优良的晶体管或者是 JFET、MOS FET 或舌簧继电器。若使用晶体管的话，还要考虑以下问题，如该使用什么规格的晶体管、同时采取何种接续方式；为了实现导通和断开，需要用什么样的电路进行基极驱动；晶体管的饱和电压是否会造成误差，等等。在实际的设计中，要充分考虑到这些精密设计的条件，的确是一件相当复杂的工作。

因此，为了替代上述这些麻烦的设计要求，可以另辟蹊径去考虑一下相关问题的解决方式。

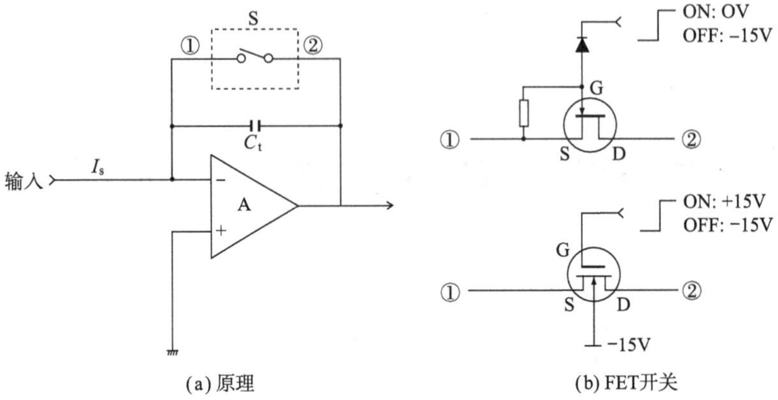

图 14.1 含有开关的 OP 放大器电路的设计条件

14.1.2 信号的转换

首先我们以转换反相放大器增益的情况为例。由 OP 放大器组成的反相放大器，如图 14.2 所示，在原则上可以在以下四个方面进行增益调节：

① 改变反馈电阻 R_S；

② 改变反馈电阻 R_f；

③ 改变通向反馈电阻的输入分压比；

④ 在输入或输出处增设衰减器。

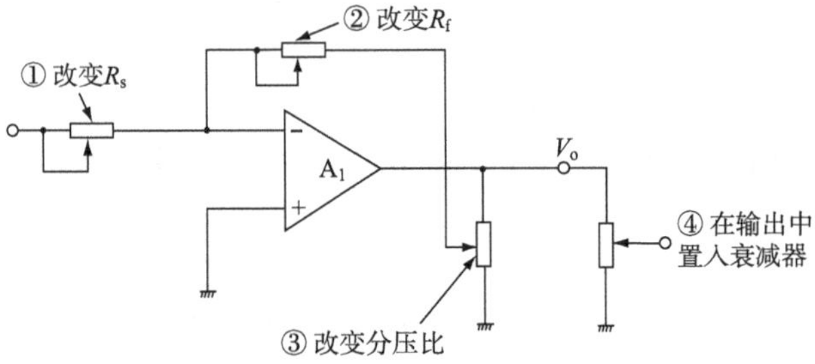

图 14.2 增益的调节、转换在何处可以进行

原理上讲，开关的特性和驱动的条件往往会对 OP 放大器的电路运转产生或多或少的影响。因此，上面这些做法，并非什么时候都实用。

首先考虑一下简单实用电路的制作方法。图 14.3 是一个使用了 IC 化模拟开关的增益转切换，要是说夸张一些的话，就是一个可编程增益的 OP 放大器电路。这种 IC，例如 LF 13331，如图 14.4 所示即包含 JFET 的开关也包含驱动电路。因此按照图 14.3 的接续方式，在电源上使用±15V 电压的话，输入电压只要在±10V以内，就不用担心驱动的信号振幅及电平偏移。例如，若在图 14.3 引脚 1 上以 TTL 或 CMOS 信号加载"H"电平，则在引脚 3 与引脚 2 之间，即 S_4 为导通，R_S＝500kΩ被连接，这一级的增益为 2，而 V_o处表现为 $2V_S$。

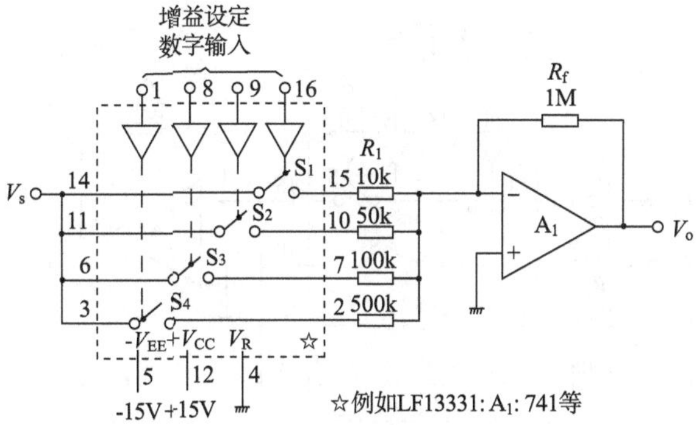

图 14.3 可进行增益设定的简单反相放大器[7]

若将引脚 16 设为"H"电平，则 R_S为 10kΩ，可形成 A_{NF}＝－100 的放大器。在这里用作举例的 LF 13331 如图 14.4 所示那样，在上，其数字输入在"L"电平上开关断开，而在"H"电平上开关导通是正逻辑。相反，控制输入是负逻辑。使用图例中所列举出的那种可以实现批量生产。因而廉价的 IC 模拟开关，对于将半导体开关与 OP 放大器电路组合起来是一种有效的方法。

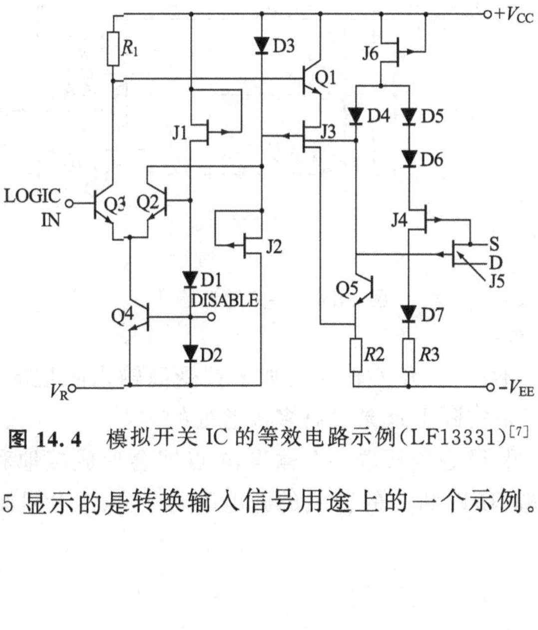

图 14.4 模拟开关 IC 的等效电路示例(LF13331)[7]

下面的图 14.5 显示的是转换输入信号用途上的一个示例。已知这一电路是作为模拟多路调谐器进行工作的。它将前面例子中的 R_S 全部设为 100kΩ，如果将其设想为可以分别与其他的 V_S 相连接，则马上可以弄清它的工作原理。图 14.6 显示的是与上图相反，在从一个信号源中分别引出几个信号的情况下，可在各个输出处随意进行转换的模拟多路调谐器。

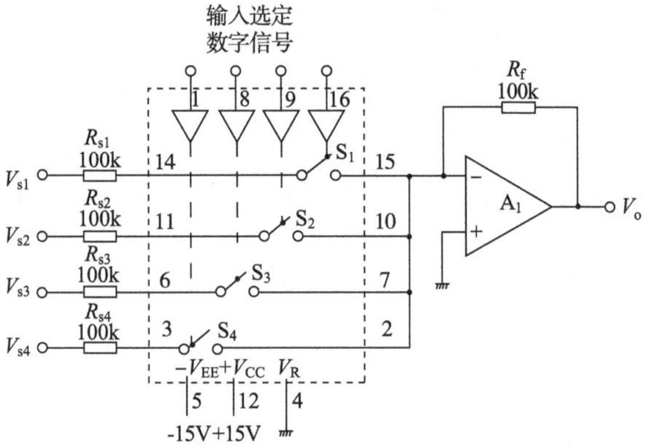

图 14.5 多路调制器(信号倍增器)若将复数个输入设为导通，则可将其用于混频电路

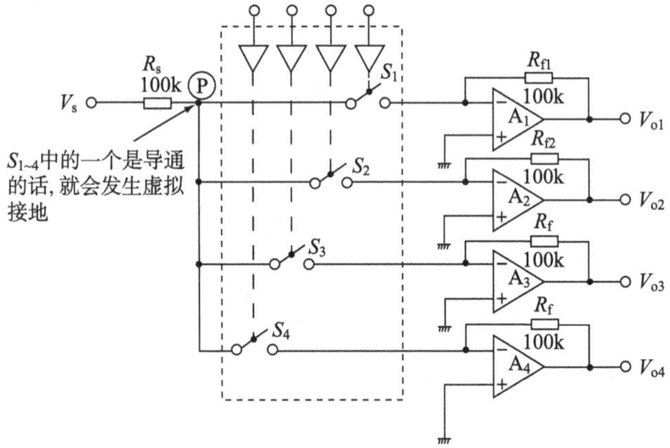

图 14.6 多路解调器[7]

这种情况，即使不这样，开关转换后如果接受高输入阻抗的电路，表面上看起来似乎更加简单，但是实际上这是没有多大益处的。

在图示电路中，假设必须任选一个输出，Ⓟ点即会形成接地和虚拟短路。因为Ⓟ点处没有信号振幅，所以断开的开关的漏电阻与 100kΩ 电阻制成的反相放大器的低增益相互作用,可大幅降低此电路中最为重要的泄通(leak - through:即使断开,也会有漏泄出的信号)。

14.1.3 导通电阻的性质与效果

如果只利用到目前为止所讲述的原理,不管由谁来制作 OP 放大器与控制开关组合的电路,都可以轻易得到相同的特性。在某种条件下,若能够做到这一步的话也算是比较理想的了。但是要是还想使之能够用于更为精密的领域之中,或是希望能够得到更加优异的特性的话,还必须处理一些比较复杂的情况。在已经充分理解普通用法的基础之上,为了进一步得到更好的特性,还需要我们深入探讨一下那些有待解决的复杂问题。

先从中举出一个问题来解决的话,那就是 FET 开关的导通电阻问题。在刚才示例中显示的模拟开关的情况,断开的漏电流在 1nA 以下,其值应该算是很小的了。不过,导通电阻有 50～200Ω 左右,那么根据电路的不同往往会产生不可忽视的效果。

上面提到的问题会给大家带来很大的困惑,这是由于元件有离散偏差,即使电流和温度的变化,电阻也会相应变化,不能像固定电阻那样。图 14.7 就是导通电阻变化的一个示例。

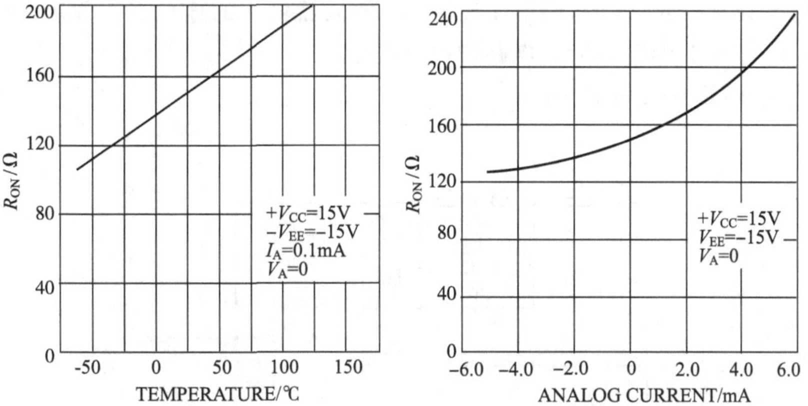

(a) 温度的变化　(b) 模拟电流的变化

图 14.7　FET 开关中 R_{on} 的变化(LF13331 的场合)[7]

下面请看图 14.8,看看这种设置到底会有什么效果。表面看上去这个电路与图 14.3 相类似,不过这里在 R_S 处串联地插入了 R_{on}。即这个电路的增益 A_{NF} 只因插入 R_{on} 产生异变。于是

$$A_{NF}=-R_f/(R_S+R_{on}) \tag{14.1}$$

若 R_{on} 部分中只有 ΔR_{on} 产生了变动，则 A_{NF} 为：

$$\Delta A_{NF}/A_{NF}=\Delta R_{on}/(R_S+R_{on}) \tag{14.2}$$

R_{on} 对 A_{NF} 产生的影响关系到与 R_S 之比，因此在图 14.3 的电路示例中，当 10kΩ 时，对 A_{NF} 的影响最大。设 R_{on} 为 200Ω，变动部分 ΔR_{on} 设为 R_{on} 的 10%，则 A_{NF} 会产生约 0.2% 的变动。当开关并不放在 R_S 一侧而是放在了 R_S 一侧时，可以说情况大致相同。若串联放入的固定电阻不是 10kΩ 而是 1kΩ，上面提到的 R_{on} 产生的误差还会再增大 10 倍左右。

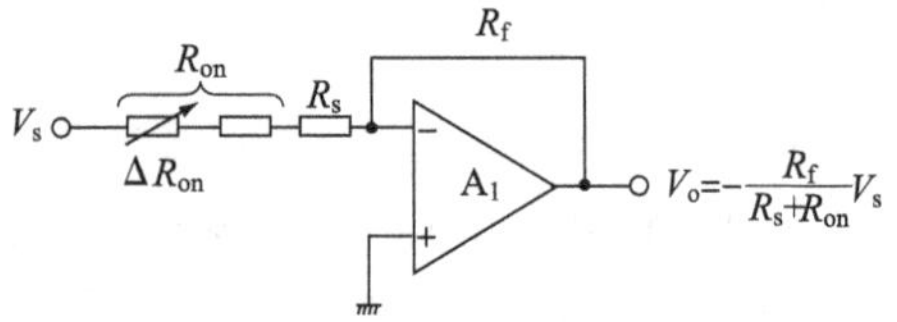

图 14.8 导通电阻和其变动给予 A_{NF} 带来的效果

14.1.4 消除导通电阻的影响

导通电阻所产生的影响运用电路技术可以减轻。图 14.9 就是这样的例子。在这里，与其转换 R_S 与 R_f，倒不如转换 OP 放大器输入的连接点。假定图中的 S_1 为导通，S_2 与 S_3 为断开，那么，电路增益 A_{NF} 为：

$$A_{NF}=-(R_1+R_2+R_f)R_S \tag{14.3}$$

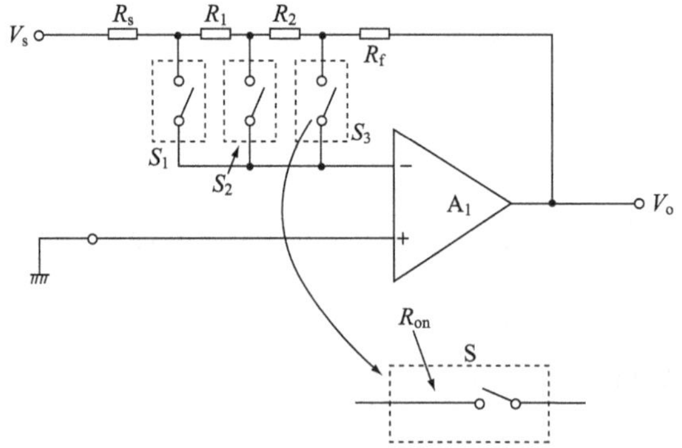

图 14.9 不受导通电阻影响的增益转换方法

利用这种连接方式，开关上所使用的 FET 的导通电阻对增益不产生任何影响，只是流动 OP 放大器 A_1 的偏流。一般来说，因偏流流经 200Ω 左右 R_{on} 产生的电压下降，在很多情况下都可以忽略不计。

为了使 R_{on} 不串联地放入反馈电阻上，从前面转换 OP 放大器连接点的方法引伸出另外一种电路，引人注目。图 14.10 就是这种电路。如大家所见到的那样，用转换分压 V_3 的衰减器 $R_1 \sim R_3$ 代替了转换增益。在这种情况下，若后续 OP 放大器 A_1 的输入阻抗还很高的话，可忽略开关导通电阻。因此可把 A_1 当作电压输出器或正相放大器来使用。通过图中电路构成的了解，想必无论是谁都容易想像出对图 14.11 的应用。这与图 14.9 原理上相同。

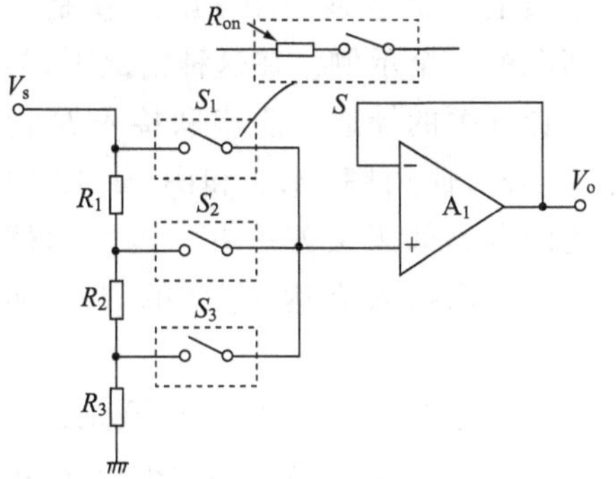

图 14.10 导通电阻没有产生影响的增益转换方式（替换衰减器，利用高阻抗）

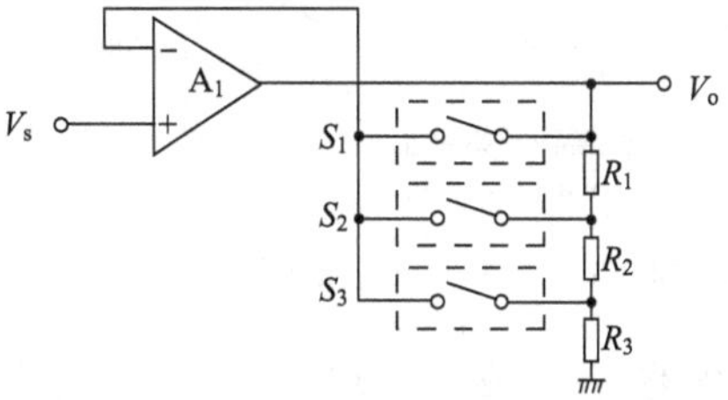

图 14.11 正相放大器的增益转换

任何一个与各个分压电阻有关系的开关，即使在导通的情况下，其导通电阻与放大倍数也没有任何关系，假定在 S_2 是导通时，闭合环路增益 A_{NF} 规定为：

$$A_{NF}=(R_1+R_2+R_3)/(R_2+R_3) \tag{14.4}$$

图 14.2 将这种方法完全纳入到反相放大器，从分压电阻到 R_f 的范围使用了电压输出器，在实际应用中常常使用这种方法。这样一来，开关的 R_{on} 和分压电阻的阻抗从 R_f 侧来看等价，都为电压输出器的电流增益分之一，放大倍数的设定范围也相当自由，选择空间大。这一想法也与图 14.9 相同。

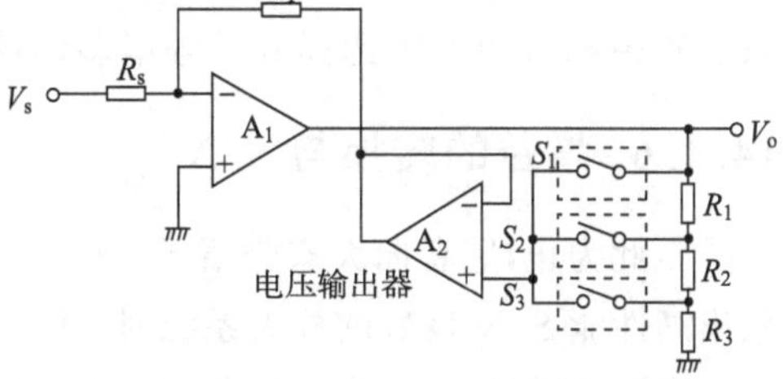

图 14.12 电压输出器的应用

14.1.5 改变接入开关的位置

OP 放大器的应用不只限于放大，它还常常在增益小于 1 的状态下使用。特别是诸如电子式电压计和数字电压等，当其输入电压的范围达到 1 000V 时，在高于 10V 的量程，就可以把 OP 放大器当作范围选择开关式的衰减器来使用。

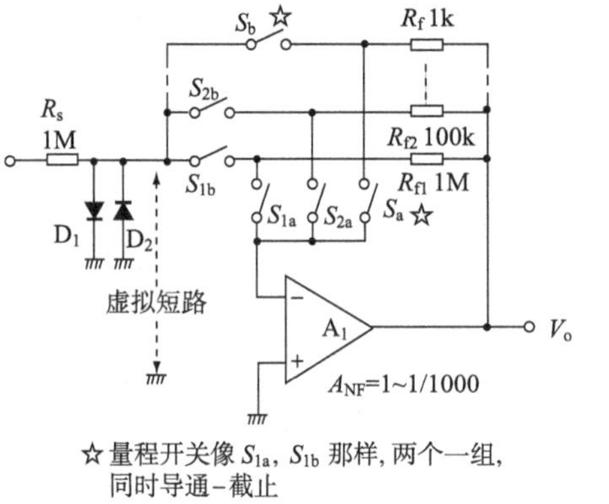

图 14.13　为扩大动态范围而采取的增益转换

对于这样的动态范围宽的输入信号，与正相放大器相比，虚拟短路总是在固定的电位上发生，其反相放大器在本质上更加合适。图 14.13 就是这种情况的一个示例。在这种情况下，为了避免开关的导通电阻串联接入 R_f 而产生误差，使用图 14.9 和图 14.12 中设置的电路效果会好一些。这个示例显示的是像接入高达 1MΩ 的 R_S 上那样连接。

若像图中 D_1 和 D_2 那样预先置入保护电路，仅依靠 R_S 决定对于输入电压的耐电压。这一点与刚才在图 14.9 和图 14.10 中提出的 S_1 的耐电压往往会产生较为棘手的问题有所不同，因而这一点也成为这一电路设置方式的显著特征。

范围选择开关像 S_{1a} 和 S_{1b} 那样，按照以一组两个开关同时导通的方式进行配置。在这种应用中，因为任何一个量程开关都必须为导通，所以最好是使 S_a 和 S_b 都按照基准要求来驱动虚拟短路的电位，使后面所提到的那种开关的驱动方法不会出现问题。

这一节叙述的放大倍数散转换方法，可以广泛应用于 OP 放大器电路的遥控、数字程控和自动范围选择开关等诸多领域。

14.1.6 增益的转换与 *S/N*

至此为止，笔者向大家介绍了一些可以方便简单实现增益转换的方法。但是要做出高性能 *S/N* 良好的放大系统时，还应该注意以下几点。实际上，在希望使用转换放大器的增益时，最大的问题并非"使用什么方法来转换增益"，而是"该怎样维持 *S/N*，保持增益的稳定性，防止因增益转换而导致的放大器性能下降"的问题。

一般来说，在大幅转换放大倍数，且任何一层都是以串联方式进行连接的系统中，那种单纯意义上使增益可以在 2～1 024 倍之间任意可变的做法是不大现实的。如图 14.14 所示，作 2 倍、4 倍、8 倍和 16 倍的级别，希望以任意组合方式、任意增益、数字地设定等尝试，若仅从增益的角度出发来考虑，还是比较有意义的。但是根据应用对象的情况，那些在输出中得到的信号偏置、漂移，S/N、增益稳定性以及各级别的动态范围等因素，往往都是制约增幅器的关键所在。例如，若在 $S_3\times8$ 和 $S_4\times16$ 的状态下，以 128 倍使用全增益的话，就必须考虑到 A_1 的偏置和噪声都会相应放大至 128 倍的问题。

因此，在设计这种系统的放大器时，请使用在前面第 5 章中所讲到的电平图及各级放大倍数的分配等方法，包括 S/N 和动态范围。

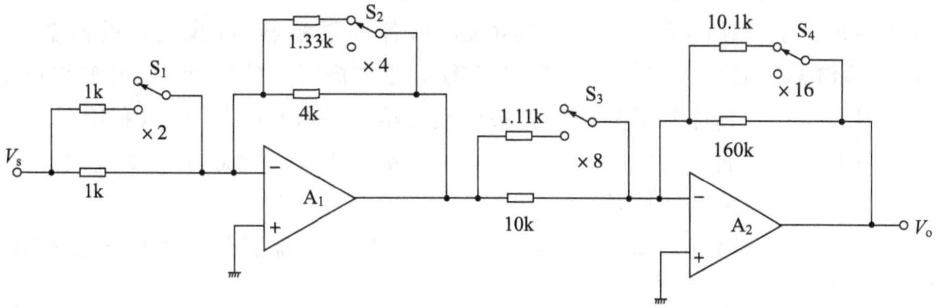

图 14.14 利用 S_1-S_2 组合可以得到×1～×1024 之间的任意增益

14.2 开关的选择与启动操作

14.2.1 开关的特性与元件

在 OP 放大器上使用组合开关的情况下，要根据这一电路所要求的开关特性，来选择使用在开关上的元件。这时作为应该探讨的开关特性，最好以下面 6 点为目标：

① 导通状态下剩余的电阻 R_{on}；

② 导通状态下剩余的电压 V_{on}；

③ 断开状态下的漏电流 I_{off}；

④ 导通状态下流动的电流的大小和方向；

⑤ 断开状态下可耐电压的极限；

⑥ 工作速度与噪声。

一直以来半导体开关在一定程度上不如继电器开关好使。究其原因就是人们在使用半导体开关时并没有明确上述的①～⑤这几个问题。下面笔者就围绕可使用于典型半导体开关中的元件问题，来具体讲述它们的特性与启动方法。这里主要讲述二极管、晶体管、JFET 及 MOS FET 这 4 种元件。

其他的还有晶闸管和控制极断路开关或者阶跃恢复二极管和隧道二极管等非常出色的开关。不过这里涉及到与OP放大器有关的，主要还是以上述4种元件为叙述对象。

14.2.2 二极管开关

二极管开关若单就其特性而言，实际上它的缺点很多。导通电阻高，而且在导通状态硅二极管的情况下，V_{on}剩余0.6V的正向电压，而且V_{on}具有约－2.5mV/℃这样大的温度系数。尽管这样根据其特定用途，再也没有比它更方便的开关元件了。就是在OP放大器电路中，各种限幅器、折线近似的函数发生器、峰值检波器以及输入保护电路等等都离不开二极管。实际上，在很多领域中，广泛应用二极管。具体例子和设计方法已经在第11章论述了。所以利用图14.15来讨论一下二极管的特征象征。还将进一步列举一下在考虑新用途中应注意的几个方面。二极管开关的特征是：

① 不需要外部的控制输入。这一点适用于利用所加载信号电压自身使开关导通、断开的情况。

② 可以获得快速响应以及较高的电流容量。

③ V_{on}，即二极管顺方向电压V_D可以实现差额补偿。不过根据用途不同，更有利于不进行补偿，V_D直接就是阈值。

④ 若将二极管开关放入反馈环路中，则可改善其自身的特性。

最大特征①是可以自由使用的，这反倒是一个麻烦的性质。使用者习惯了就不能用其他方法取而代之。可以试着考虑一下，如果利用二极管之外的元件制作OP放大器输入保护电路的话，那么将会是怎样一种情况？这样一来，想必二极管

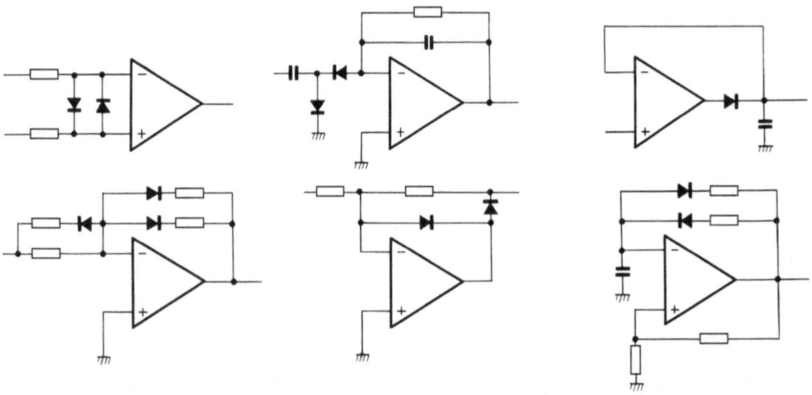

图14.15 二极管开关与OP放大器

开关的这个特征也就变得更加容易理解了吧。

③ 是使大致相同的电流流入两只二极管，取其差值消除 V_D 的做法。图 14.16 中所示的鲁宾逊双二极管法是相当有名的。这原本是为了在交流结合后使基线正确再生而想出的方法，而如今它已成为电路技术的常识。

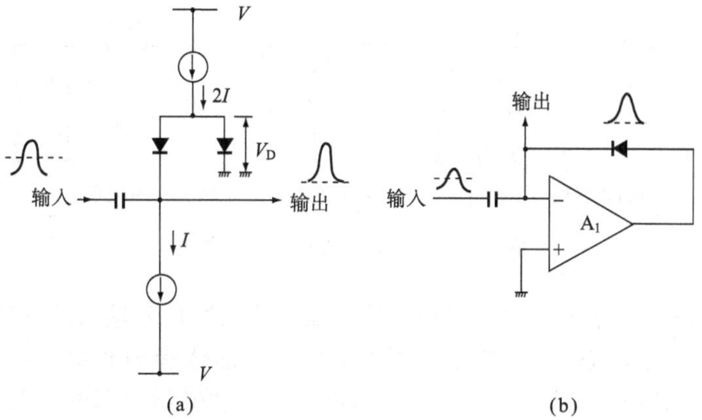

图 14.16　使用鲁宾逊双二极管恢复器与 OP 放大器的电路

另外，V_D 的 0.6V 残留电压对大部分的保护电路都起作用。若想要让 V_D 为零的话，则可如第④项中提到的那样，将 V_D 置入 OP 放大器环路中，于是 V_D 为环路增益分之一。

如果硅二极管的 0.6V 阈值过大的话，那么换用肖特基二极管或者锗二极管，则分别可以得到约为 0.4V 和 0.3V 的阈值。另外如果使用反向二极管(隧道二极管的无负性领域状态)的话，则可以得到约 50mV 左右的阈值。

14.2.3　晶体管开关的优点与极限

以晶体管作为开关的优点在各种数字 IC 中已经得到了证明。但是在以晶体管作为对象的用途使用晶体管开关的情况，其缺点在于，当开关处于导通状态时，即便是极为小心也会有 10mV 左右的残留电压。而且残留电压随着温度的变化而变化。正因为这种现象的存在，所以在高精度模拟开关的用途上，晶体管开关正在逐渐被 FET 开关所取代。即便如此，晶体管的开关根据使用方法的不同，还是可以发挥出很大的特性的。下面就列举说明一下它的几个特性：

① 导通状态下内部电阻非常小；

② 启动简单，用低功率就可启动；

③ 与二极管开关相比，V_{on} 小且稳定；

④ 与个别 FET 相比，元件引起的离散偏差少。

下面就来举几个典型例子。关于晶体管的特征上面已经提到了，如导通电阻低，同时速度较快也是它的另一个特征所在。为了发挥这两个特征，它适合图14.17所示三个典型开关使用方式中的(b)并联型。虽然导通电阻低，但是它的缺点是晶体管导通时，剩余饱和电压。

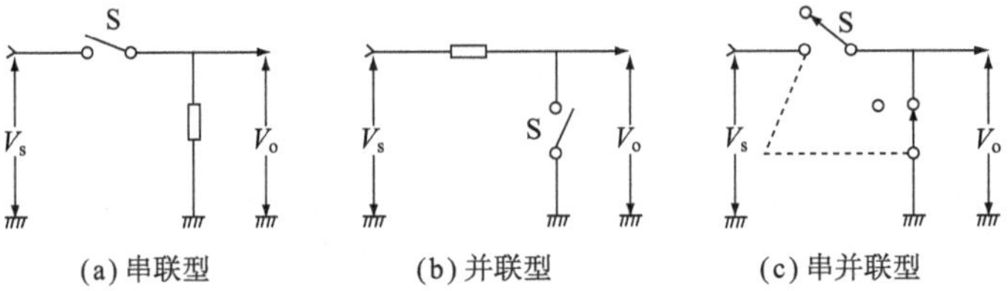

图 14.17　模拟门的开关设置方式

图14.18(a)是给OP放大器加上信号输入或切断信号输入的并联型模拟门。不过在Tr为导通状态时，即便是选用性能出色的晶体管仍会剩余数十毫伏的电压。即使有这种程度的剩余电压，若是用途是“1”或“0”做出判断的数字电路中就一点问题也没有了。但是，作为精密的模拟电路用开关，则必定会产生一定的影响。因此，就要设法尽可能减少剩余电压，所以该图(b)就设置了双重模拟门，在第二级将晶体管 Tr_2 极性相反连接，即把集电极看作发射极，发射极看作集电极连接。如此一来，就可以形成饱和电压始终很低的晶体管门。还要根据使用的晶体管，在高速转换用硅晶体管的情况下，在小电流时，使饱和剩余电压在1mV以下。

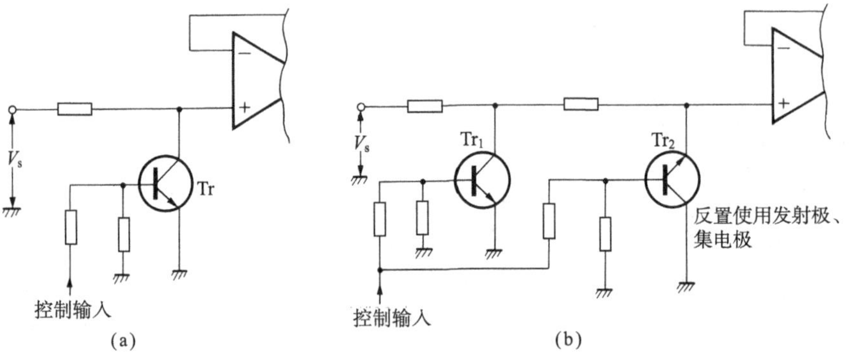

图 14.18　利用晶体管的模拟门

利用此种方式的话，同一品种的元件都会显示出比较好的相似性，即如果没有什么特殊要求的话，即便不用特别挑选晶体管，在某种程度上也会得到大致相同的特性。

不过即便如此，它自身还是带有一些缺点的。其一就是它的耐电压较低，而这正是上面提到的将晶体管极性反置的代价。原来的晶体前管的基极-发射极间的逆耐电压大部分是在5V左右,所以这个值是限度。另一个缺点就是在h_{FE}小,开关导通状态下的阻抗没有平常那样小。但是在这种精密的用途上,基本是不会将晶体管开关当作电源开关来使用的。因此要是可以严格的按照图中所示进行两级设定的话,便可以灵活发挥低饱和电压的特性。

14.2.4 作为开关的FET

在将FET作为开关使用的场合,往往会得出与刚才提到的晶体管和二极管开关相反的特性。具体的讲:

① 开关断开状态的电阻接近无限大;

② 在开关导通状态没有剩余电压;

③ 导通电阻较大,元件不同有离散偏差,而且FET开关会由于温度的变化而变化;

④ 虽然小功率即可驱动,但是需要有较大的振幅;

⑤ 有利于高阻抗条件下的使用,但转换速度很难加快。

上述这些特性与刚才提及的晶体管开关的情况有着相辅相成的互补关系,若能根据用途使用,并妥善利用,将是相当方便的。

在图14.19举出了JFET的模拟门的连接和启动方法。从FET开关的性质来看,它与前面的晶体管不同,一般来讲,使用串联连续方式更为有利。JFET的门启动在还不习惯期间显得有些难以适应。虽然它仅需利用高电阻接续至驱动源就可启动开关,不过图中所示的这种利用二极管的驱动电路才是标准的方法。

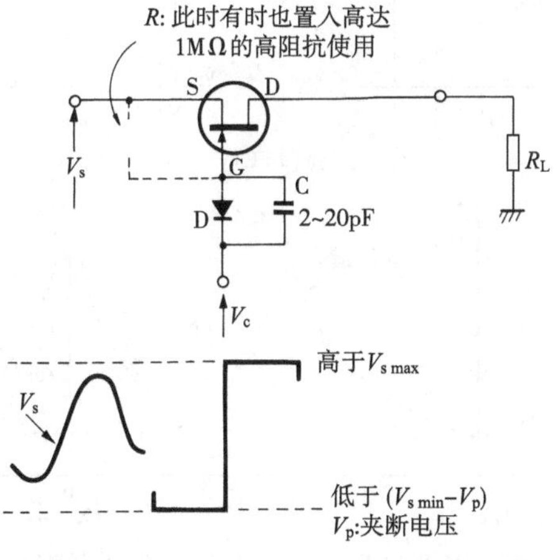

图 14.19 JFET的模拟门和起动条件

图中左面的源极一侧是输入，右面的漏极一侧形成了信号的输出。不过即使将这两边颠倒过来也无所谓。但是比起源极 S 振荡的最低电压，只有 FET 的夹断电压 V_P不是负值的话，那么门的启动振幅则无法维持断开状态。同样，比起 S 的最高电压若只有 FET 的夹断电压不为正的话，那么门的启动振幅便也无法维持导通状态。关于这一点下面还会再做详细论述。

14.2.5 开关的动态范围

将这些开关元件用于 OP 放大器周边的信号转换时，应当注意以下问题。这就是信号振幅与开关电源电压及驱动振幅之间的关系。在导通时，可以“忠实地”传送什么程度的信号振幅？在断开时，可以完全切断何种程度的信号振幅？这种性能，也就是应该称为开关的动态范围，它的特性是固定的。

在开关是晶体管的场合，C-E 之间的耐电压以及电流容量才是动态范围的制约条件。此外，电流的极性根据是 NPN 还是 PNP 只形成一个方向。

例如图 14.18 的晶体管模拟门的场合，输入信号向负极一侧振荡的情况并不理想。

虽然前面所讲的东西大多比较容易理解，不过在讲述 FET 的问题时还是有点复杂。在观察加载于 FET 的门-源极间的控制电压 V_{GS}和作为开关使用的漏极-源极间的电阻 r_{DS}之间的关系时，发现有如图 14.20 所示意的六种关系。

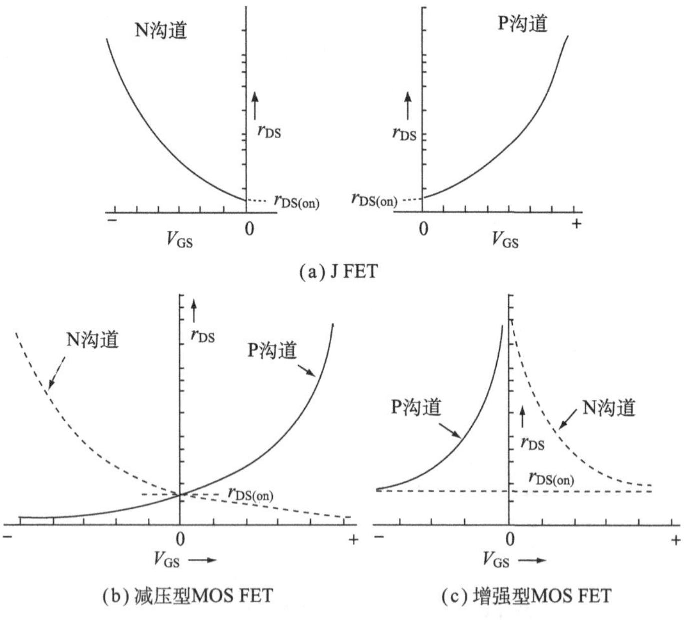

图 14.20　FET 的信道电阻与门电压的关系

JFET 场合，以 N 沟道为例，如图 14.21(a)的左面所示，为了保持导通状态，那么可以使用零偏压。在前面的图 14.19 中，控制电压 V_C是 V_S，也就是说控制电压高于源极电压必须为正。这时二极管 D 为导通，门即使没有 R(但需注意，若同时省略掉 R 与 C 的话，因门周边的电荷剩余，所以往往难以形成导通状态)也为零偏压，FET 亦可保持导通。

若想 N 沟道 JFET 呈断开状态，则应考虑 V_S为最大值时的情况。在此时若要保持断开，则最好使 V_{GS}比 V_S低，在夹断电压以上为负。这样一来，如图 14.19 所示，就可以保证在 V_S的全振幅中使门为断开状态。即便是应用于图 14.20 中所示的其他 FET 时，通过图 14.19 所示原理，亦可清楚的了解其启动条件。

图 14.21 中，将 FET 与开关进行比较，并列举出几个连接的示例。

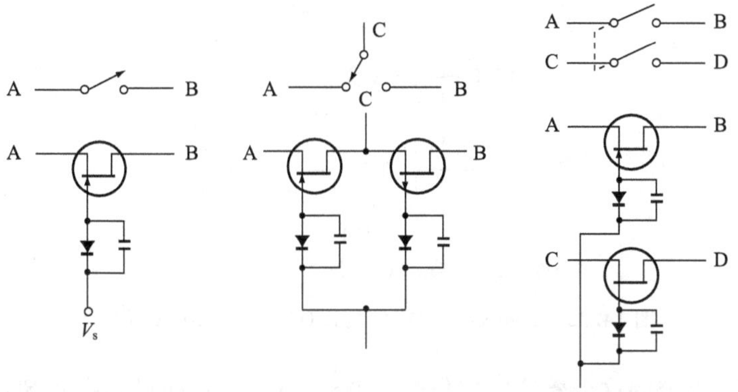

(a) SPST（单极单投）　(b) SPDT（单极双投）　(c) DPST（双极单投）

图 14.21 JFET 选通脉冲电路的接续设置示例

14.2.6 CMOS 开关与 OP 放大器

在本章的开始图 14.3 等，以 JFET 的单片 IC 化的模拟开关为例。不过，即使使用 MOS 门也可实现相同效果。而且可使用元器件的种类更多，同时价格也比较便宜。因此，可以让我们轻易搞到很多元件装入的 IC。

要实现标准的 CMOS 门与 OP 放大器的共用，还有一个必须亟待解决的问题。这就是 CMOS 开关本身的动态范围问题。大多 CMOS IC 其规格电源的最高电压为 15V。请看一下图 14.22，然后可发现其构造为由上面的 CMOS 反相器的输出驱动下面的模拟门。电源线和基片可共通至 IC 中的所有一个 FET。因此，假定使 V_{SS}接地，将 V_{DD}连接在＋15V 的电压上，反相器的输出就可形成 0～15V 的振幅。

因此，若控制输入也使用 0～15V 的振幅，那么下面的模拟门的 FET 是 P 沟道，与 N 沟道共同对称驱动，不管将哪一沟道设定为输入或输出，都可以形成一个性能良好的模拟门(即传输门:Transmission Gate;有时写作 TG)。

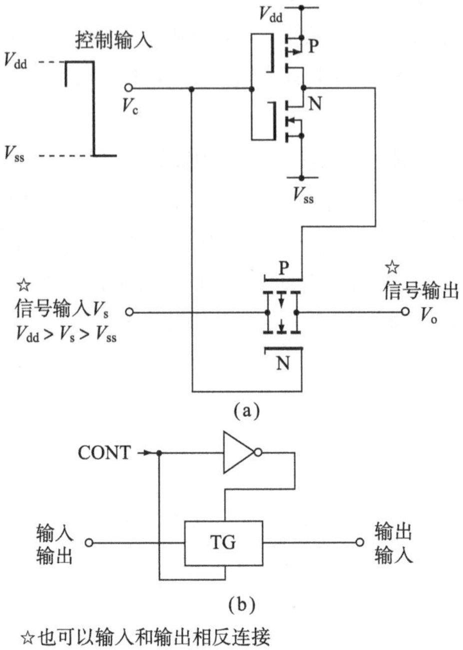

图 14.22 CMOS 传输门的构造(CD 4016,RCA 等)[34]

于是,可以控制这个模拟门的信号在 0~15V 之间,即可以在不超出电源和驱动电压 $V_{SS}\sim V_{DD}$之间的范围内使用。换句话说,只要使用内置于标准 CMOS 中的元件,可以加载在那里的信号振幅就限制在 0~15V 范围。因此,在开关的部分,如果必须要加载超出这一范围的电压的话,就应该放弃使用一般的标准 CMOS IC,而必须使用前面提到的分立的 FET 和专用的模拟开关 IC。不过,如果对 OP 放大器电路进行改进,也可以使用 $15V_{max}$的标准 CMOS。

一种方法是使 OP 放大器的电源电压或工作范围符合 CMOS 标准。开始时,也可以使用如 3130(RCA)这类工作电压较低的 OP 放大器。不过,使用普通的 741 或 301A 等 OP 放大器,以±6V 左右的电源电压也可以形成理想的工作形态。但是,如果使 CMOS 门以±7.5V 进行运转的情况时,若其他的数字电路也可以 0~15V工作的话,那么其间的连接当然有必要考虑电平移位和电平吻合。

更加积极一些的方法,是仅仅考虑 OP 放大器的电源电压和信号振幅直接加在开关上的电压,进行设计的做法。在图 14.23 中,假设在 OP 放大器加上±15V 的电压,输入振幅也可以获得接近±15V 的值。然后将其用于最低增益为 2 的反相放大电路中,即 $R_1=R_2$时最低增益为 2,这样的话,在开关中加载的最大电压是

TG_1，其电压为±7.5V以下。因此，若预先设计放大倍数的最小值为2或大于2，那么在这一部分上直接作为开关就可以使用±7.5V为电源的CMOS IC。

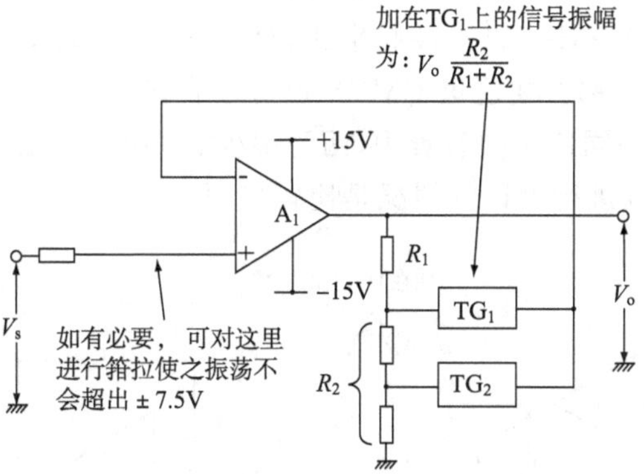

图 14.23 正相放大器与加在开关上的振幅

下面再来看一下反相放大器。反相放大器的情况，如图14.24所示，反相输入接地的状态，这里是虚拟接地，所以电压基本上不会增加。这样的话，也许有人会认为这里的CMOS开关的动态范围或许可以是零。不过实际并非如此。因为为了保证要设置为断开的开关是导通的状态，那么就必须使这里的信号振幅是CMOS的电源电压以下。

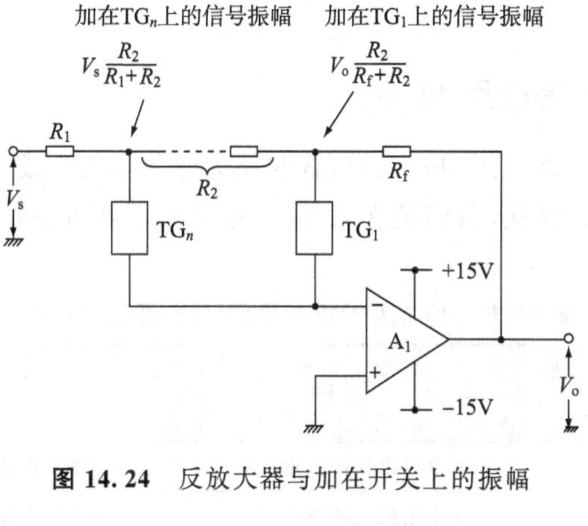

图 14.24 反放大器与加在开关上的振幅

例如即使设置$A_{NF}=-1$，TG_1也不会发生变化。不过输入信号V_S会以最大±15V的幅度振荡，所以±7.5V的开关TG_n在基于R_s一半的信号源侧就无法使用了。这种情况若将增益调整到−2以上使用的话，输入信号的最大值则为7.5V以下。如此一来，即使是7.5V_{max}的开关，开关也可以设置在信号源的旁边。如果增益值在－2以上,不管多少(当然前提条件是除开关之外的要素都符合规定)都可以调整。

另一个增益调节手段的电阻分割衰减器也可实现相同效果。虽然要将输出为±15V的OP放大器一对一的连接起来比较困难,不过,如图14.25所示,若最大振荡只有7.5V的话,那么在这里CMOS也可以直接使用。包括增益转换的多级OP放大器,在可以一同使用的装置中,因为很少有OP放大器可以振荡到±15V,所以上面提到的可以进行设计的情况是比较多的。

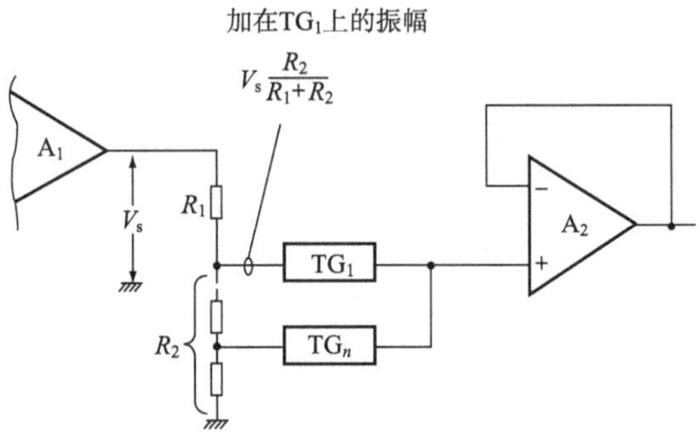

图14.25　衰减器和模拟门上加的振幅

即使实用时的信号振幅偏小,要是能够掌握好电源切入时间等要素,也可以将OP放大器驱动至最大振幅。这时,为了不破坏模拟开关,在这样的封装中箝位过电压。

14.2.7　使用J还是使用MOS

在考虑使用半导体制式的开关时,普遍认为使用JFET或者CMOS FET的封装今后会越来越多。因此,我们就在表14.1中总结了两者的特性。

表14.1　JFET,COMS传输门(模拟开关)的得失

参数＼种类	J-FET	C-MOS
R_{on}(导通电阻)	大致可以保持恒定	由于输入振幅的变化而变化
允许的输入振幅	低于电源电压数伏	基本上与电源电压相同
电源断开时门的状态	导通	断开
闭锁等破坏现象	几乎没有	根据所用元件的不同随时注意是否需要增设保护电路

早期的 MOS 晶体管和传输门因为阻抗太高，引起门绝缘层的破坏，这常会导致烧毁或锁定在 SCR 状态，在观测中经常会发现因控制信号无法工作的问题。虽然这种问题可以通过在 IC 自身或外部添加保护电路的方式避免，不过从本质上来说，这种方法似乎更加适于结实的 JFET。

不可否认的是由于输入电压的变化，导通电阻 R_{on} 也会发生改变。不过在 JFET 的情况下，可以通过电路调整来减小这种影响。因此在实际应用中，往往可以利用 JFET 来制成虽受输入影响但 R_{on} 变化较小为特征的模拟门 IC。前面已经通过图 14.7 和图 14.26 分别对 JFET 的 R_{on} 特性和 MOS 的 R_{on} 特性进行了举例说明。一般来说，在相同电源电压下，CMOS 往往会得到输入信号更大的动态范围。

还有一点应该预先考虑到，这就是在断开电源时，开关究竟是呈导通状态还是断开状态。现在在市面上出售的开关，大多数的 JFET 都没有栅极偏置，开关为导通。相反，CMOS 开关在电源断开时则呈导通状态。

另外，从价格上来说，CMOS IC 凭借其可以直接使用 MOS 的特点，在目前有优势。不过一直以来依赖于混合形式的 JFET 开关已经制作出可以与晶体管一起实现单片化，所以今后 JFET 开关也许会便宜。

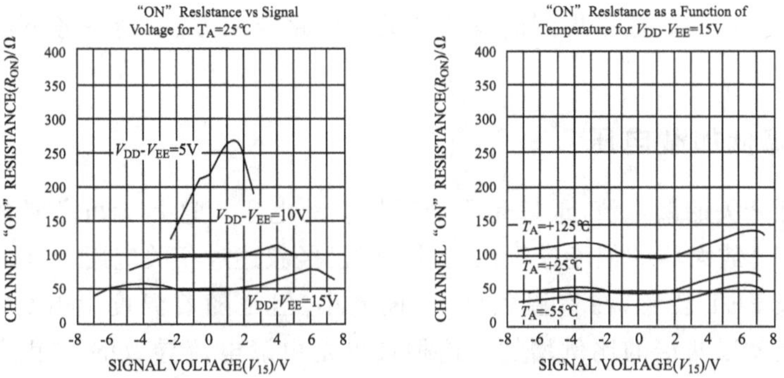

图 14.26 CMOS 模拟开关的 R_{on} 特性示例[34]

14.3 改善开关特性的方法

14.3.1 接入环路中

在大家所熟知的理想二极管电路中，通过接入 OP 放大器的反馈电路方式，改善了现实二极管的特性。这一电路的效果是很明显的，例如像图 14.27(a)所示那样，将正向电压 0.6V 的二极管插入环路增益为 10 000 的反馈电路中，这时若忽略

OP 放大器本身的误差，则电压减少到 0.06mV，就可以得到现实中的理想二极管。OP 放大器具有的反馈电路这一特性，也可以应用到开关中来。该图(b)是其中一例。在这里可以用 MOS IC 制成的互补 MOS FET 来代替刚才的二极管。

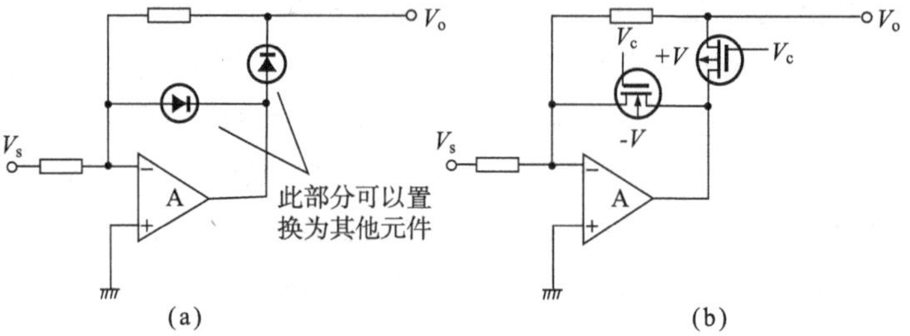

图 14.27　将开关置入反馈电路

一般情况下，FET 开关的导通电阻是数十至数百欧。不过，这样一来的话，开关中的导通电阻及断开电阻大多就可以被环路增益所改善，就可形成理想的导通和断开。当然，这些改善效果都是在 OP 放大器和开关元件的耐电压、输出电流以及频率带宽范围之内发生的。所以不论怎样依靠 OP 放大器的应用技术，其利用范围还是相当广的。这里提到的有关开关的电路应用方法，请参考下面的应用电路一节。

14.3.2　降低加载电压

要降低开关的漏电流，最好是降低所加载的电压。这是无可争辩的事情。在第 2 章对 OP 放大器的偏流进行比较讨论时已经叙述过相关应用示例。

第一级 FET 装置，在室温条件下，偏流小，但是随着温度上升(大概每上升 10℃)，偏流就以两倍的比例增加。这种现象是由漏电流导致的。相反，把超级 β 晶体管使用到输入的 OP 放大器，因发射极-集电极间加载的电压非常小，就会出现漏电流在支配性高温下的特性不会降低的现象。

若对于开关也适用相同条件的话，即便不增加断开电阻，也可以减少导通时流动的电流。图 14.28 中列举出了相应的应用示例。图(a)适合不依赖(后面将提到)电阻精度分压电路的场合，利用开关 Tr_1 导通、断开基准电压 V_{REF}，通过 OP 放大器 A_1 积分其电流。在断开状态，Tr_1 相当于在漏极-源极间加载到 V_{REF} 上的电压，在这里也设有一个恒定的断开电阻 R_1，则由此引起的漏电流 I_1 为 $I_1 = V_{REF}/R_1$。图(b)在这前面设置了一个由 Tr_2 组成的并联开关。为了方便起见这里使用了 MOS FET，不过即使是双极晶体管也不会出问题。如果预先设置好 Tr_1 断开时，Tr_2 为导通，那么就只用 Tr_2 的导通电阻和 R_S 进行分压后的值加载于漏极-与源极间。也要根据设计，不过，使这个值接近零，达到(a)中 V_{REF} 的 1/100 左右是容易的。

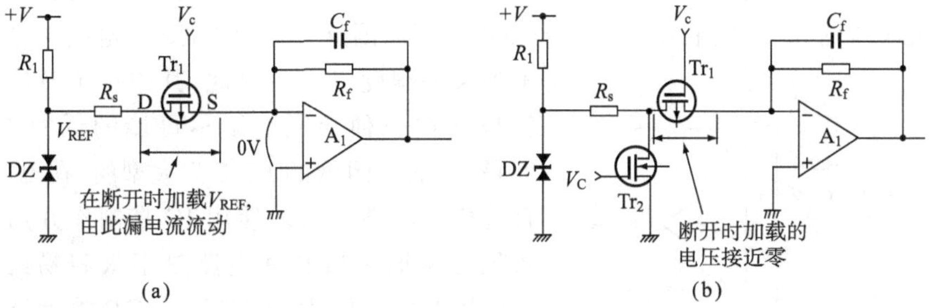

图 14.28 减少开关的漏电流

14.3.3 旁路漏电流

作为比较放大器的应用电路之一，图 14.29 所示方式常常被用于实际应用领域之中。

其工作原理是，在箝位齐纳二极管中存在漏电流时，为防止环路增益降低，就要旁路其漏电流。漏电流通过电阻流至接地点。当电压下降超过 0.6V 时，二极管断开，而环路也被保持一种解放状态。同样的工作如该图(b)所示，即使齐纳二极管代替换 FET 开关元件，也能够实现，可以期待同样的效果。不过在开关电路的情况，并不仅是完全断开状态，导通状态下出现问题的情况也很多。

在此时，因图 14.29(b)电路在不作任何改动的情况会残存有二极管正向效应，所以也许会发生故障。作为解决的对策，再使用一个 FET 代替二极管，上面提到的减小加载在漏极-源极间的电压的效应就会起作用，从而可以减少漏电流，同时也可以保持小的导通电压。

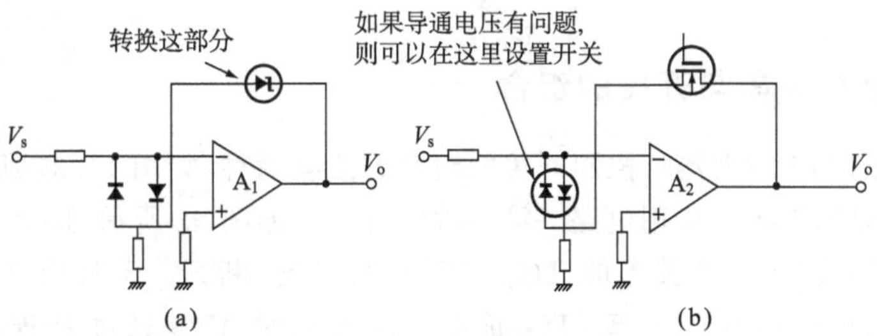

图 14.29 旁路漏电流

14.3.4 消除导通电阻

通往 OP 放大器的信号经反馈电阻中放入模拟开关的情况，是导通状态中产生电阻误差的原因，我们在前面已经叙述过了。因这一误差的原因，电路的精度达不到某一程度以上。对此，其中一个解决方法就是寻找一种导通电阻尽可能的低的 FET。但是，导通电阻低的 FET 为大型的，在 IC 等场合价格必然高。于是使用 IC 来制作开启阻抗较低的模拟选通脉冲电路是不太容易的。实际应用时方便的做法是，利用 OP 放大器的反馈电路特性来消除导通电阻。图 14.30 对其应用原理作出了说明。

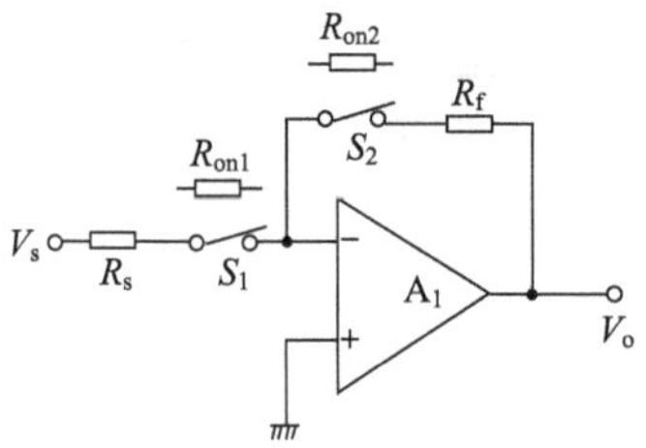

图 14.30 OP 放大器的 R_{on} 补偿

这里，以前面在图 14.5 中提及的多路调制器为例进行一下说明。S_1 是为了实现这一目的的开关，将导通电阻设为 R_{on1}。为了消除 R_{on1}，如图所示追加一个 S_2，并预先把它设为常时间导通。这个导通电阻为 R_{on2}，那么这个电路的输出电压 V_o 为：

$$V_o = -V_s \cdot \frac{R_f + R_{on2}}{R_s + R_{on1}} \tag{14.5}$$

若这里设 $R_{on1} = R_{on2}$，$R_s = R_f$ 的话，那么就会干干净净地消除 R_{on} 的影响，输出经常为 $-V_s$。

实际上 R_{on1} 与 R_{on2} 并不能完全相等。不过，假设跟踪到 10%左右，由上述公式可计算出 R_{on} 产生的误差减少一位数。

这里值得注意的是，假定 $R_s = R_f$ 这点。如果这种关系不成立，也就无法顺利消除 R_{on}。如果 R_f/R_s 为 10，则通过上式要实现 R_{on1} 的消除，就必须要有 $10R_{on1}$，这一做法并没有什么实用意义。要消除开关的特性，采用这种方法，使用 $A_{NF} = -1$ 是很重要的。

14.3.5 OP 放大器与开关的组合

最基本的 OP 放大器与控制开关的组合方法有两种，如图 14.31 所示，以这两种为基础可以制作各种应用电路。第一种组合方法如图(a)所示，这个电路已经多次出现。传输或 FET 开关等的 TG_1，TG_2 交替导通、断开。不过当 TG_2 导通时，OP 放大器的输出作为 V_o 出现，TG_2 断开，TG_1 导通时，V_o 是通过 R_f 连接在 OP 放大器的反相输入中。因此，这时 V_o 为零，严格的说，是 OP 放大器 A_1 的输入偏置电压可通过 R_f 出现。当然如果这是把零平衡加在 A_1 上，则 OP 放大器与开关的组合自然可以实现。

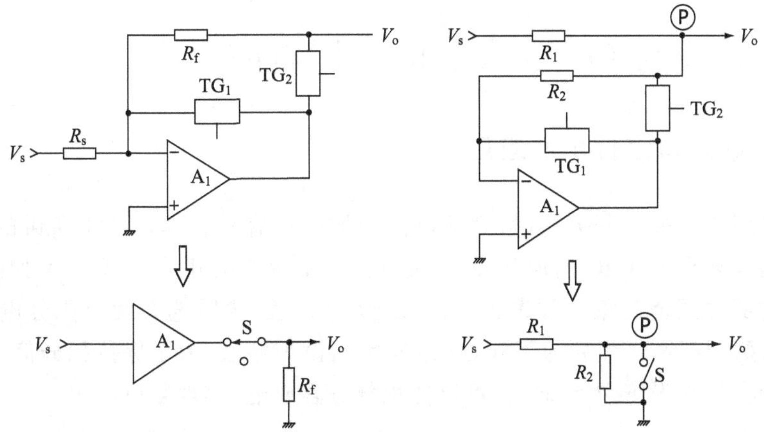

(a) 串联型　　　(b) 并联型

图 14.31　开关电路

在断开状态，输出是经由 R_f 连接到虚拟短路上，所以在输出中出现的输出信号的馈通(泄漏)在OP放大器的带宽内极小，基本上可以看作是完全断开。在导通状态，为了避免 TG_2 的导通电阻的影响，把输出从图的位置去掉，因而 $A_{NF}=-R_f/R_S$ 也形成一个完整的放大器。

这个开关的特性与图 14.30 显示的方法不同，开关特性得到的并不只是一位的改变，而是成倍改善环路增益。

可以考虑很多以此为基础的应用和变形。例如，在导通电阻并不成为问题的用途中，如果输出从OP放大器的输出端口取掉，就可以获得低阻抗。为减小导通电阻的影响，在其他条件允许的范围内，也可适当调高对 R_S 与 R_f 的选择标准。对于 $A_{NF}=-1$ 的简易型，可以使用刚才提到的多路调谐器所示的方法。

图 14.31(b)所示的是同样具有理想特性的开关并联型。这是一个在Ⓟ点箝位经由 R_1 传来信号的方式。这里也是使用 TG_1 与 TG_2 交替导通、断开。TG_2 导通状态在下面的等效电路相当于S为导通。这时的OP放大器的输出阻抗可有效地使 TG_2 的内部电阻为环路增益分之一。因此在低频条件下，即可得到 0.001Ω 这样的极小值。在OP放大器带宽以内仍然可得到一个彻底特性的分路型(shunt)开关。TG_2 断开时，TG_1 导通，形成 A_1 的反馈环路，输入端子保持虚拟短路。因此，若对在下面的等效电路中以接地形式表现出来的 R_2 与S的接地点加以详细说明的话，就相当于OP放大器 A_1 的输入偏置电压有误差。这正如您所知，取决于OP放大器的数毫伏的值，若有必要地话，是可以通过零点调节进行整合的。

14.4 开关与OP放大器的应用电路

14.4.1 锁定与复位中的应用

若使用成品模拟开关的话，开关电路的构成很容易。本章开头所讲的积分器复位电路等如果使用IC模拟开关，其中就会有不少多余开关，就会产生如图14.32中所示的那种冗余现象。首先将 S_1 或 S_2 设为导通，然后选择两个积分电容 C_{T1}，C_{T2}，或者两个都选。然后为了开始积分，将 S_4 设为导通，为了保持积分值，再将 S_4 设为断开。如果设 S_3 为导通，就可以使积分电容放电，实现复位。

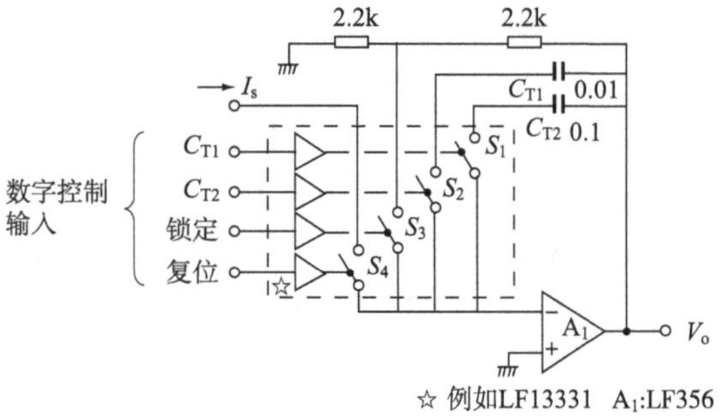

图 14.32 5模式积分器[7]

图14.33是把采样与保持以及复位电路通过OP放大器与IC模拟开关进行总结的一个示例。预先将 S_2 与 S_3 设为导通，如果 S_4 断开，S_1 为导通，就取样。若将 S_2 和 S_3 设为断开，就保持。将 S_2 与 S_3 设为导通，如果 S_4 导通，就复位。将复位放入到输入与直接放入电容 C_T 相比，与OP放大器的偏置毫无关系，等于输入为零的状态，可以复位。前面在第2章中讲述的自动调节零点的电路也是这种应用的一个示例。

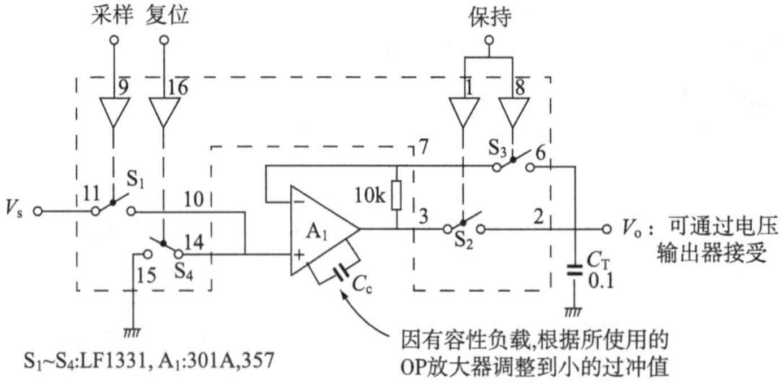

图 14.33 添加复位的采样与保持电路

14.4.2 放大极性的转换

如果将 OP 放大器的放大器转换成反相、正相来使用，就可以使增益的极性反转。前面第 13 章中出现的三角波与方波发生器就是使用了这种电路。

在图 14.34 中记入常数，在这个阶段，利用开关 S 分别将增益转换为 1 和 -1。在这级，为了具有增益，要按照图中所示那样设定 R_1 和 R_3。也许有人会对这种结构是否可以顺利实现反相与正相转换带有疑虑，所以下面就针对大家的疑问来具体说明一下它的工作原理。在 S 为导通场合，因 OP 放大器的正输入接地，所以形成反相放大器。R_3 失效，增益为

$$A_{NF}=\frac{-R}{R/n}=-n \tag{14.6}$$

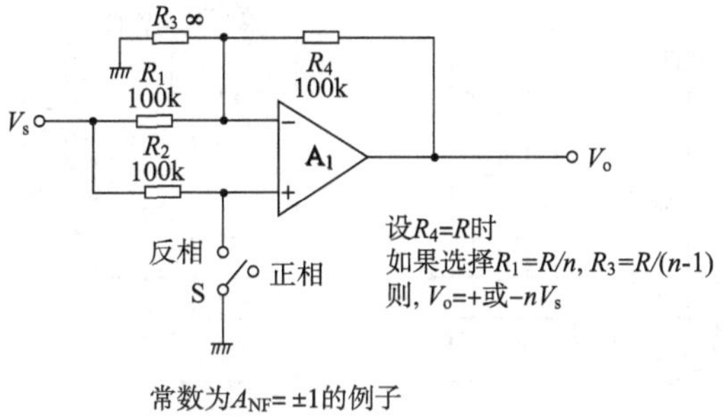

图 14.34 转换开关的简单反相、正相

接下来再考虑一下 S 为断开的情况。这时，两个输入端口间应形成虚拟短路。

因为 OP 放大器 A_1 的输入阻抗十分高，所以在 R_2 上的电压降为零。因此，若此时流进 R_1 的电流也为零，那么 R_3 两端产生的电压势必与 V_S 相等。这样一来

$$V_o=\frac{R_3+R_4}{R_3}V_S=\frac{R/(n-1)+R}{R/(n-1)}V_S=nV_S \tag{14.7}$$

若 S 断开形成正相，增益 n，即在 S 分别为导通或断开时，增益是 $+n$、$-n$ 之间转换。

稍有不同的是，在这一连接中，若 S 为断开，可以无视偏流的情况下，R_2 即使是数欧，也可以得到增益 n。这也是个可应用于其他电路的性质。

14.4.3 精密用途中的有效利用

作为把简单的开关电路附加到 OP 放大器上取得了很大效果的例子，在图 14.35 中列举出了一个利用取样结构取得精密特性的实用电路示例。这种方法不依靠电阻的精度，就可以使极为精密的电压分压电路，实现(利用电阻无法达到的)

高达 5 位、6 位的精确度，对电压进行分压。

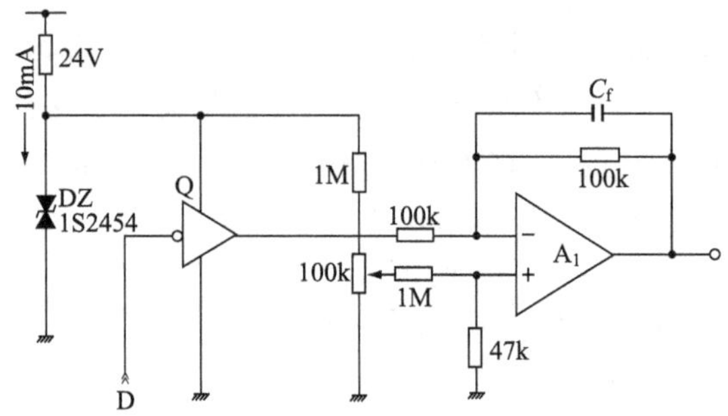

(a) 开关积分电路

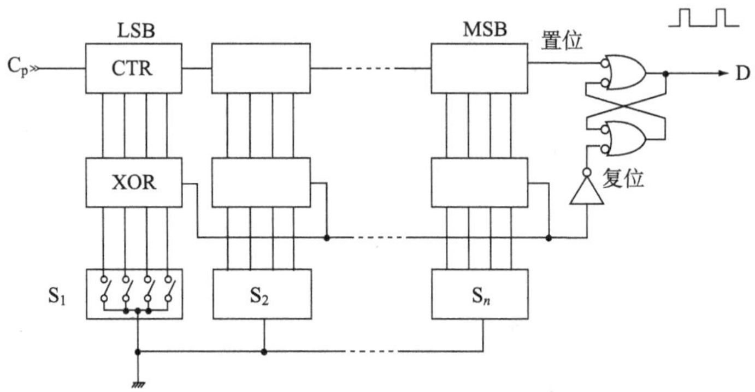

(b) 可编程序除法器

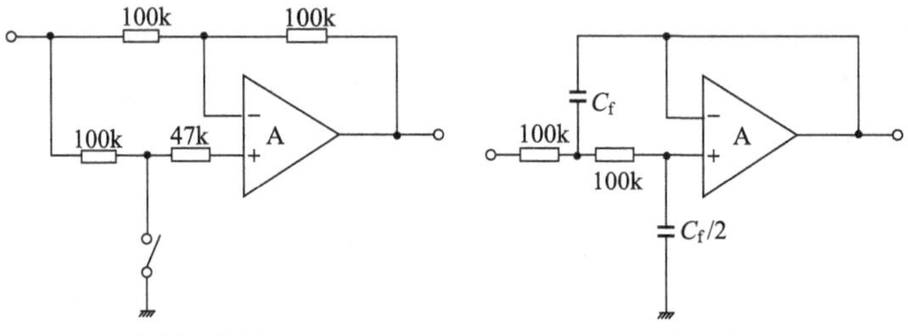

(1) 极性变换器　　(2) 有源滤波器

(c) 滤波器与附属电路

图 14.35　开关积分电路

下面说明电路的工作。这种装置主要由两部分组成。一部分是图(a)所示部分转换由稳定的基准电压源流入 OP 放大器电流的 CMOS 开关 Q 和将其输出进行积分的 OP 放大器组成。另一部分是图(b)中所示部分对来自基准振荡器的频率只进行必要的位数分频，并以此为基准，形成一定的负载循环的开关波形。

下面将话题由 OP 放大器转为数字电路。首先让我们先由图(b)开始讲起。

基准振荡器的输出 C_P 如利用四个十进位定标器分频至 1/10 000。在各定标器中设置预置开关 $S_1 \sim S_4$，这是希望值，表示电压，不过要以手动或数字电路预先置位。

因为计数器的输出与设定值是通过"异或"(XOR)进行比较。所以输出与设定值完全一致时，预置信号就发送到右上的锁存器当中。当锁存器的其他输入最后一位归零时，就任何时候都为置位了。因此，从锁存器的输出来看，这部分的波形就如图 14.36 所示，通过前面提到的开关可以预置脉冲振幅 t_S。而且因为整个的周期 t_0 在最后一位归零时，可以保持恒定，所以利用前面提及的开关，可以对这个波形的负载循环进行精密地设定。这个负载循环 t_S/t_0 的设定精度是控制这种方式精度的第一重点。

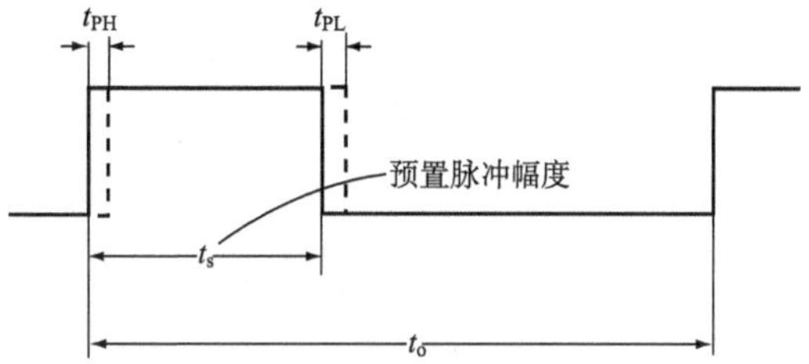

图 14.36　数字部分的误差原因

假定该预置电路的工作时间不规则，即设时间起伏 $t_{PH} \sim t_{PL}$ 的平均值为 1ns，利用将 100kHz 的 C_P 分频为 1/10 000 后所得值 10Hz、经逆运算后得到基本周期，对于 0.1s 的误差为 1/100 000 000。

下面再来看一下图 14.35(a)的 OP 放大器。将上面提及的信号 D 加到该图中的 CMOS 门 Q 上。如果 CMOS 被转换，就按照前图中设定的负载循环，从基准电压流进 OP 放大器 A_1 的电流则被导通、断开。

图 14.35(c)表明利用附属电路将此进行积分，对高频成分进行平直，从而适应包括输出的转换周期的波纹(即使这么高的精度，也要做到完全不成问题的平坦程度(10μV 以下))。如果以 R 和 C 来做相同运转，它自然就会变得体积大，响应慢以及回落至恒定值的时间过长，所以也就不实用。

在图 14.35(a)的部分中有引入误差的第二个要点。这就是开关电路的延迟，因 CMOS 开关与前面提到的 TTL 相比速度慢。因此，在这部分产生的时间起伏也就要稍长一些。因为基准电源和反馈电阻、开关 Q 的内部电阻以及 OP 放大器的零点等等会产生温度与时间的变化，所以就需要考虑保证绝对精度的注意事项与电路构成。但是,这里将该电路作为示例,是为了让大家可以更好的观察它作为分压电路时的高精度,线性以及稳定性。

即使假设把前面提过的时间起伏总计设为10ns,通过该分压电路取得的分压比精度、稳定性,也可以得到全刻度的0.1ppm的等级标准。

在考虑要买一只电阻值达到0.02%的精度,温度系数为5ppm/℃的极品固定电阻需要花多少钱时,利用这种方法就可以了解这只电阻精度等是否优秀。

参考文献

[1] 岡村廸夫：OP アンプ回路の設計，CQ 出版社，1973 年

[2] 岡村廸夫：続 OP アンプ回路の設計，CQ 出版社，1978 年

[3] 岡村廸夫：改訂 OP アンプ回路の設計，CQ 出版社，1981 年

[4] 岡村廸夫：電子回路—どうすれば理論どおりに動くか—日刊工業新聞社，1973 年

[5] Ed Rencheler, Motorola Application Note No.439

[6] Fairchild Semiconductor Co.：Linear Integrated Circuits Application Handbook 1967

[7] National Semiconductor Co.：Linear Applications, 1973, 1986

[8] 村田製作所：ポジスタ恒温槽カタログ——RA 102，1976 年

[9] Intersil Inc.：Component Data Catalog, 1987

[10] R.C. Dobkin：Universal Balancing Techniques, National Linear Briefs LB-9, Aug. 1969

[11] Comlinear Co.：CLC 231 AI, CLC 231 AM Data Sheets, April 1987

[12] Precision Monolithics Inc.：Analog IC Databook, 1988

[13] Burr-Brown Co.：General Catalog, 1979/80, 1989

[14] Comlinear Co.：A New Approach to Op Amp Design, Application Note 300-1, Mar. 1985

[15] U.S. Patent 4,358,739

[16] R.G. Irvine：Operational Amplifier, Prentice Hall, 1987

[17] J.R. Ragazzini et al：Analysis of Problems in Dynamics by Electronic Circuits, Proc. IRE, May 1947

[18] G.E. Tobey, J.G. Graeme, L.P. Huelsman：Operational Amplifiers-Design and Applications, McGraw-Hill, 1971

[19] R.J. Widler：A Unique Circuit Design for a High Performance Operational Amplifier Especially Suited to Monolithic Construction, Proc. of NEC, vol-xxi, Oct. 1965

[20] R.J.Widler：Monolithic Op Amp with Simplified Frequency Compensation, IEEE, vol-15, July 1967

[21] D.Fullagar：A New High Performance Monolithic Operational Amplifier, Fairchild Semiconductor Tech. paper, 1968

[22] R.W. Russell et al：Ion Implanted JFET-Bipolar Monolithic Analog Circuits, ISSCC Dig. Tech. Papers, 1974, pp 140-141

[23] Texas Instruments Inc.：The Linear and Interface Circuits Data Book, 1976

[24] 岡村廸夫：解析ノイズ・メカニズム，CQ 出版社，1987 年

[25] O.H. Schade：Proc. I.R.E. 1943, pp 341～，または，岡村廸夫：電源回路，日刊工業新聞社，1974 年

[26] W.Nagel et al：SPICE 2- A Computer Program to simulate Semiconducter Circuits, Memorandum ERL - M 520, May 1975, Electronic Research Lab., University of California

[27] Andy Thompson：アナログ回路シミュレータ MICRO-CAP II，トランジスタ技術，1988 年 7 月号，pp 445-448

[28] 岡村廸夫：特集「これからは回路シミュレーション」，トランジスタ技術，1990 年 7 月号

[29] J.G. Greame：Applications of Operational Amplifiers, McGraw-Hill, 1973 または岡村廸夫訳：オペアンプ活用技術，エレクトロニクス ダイジェスト，1977

[30] R.A. Pease：Teledyne Philbrick Applications Bulletin No.3,1971

[31] Burr-Brown Co.：Universal Active Filters-Data Sheets PDS-295 C, 1975

[32] 岡村廸夫：特許第 623，759 号，第 652，003 号など

[33] 岡村廸夫：8 桁をカバーする電流／周波数コンバータ，理工学における同位元素研究発表会要旨集，第 20 回

[34] RCA Co.：COS/MOS IC Data Book, SSD-203 C, 1975

[35] R.C. Patterson：Multiplication and Logarithmic Conversion by Operational Amplifier-transistor Circuits, The Review of Scientific Instruments Vol.34, No.12

[36] J.F. Gibbons, H.S.Horn：A Circuit with Logarithmic Transfer Response Over 9 Decades, IEEE Trans.on Circuit Theory, Vol. CT-11, No.3

[37] R.C.Dobkin：Logarithmic Converters, IEEE Spectrum Nov.1, 1969

译　后　记

《OP放大电路设计》一书共十四章，在整体结构上按思维方法分为两部分。第一部分是第1章到第5章，为基础部分；第二部分是第6章到第14章，为应用部分。

第一部分讲解了有关OP放大器的基础知识。初次接触OP放大器的读者可亲自动手试作实验电路，把理论与实践相结合，积累经验，并从中学到书本上学不到的知识，以期百分之百地再现电路本来的性能。

第二部分围绕OP放大器电路的技术，从设计到使用分门别类进行了详细讲解。反复多次讲解工作特别的电路，举出了大量实用性、技术性强的电路。读者可从基础电路做起，体验电路的实际工作，真正掌握电路的基本原理，以便能够应付电路可能出现的更加复杂的情况和故障。

本书内容充实，图表丰富，在日本很畅销，深受读者欢迎。本书的翻译出版，希望能对国内读者有所帮助。

本书由王玲、徐雅珍、吴梅、李武平、李彩云、刘春鹰、张晓燕翻译；徐雅珍校、最后统稿。张景生先生为本书的组稿、统稿做了大量的工作。我们在翻译、校译过程中查阅了有关专业资料，力求忠实原文，准确再现作者意图。但由于专业性较强，时间较紧，难免有错误和不当之处，敬请专家、读者提出宝贵意见，不胜感激。